目次

自分にあった学習法を見つけよう!

成績アップのための学習メソッド

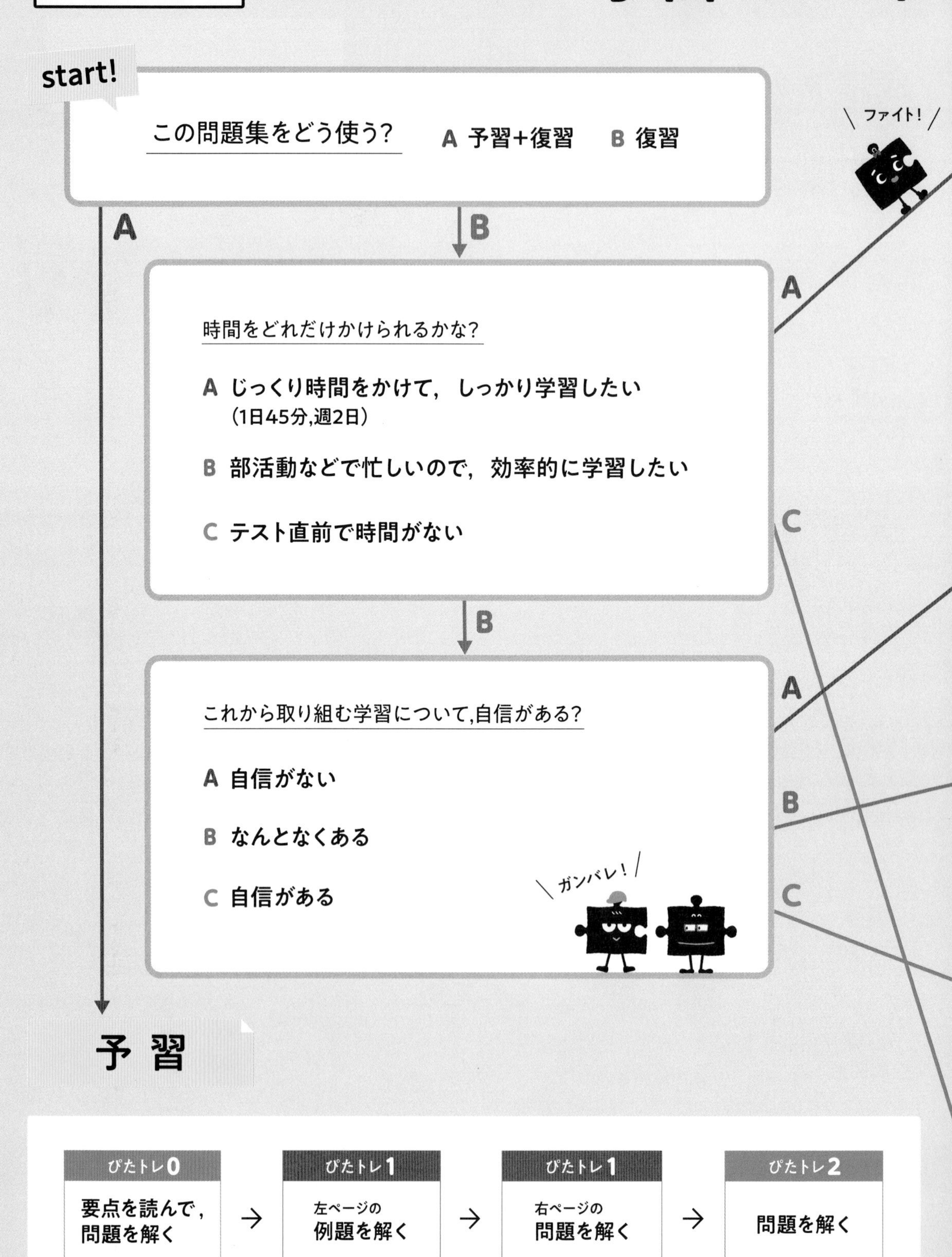

予 習

ぴたトレ0		ぴたトレ1		ぴたトレ1		ぴたトレ2
要点を読んで，問題を解く	→	左ページの例題を解く	→	右ページの問題を解く	→	問題を解く

わからない時は…学校の授業をしっかり聞いて解決! → 残りのページを 復 習 として解く

復習

目安の時間には,丸付けや見直しの時間も含まれているよ。

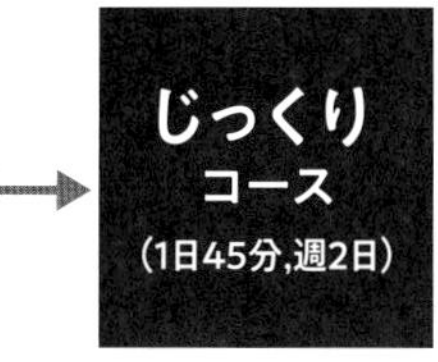

ぴたトレ0
要点を読んで,問題を解く

→ **ぴたトレ1** 45分
左ページの例題を解く
└ 解けないときは 考え方 を見直す
右ページの問題を解く
└ 解けないときは ●キーポイント を読む

↓ **ぴたトレ2** 45分
問題を解く
└ 解けないときは ヒント を見る
ぴたトレ1 に戻る

← **ぴたトレ3** 45分
テストを解く
└ 解けないときは ぴたトレ1 ぴたトレ2 に戻る

← **教科書のまとめ**
まとめを読んで,学習した内容を確認する

＼定期テスト予想問題や別冊mini bookなども活用しましょう。／

時短 A コース

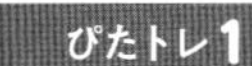

45分
問題を解く

→ **ぴたトレ2** 30分

→ **ぴたトレ3**
時間があれば取り組もう!

時短 B コース

20分
右ページの よく出る 絶対理解 だけ解く

→ **ぴたトレ2** 45分
問題を解く

→ **ぴたトレ3** 45分
テストを解く

時短 C コース

ぴたトレ1
省略

→ **ぴたトレ2** 45分
問題を解く

→ **ぴたトレ3** 45分
テストを解く

＼めざせ,点数アップ!／
テスト直前コース

5日前 **ぴたトレ1**
右ページの よく出る 絶対理解 だけ解く

→ 3日前 **ぴたトレ2**

→ 1日前 **定期テスト予想問題**
テストを解く

→ 当日 **別冊mini book**
赤シートを使って最終確認する

コースがきまったら,4~5ページを見てみよう ➡

成績アップのための 学習メソッド

《 ぴたトレの構成と使い方 》

教科書ぴったりトレーニングは,おもに,「ぴたトレ1」,「ぴたトレ2」,「ぴたトレ3」で構成されています。それぞれの使い方を理解し,効率的に学習に取り組みましょう。
なお,「ぴたトレ3」「定期テスト予想問題」では学校での成績アップに直接結びつくよう,通知表における観点別の評価に対応した問題を取り上げています。

学校の通知表は以下の観点別の評価がもとになっています。

知識 技能

思考力 判断力 表現力

主体的に 学習に 取り組む態度

ぴたトレ0 スタートアップ

各章の学習に入る前の準備として,これまでに学習したことを確認します。

学習メソッド
この問題が難しいときは,以前の学習に戻ろう。あわてなくても大丈夫。苦手なところが見つかってよかったと思おう。

ぴたトレ1 要点チェック

基本的な問題を解くことで,基礎学力が定着します。

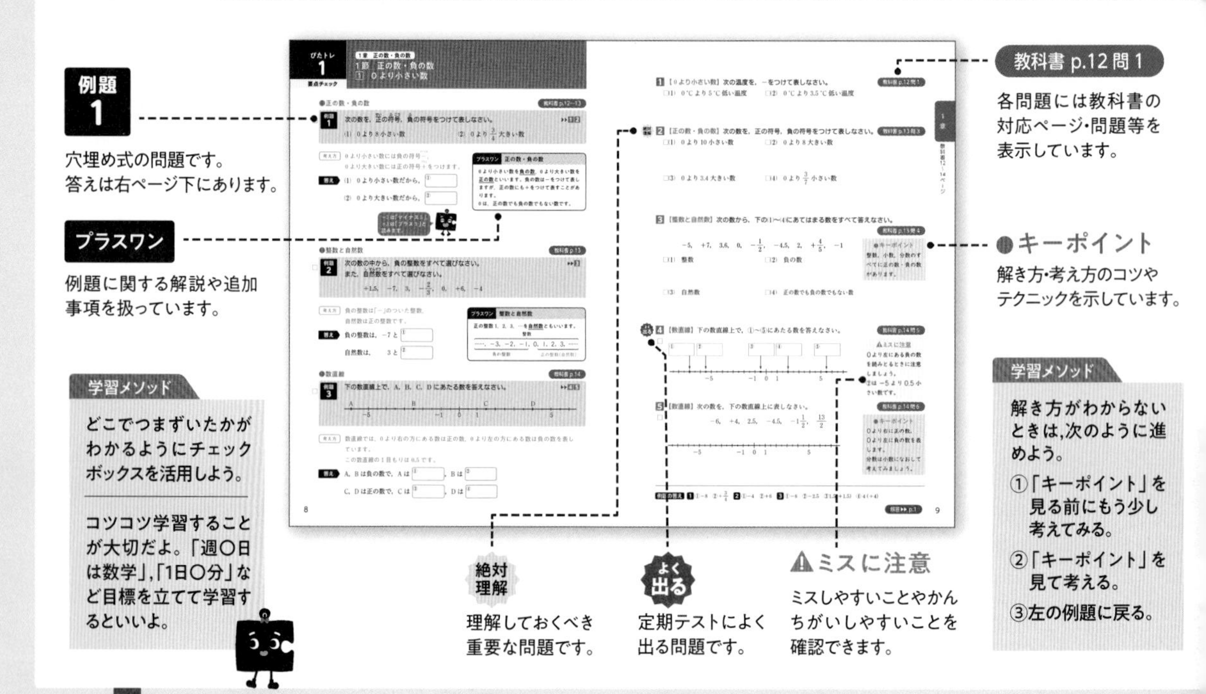

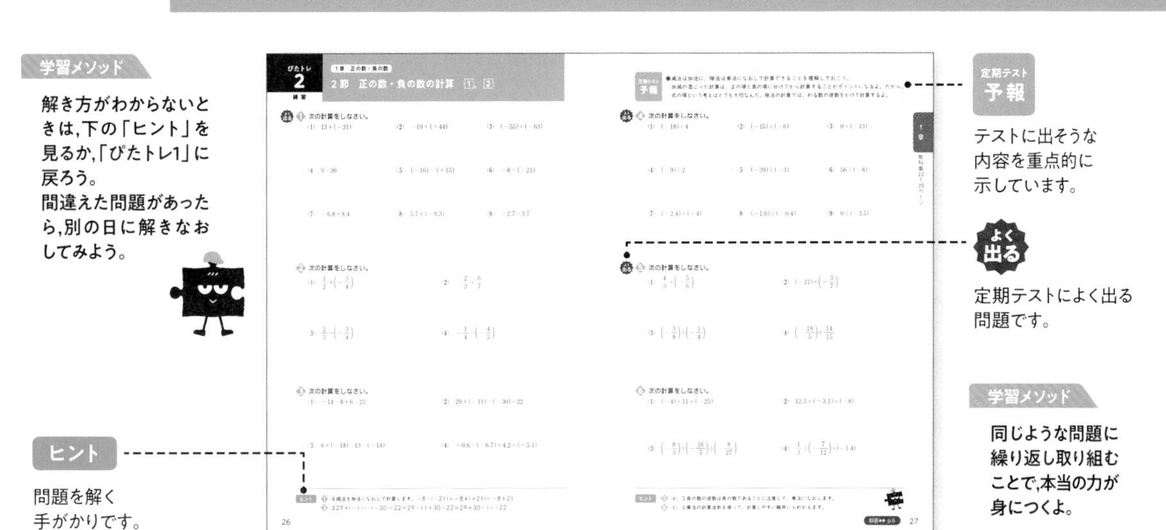

ぴたトレ2 練習

理解力・応用力をつける問題です。
解答集の「理解のコツ」では実力アップに欠かせない内容を示しています。

学習メソッド
解き方がわからないときは，下の「ヒント」を見るか，「ぴたトレ1」に戻ろう。
間違えた問題があったら，別の日に解きなおしてみよう。

定期テスト予報
テストに出そうな内容を重点的に示しています。

よく出る
定期テストによく出る問題です。

学習メソッド
同じような問題に繰り返し取り組むことで，本当の力が身につくよ。

ヒント
問題を解く手がかりです。

ぴたトレ3 確認テスト

どの程度学力がついたかを自己診断するテストです。

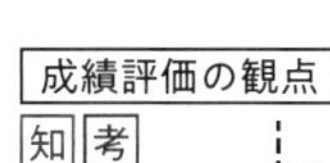

問題ごとに「知識・技能」「思考力・判断力・表現力」の評価の観点が示してあります。

学習メソッド
テスト本番のつもりで何も見ずに解こう。
- 解けたけど答えを間違えた→ぴたトレ2の問題を解いてみよう。
- 解き方がわからなかった→ぴたトレ1に戻ろう。

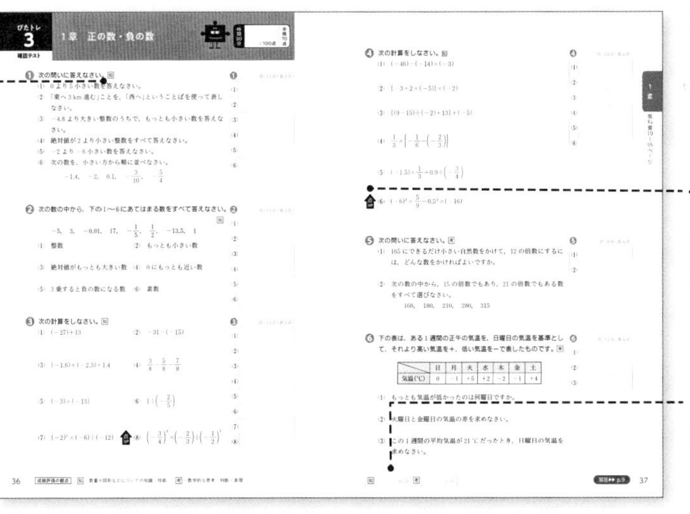

学習メソッド
答え合わせが終わったら，苦手な問題がないか確認しよう。

テストで問われることが多い，やや難しい問題です。

各観点の配点欄です。自分がどの観点に弱いかを知ることができます。

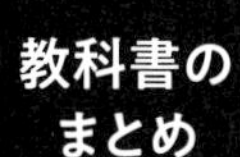

教科書のまとめ

各章の最後に，重要事項をまとめて掲載しています。

学習メソッド
重要事項をしっかり見直したいときは「教科書のまとめ」，短時間で確認したいときは「別冊minibook」を使うといいよ。

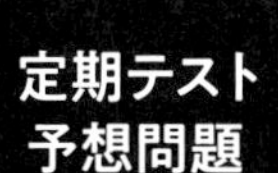

定期テスト予想問題

定期テストに出そうな問題を取り上げています。
解答集に「出題傾向」を掲載しています。

学習メソッド
ぴたトレ3と同じように，テスト本番のつもりで解こう。
テスト前に，学習内容をしっかり確認しよう。

ぴたトレ 0 スタートアップ

1章　正の数・負の数

次の学習に
入る前に
取り組もう。

□不等号　◀ 小学3年

$\frac{8}{8}=1$ のように，等しいことを表す記号＝を等号といい，

$1>\frac{5}{8}$ や $\frac{3}{8}<\frac{5}{8}$ のように，大小を表す記号＞，＜を不等号といいます。

□計算のきまり　◀ 小学4〜6年

$a+b=b+a$　　$(a+b)+c=a+(b+c)$

$a\times b=b\times a$　　$(a\times b)\times c=a\times(b\times c)$

$(a+b)\times c=a\times c+b\times c$　　$(a-b)\times c=a\times c-b\times c$

1 次の数を下の数直線上に表し，小さい順に答えなさい。　◀ 小学5年〈分数と小数〉

$\frac{3}{10}$，　0.6，　$\frac{3}{2}$，　1.2，　$2\frac{1}{5}$

ヒント
数直線の1目もりは0.1だから……

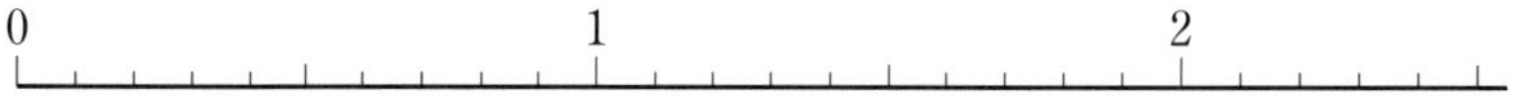
0
1
2

2 次の□にあてはまる記号を書いて，2数の大小を表しなさい。　◀ 小学3，5年〈分数，小数の大小，分数と小数の関係〉

(1)　3 □ 2.9　　(2)　2 □ $\frac{9}{4}$

(3)　$\frac{7}{10}$ □ 0.8　　(4)　$\frac{5}{3}$ □ $\frac{5}{4}$

ヒント
大小を表す記号は……

3 次の計算をしなさい。　◀ 小学5年〈分数のたし算とひき算〉

(1)　$\frac{1}{3}+\frac{1}{2}$　　(2)　$\frac{5}{6}+\frac{3}{10}$

(3)　$\frac{1}{4}-\frac{1}{5}$　　(4)　$\frac{9}{10}-\frac{11}{15}$

(5)　$1\frac{1}{4}+2\frac{5}{6}$　　(6)　$3\frac{1}{3}-2\frac{11}{12}$

ヒント
通分すると……

4 次の計算をしなさい。

(1) $0.7+2.4$　(2) $4.5+5.8$

(3) $3.2-0.9$　(4) $7.1-2.6$

← 小学4年〈小数のたし算とひき算〉

ヒント
位をそろえて……

5 次の計算をしなさい。

(1) $20\times\frac{3}{4}$　(2) $\frac{5}{12}\times\frac{4}{15}$

(3) $\frac{3}{8}\div\frac{15}{16}$　(4) $\frac{3}{4}\div12$

(5) $\frac{1}{6}\times3\div\frac{5}{4}$　(6) $\frac{3}{10}\div\frac{3}{5}\div\frac{5}{2}$

← 小学6年〈分数のかけ算とわり算〉

ヒント
わり算は逆数を考えて……

6 次の計算をしなさい。

(1) $3\times8-4\div2$　(2) $3\times(8-4)\div2$

(3) $(3\times8-4)\div2$　(4) $3\times(8-4\div2)$

← 小学4年〈式と計算の順序〉

ヒント
(　)の中，×，÷をさきに計算すると……

7 計算のきまりを使って，次の計算をしなさい。

(1) $6.3+2.8+3.7$　(2) $2\times8\times5\times7$

(3) $10\times\left(\frac{1}{5}+\frac{1}{2}\right)$　(4) $18\times7+18\times3$

← 小学4〜6年〈計算のきまり〉

ヒント
きまりを使ってくふうすると……

8 次の□にあてはまる数を答えなさい。

(1) $57\times99=57\times($①□$-$②□$)$

$=57\times$①□$-57=$③□

(2) $25\times32=(25\times$①□$)\times$②□

$=100\times$②□$=$③□

← 小学4年〈計算のくふう〉

ヒント
99＝100−1や
25×4＝100
を使うと……

解答▶▶ p.1

ぴたトレ 1 要点チェック

1章　正の数・負の数

1節　正の数・負の数
1　0より小さい数

●正の数・負の数

教科書 p.12〜13

□ **例題 1**　次の数を，正(せい)の符号(ふごう)，負(ふ)の符号をつけて表しなさい。　▶▶1 2

(1)　0より8小さい数　　(2)　0より$\frac{3}{4}$大きい数

考え方　0より小さい数には負の符号－(マイナス)，0より大きい数には正の符号＋(プラス)をつけます。

答え　(1)　0より小さい数だから，①
(2)　0より大きい数だから，②

プラスワン　正の数・負の数

0より小さい数を**負の数**，0より大きい数を**正の数**といいます。負の数は－をつけて表しますが，正の数にも＋をつけて表すことがあります。
0は，正の数でも負の数でもない数です。

−5は「マイナス5」，+3は「プラス3」と読みます。

●整数と自然数

教科書 p.13

□ **例題 2**　次の数の中から，負の整数をすべて選びなさい。また，自然数(しぜんすう)をすべて選びなさい。　▶▶3

$+1.5,\quad -7,\quad 3,\quad -\frac{2}{3},\quad 0,\quad +6,\quad -4$

考え方　負の整数は「－」のついた整数，自然数は正の整数です。

答え　負の整数は，−7と①
自然数は，　3と②

プラスワン　整数と自然数

正の整数1，2，3，…を**自然数**ともいいます。

整数
……，−3，−2，−1，0，1，2，3，……
負の整数　　正の整数(自然数)

●数直線

教科書 p.14

□ **例題 3**　下の数直線上で，A，B，C，Dにあたる数を答えなさい。　▶▶4 5

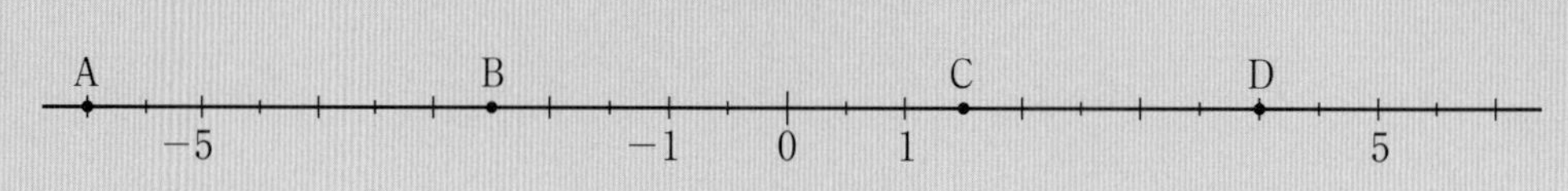

考え方　数直線では，0より右の方にある数は正の数，0より左の方にある数は負の数を表しています。
この数直線の1目もりは0.5です。

答え　A，Bは負の数で，Aは①　，Bは②
C，Dは正の数で，Cは③　，Dは④

1 【0より小さい数】次の温度を，－をつけて表しなさい。 教科書 p.12 問 1

□(1)　0 ℃より 5 ℃低い温度　　□(2)　0 ℃より 3.5 ℃低い温度

絶対理解 **2** 【正の数・負の数】次の数を，正の符号，負の符号をつけて表しなさい。 教科書 p.13 問 3

□(1)　0より 10 小さい数　　□(2)　0より 8 大きい数

□(3)　0より 3.4 大きい数　　□(4)　0より $\frac{3}{7}$ 小さい数

3 【整数と自然数】次の数の中から，下の(1)～(4)にあてはまる数をすべて答えなさい。 教科書 p.13 問 4

$-5,\quad +7,\quad 3.6,\quad 0,\quad -\frac{1}{2},\quad -4.5,\quad 2,\quad +\frac{4}{5},\quad -1$

□(1)　整数　　□(2)　負の数

□(3)　自然数　　□(4)　正の数でも負の数でもない数

●キーポイント
整数，小数，分数のすべてに正の数・負の数があります。

4 【数直線】下の数直線上で，①～⑤にあたる数を答えなさい。 教科書 p.14 問 5

□

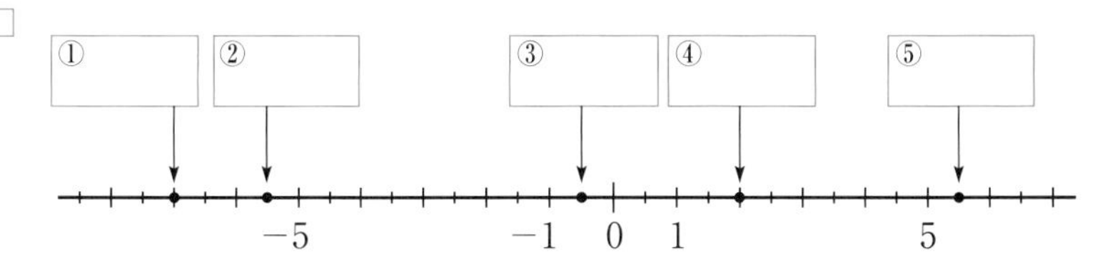

⚠ミスに注意
0より左にある負の数を読みとるときに注意しましょう。
②は −5 より 0.5 小さい数です。

5 【数直線】次の数を，下の数直線上に表しなさい。 教科書 p.14 問 6

□

$-6,\quad +4,\quad 2.5,\quad -4.5,\quad -1\frac{1}{2},\quad \frac{13}{2}$

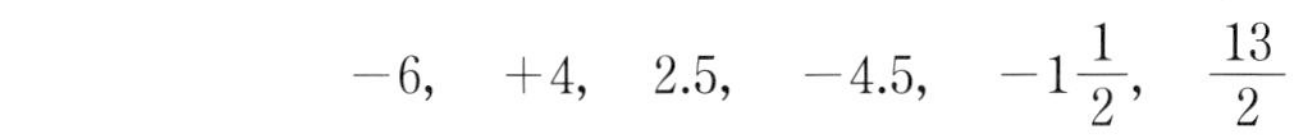

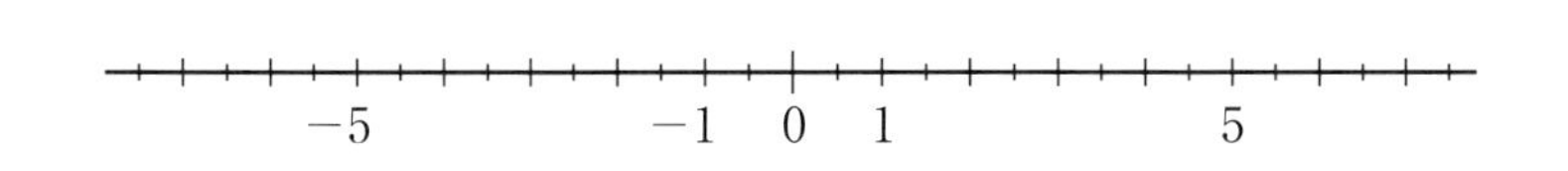

●キーポイント
0より右に正の数，
0より左に負の数を表します。
分数は小数になおして考えてみましょう。

例題の答え **1** ①−8　②$+\frac{3}{4}$　**2** ①−4　②+6　**3** ①−6　②−2.5　③1.5（+1.5）　④4（+4）

解答▶▶ p.1

1節 正の数・負の数
2 正の数・負の数で量を表すこと

●反対の性質をもつ量

教科書 p.15

□ **例題 1** **次の量を，負の数を使って表しなさい。** ▶▶1

(1) 300 円の収入を ＋300 円と表すとき，200 円の支出

(2) いまから 50 分後を ＋50 分と表すとき，いまから 40 分前

考え方 反対の性質をもつ量は，一方を正の数を使って表すと，もう一方は負の数を使って表すことができます。

答え (1) 「収入」の反対は「支出」だから， ①

(2) 「～分後」の反対は「～分前」だから， ②

(1)は収入を，(2)は～分後を正の数にしています。

●基準からの増減，過不足

教科書 p.16

□ **例題 2** **ある工場では，1 日の生産数の目標を 80 個としています。月曜日から金曜日までの生産数は，下の表のようになりました。この表の空欄（くうらん）をうめなさい。** ▶▶2 3

	月	火	水	木	金
生産数(個)	76	83	87	71	80
目標(80 個)との違い	−4	＋3	㋐	㋑	㋒

考え方 基準を決めて，それからの増減や過不足などを，正の数，負の数で表すこともあります。
この表は，80 個を基準にして，その違いを正の数，負の数で表しています。

答え ㋐ 87 個は 80 個より 7 個多いので， ①

㋑ 71 個は 80 個より 9 個少ないので， ②

㋒ 80 個なので， ③

●負の数を使って表すことば

教科書 p.16

□ **例題 3** **200 円安いことを「高い」ということばを使って表しなさい。** ▶▶4

考え方 負の数を使うと，「安い」を「高い」ということばで表せます。

答え 「200 円安い」は，負の数を使って，
「 ＿＿＿ 円高い」と表せる。

プラスワン 負の数を使って表すことば

反対の性質をもつ量は，2 つのことばを使って表しますが，負の数を使うと，その一方のことばだけで表すことができます。

2 個少ない……−2 個多い

1 【反対の性質をもつ量】正の数，負の数を使って，次のことを表しなさい。ただし，〔　〕内に示した方を正の数で表すものとします。

教科書 p.15 例1, 例2

□(1) 8 cm 長い，5 cm 短い　〔長い〕

□(2) 地下 7 m，地上 3 m　〔地上〕

□(3) 200 m 西，300 m 東　〔東〕

□(4) 2 kg 重い，5 kg 軽い　〔重い〕

●キーポイント
〔　〕の方を正の数で表せば，その反対の性質をもつ量は負の数で表されます。

2 【基準からの増減，過不足】100 m を 13 秒で走ることを目標にして，A，B，C の 3 人が
□ 100 m を走りました。目標より多くかかった時間を正の数で表すと，A は +0.2 秒，B は −0.3 秒，C は +0.4 秒になりました。いちばん速く走った人を答えなさい。

教科書 p.16 例3

●キーポイント
13 秒より速く走った人は，正の数，負の数のどちらで表されるかを考えます。

3 【基準からの増減，過不足】下の表は，A 商店のある品物について，1 日 50 個ずつ売る目
□ 標をたて，月曜日から土曜日までに売れた個数をまとめたものです。この表の空欄（くうらん）をうめなさい。

教科書 p.16 問3

	月	火	水	木	金	土
売れた個数(個)	53	48	49	50	45	55
目標(50 個)との違い	+3	−2				

●キーポイント
50 個を基準にして，50 個より多いときは正の数，50 個より少ないときは負の数で表します。

4 【負の数を使って表すことば】〔　〕内のことばを使って，次のことを表しなさい。

教科書 p.16 問4

□(1) 5 人少ない　〔多い〕

□(2) 8 cm 短い　〔長い〕

□(3) 100 円余る　〔たりない〕

□(4) 5 分おそい　〔早い〕

例題の答え **1** ①−200 円　②−40 分　**2** ①+7　②−9　③0　**3** −200

解答▶▶ p.2

1節　正の数・負の数
3　絶対値と数の大小

●絶対値

教科書 p.17

□ **例題 1** 次の数の絶対値(ぜったいち)を答えなさい。 ▶▶1 2

(1)　$+5$　　(2)　-6　　(3)　-4.3　　(4)　$-\dfrac{2}{3}$

考え方　数直線上で，0 からある数までの距離を，その数の絶対値といいます。
0 の絶対値は 0 です。

答え　右の数直線から，

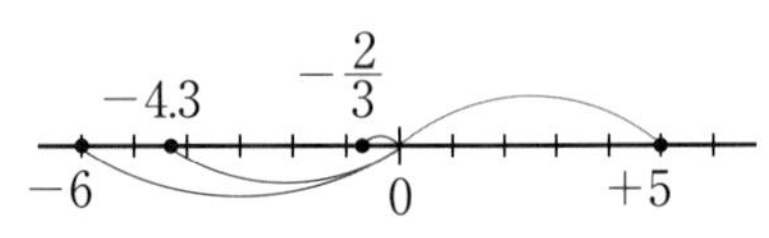

(1) ①　　(2) ②

(3) ③　　(4) ④

●数の大小

教科書 p.18

□ **例題 2** 次の 2 数の大小を，不等号を使って表しなさい。 ▶▶3 4

(1)　4，-5　　(2)　$-\dfrac{7}{2}$，$-\dfrac{1}{2}$

考え方　数を数直線上に表したとき，右の方にある数ほど大きくなります。

答え　小さい ←　　→ 大きい

-5　$-\frac{7}{2}$　$-\frac{1}{2}$　0　4

(1)　4 ① -5

(2)　$-\dfrac{7}{2}$ ② $-\dfrac{1}{2}$

プラスワン　数の大小

正の数は負の数より大きい。
正の数は 0 より大きく，絶対値が大きいほど大きい。
負の数は 0 より小さく，絶対値が大きいほど小さい。

●数直線を使って数を求める

教科書 p.19〜20

□ **例題 3** 下の数直線を使って，次の数を求めなさい。 ▶▶5

(1)　3 より 5 小さい数　　(2)　1 より -4 小さい数

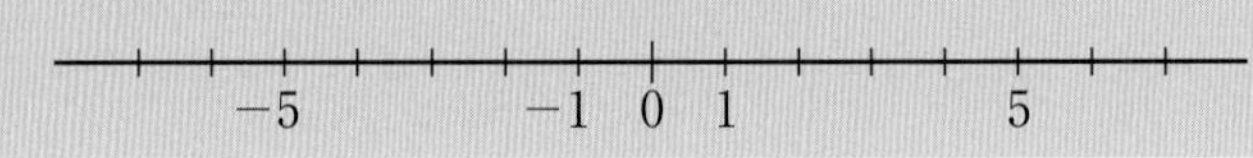

考え方　ある数より正の数だけ大きい数は右に進んだ点で表され，ある数より正の数だけ小さい数は左に進んだ点として表されます。
負の数を使って表されたことばは，負の数を使わないで表したことばにして求めます。

答え　(1)　3 より 5 だけ左に進んだ点で，①

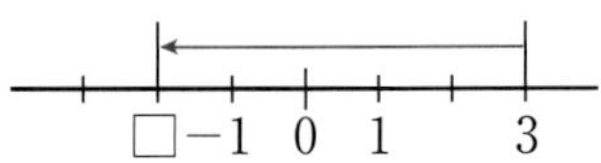

(2)　「1 より -4 小さい数」を負の数を使わないで表すと，「1 より 4 ② 数」となるから，③

1 【符号を変えた数】次の数の符号を変えた数を答えなさい。

教科書 p.17 問 1

□(1) $+7$　　□(2) -9

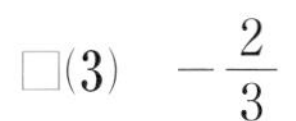

□(3) $-\dfrac{2}{3}$　　□(4) 4.5

●キーポイント
符号をとりかえた数をつくることを，符号を変えるといいます。

2 【絶対値】次の数の絶対値を答えなさい。

教科書 p.17 問 1

□(1) $+11$　　□(2) 0

□(3) -2.5　　□(4) $\dfrac{2}{5}$

3 【数の大小】次の 2 数のうち，大きい数を答えなさい。また，絶対値が大きい数を答えなさい。

教科書 p.18 問 2

□(1) -6 と 4　　□(2) -7 と -5

4 【数の大小】次の□に不等号を書き入れて，2 数の大小を表しなさい。

教科書 p.18 問 3

□(1) -2 □ -5　　□(2) $+0.8$ □ -1.3

□(3) -1 □ 0　　□(4) $-\dfrac{3}{5}$ □ $-\dfrac{2}{5}$

●キーポイント
数を数直線上に表したとき，右の方にある数が大きい数です。

5 【数直線を使って数を求める】下の数直線を使って，次の数を求めなさい。

教科書 p.20 問 6

□(1) -2 より 4 大きい数　　□(2) 3 より 7 小さい数

□(3) 2 より -5 大きい数　　□(4) -5 より -9 小さい数

●キーポイント
負の数を使って表されたことばは，正の数を使って表したことばに変えて考えます。

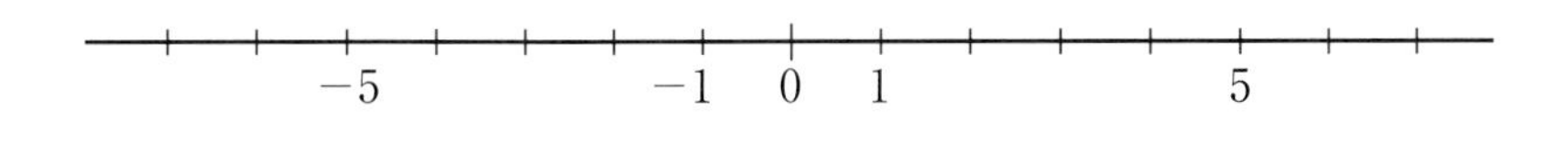

例題の答え **1** ① 5　② 6　③ 4.3　④ $\dfrac{2}{3}$　**2** ① >　② <　**3** ① -2　② 大きい　③ 5

解答▶▶ p.2

1節 正の数・負の数 1～3

よく出る ❶ 下の数直線上で，A，B，C，D にあたる数を答えなさい。
□

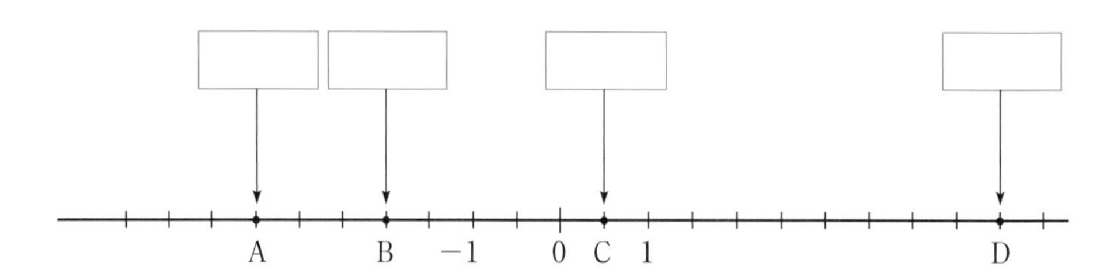

❷ 正の数，負の数を使って，次のことを表しなさい。
ただし，〔 〕内に示した方を正の数で表すものとします。

□(1) 200 円の値上がり，150 円の値下がり 〔値上がり〕

□(2) 1200 円の損失，3500 円の利益 〔利益〕

□(3) 地上 8200 m，地下 5300 m 〔地上〕

□(4) 学校から西へ 1.5 km，東へ 0.8 km 〔東〕

よく出る ❸ 下の表は，6 人の生徒の通学時間が，そのクラスの平均通学時間 21 分より，どれだけ多
□ くかかるかを示したものです。6 人それぞれの通学時間を求めなさい。

	A さん	B さん	C さん	D さん	E さん	F さん
平均との違い(分)	+6	−9	−15	0	+13	−2

❹ 次の 2 数の大小を，不等号を使って表しなさい。

□(1) -3.1，-3　　□(2) -0.01，0　　□(3) $-\frac{4}{3}$，-1.4

ヒント ❷ 反対の性質をもつ量は，負の数で表されます。
❸ 21 分よりどれだけ多いか，少ないかが表に示されていて，21 分が基準になっています。

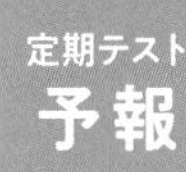

定期テスト予報

●数直線のしくみを，しっかりと理解しておこう。
数直線では，正の数でも負の数でも，右の方に表されるほど大きい数になっているよ。
しっかりとイメージを定着させておこう！

5 次の数を，小さい方から順に並べなさい。

□

$$-9,\quad +3,\quad -\frac{10}{9},\quad 0,\quad -1.1,\quad 0.09,\quad \frac{1}{10}$$

6 絶対値が3より小さい整数をすべて答えなさい。

□

7 次の7個の数について，下の問いに答えなさい。

$$-0.7,\quad 0.4,\quad -2.5,\quad -3,\quad -\frac{2}{3},\quad \frac{5}{2},\quad -1$$

□(1) 7個の数のうち，0にもっとも近い数を答えなさい。

□(2) 7個の数のうち，絶対値が等しい数はどれとどれですか。

□(3) 7個の数のうち，$-\frac{4}{5}$ より大きく，$\frac{4}{5}$ より小さい数をすべて答えなさい。

8 $-\frac{7}{2}$ より大きく，$\frac{3}{2}$ より小さい数について，次の問いに答えなさい。

□(1) 負の整数をすべて答えなさい。
また，自然数をすべて答えなさい。

□(2) $-\frac{7}{2}$ と $\frac{3}{2}$ を数直線上に表したとき，そのちょうどまん中にある数を求めなさい。

9 下の数直線を使って，次の数を求めなさい。

□(1) 2より5小さい数　□(2) 1より -5 大きい数　□(3) -3 より -7 小さい数

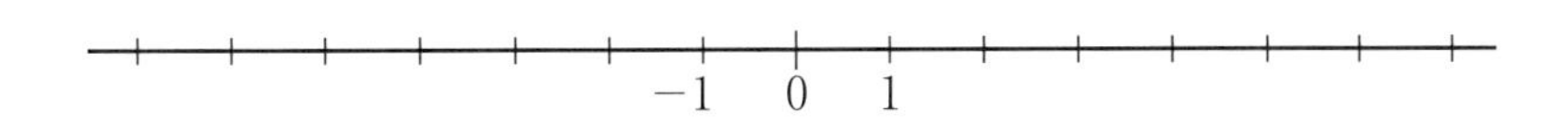

ヒント **6** -3 より大きく，$+3$ より小さい整数で，-3 と $+3$ はふくみません。0を忘れないこと。
8 -3.5 より大きく，1.5より小さい数で考えます。

1章　教科書10～20ページ

解答▶▶ p.2

2節　正の数・負の数の計算
1　正の数・負の数の加法，減法 ―― ①

●正の数・負の数をたす計算

教科書 p.22～23

例題 1　次の2数の和を，数直線を使って求めなさい。▶▶1 2

(1)　$(-3)+7$　　(2)　$5+(-4)$

考え方　正の数をたす計算は，正の数だけ大きい数を求める計算を表しています。
負の数をたす計算は，負の数だけ大きい数を求める計算を表しています。

答え　(1)　$(-3)+7$ は，-3 より 7 大きい数を求める計算である。
-3 より 7 大きい数だから，数直線上では -3 より右に 7 進む。
右の数直線から，求める答えは，

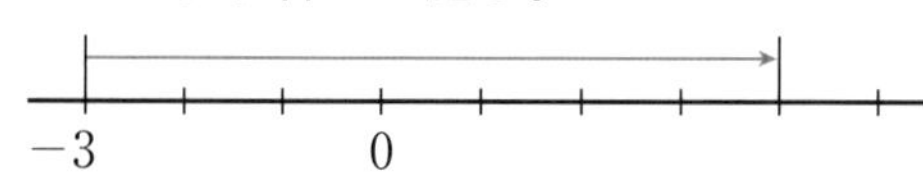

(2)　$5+(-4)$ は，5 より -4 大きい数を求める計算である。
「5 より -4 大きい」は「5 より 4 小さい」と同じだから，数直線上では 5 より左に 4 進む。
右の数直線から，求める答えは，

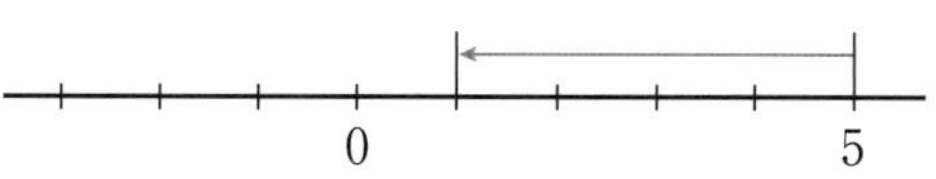

●同符号の2数の和，異符号の2数の和

教科書 p.24～25

例題 2　次の計算をしなさい。▶▶3～5

(1)　$(+3)+(+7)$　　(2)　$(-3)+(-7)$
(3)　$(+3)+(-7)$　　(4)　$(-3)+(+7)$

考え方　たし算のことを加法(かほう)といいます。
2数の加法では，符号(ふごう)を決めてから，絶対値の計算をします。

答え　(1)　同符号の2数の和だから，2数と同じ符号「＋」をつけ，絶対値の和 $3+7=10$ から，
求める和は，①

(2)　(1)と同じように考えて，
$(-3)+(-7)=$ ②

(3)　異符号の2数の和だから，絶対値の大きい方の符号「－」をつけ，絶対値の差 $7-3=4$ から，
求める和は，③

(4)　(3)と同じように考えて，
$(-3)+(+7)=$ ④

プラスワン　正の数・負の数の加法

同符号(どうふごう)の2数の和
符　号…2数と同じ符号
絶対値…2数の絶対値の和
$(+1)+(+5)=+(1+5)$
$(-1)+(-5)=-(1+5)$

異符号(いふごう)の2数の和
符　号…絶対値の大きい方の符号
絶対値…2数の絶対値の大きい方から小さい方をひいた差
$(+1)+(-5)=-(5-1)$
$(-1)+(+5)=+(5-1)$

1 【正の数をたす計算】下の数直線を使って，次の計算をしなさい。

教科書 p.22～23

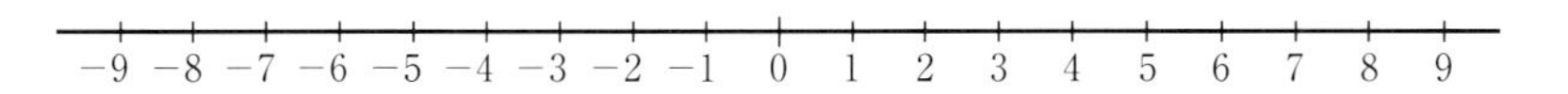

□(1)　$(-5)+3$　　□(2)　$(-3)+3$

□(3)　$(-2)+4$　　□(4)　$(-7)+8$

2 【負の数をたす計算】下の数直線を使って，次の計算をしなさい。

教科書 p.22～23

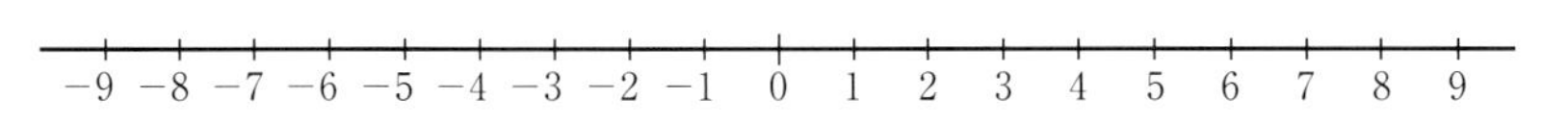

□(1)　$4+(-5)$　　□(2)　$(-2)+(-3)$

□(3)　$0+(-4)$　　□(4)　$(-5)+(-4)$

●キーポイント
負の数だけ大きい数を求めることは，正の数だけ小さい数を求めることと同じです。

3 【2数の和の符号と絶対値】次の2数の和の符号と絶対値を答えなさい。

教科書 p.24 例1，例2

□(1)　$(-34)+(-21)$　　□(2)　$(+18)+(-25)$

絶対理解 4 【同符号の2数の和】次の計算をしなさい。

教科書 p.24 問1

□(1)　$(+26)+(+34)$　　□(2)　$(-36)+(-18)$

□(3)　$(-24)+(-24)$　　□(4)　$(-49)+(-33)$

絶対理解 5 【異符号の2数の和】次の計算をしなさい。

教科書 p.24 問2

□(1)　$(+23)+(-28)$　　□(2)　$(-41)+(+65)$

□(3)　$(+56)+(-56)$　　□(4)　$0+(-73)$

⚠ミスに注意
まず符号を決め，それから絶対値の計算をします。0と正の数，0と負の数の和は，その数のままです。

例題の答え　**1** ①4　②1　**2** ①+10　②−10　③−4　④+4

解答▶▶ p.3

2節　正の数・負の数の計算
1　正の数・負の数の加法，減法 ―― ②

●小数，分数の和

教科書 p.25

□ **例題 1**　次の計算をしなさい。 ▶▶ 1 2

(1)　$(-3.6)+(+2.3)$　　(2)　$\left(-\frac{1}{4}\right)+\left(-\frac{1}{2}\right)$

考え方　小数の場合も分数の場合も，整数の場合と同じように計算できます。

(1)　異符号の 2 数の和は，絶対値の大きい方の符号をつけ，2 数の絶対値の差を求めます。

(2)　同符号の 2 数の和は，2 数と同じ符号をつけ，2 数の絶対値の和を求めます。

答え　(1)　$(-3.6)+(+2.3)=-(3.6-2.3)=$ ①□

(2)　$\left(-\frac{1}{4}\right)+\left(-\frac{1}{2}\right)=-\left(\frac{1}{4}+\frac{1}{2}\right)=$ ②□

●正の数・負の数の減法

教科書 p.26～27

□ **例題 2**　次の計算をしなさい。 ▶▶ 3

(1)　$(-7)-(+4)$　　(2)　$(-3)-(-6)$

考え方　ひき算のことを，減法（げんぽう）といいます。

正の数・負の数をひくには，符号を変えた数をたします。

$(+5)-(-3)=(+5)+(+3)$

$(-4)-(-6)=(-4)+(+6)$

加法と減法をあわせて加減ともいいます。

答え　(1)　符号を変えた数をたすと，$(-7)-(+4)=(-7)+(-4)$

となるから，　$(-7)+(-4)=-(7+4)=$ ①□

(2)　$(-3)-(-6)=(-3)+(+6)=+(6-3)=$ ②□

●正の数に符号＋をつけない加減

教科書 p.27～28

□ **例題 3**　次の計算をしなさい。 ▶▶ 4

(1)　$-5+9$　　(2)　$-12-7$

考え方　正の数に符号＋がついていない式は，符号＋をつけた式を考えて計算します。

答え　(1)　$-5+9$ は，$(-5)+(+9)$ のことだから，

$-5+9=+(9-5)=$ ①□

(2)　$-12-7$ は，$(-12)-(+7)=(-12)+(-7)$ のことだから，

$-12-7=-(12+7)=$ ②□

1 【小数の和】次の計算をしなさい。

教科書 p.25 例 3

□(1) $(+4.8)+(-3.2)$　□(2) $(-1.3)+(-0.9)$

□(3) $(-8.2)+(+4.5)$　□(4) $(+5.7)+(-3.8)$

●キーポイント
小数の場合も，まず符号を決め，それから絶対値の計算をします。

よく出る **2** 【分数の和】次の計算をしなさい。

教科書 p.25 例 3

□(1) $\left(-\frac{3}{5}\right)+\left(+\frac{2}{5}\right)$　□(2) $\left(-\frac{2}{7}\right)+\left(-\frac{3}{7}\right)$

□(3) $\frac{1}{4}+\left(-\frac{3}{4}\right)$　□(4) $\left(-\frac{2}{3}\right)+\left(-\frac{1}{2}\right)$

●キーポイント
分数の場合も，まず符号を決め，それから絶対値の計算をします。

絶対理解 **3** 【正の数・負の数の減法】次の計算をしなさい。

教科書 p.27 例 4, 問 6

□(1) $(-14)-(-28)$　□(2) $(+57)-(-19)$

□(3) $(-1.8)-(+0.6)$　□(4) $(-1.5)-(-0.9)$

□(5) $\left(+\frac{1}{4}\right)-\left(-\frac{3}{4}\right)$　□(6) $\left(-\frac{1}{3}\right)-\left(-\frac{1}{6}\right)$

●キーポイント
減法は，加法になおして計算します。

4 【正の数に符号＋をつけない加減】次の計算をしなさい。

教科書 p.27 例 5, p.28 例 6

□(1) $3+(-8)$　□(2) $-4+6$

□(3) $7-(-3)$　□(4) $-14-9$

⚠ミスに注意
(3) $7-(-3)$ は $(+7)+(+3)$
(4) $-14-9$ は $(-14)-(+9)$ のことです。

例題の答え **1** ① -1.3　② $-\frac{3}{4}$　**2** ① -11　② $+3$　**3** ① $4\ (+4)$　② -19

解答▶▶ p.4

2節 正の数・負の数の計算
1 正の数・負の数の加法，減法 —— ③

●正の項・負の項

教科書 p.28

□ **例題 1** 23−35+8−14 の式について答えなさい。 ▸▸1

(1) 正の項(こう)を答えなさい。

(2) 負の項を答えなさい。

考え方 加法だけの式に表したとき，それぞれの数をこの式の項といいます。
項のうち，正の数を正の項，負の数を負の項といいます。

答え 23−35+8−14 の式は，加法だけの式になおすと，23+(−35)+8+(−14) と表せる。

(1) 正の項は，23，①

(2) 負の項は，②，③

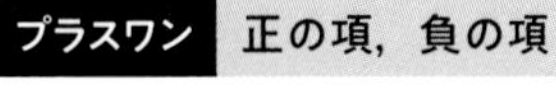

プラスワン 正の項，負の項

15−18+7 で，15，−18，7 を，この式の**項**といいます。
また，15，7 を**正の項**，−18 を**負の項**といいます。

●加法の計算法則

教科書 p.29

□ **例題 2** 次の 2 つの式をそれぞれ計算し，結果をくらべなさい。 ▸▸2

$\{(+2)+(-5)\}+(-4)$，　$(+2)+\{(-5)+(-4)\}$

考え方 { } の中の 2 数の和を，さきに求めます。

答え $\{(+2)+(-5)\}+(-4)=(-3)+(-4)=$ ①

$(+2)+\{(-5)+(-4)\}=(+2)+(-9)=$ ②

したがって，2 つの結果は ③ 。

プラスワン 加法の計算法則

加法(かほう)の交換法則(こうかんほうそく)

$a+b=b+a$

$3+5=5+3$

加法(かほう)の結合法則(けつごうほうそく)

$(a+b)+c=a+(b+c)$

$(3+5)+2=3+(5+2)$

● 3 数以上の加減

教科書 p.29〜30

□ **例題 3** 次の計算をしなさい。 ▸▸3 4

(1) 5−4−1+6　　(2) −5−(−6)+(−8)+4

考え方 加法の計算法則を使って，正の項の和，負の項の和をそれぞれさきに求めてから計算します。

答え
(1) 5−4−1+6
=5+6−4−1
=11−5
= ①

(2) −5−(−6)+(−8)+4
=−5+6−8+4
=6+4−5−8
=10−13
= ②

正の項の和と負の項の和をさきに求めずに，くふうして計算することもできます。

1 【正の項・負の項】次の式について，正の項，負の項をそれぞれ答えなさい。 教科書 p.28

□(1) $-16+9+27-5$　　□(2) $6-23-18+10$

2 【加法の計算法則】次の 2 つの式をそれぞれ計算し，結果が等しいことを確かめなさい。 教科書 p.29 問 9

□(1) $17-35$，$-35+17$

●キーポイント
加法の計算法則は，負の数をふくむ場合でも成り立ちます。

□(2) $\{13+(-19)\}+(-31)$，$13+\{(-19)+(-31)\}$

絶対理解 **3** 【3 数以上の加減】次の計算をしなさい。 教科書 p.29 問 10

□(1) $8-6-7$　　□(2) $-4+9-5$

□(3) $(+2)+(-8)-7$　　□(4) $-15-(-11)+9$

絶対理解 **4** 【3 数以上の加減】次の計算をしなさい。 教科書 p.29 問 10

□(1) $3-4+5-6$　　□(2) $-7+9-(-1)-(+8)$

□(3) $-10+(-3)-6-(-8)$　　□(4) $22-(+14)+16+(-22)$

●キーポイント
正の項の和，負の項の和をさきに求めてから計算します。
(4)は，くふうして計算することもできます。

例題の答え **1** ① 8　② -35　③ -14　**2** ① -7　② -7　③等しい　**3** ① 6　② -3

解答▶▶ p.4

2節 正の数・負の数の計算
[2] 正の数・負の数の乗法，除法 ―― ①

●正の数・負の数の乗法

教科書 p.31〜33

□ **例題 1** 次の計算をしなさい。 ▶▶1

(1) $(-5)\times3$　(2) $6\times(-9)$　(3) $(-8)\times(-4)$

考え方　かけ算のことを，乗法(じょうほう)といいます。異符号の2数の乗法は，絶対値の積に負の符号－をつけます。同符号の2数の乗法は，絶対値の積に正の符号＋をつけます。

プラスワン　正の数・負の数の乗法

負の数×正の数
正の数×負の数　……絶対値の積に負の符号をつけます。
負の数×負の数　……絶対値の積に正の符号をつけます。

答え
(1) $(-5)\times3=-(5\times3)=$ ①[　　]
(2) $6\times(-9)=-(6\times9)=$ ②[　　]
(3) $(-8)\times(-4)=+(8\times4)=$ ③[　　]

ここがポイント
負の数が1個の積は－，
負の数が2個の積は＋

●正の数・負の数の除法

教科書 p.34

□ **例題 2** 次の計算をしなさい。 ▶▶2

(1) $(-15)\div3$　(2) $16\div(-4)$　(3) $(-24)\div(-6)$

考え方　わり算のことを，除法(じょほう)といいます。異符号の2数の除法は，絶対値の商に負の符号－をつけます。同符号の2数の除法は，絶対値の商に正の符号＋をつけます。

プラスワン　正の数・負の数の除法

負の数÷正の数
正の数÷負の数　……絶対値の商に負の符号をつけます。
負の数÷負の数　……絶対値の商に正の符号をつけます。

答え
(1) $(-15)\div3=-(15\div3)=$ ①[　　]
(2) $16\div(-4)=-(16\div4)=$ ②[　　]
(3) $(-24)\div(-6)=+(24\div6)=$ ③[　　]

ここがポイント
負の数が1個の商は－，
負の数が2個の商は＋

●小数をふくむ乗除

教科書 p.35

□ **例題 3** 次の計算をしなさい。 ▶▶3

(1) $(-2.4)\times(-0.3)$　(2) $(-3.6)\div9$

考え方　小数をふくむ乗除でも，計算のしかたに変わりはありません。

答え
(1) $(-2.4)\times(-0.3)=+(2.4\times0.3)=$ ①[　　]
(2) $(-3.6)\div9=-(3.6\div9)=$ ②[　　]

乗法と除法をあわせて乗除ともいいます。

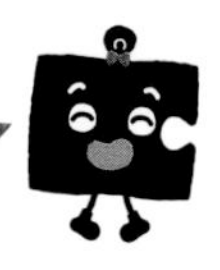

絶対理解 **1** 【正の数・負の数の乗法】次の計算をしなさい。

教科書 p.31 例 1, p.32 例 2, p.33 例 3

□(1) $(-4)\times 5$　　□(2) $(-7)\times 8$

□(3) $(-13)\times 5$　　□(4) $8\times(-6)$

□(5) $3\times(-8)$　　□(6) $(-3)\times(-6)$

□(7) $(-9)\times(-7)$　　□(8) $(-6)\times(-10)$

●キーポイント
同符号の2数の積
　絶対値の積に
　正の符号＋
異符号の2数の積
　絶対値の積に
　負の符号－

絶対理解 **2** 【正の数・負の数の除法】次の計算をしなさい。

教科書 p.34 例 4

□(1) $(-42)\div 6$　　□(2) $(-45)\div 9$

□(3) $12\div(-4)$　　□(4) $49\div(-7)$

□(5) $(-35)\div(-5)$　　□(6) $(-28)\div(-7)$

□(7) $3\div(-6)$　　□(8) $(-14)\div(-21)$

●キーポイント
同符号の2数の商
　絶対値の商に
　正の符号＋
異符号の2数の商
　絶対値の商に
　負の符号－

3 【小数をふくむ乗除】次の計算をしなさい。

教科書 p.35 例 5

□(1) $0.4\times(-8)$　　□(2) $(-5)\times 0.6$

□(3) $(-0.5)\times(-0.7)$　　□(4) $4.8\div(-6)$

□(5) $(-8)\div 0.2$　　□(6) $(-4.5)\div(-0.5)$

例題の答え **1** ①-15　②-54　③32　**2** ①-5　②-4　③4　**3** ①0.72　②-0.4

解答▶▶ p.5

1章 正の数・負の数

2節 正の数・負の数の計算
2 正の数・負の数の乗法，除法 ── ②

●分数をふくむ乗除

教科書 p.35～37

□ **例題 1** 次の計算をしなさい。 ▶▶1～3

(1) $\left(-\frac{5}{8}\right)\times\frac{4}{5}$　　(2) $\frac{2}{3}\div\left(-\frac{3}{5}\right)$

考え方　分数をふくむ乗除でも，計算のしかたに変わりはありません。
除法はわる数の逆数をかけて，除法を乗法になおして計算します。

プラスワン　分数をふくむ乗除

2つの数の積が1になるとき，一方の数を，他方の数の逆数(ぎゃくすう)といいます。
正の数・負の数でわるには，その数の逆数をかけます。

答え
(1) $\left(-\frac{5}{8}\right)\times\frac{4}{5}=-\left(\frac{5}{8}\times\frac{4}{5}\right)=$ ①□

(2) $\frac{2}{3}\div\left(-\frac{3}{5}\right)=\frac{2}{3}\times\left(-\frac{5}{3}\right)=-\left(\frac{2}{3}\times\frac{5}{3}\right)=$ ②□

●乗法の計算法則

教科書 p.37

□ **例題 2** 次の計算をしなさい。 ▶▶4

$(-5)\times13\times(-20)$

考え方　乗法の計算法則を使って，計算しやすくなるように，順序を変えます。

答え
$(-5)\times13\times(-20)=13\times(-5)\times(-20)$
$=$ ①□ $\times100=$ ②□

プラスワン　乗法の計算法則

乗法(じょうほう)の交換法則(こうかんほうそく)　$a\times b=b\times a$
$3\times4=4\times3$
乗法(じょうほう)の結合法則(けつごうほうそく)　$(a\times b)\times c=a\times(b\times c)$
$(3\times4)\times5=3\times(4\times5)$

● 3数以上の乗除

教科書 p.38～39

□ **例題 3** 次の計算をしなさい。 ▶▶5 6

(1) $8\div\left(-\frac{4}{3}\right)\times\left(-\frac{1}{2}\right)$　　(2) $\left(-\frac{6}{5}\right)\div(-3)\div\left(-\frac{2}{15}\right)$

考え方　乗除の混じった式は，乗法だけの式にしてから計算します。

答え
(1) $8\div\left(-\frac{4}{3}\right)\times\left(-\frac{1}{2}\right)=8\times\left(-\frac{3}{4}\right)\times\left(-\frac{1}{2}\right)$
$=+\left(8\times\right.$ ①□ $\left.\times\frac{1}{2}\right)=$ ②□

(2) $\left(-\frac{6}{5}\right)\div(-3)\div\left(-\frac{2}{15}\right)=\left(-\frac{6}{5}\right)\times($ ③□ $)\times\left(-\frac{15}{2}\right)$
$=-\left(\frac{6}{5}\times\right.$ ④□ $\left.\times\frac{15}{2}\right)=$ ⑤□

ここがポイント
負の数が奇数個（1個，3個，…）の乗除は－，
負の数が偶数個（2個，4個，…）の乗除は＋

1 【分数をふくむ乗法】次の計算をしなさい。

教科書 p.35 例 6

□(1) $\frac{5}{6}\times\left(-\frac{3}{4}\right)$　□(2) $\left(-\frac{2}{5}\right)\times\left(-\frac{9}{4}\right)$

2 【逆数】次の数の逆数を答えなさい。

教科書 p.36 例 7

□(1) $-\frac{5}{6}$　□(2) -8　□(3) $-\frac{1}{5}$

⚠ミスに注意
負の数の逆数は，負の数になります。

3 【分数をふくむ除法】除法を乗法になおして，次の計算をしなさい。

教科書 p.36 例 8

□(1) $\frac{5}{6}\div\left(-\frac{5}{9}\right)$　□(2) $\left(-\frac{2}{7}\right)\div 6$

●キーポイント
わる数の逆数をかけて乗法になおします。

4 【乗法の計算法則】乗法の計算法則を使って，次の計算をしなさい。

教科書 p.37 問 10

□(1) $(-5)\times 19\times(-2)$　□(2) $25\times(-17)\times 4$

5 【3 数以上の乗法】次の計算をしなさい。

教科書 p.38 例 9

□(1) $(-2)\times 4\times(-3)\times 7$　□(2) $\frac{2}{5}\times\frac{3}{2}\times\left(-\frac{5}{6}\right)$

●キーポイント
乗法だけの計算では，まず負の数が何個あるかを数えて，計算の結果の符号を決めます。

6 【3 数以上の乗除】次の計算をしなさい。

教科書 p.38 例 10

□(1) $\left(-\frac{4}{5}\right)\times\left(-\frac{1}{2}\right)\div\frac{8}{5}$　□(2) $\left(-\frac{3}{4}\right)\div 6\times\left(-\frac{4}{7}\right)$

□(3) $\frac{7}{12}\times\left(-\frac{3}{5}\right)\div\frac{14}{15}$　□(4) $\left(-\frac{5}{6}\right)\div\left(-\frac{4}{3}\right)\div\left(-\frac{5}{2}\right)$

●キーポイント
乗法と除法の混じった計算は，乗法だけの式になおし，次に計算の結果の符号を決めます。

例題の答え **1** ① $-\frac{1}{2}$　② $-\frac{10}{9}$　**2** ①13　②1300　**3** ① $\frac{3}{4}$　②3　③ $-\frac{1}{3}$　④ $\frac{1}{3}$　⑤ -3

解答▶▶ p.5

2節 正の数・負の数の計算 [1], [2]

よく出る
1 次の計算をしなさい。

□(1) $13+(-31)$　□(2) $-19+(+44)$　□(3) $(-55)+(-63)$

□(4) $9-36$　□(5) $(-16)-(+15)$　□(6) $-8-(-21)$

□(7) $-6.8+8.4$　□(8) $5.7+(-9.3)$　□(9) $-2.7-3.7$

2 次の計算をしなさい。

□(1) $\frac{1}{2}+\left(-\frac{3}{4}\right)$　□(2) $-\frac{2}{3}+\frac{6}{7}$

□(3) $\frac{2}{3}-\left(-\frac{3}{4}\right)$　□(4) $-\frac{1}{4}-\left(-\frac{4}{5}\right)$

3 次の計算をしなさい。

□(1) $-14-8+6-23$　□(2) $29+(-11)-(-30)-22$

□(3) $6+(-18)-13-(-14)$　□(4) $-0.6-(-6.7)+4.2-(-5.1)$

ヒント
1 (6)減法を加法になおして計算します。$-8-(-21)=-8+(+21)=-8+21$
3 (2)$29+(-11)-(-30)-22=29-11+30-22=29+30-11-22$

定期テスト予報

●減法は加法に，除法は乗法になおして計算できることを理解しておこう。
加減の混じった計算は，正の項と負の項に分けてから計算することがポイントになるよ。だから，式の項という考えはとても大切なんだ。除法の計算では，わる数の逆数をかけて計算するよ。

よく出る **4** 次の計算をしなさい。

□(1) $(-18)\times4$　　□(2) $(-15)\times(-6)$　　□(3) $0\times(-13)$

□(4) $(-9)\div2$　　□(5) $(-39)\div(-3)$　　□(6) $56\div(-8)$

□(7) $(-2.4)\times(-4)$　　□(8) $(-1.6)\div(-0.4)$　　□(9) $0\div(-3.5)$

よく出る **5** 次の計算をしなさい。

□(1) $\frac{4}{3}\times\left(-\frac{5}{6}\right)$　　□(2) $(-21)\times\left(-\frac{3}{7}\right)$

□(3) $\left(-\frac{3}{8}\right)\div\left(-\frac{1}{4}\right)$　　□(4) $\left(-\frac{18}{5}\right)\div\frac{14}{15}$

6 次の計算をしなさい。

□(1) $(-4)\times11\times(-25)$　　□(2) $12.5\times(-3.1)\times(-8)$

□(3) $\left(-\frac{8}{3}\right)\div\left(-\frac{16}{5}\right)\div\left(-\frac{8}{27}\right)$　　□(4) $\frac{1}{3}\div\left(-\frac{7}{12}\right)\times(-1.4)$

ヒント
5 (3)負の数の逆数は負の数であることに注意して，乗法になおします。
6 (1)，(2)乗法の計算法則を使って，計算しやすい順序に入れかえます。

解答▶▶ p.6

2節 正の数・負の数の計算
3 いろいろな計算

●指数をふくむ計算

教科書 p.40

□ **例題 1** 次の計算をしなさい。 ▶▶1

(1) $2^2\times3^2$　　(2) $(-6)^2\div(-3^2)$

考え方 (2) $(-3)^2=(-3)\times(-3)$ と $-3^2=-(3\times3)$ の違いに注意します。

答え (1) $2^2\times3^2=$ ① $\times9=$ ②

(2) $(-6)^2\div(-3^2)=36\div($ ③ $)$

$=$ ④

プラスワン 同じ数の積

同じ数の積は，

$4\times4=4^2$　　$4\times4\times4=4^3$

のように表し，4^2 を 4 の 2 乗（じょう），4^3 を 4 の 3 乗と読みます。

4^2，4^3 の右上の小さい数 2，3 を指数（しすう）といいます。

●四則が混じった計算

教科書 p.41

□ **例題 2** 次の計算をしなさい。 ▶▶2 3

(1) $18-(-4)\times(-7)$　　(2) $(-4)\times\{-5-(-2)\}+9$

考え方 (1) 四則（しそく）が混じった式では，乗法，除法をさきに計算します。

(2) かっこがある式では，かっこの中をさきに計算します。

答え (1) $18-(-4)\times(-7)=18-$ ① $=$ ②

(2) $(-4)\times\{-5-(-2)\}+9=(-4)\times(-5+2)+9$

$=(-4)\times(-3)+9=$ ③ $+9=$ ④

数の加法，減法，乗法，除法をまとめて四則といいます。

●分配法則

教科書 p.42

□ **例題 3** 分配法則（ぶんぱいほうそく）を使って，次の計算をしなさい。 ▶▶4

(1) $\left(\frac{2}{3}+\frac{3}{4}\right)\times(-12)$　　(2) $18\times\left(-\frac{1}{6}+\frac{1}{2}\right)$

考え方 $(a+b)\times c$ の形と $c\times(a+b)$ の形のどちらを使うかを考えます。

答え (1) $\left(\frac{2}{3}+\frac{3}{4}\right)\times(-12)=\frac{2}{3}\times(-12)+\frac{3}{4}\times(-12)$

$=-8+($ ① $)=$ ②

(2) $18\times\left(-\frac{1}{6}+\frac{1}{2}\right)=18\times\left(-\frac{1}{6}\right)+18\times\frac{1}{2}$

$=$ ③ $+9=$ ④

プラスワン 分配法則

a，b，c がどんな数であっても，次の分配法則が成り立ちます。

$(a+b)\times c=a\times c+b\times c$

$c\times(a+b)=c\times a+c\times b$

1 【指数をふくむ計算】次の計算をしなさい。

教科書 p.40 例 1, 例 2

□(1) $(-2)^2$　□(2) -7^2

⚠ミスに注意
$(-a)^2=(-a)\times(-a)$
$-a^2=-(a\times a)$

□(3) $(-3)\times(-2)^3$　□(4) $(-3^3)\div3^2$

□(5) $(-5^2)\times(-1)^2$　□(6) $(-1)^3\times(-6)\times(-3^2)$

2 【四則が混じった計算】次の計算をしなさい。

教科書 p.41 例 3

□(1) $17-12\div(-6)$　□(2) $24-(-5)\times(-7)$

□(3) $(-32)\div(-8)-9\times(-3)$　□(4) $(-56)\div(-7)+(-6)\times8$

□(5) $-8^2-3\times(-2)^2-19$　□(6) $(-2^4)\div2^3-(-5)^2$

●キーポイント
四則が混じった計算の順序
① 指数
② (　)の中
③ 乗法，除法
④ 加法，減法

3 【かっこがある式の計算】次の計算をしなさい。

教科書 p.41 例 4

□(1) $-8\times\{(-2)-3\}$　□(2) $13+(-9+2)\times(5-2)$

□(3) $2\times\{-5-(-4)\}\times(-7)$　□(4) $20-\{(-2)^3-(6-15)\}$

4 【分配法則】分配法則を使って，次の計算をしなさい。

教科書 p.42 問 5

□(1) $18\times\left(\dfrac{4}{9}-\dfrac{5}{6}\right)$　□(2) $\left(-\dfrac{2}{3}+\dfrac{1}{2}\right)\times(-12)$

例題の答え **1** ① 4　② 36　③ −9　④ −4　**2** ① 28　② −10　③ 12　④ 21　**3** ① −9　② −17　③ −3　④ 6

解答▶▶ p.7

1章　正の数・負の数

2節　正の数・負の数の計算
4　数の世界のひろがり

●数の集合と四則計算

教科書 p.44〜45

□ 例題 1　次の問いに答えなさい。　▶▶1

(1)　2つの自然数（しぜんすう）を取り出し，加法，減法，乗法，除法の計算をするとき，その答えがいつでも自然数になる計算を答えなさい。

(2)　2つの整数を取り出し，加法，減法，乗法，除法の計算をするとき，その答えがいつでも整数になる計算を答えなさい。

考え方　具体的な数をあてはめて考えます。

答え　(1)　3+5，3−5，3×5，3÷5 などの計算結果から，加法と ①［　　］

(2)　−2+6，−2−6，−2×6，−2÷6 などの計算結果から，

加法，②［　　］，③［　　］

プラスワン　数の集合

自然数の集合（しゅうごう）…自然数全体の集まり

整数の集合……自然数と 0 と負の整数をあわせた集まり

数全体の集合…整数に加えて，小数や分数までふくめた数の集まり

●素数

教科書 p.46

□ 例題 2　次の自然数の中から，素数（そすう）をすべて選びなさい。　▶▶2

11，　16，　19，　23，　27，　31，　37，　41，　49，　52

考え方　約数を調べて，素数を見つけます。

答え　小さい順に選ぶと，

11，①［　　］，②［　　］，③［　　］，37，④［　　］

プラスワン　素数

1 とその数のほかに約数がない自然数を**素数**といいます。ただし，1 は素数にはふくめません。

素数の約数の個数は 2 個　ここがポイント

●素因数分解

教科書 p.47

□ 例題 3　自然数 70 を素因数分解（そいんすうぶんかい）しなさい。　▶▶3〜5

考え方　素因数分解するには，次のような図をかいて自然数の積で表していく方法と，商が素数になるまで素数で次々にわっていく方法があります。

プラスワン　素因数分解

$24=2^3\times3$ のように，自然数を素数だけの積で表すことを**素因数分解する**といいます。

答え

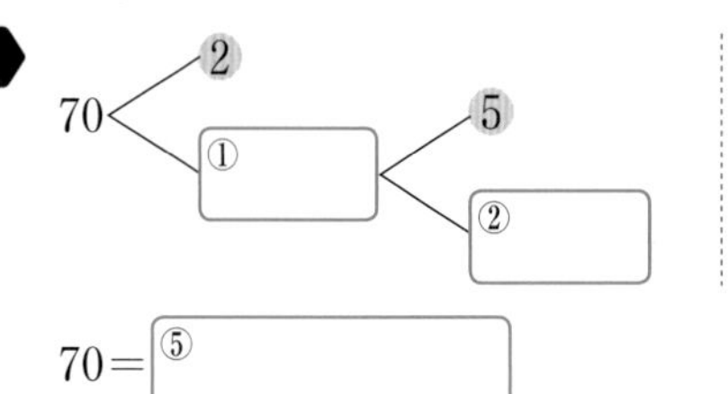

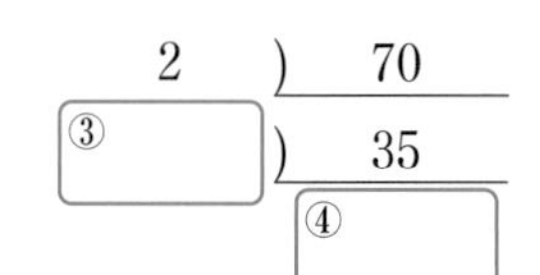

70＝⑤［　　］

偶数は 2 でわり切れるので偶数なら，まず 2 でわりましょう。

絶対理解 **1** **【数の集合と四則計算】** 整数の集合と数全体の集合を考えます。加減乗除のそれぞれの計算をすると，その集合の中で計算がいつでもできるときは○，そうでないときは△を，下の表に書き入れなさい。ただし，0でわる場合を除きます。

教科書 p.45

	加法	減法	乗法	除法
整数の集合				
数全体の集合				

●キーポイント
具体的な数を使って，加減乗除のそれぞれの計算がいつでもできるかどうかを調べます。

2 **【素数】** 次の問いに答えなさい。

教科書 p.46 問2

□(1) 次の数のうち，素数をすべて答えなさい。

1，　3，　9，　15，　17，　20，　21，　23

□(2) 30以上40以下の素数をすべて答えなさい。

⚠ミスに注意
1は素数ではありません。1の約数は1だけで1個しかありません。素数の約数は，必ず2個あります。

3 **【素因数分解】** 次の自然数を，素因数分解しなさい。

教科書 p.47 例1

□(1) 36　　□(2) 98　　□(3) 168

4 **【素因数分解と倍数】** 次の㋐～㋕の中から，4の倍数をすべて選びなさい。また，21の倍数をすべて選びなさい。

教科書 p.47 問4

㋐ $2^4\times5$　　㋑ $2\times3^2\times17$　　㋒ $2^2\times5\times11$

㋓ $2\times3\times7^2$　　㋔ $3^2\times5\times7$　　㋕ $3\times5^2\times13$

●キーポイント
$4=2^2$ で，4の倍数は 2^2 と整数の積です。
また，$21=3\times7$ で，21の倍数は 3×7 と整数の積です。

5 **【素因数分解と倍数】** 105にできるだけ小さい自然数をかけて，18の倍数にするにはどんな数をかければよいですか。

教科書 p.47 問5

●キーポイント
18の倍数と整数の積にするには，どんな数をかければよいかを考えます。

例題の答え **1** ①乗法　②減法　③乗法　**2** ①19　②23　③31　④41　**3** ①35　②7　③5　④7　⑤$2\times5\times7$

解答▶▶ p.7

3節 正の数・負の数の利用
1 正の数・負の数の利用

●正の数・負の数の利用

教科書 p.50〜51

□ **例題 1** 下の表は，5人のハンドボール投げの記録です。20 m を仮平均(かりへいきん)とする表をつくりなさい。
また，その表をもとに，5人の記録の平均を求めなさい。 ▶▶1 2

	Aさん	Bさん	Cさん	Dさん	Eさん
投げた距離(きょり) (m)	18	24	15	22	26

考え方 投げた距離が仮平均より短い場合は，負の数を使って，仮平均との違いを表します。
仮平均との違いの平均を求めて，仮平均にたすと，平均が求められます。

答え 20 m を仮平均として，仮平均との違いを表にすると，下のようになる。

	Aさん	Bさん	Cさん	Dさん	Eさん
仮平均との違い (m)	−2	+4	−5	①	②

平均は，

$\{(-2)+(+4)+(-5)+(①\square)+(②\square)\}\div 5+20=③\square$ (m)

□ **例題 2** 下の表は，ある店の月曜日から金曜日までの客の人数について，仮平均を使って平均を求めようとしている表です。 ▶▶3 4

	月	火	水	木	金
客の人数(人)		71		82	74
仮平均との違い(人)	+5		−7		−6

(1) 空欄(くうらん)をうめて，表を完成させなさい。
(2) 表をもとに，月曜日から金曜日までの客の人数の平均を求めなさい。

考え方 (1) まず，仮平均を求めます。それから，空欄をうめていきます。

答え (1) 金曜日の値から，仮平均は，$74-(-6)=①\square$ (人)とわかる。

表の空欄②〜⑤にあてはまる数は，

	月	火	水	木	金
客の人数(人)	②	71	④	82	74
仮平均との違い(人)	+5	③	−7	⑤	−6

(2) 平均は，$\{(+5)+(③\square)+(-7)+(⑤\square)+(-6)\}\div 5+①\square$

$=⑥\square$ (人)

1 **【正の数・負の数の利用】** ある中学校の図書委員会では，読書週間に1日あたり120冊の本を貸し出すことを目標にしました。読書週間に実際に貸し出した本の冊数を調べたところ，下の表のようになりました。空欄をうめて，下の表を完成させなさい。
また，この5日間の貸し出した本の冊数の平均を求めなさい。

教科書 p.50 問1, p.51 問2

	月	火	水	木	金
貸し出した本の冊数(冊)	127	114	131	105	143
目標(120冊)との違い(冊)	+7	−6			

●キーポイント
目標との違いの平均を求めて，目標にたすと，平均を求めることができます。

2 **【正の数・負の数の利用】** ほのかさんは，計算テストの得点を，80点を目標にしました。下の表は，1回から6回までの得点を，目標にした80点を仮平均にしてまとめたものです。ほのかさんの，6回の計算テストの平均点を求めなさい。

教科書 p.51 問2

	1回	2回	3回	4回	5回	6回
仮平均との違い(点)	+12	−5	0	+4	−8	−6

⚠ミスに注意
平均点は小数で表されることもあります。

3 **【正の数・負の数の利用】** 下の表は，5人の垂直跳び(すいちょくと)びの記録から，仮平均を使って平均を求めようとしている表です。空欄をうめて，下の表を完成させなさい。
また，5人の垂直跳びの記録の平均を求めなさい。

教科書 p.51 問3, 問4

	Aさん	Bさん	Cさん	Dさん	Eさん
跳べた高さ(cm)	53		42		38
仮平均との違い(cm)		−10		+2	−7

●キーポイント
跳べた高さと仮平均との違いがわかっている人の値から，まず仮平均の値を求めます。

4 **【正の数・負の数の利用】** あるコーヒー店は，1日の売上数を，50杯(ぱい)を基準にして，下の表のように記録しています。

教科書 p.51 練習問題1

	月	火	水	木	金	土
売上数(杯)	−1	0	−7	−3	+6	+17

月曜日から土曜日までの売上数の平均を求めなさい。
また，この6日間の総売上数を求めなさい。

●キーポイント
(総売上数)÷(日数)＝(平均)だから，総売上数は，次の式で求められます。
(総売上数)
＝(平均)×(日数)

例題の答え **1** ①+2 ②+6 ③21 **2** ①80 ②85 ③−9 ④73 ⑤+2 ⑥77

2節 正の数・負の数の計算 3, 4
3節 正の数・負の数の利用 1

1 次の計算をしなさい。

□(1) $(-7)^2\times(-2^2)$　　□(2) $(-6^2)\div(-3)^2$

□(3) $5^2\times(-1)^3\times(-3)^2$　　□(4) $(-3)^3\div2^3\div(-4^2)$

□(5) $\left(-\frac{4}{9}\right)\times\left(-\frac{3}{4}\right)^2\div\left(-\frac{1}{4}\right)$　　□(6) $\frac{2}{3}\times\left(-\frac{1}{2}\right)^2-\left(-\frac{5}{6}\right)$

2 次の計算をしなさい。

□(1) $32-(-8)\times(-5)$　　□(2) $(-6)+12\div(-9)\times6$

□(3) $26-\{-7-3\times(-3)\}\times(-1)$　　□(4) $\{18-(-35)\div7\}\times(-8)-(-3)$

3 分配法則を利用して，次の計算をしなさい。

□(1) $(-12)\times\left(\frac{1}{3}-\frac{3}{4}\right)$　　□(2) $(-71)\times86-29\times86$

4 数全体の集合のうち，正の数全体について考えます。加減乗除のそれぞれの計算のうち，
□ **いつでもできるものを答えなさい。**

ヒント　3 (2)分配法則 $(a+b)\times c=a\times c+b\times c$ から，$a\times c+b\times c=(a+b)\times c$ の式も成り立ちます。
$(-71)\times86-29\times86=(-71-29)\times86$

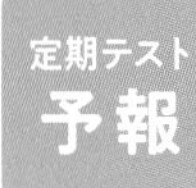

●加減乗除をふくむ式の計算の順序に注意しよう。
原則は乗除がさきですが，かっこがあったり，分配法則を使ったりするときは原則がくずれることもあるよ。また，指数の計算では $(-2)^2$ と -2^2 の区別などに特に注意しよう。

5 次の自然数の中から，素数をすべて選びなさい。

□ 13，18，22，29，34，39，43，47，51

6 次の自然数を素因数分解しなさい。

□(1) 280　□(2) 594　□(3) 950

7 504 をできるだけ小さい自然数でわって，ある自然数の 2 乗にするには，どんな数でわればよいですか。□

8 次の 3 つの数をすべてわり切ることのできるもっとも大きい自然数を求めなさい。

□ 252，462，735

9 ある 5 人の生徒の数学のテストの点数を，目標の 70 点を基準にして，下の表のようにまとめました。この 5 人の平均点を求めなさい。□

	A さん	B さん	C さん	D さん	E さん
点数(点)	+15	−7	0	−4	+21

10 下の表は，あるカレー店の 1 週間の売上数の平均を，仮平均を使って求めようとしている表です。空欄をうめて表を完成させなさい。□
また，1 週間の平均を求めなさい。

	月	火	水	木	金	土	日
売上数(皿)	79		58		68	86	
仮平均との違い(皿)		−7		−8	−2		+18

ヒント
7 ●^{2}×■^{2} の形になれば，●×■の 2 乗になります。
8 252，462，735 を素因数分解したとき，共通する素数ではすべてわり切れます。

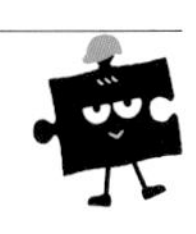

解答▶▶ p.8

ぴたトレ 3
確認テスト

1章　正の数・負の数

時間30分　／100点　合格70点

❶ 次の問いに答えなさい。 知

(1)　0 より 5 小さい数を答えなさい。

(2)　「東へ 3 km 進む」ことを，「西へ」ということばを使って表しなさい。

(3)　-4.8 より大きい整数のうちで，もっとも小さい数を答えなさい。

(4)　絶対値が 2 より小さい整数をすべて答えなさい。

(5)　-2 より -6 小さい数を答えなさい。

(6)　次の数を，小さい方から順に並べなさい。

$$-1.4,\quad -2,\quad 0.1,\quad -\frac{3}{10},\quad -\frac{5}{4}$$

❶　点/12点（各2点）

(1)	
(2)	
(3)	
(4)	
(5)	
(6)	

❷ 次の数の中から，下の(1)～(6)にあてはまる数をすべて答えなさい。 知

$$-5,\quad 3,\quad -0.01,\quad 17,\quad -\frac{1}{5},\quad \frac{1}{2},\quad -13.5,\quad 1$$

(1)　整数　　(2)　もっとも小さい数

(3)　絶対値がもっとも大きい数　　(4)　0 にもっとも近い数

(5)　3 乗すると負の数になる数　　(6)　素数

❷　点/12点（各2点）

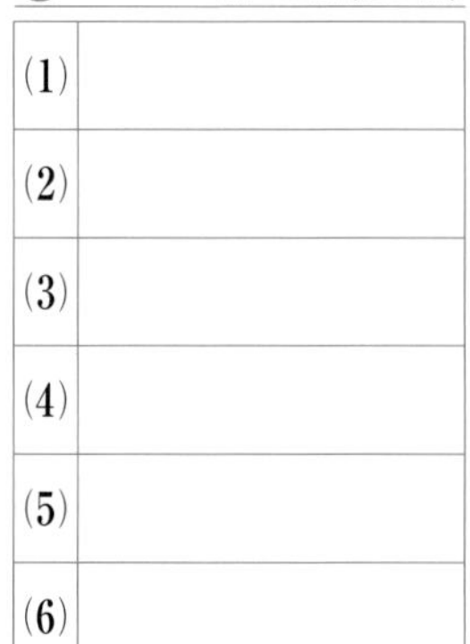

❸ 次の計算をしなさい。 知

(1)　$(-27)+13$　　(2)　$-31-(-15)$

(3)　$(-1.6)+(-2.3)+1.4$　　(4)　$\frac{3}{8}-\frac{5}{8}-\frac{7}{8}$

(5)　$(-3)\times(-13)$　　(6)　$1\div\left(-\frac{2}{5}\right)$

(7)　$(-2)^3\times(-6)\div(-12)$　　点UP (8)　$\left(-\frac{3}{4}\right)^2\times\left(-\frac{2}{3}\right)\div\left(-\frac{1}{2}\right)^3$

❸　点/32点（各4点）

(1)	
(2)	
(3)	
(4)	
(5)	
(6)	
(7)	
(8)	

成績評価の観点　知…数量や図形などについての知識・技能　考…数学的な思考・判断・表現

❹ 次の計算をしなさい。 知

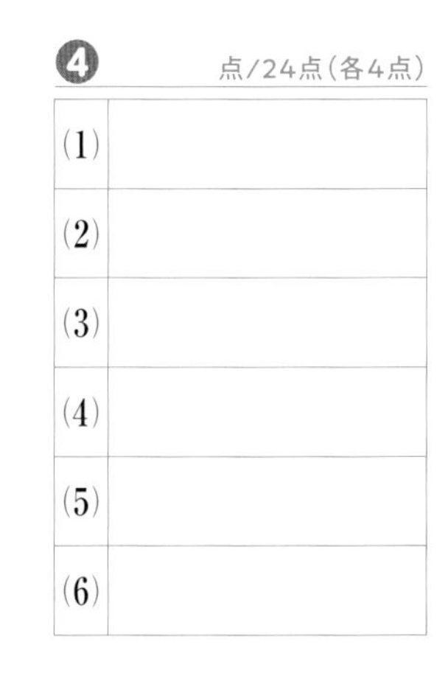

(1)　$(-46)-(-14)\times(-3)$

(2)　$\{-3+2\times(-5)\}\times(-2)$

(3)　$\{(9-15)\div(-2)+13\}+(-5)$

(4)　$\frac{1}{3}\times\left\{-\frac{1}{6}-\left(-\frac{2}{3}\right)\right\}$

(5)　$(-1.5)\times\frac{1}{3}+0.9\div\left(-\frac{3}{4}\right)$

(6)　$(-6)^2\times\frac{5}{9}-0.5^2\times(-16)$

❹	点/24点(各4点)
(1)	
(2)	
(3)	
(4)	
(5)	
(6)	

❺ 次の問いに答えなさい。 考

(1)　165にできるだけ小さい自然数をかけて，12の倍数にするには，どんな数をかければよいですか。

(2)　次の数の中から，15の倍数でもあり，21の倍数でもある数をすべて選びなさい。

168,　180,　210,　280,　315

❺	点/8点(各4点)
(1)	
(2)	

❻ 下の表は，ある1週間の正午の気温を，日曜日の気温を基準として，それより高い気温を＋，低い気温を－で表したものです。 考

	日	月	火	水	木	金	土
気温(℃)	0	−1	+5	+2	−2	−1	+4

(1)　もっとも気温が低かったのは何曜日ですか。

(2)　火曜日と金曜日の気温の差を求めなさい。

(3)　この1週間の平均気温が21 ℃だったとき，日曜日の気温を求めなさい。

❻	点/12点(各4点)
(1)	
(2)	
(3)	

1章　教科書10～55ページ

知　/80点　考　/20点

解答▶▶ p.9

教科書のまとめ〈1章　正の数・負の数〉

●数の大小

1　正の数は負の数より大きい。
2　正の数は0より大きく，絶対値が大きいほど大きい。
3　負の数は0より小さく，絶対値が大きいほど小さい。

●正の数・負の数の加法

1　同符号（どうふごう）の2数の和
　符　号……2数と同じ符号
　絶対値……2数の絶対値の和
2　異符号（いふごう）の2数の和
　符　号……絶対値の大きい方の符号
　絶対値……2数の絶対値の大きい方から小さい方をひいた差

●加法の計算法則

・加法の交換（こうかん）法則　$a+b=b+a$
・加法の結合（けつごう）法則　$(a+b)+c=a+(b+c)$

●正の数・負の数の減法

正の数・負の数をひくには，符号を変えた数をたせばよいです。

●加法と減法の混じった式の計算

①項（こう）を並べた式になおす
→②同符号の数を集める
→③同符号の数の和を求める

●正の数・負の数の乗法，除法

1　同符号の2数の積，商
　符　号……正
　絶対値……2数の絶対値の積，商
2　異符号の2数の積，商
　符　号……負
　絶対値……2数の絶対値の積，商

●乗法の計算法則

・乗法の交換法則　$a\times b=b\times a$
・乗法の結合法則　$(a\times b)\times c=a\times(b\times c)$

●積の符号と絶対値

積の符号……負の符号の個数が { 偶数（ぐうすう）個のとき＋ / 奇数（きすう）個のとき－ }
積の絶対値……それぞれの数の絶対値の積

●四則やかっこの混じった式の計算

・指数があれば，指数をさきに計算します。
・四則が混じった式では，乗法，除法をさきに計算します。
・かっこがある式では，ふつうはかっこの中をさきに計算します。

(例)　$4\times(-3)+2\times\{(-2)^2-1\}$
$=-12+2\times(4-1)$
$=-12+2\times3$
$=-12+6$
$=-6$

●分配法則

・$(a+b)\times c=a\times c+b\times c$
・$c\times(a+b)=c\times a+c\times b$

●素数

1とその数のほかに約数がない自然数を**素数**（そすう）といいます。
1は素数にふくめません。

●素因数分解

自然数を素数だけの積で表すことを，自然数を**素因数分解**（そいんすうぶんかい）するといいます。

(例)　42を素因数分解すると，
$42=\underline{2}\times\underline{3}\times\underline{7}$
（2, 3, 7 → 素数）

2章　文字の式

□文字と式　◀小学6年

同じ値段のおかしを3個買います。

おかし1個の値段が50円のときの代金は,

50　×　3　=　150　で150円です。

おかし1個の値段を□円，代金を△円としたときの□と△の関係を表す式は,

おかし1個の値段　×　個数　=　代金　だから,

□　×　3　=　△　と表されます。

さらに，□を x，△を y とすると,

x　×　3　=　y　と表されます。

1 同じ値段のクッキー6枚と，200円のケーキを1個買います。　◀小学6年〈文字と式〉

(1) クッキー1枚の値段が80円のときの代金を求めなさい。

ヒント
ことばの式に表して考えると……

(2) クッキー1枚の値段を x 円，代金を y 円として，x と y の関係を式に表しなさい。

(3) x の値が90のときの y の値を求めなさい。

2 右の表で，ノート1冊の値段を x 円としたとき，次の式は何を表しているかを答えなさい。　◀小学6年〈文字と式〉

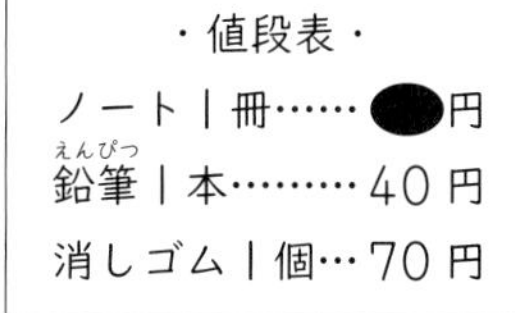
・値段表・
ノート1冊……●円
鉛筆(えんぴつ)1本………40円
消しゴム1個…70円

(1) $x\times8$

(2) $x+40$

(3) $x\times4+70$

ヒント
(3) $x\times4$ は，ノート4冊の代金だから……

解答▶▶ p.11

1節 文字を使った式
1 数量を文字で表すこと

●文字を使って表すこと

教科書 p.58

□ **例題 1** 1本50円の鉛筆(えんぴつ)を1本，2本，……と買うとき，代金を表す式は，右の表のようになります。 ▸▸1

(1) 3本買うとき，代金を表す式を書きなさい。

(2) a 本買うとき，代金を表す式を書きなさい。

鉛筆の本数(本)	代金(円)
1	50×1
2	50×2
3	

考え方 代金は，鉛筆の本数ということばを使うと，次の式で表されます。

50×鉛筆の本数＝代金

（50：鉛筆1本の値段）

答え (1) 鉛筆の本数の部分に3をあてはめると，

① ＿＿＿＿ (円)

(2) 鉛筆の本数の部分に a をあてはめると，

② ＿＿＿＿ (円)

(2)のように，文字を使った式を文字式といいます。

●数量を文字を使った式で表す

教科書 p.59

□ **例題 2** 水2L入りのペットボトルがあります。x Lずつ3回飲みました。残りの水は何Lですか。x を使った文字式で表しなさい。 ▸▸2

考え方 残りの水の量は，1回に飲む量ということばを使うと，次の式で表されます。

2－1回に飲む量×飲む回数＝残りの水の量

（2：はじめの水の量）

答え 1回に飲む量の部分に x，飲む回数の部分に3をあてはめると，

＿＿＿＿ (L)

●2種類の文字で表される数量

教科書 p.59

□ **例題 3** 長方形の縦が a cm，横が b cm のとき，周の長さは何 cm ですか。a と b を使った文字式で表しなさい。 ▸▸3

考え方 長方形の周の長さは，ことばの式で表すと，次のようになります。

縦の長さ×2＋横の長さ×2＝長方形の周の長さ

（縦が2つ　横が2つ）

長方形の周の長さは，(縦の長さ＋横の長さ)×2と表すこともできます。

答え 縦の長さの部分に a，横の長さの部分に b をあてはめると，

＿＿＿＿ (cm)

1 【文字を使って表すこと】1個80円の品物を，1個，2個，3個，……買って，1000円を出したときのおつりについて，次の問いに答えなさい。

教科書 p.58 問1

80円の品物の個数(個)	おつり(円)
1	$1000-80\times1$
2	$1000-80\times2$
3	$1000-80\times3$
4	
5	

□(1)　4個買ったとき，おつりを表す式を書きなさい。

●キーポイント
(品物の個数)ということばを使って式をつくり，(品物の個数)の部分に数や文字をあてはめます。

□(2)　x 個買ったとき，おつりを表す式を書きなさい。

絶対理解 **2** 【数量を文字を使った式で表す】次の数量を表す式を書きなさい。　教科書 p.59 問2

□(1)　学級全体の人数が32人で，男子が a 人のときの女子の人数

●キーポイント
ことばの式をつくって考えます。

□(2)　底辺が a cmで，高さが5cmの平行四辺形の面積

□(3)　1個150円のりんご x 個を，70円の箱につめてもらったときの代金

よく出る **3** 【2種類の文字で表される数量】次の数量を表す式を書きなさい。　教科書 p.59 例1

□(1)　a 円の品物を3個，b 円の品物を4個買ったときの代金

□(2)　1000円札 x 枚と，100円硬貨(こうか) y 枚をあわせた金額

□(3)　6人に a 本ずつ配っても，b 本余る鉛筆の総本数

例題の答え　**1** ①$50\times3$　②$50\times a$　**2** $2-x\times3$　**3** $a\times2+b\times2$　$((a+b)\times2)$

解答▶▶ p.11

1節 文字を使った式
2 文字式の表し方

●文字式の表し方

教科書 p.60〜61

□ **例題 1** 次の式を，文字式の表し方にしたがって書きなさい。 ▶▶ 1 2

(1) $b\times4\times a$　　(2) $m\times m\times3$　　(3) $(a+b)\div2$

考え方　文字式で積や商を表すときには，次のようにします。

❶ かけ算の記号×を省いて書く。

❷ 文字と数の積では，数を文字の前に書く。

❸ 同じ文字の積は，指数を使って書く。

❹ わり算は，記号÷を使わないで，分数の形で書く。

答え (1) $b\times4\times a=$ ①[　　]

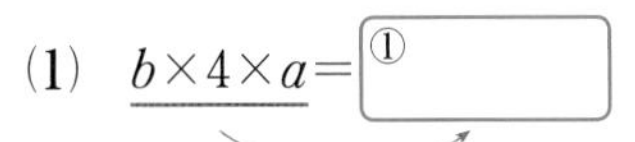

数は文字の前に書き，
文字はアルファベット順に書く

(2) $m\times m\times3=$ ②[　　]

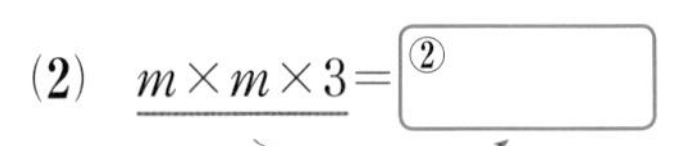

数は文字の前に書き，
同じ文字の積は指数を使って書く

(3) $(a+b)\div2=\dfrac{③[\quad]}{2}$

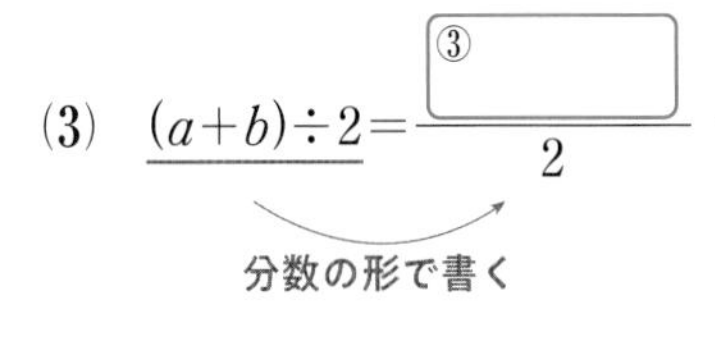

分数の形で書く

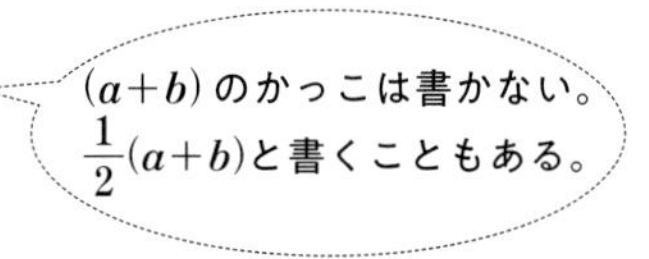

記号＋，－は省略できません。

●文字式と数量

教科書 p.62〜63

□ **例題 2** 次の数量を表す式を書きなさい。 ▶▶ 3

(1) 1000円を出して，1個 x 円のボールを2個買ったときのおつり

(2) 時速 y km で3時間走ったときの道のり

(3) 全校生徒 a 人の11％の人数

考え方　ことばの式をつくってから，文字式の表し方にしたがって，文字や数をあてはめます。

答え (1) おつり＝出したお金－代金だから，1000－①[　　]（円）

(2) 道のり＝速さ×時間だから，②[　　]（km）

(3) 11％は $\frac{11}{100}$ で表されるから，全校生徒の人数×割合で，③[　　]（人）

11％を小数で表すと，0.11になるので，$0.11a$（人）と表すこともできる。

●式の意味

教科書 p.63〜64

□ **例題 3** 1本 a 円のばらと1本 b 円のゆりがあります。$a+3b$（円）は何を表していますか。 ▶▶ 4

考え方　a が何を表し，$3b$ が何を表すかを考えます。

答え $a+3b$ は，ばら①[　　]とゆり②[　　]の代金を表す。

$a\times1$　$b\times3$

よく出る **1** 【文字式の表し方】次の式を，文字式の表し方にしたがって書きなさい。 教科書 p.60 例 1, p.61 例 2, 例 3

□(1) $x\times x\times 5\times y$　□(2) $a\times b\times(-1)$

□(3) $(a+b)\times 7$　□(4) $(x-y)\div 3$

□(5) $20\times a-12$　□(6) $b\times(-3)-c\div 5$

⚠ミスに注意
$1\times x$ または $x\times 1$ は $1x$ とは書かずに，単に x と書きます。
$(-1)\times x$，$x\times(-1)$ は $-x$ と書きます。

2 【文字式の表し方】次の式を，記号×，÷を使って表しなさい。 教科書 p.60 問 2, p.61 問 4, 問 6

□(1) $2xy$　□(2) $\dfrac{a-b}{7}$

□(3) $2a-3b$　□(4) $\dfrac{x}{3}-2(y+z)$

⚠ミスに注意
$\dfrac{x+y}{2}$ を÷を使って表すときには，$x+y$ にかっこをつけて，$(x+y)\div 2$ と表します。

絶対理解 **3** 【文字式と数量】次の数量を表す式を，文字式の表し方にしたがって書きなさい。 教科書 p.62 例 4, 例 5, p.63 例 6

□(1) 3 人が a 円ずつ出して，1 本 b 円のジュースを 2 本買ったときの残金

□(2) 50 m の道のりを，秒速 x m で走ったときにかかる時間

□(3) 定価 x 円の品物を，3 割引きで売るときの値段

4 【式の意味】家を出て，はじめ時速 40 km で a 時間自動車で行き，そこから時速 4 km で b 時間歩いて目的地に着きました。このとき，次の式は何を表していますか。 教科書 p.64 問 11

□(1) $a+b$　(時間)　□(2) $40a+4b$　(km)

●キーポイント
$a+b$，または $40a$ や $4b$ が何を表しているかを考えます。

例題の答え **1** ①$4ab$ ②$3m^2$ ③$a+b$ **2** ①$2x$ ②$3y$ ③$\dfrac{11}{100}a$ $(0.11a)$ **3** ① 1 本 ② 3 本

解答▶▶ p.11

ぴたトレ 1
要点チェック

2章　文字の式

1節　文字を使った式
3　式の値

●式の値

教科書 p.65~66

□ **例題 1** 次の式の値を求めなさい。 ▶▶1～4

(1) $a=4$ のとき，$2a+3$　　(2) $x=-2$ のとき，$-x$

(3) $x=-3$ のとき，$\dfrac{9}{x}$　　(4) $a=-4$ のとき，a^2

考え方　文字の部分に数をあてはめて，計算をします。
負の数を代入するときは，ふつう(　)をつけます。

答え

(1) $2a+3=2\times4+3=$ ① ［　］ $+3=$ ② ［　］

$2a=2\times a$ と考えて a に 4 を代入する

(2) $-x=($ ③ ［　］ $)\times x=($ ④ ［　］ $)\times(-2)=$ ⑤ ［　］

$-x=-1\times x$ と考える　　x に -2 を代入する

(3) $\dfrac{9}{x}=9\div x=9\div($ ⑥ ［　］ $)=$ ⑦ ［　］

x に -3 を代入する

(4) $a^2=($ ⑧ ［　］ $)^2=$ ⑨ ［　］

a に -4 を代入する

プラスワン　代入，文字の値，式の値

式の中の文字に数をあてはめることを**代入**(だいにゅう)するといいます。
また，文字に数を代入するとき，その数を**文字の値**といい，代入して求めた結果を**式の値**といいます。

$x=9$ を代入する

$x-7 \longrightarrow 9-7=2$

文字の値（9）　式の値（2）

●文字が 2 つ以上ある式の値

教科書 p.67

□ **例題 2** 次の式の値を求めなさい。 ▶▶5 6

(1) $x=3$，$y=6$ のとき，$4x+3y$

(2) $a=-2$，$b=4$ のとき，$-7a+5b$

考え方　文字が 2 つ以上ある場合でも，文字が 1 つの場合と同じように式の値を求めることができます。

答え

(1) $4x+3y=4\times3+3\times6=12+18=$ ① ［　］

x に 3，y に 6 を代入する

(2) $-7a+5b=(-7)\times($ ② ［　］ $)+5\times4=$ ③ ［　］ $+20=$ ④ ［　］

a に -2，b に 4 を代入する

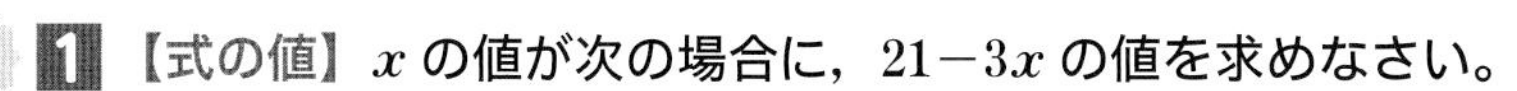

絶対理解 **1** 【式の値】x の値が次の場合に，$21-3x$ の値を求めなさい。 教科書 p.65 例 1

□(1) $x=7$ □(2) $x=-5$

●キーポイント
負の数を代入するときは，(　)をつけて計算します。

2 【式の値】$x=-4$ のとき，次の式の値を求めなさい。 教科書 p.65 例 1, p.66 例 2

□(1) $-x+10$ □(2) $8-5x$

●キーポイント
$-x$ は $(-1)\times x$ と考えます。

3 【式の値】$x=-3$ のとき，次の式の値を求めなさい。 教科書 p.66 例 3

□(1) $\dfrac{24}{x}$ □(2) $-\dfrac{15}{x}$

絶対理解 **4** 【式の値】$a=-5$ のとき，次の式の値を求めなさい。 教科書 p.66 例 4

□(1) a^2 □(2) $-a^2$

よく出る **5** 【文字が 2 つ以上ある式の値】$x=4$，$y=-8$ のとき，次の式の値を求めなさい。 教科書 p.67 例 5, 例 6

□(1) $5x+2y$ □(2) $3x-4y$

□(3) $-6x-7y$ □(4) $\dfrac{3}{4}x+\dfrac{1}{2}y$

6 【文字が 2 つ以上ある式の値】4 人がけのいすが x 脚(きゃく)，6 人がけのいすが y 脚あるとき，
□ すわることができる人数を表す式を書きなさい。
また，$x=7$，$y=5$ のとき，すわることのできる人数を求めなさい。 教科書 p.67 問 8

例題の答え **1** ① 8 ② 11 ③ −1 ④ −1 ⑤ 2 ⑥ −3 ⑦ −3 ⑧ −4 ⑨ 16 **2** ① 30 ② −2 ③ 14 ④ 34

解答▶▶ p.11

1節 文字を使った式 1～3

1 次の数量を表す式を，記号×，÷を使って書きなさい。

□(1) 長さ a m のロープから，長さ b cm のロープを5本切り取ったときの残りの長さ

□(2) 1本 a 円の鉛筆を1ダース買って，b 円出したときのおつり

□(3) 1袋 x g の商品を，さらに3％重くしたときの重さ

よく出る 2 次の式を，文字式の表し方にしたがって書きなさい。

□(1) $x\times x\times x\times(-1)$　□(2) $a\times(-b)\div c$　□(3) $x\div y\div 3$

□(4) $(a+b)\div c\times 3$　□(5) $a\times a\times b-b\div c\div c$　□(6) $(x-y)\times 5-(x+y)\div 9$

よく出る 3 次の数量を表す式を，文字式の表し方にしたがって書きなさい。

□(1) 3回の得点が a 点，b 点，c 点であるとき，その3回の平均点

□(2) 6でわったとき，商が a で，余りが b になる数

□(3) y 人の生徒のうち，40％が女子生徒であるとき，男子生徒の人数

4 次の式は，何を表しているかを答えなさい。

□(1) 1辺の長さが a m の立方体での，$6a^2$（m^2）

□(2) 800 m ある道のりを，分速 a m で b 分歩いたときの，$800-ab$（m）

ヒント 2 (4)，(6)式の中の（　）を1つの文字として考えましょう。
3 (2)わられる数＝わる数×商＋余りの式で考えます。

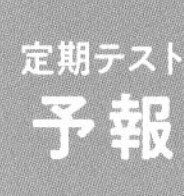

定期テスト予報

●文字式の表し方を，完全にマスターしておこう。
速さ・道のり・時間の関係や割合はよく出題されるので，しっかり理解しておこう。
また，負の数の代入は，(　)をつけるよう心がけ，計算ミスをなくそう。

5 x の値が次の場合に，$\dfrac{6}{x}$ の値を求めなさい。

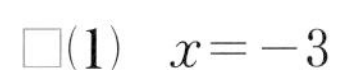

□(1)　$x=-3$　　□(2)　$x=18$　　□(3)　$x=\dfrac{1}{4}$

6 $x=-3$ のとき，次の式の値を求めなさい。

□(1)　$-x+4$　　□(2)　$-x^2-1$　　□(3)　$-2x^2$

□(4)　$-x^3$　　□(5)　$\dfrac{-x+5}{4}$　　□(6)　$\dfrac{2x-3}{x^2}$

7 $x=5$，$y=-10$ のとき，次の式の値を求めなさい。

□(1)　$4x+7y+2$　　□(2)　$2x-6y-4$

□(3)　$-3x+\dfrac{5}{2}y$　　□(4)　$-\dfrac{x}{10}-\dfrac{5}{y}$

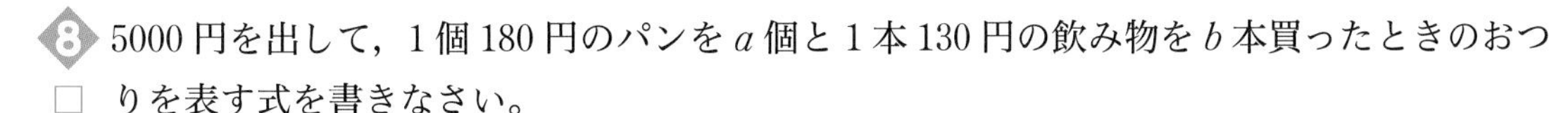

8 5000 円を出して，1 個 180 円のパンを a 個と 1 本 130 円の飲み物を b 本買ったときのおつりを表す式を書きなさい。
□ また，$a=8$，$b=6$ のとき，おつりはいくらになりますか。

ヒント　**6** (5)，(6)分子を(　)でくくって，分数をわり算の形になおして代入します。

解答▶▶ p.12

2節 文字式の計算
1 文字式の加法，減法

●項と係数，一次式

教科書 p.69

□ 

例題 1 次の式の項（こう）を答えなさい。
また，文字をふくむ項について，係数（けいすう）を答えなさい。 ▶▶1

(1) $2x-y-3$　　(2) $\frac{a}{2}-3b$

考え方 式を和の形(加法)になおして考えます。

答え (1) $2x-y-3=2x+(-y)+(-3)$ と書けるから，項は，$2x$，①［　　］，-3 で，
x の係数は 2，y の係数は ②［　　］である。

(2) $\frac{a}{2}-3b=\frac{a}{2}+(-3b)$ と書けるから，項は，③［　　］，$-3b$ で，
a の係数は ④［　　］，b の係数は -3 である。

プラスワン 項と係数，一次式

加法の記号＋で結ばれた1つ1つを，その式の**項**といいます。
式の項が数と文字の積の形であるとき，数をその文字の**係数**といいます。
文字が1つだけの項を**1次（じ）の項**といい，1次の項だけの式，または，
1次の項と数の項の和で表されている式を**一次式（いちじしき）**といいます。

係数
$4x+3$
項　項

●それぞれの項をまとめて計算する，かっこをはずして計算する

教科書 p.70～72

□ 例題 2 次の計算をしなさい。 ▶▶2～4

(1) $5x+6+3x$　　(2) $2x-(3x-1)$

考え方 文字の部分が同じ項は計算法則 $mx+nx=(m+n)x$ を使って，まとめて計算します。
かっこがある式は $a+(b+c)=a+b+c$，$a-(b+c)=a-b-c$ のようにしてかっこをはずして，まとめます。

答え (1) $5x+6+3x$
$=5x+3x+6$
$=$ ①［　　］
（文字の部分が同じ項をまとめる）

(2) $2x-(3x-1)$
$=2x-3x+1$
$=$ ②［　　］
（かっこをはずす）
（文字の部分が同じ項をまとめる）

●式をたすこと，式をひくこと

教科書 p.73

□ 例題 3 $7x-2$ から $5x+3$ をひきなさい。 ▶▶5

考え方 式をたしたり，ひいたりするときには，式に(　)をつけて計算します。

答え $(7x-2)-(5x+3)=7x-2-5x-3$
それぞれの式に(　)をつける
$=7x-5x-2-3$
$=$［　　］
（文字の部分が同じ項どうし，数の項どうしを，それぞれまとめる）

1 【項と係数】次の式の項を答えなさい。
また，文字をふくむ項について，係数を答えなさい。

教科書 p.69 例1, 例2

□(1) $\frac{x}{3}-2y$　　□(2) $-a+b-10$

●キーポイント
式を和の形(加法)になおします。

2 【文字の部分が同じ項をまとめて計算する】次の計算をしなさい。

教科書 p.70 例3

□(1) $4x+5x$　　□(2) $8y-3y$

□(3) $-4a-a$　　□(4) $b+\frac{2}{5}b$

3 【それぞれの項をまとめて計算する】次の計算をしなさい。

教科書 p.71 例4

□(1) $7x+2-3x$　　□(2) $-4x-5+6x$

□(3) $-x-8+x+6$　　□(4) $10y-7+8y+3$

●キーポイント
文字の部分が同じ項どうし，数の項どうしを，それぞれまとめます。

絶対理解 **4** 【かっこをはずして計算する】次の式を，かっこをはずして計算しなさい。

教科書 p.72 例5

□(1) $5a+(4a-2)$　　□(2) $6x+2-(3x+1)$

□(3) $-3a-3-(6-a)$　　□(4) $8b-5-(-7b-9)$

⚠ミスに注意
$a-(b+c)=a-b-c$
かっこの前が－のとき，符号に注意しましょう。

よく出る **5** 【式をたすこと，式をひくこと】次の 2 つの式をたしなさい。
また，左の式から右の式をひきなさい。

教科書 p.73 例6

□(1) $6x-4$,　$3x-3$　　□(2) $-a-5$,　$-2a+5$

⚠ミスに注意
それぞれの式に(　)をつけて計算しましょう。

例題の答え **1** ① $-y$　② -1　③ $\frac{a}{2}$　④ $\frac{1}{2}$　**2** ① $8x+6$　② $-x+1$　**3** $2x-5$

解答▶▶ p.12

ぴたトレ 1 要点チェック

2章　文字の式

2節　文字式の計算
2　文字式と数の乗法，除法

●文字式×数，文字式÷数

教科書 p.74

□ **例題 1** 次の計算をしなさい。 ▶▶1

(1)　$4x\times6$　　(2)　$10x\div(-2)$

考え方　(1)　乗法の交換法則を使ってかける順序を変え，数どうしの積を求めます。

(2)　分数の形にするか，わる数の逆数をかけて計算します。

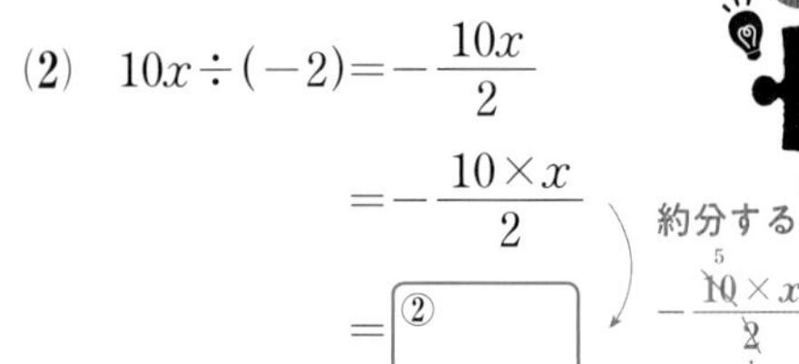

答え　(1)　$4x\times6=4\times x\times6$

$=4\times6\times x$　（かける順序を変える）

$=$ ①□　（数どうしを計算する）

(2)　$10x\div(-2)=-\dfrac{10x}{2}$

$=-\dfrac{10\times x}{2}$

$=$ ②□　（約分する $-\dfrac{\overset{5}{\cancel{10}}\times x}{\underset{1}{\cancel{2}}}$）

●項が2つの式と数の乗除

教科書 p.75

□ **例題 2** 式の計算をしなさい。 ▶▶2～4

(1)　$3(2x-4)$　　(2)　$(6x+15)\div3$

(3)　$(16x-20)\div\dfrac{4}{3}$　　(4)　$\dfrac{2x+5}{3}\times9$

考え方　項が2つの式に数をかけるときは，$m(a+b)=ma+mb$
項が2つの式を数でわるときには，$\dfrac{a+b}{m}=\dfrac{a}{m}+\dfrac{b}{m}$
などを使って計算します。

答え　(1)　$3(2x-4)=3\times2x+3\times($①□$)$

$=$ ②□

（$3(2x-4)$）

(2)　$(6x+15)\div3=$ ③□ $+\dfrac{15}{3}$

$=$ ④□

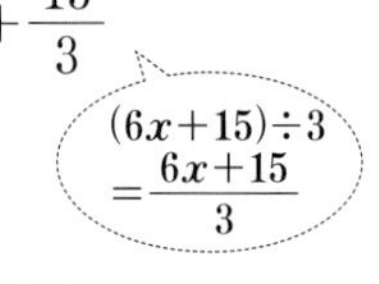

(3)　$(16x-20)\div\dfrac{4}{3}=(16x-20)\times\dfrac{3}{4}$

$=$ ⑤□

(4)　$\dfrac{2x+5}{3}\times9=(2x+5)\times$ ⑥□

$=$ ⑦□

（約分する。$\dfrac{(2x+5)\times\overset{3}{\cancel{9}}}{\underset{1}{\cancel{3}}}$）

●かっこがある式の計算

教科書 p.76

□ **例題 3** 次の計算をしなさい。 ▶▶5

$4(x-2)+6(2x+1)$

考え方　かっこをはずし，さらに項をまとめます。

答え　$4(x-2)+6(2x+1)$

$=4x-$ ①□ $+12x+$ ②□　（かっこをはずす）

$=$ ③□　（項をまとめる）

1【文字式×数，文字式÷数】次の計算をしなさい。 教科書 p.74 例 1, 例 2

□(1) $3x\times(-7)$　□(2) $-8a\div2$

□(3) $\left(-\dfrac{3}{4}a\right)\times20$　□(4) $15x\div\left(-\dfrac{3}{5}\right)$

2【項が 2 つの式と数の乗法】次の計算をしなさい。 教科書 p.75 例 3

□(1) $(4x-7)\times9$　□(2) $-3(6x-5)$

□(3) $12\left(\dfrac{2}{3}x-\dfrac{5}{6}\right)$　□(4) $\left(-x+\dfrac{3}{4}\right)\times\dfrac{1}{3}$

●キーポイント
分配法則を使って計算します。

3【項が 2 つの式÷数】次の計算をしなさい。 教科書 p.75 例 4

□(1) $(15x-10)\div5$　□(2) $(-12a+3)\div(-3)$

□(3) $(24x-18)\div\dfrac{6}{7}$　□(4) $\left(6x-\dfrac{9}{11}\right)\div(-3)$

●キーポイント
(1), (2)は分数の形にして，(3), (4)は逆数を使って乗法になおして計算します。

4【分数の形の式×数】次の計算をしなさい。 教科書 p.75 例 5

□(1) $\dfrac{3y-7}{4}\times8$　□(2) $-12\times\dfrac{2a+5}{3}$

5【かっこがある式の計算】次の計算をしなさい。 教科書 p.76 例題 1

□(1) $6(x+5)+8(3x-1)$　□(2) $4(x-3)-3(2x-5)$

●キーポイント
かっこをはずして，項をまとめます。

例題の答え **1** ① $24x$　② $-5x$　**2** ① -4　② $6x-12$　③ $\dfrac{6x}{3}$　④ $2x+5$　⑤ $12x-15$　⑥ 3　⑦ $6x+15$
3 ① 8　② 6　③ $16x-2$

解答▶▶ p.13

2節 文字式の計算
3 関係を表す式

●数量の関係を等式に表す

教科書 p.77～78

□ **例題 1** 兄の体重 a kg は，弟の体重 b kg より 7 kg 重い。
このときの数量の関係を等式(とうしき)に表しなさい。 ▶▶1 2

考え方 等しい数量を，等号＝を使って表します。

答え 兄の体重＝弟の体重＋7 kg だから，$a=$ ①

また，兄の体重－7 kg＝弟の体重だから， ② $=b$

兄の体重－弟の体重＝7 kg だから， ③ $=7$

と表すこともできる。

プラスワン　等式

等号＝を使って，2 つの数量が等しい関係を表した式を**等式**といいます。
等式で，等号の左側の式を**左辺**(さへん)，右側の式を**右辺**(うへん)，その両方をあわせて**両辺**(りょうへん)といいます。

等式
$2x=y+20$
左辺　右辺
両辺

●不等号を使って関係を表す

教科書 p.78～79

□ **例題 2** ある数 x から 4 をひくと，6 より小さい。
このときの数量の関係を不等式(ふとうしき)に表しなさい。 ▶▶3

考え方 数量の大小関係を，不等号＞，＜，≧，≦を使って表します。

答え ある数から 4 をひいた差が 6 より小さいから， $\square<6$

$a>b$…a は b より大きい
$a<b$…a は b 未満
$a\geqq b$…a は b 以上
$a\leqq b$…a は b 以下

プラスワン　不等式

不等号＞，＜，≧，≦を使って，2 つの数量の大小関係を表した式を**不等式**といいます。
不等式でも，不等号の左側の式を**左辺**，右側の式を**右辺**，その両方をあわせて**両辺**といいます。

不等式
$a+2b>500$
左辺　右辺
両辺

●関係を表す式の意味

教科書 p.79

□ **例題 3** ある動物園の入園料は，おとな 1 人が a 円，子ども 1 人が b 円です。このとき，「$3a+5b\leqq 8000$」の式は，どんなことを表していますか。 ▶▶4

考え方 不等号≦が使われているから，2 つの数量の大小関係を表していると考えます。

答え 左辺の $3a+5b$ が，右辺の 8000 以下であることから，この不等式は，

おとな ① 人と子ども ② 人の入園料の合計が

8000 円 ③ であることを表している。

1 【等式】等式 $4a+6=10-3b$ の左辺と右辺を答えなさい。
□ また，左辺と右辺を入れかえた式を答えなさい。 教科書 p.77 問 1

絶対理解 **2** 【数量の関係を等式に表す】次の数量の関係を等式に表しなさい。 教科書 p.77 例 1，p.78 例 2

□(1) 1000 円出して 1 冊 a 円のノートを 4 冊買うと，おつりは b 円である。

□(2) x 個のお菓子を，1 人に y 個ずつ 6 人に配ると，3 個余る。

□(3) 8 人が 1 人 x 円ずつ出しあうと，1 個 y 円のボール 3 個と 5000 円のバットがちょうど買える。

●キーポイント
数量の関係がわかりにくいときは，ことばの式で表したり，図や表にかいて整理したりしてみましょう。

よく出る **3** 【不等号を使って関係を表す】次の数量の関係を不等式に表しなさい。 教科書 p.78 問 4，p.79 例 3

□(1) ある数 x から 7 をひいても，もとの数 x の $\frac{1}{2}$ より大きい。

□(2) 100 枚ある画用紙を，x 人の子どもに 1 人 5 枚ずつ配るとたりない。

□(3) 1 本 a 円の鉛筆 4 本と，1 個 80 円の消しゴム b 個の代金の合計は，1000 円以下である。

⚠ミスに注意
不等号には，
$>$，$<$，$\geqq$，$\leqq$
の 4 種類があるので，使い方に注意しましょう。

4 【関係を表す式の意味】1 冊 x 円のノートと，1 本 y 円のボールペンを買うとき，次の式はどんなことを表していますか。 教科書 p.79 例 4

□(1) $3x+2y=610$　　□(2) $2x+5y\geqq 500$

例題の答え **1** ①$b+7$　②$a-7$　③$a-b$　**2** $x-4$　**3** ①3　②5　③以下

2節 文字式の計算 1～3

1 次の計算をしなさい。

□(1) $11x-4-16x+13$

□(2) $8.2x-4.3+(-3.4x-1.8)$

□(3) $\left(\dfrac{a}{5}+\dfrac{2}{7}\right)+\left(\dfrac{a}{5}-\dfrac{5}{7}\right)$

□(4) $\left(\dfrac{2}{3}b-\dfrac{1}{3}\right)-\left(\dfrac{3}{4}b-\dfrac{1}{2}\right)$

2 次の 2 つの式をたしなさい。
また，左の式から右の式をひきなさい。

□(1) $0.4x-1.9$，$0.7x-1.7$

□(2) $-\dfrac{1}{2}y+\dfrac{2}{3}$，$-\dfrac{2}{5}y-\dfrac{1}{6}$

3 次の計算をしなさい。

□(1) $\left(-\dfrac{2}{3}x\right)\times 6$

□(2) $-\dfrac{3}{2}\times\left(-\dfrac{1}{3}x\right)$

□(3) $-18x\times\dfrac{5}{9}$

□(4) $36a\div(-60)$

□(5) $-8x\div\dfrac{4}{3}$

□(6) $\left(-\dfrac{9}{4}y\right)\div\left(-\dfrac{3}{8}\right)$

よく出る **4** 次の計算をしなさい。

□(1) $-\dfrac{5}{6}(3x-4)$

□(2) $(8a-3)\div\left(-\dfrac{1}{2}\right)$

□(3) $3(x-1)-8\times\dfrac{x+3}{2}$

□(4) $\dfrac{2}{3}(-6x+9)-\dfrac{3}{4}(-8x-20)$

ヒント **2** それぞれの式にかっこをつけて計算するとよいです。特に，ひくときには符号に注意しよう。
4 分配法則を利用して計算する問題がほとんどです。$m(a+b)=ma+mb$

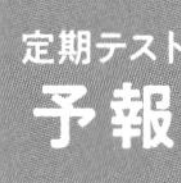

定期テスト予報

●式の項や係数，等式や不等号の意味をしっかり理解しておこう。
÷は×になおし，かっこをふくむ式はかっこをはずして項をまとめることが，計算の基本だよ。関係を表す式では，数量の間の関係に着目して，等式や不等式に表そう。

よく出る **5** 次の数量の関係を等式に表しなさい。

□(1) x の 7 倍を 4 でわったら，商が y で余りが 3 になる。

□(2) 3 回のテストの得点が，それぞれ a 点，b 点，90 点のとき，その平均点は 80 点である。

□(3) カードを兄は x 枚，弟は y 枚持っている。兄が弟にカードを 3 枚渡すと，兄と弟のカードは同じ枚数になる。

□(4) 定価 x 円の品物を 2 個買うと，7 % 引きになり，代金は y 円になる。

6 次の数量の関係を不等式に表しなさい。

□(1) 18 は，ある数 x の 4 倍と 6 との和の半分未満である。

□(2) a m のひもから b m のひもを 3 本切り取ると，残りは 2 m より短い。

□(3) 1 個 50 円の菓子を a 個と，35 円の菓子をいくつか買ったら合計 15 個になった。それを 100 円の箱に入れると，代金は 1000 円以下になった。

7 1 辺に同じ個数の石を並べて，正三角形の形をつくります。1 辺に並べる石を x 個とするとき，次の問いに答えなさい。

□(1) A さんは，右の図のように考えて，全部の石の個数を式に表しました。どんな式になりましたか。

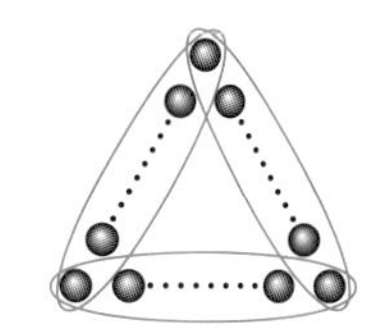

□(2) B さんが求めた式は，$3(x-2)+3$(個)になりました。B さんがどのように考えたのか，右の図を使って説明しなさい。

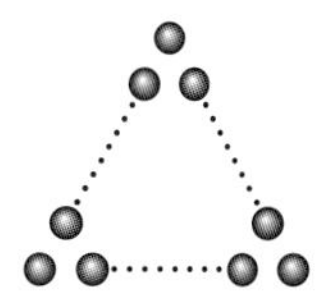

ヒント **5** (1)わられる数＝わる数×商＋余り　(4)7 % 引きとは，定価の 93 % のことです。
6 (3)1 個 50 円の菓子を a 個，1 個 35 円の菓子を $15-a$(個)買ったことになります。

解答▶▶ p.14

2章　文字の式

❶ 次の式を，文字式の表し方にしたがって書きなさい。 知

(1)　$a\times(-2)\times b$　　　(2)　$x\times y\times y\times(-1)$

(3)　$y\div(a-b)$　　　(4)　$(x-y)\div(-4)\times 5$

❶	点/16点(各4点)
(1)	
(2)	
(3)	
(4)	

❷ 次の数量を表す式を書きなさい。 知

(1)　鉛筆を a 人に 4 本ずつ配ったら，3 本余ったときの鉛筆の総数

(2)　男子 a 人，女子 b 人のクラスで，このクラスの女子の割合

(3)　時速 a km で 3 時間かかる道のりを，時速 b km で行くときにかかる時間

❷	点/12点(各4点)
(1)	
(2)	
(3)	

❸ a m の道のりを，分速 b m で 5 分歩きましたが，まだ何 m か残っています。次の式は，何を表していますか。 考

(1)　$5b$ (m)

(2)　$a-5b$ (m)

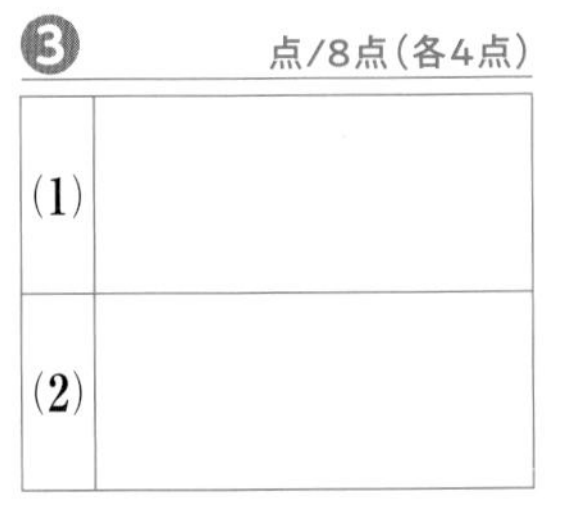

❸	点/8点(各4点)
(1)	
(2)	

❹ 次の式の値を求めなさい。 知

(1)　$x=-\frac{1}{3}$ のとき，$18x^2-5$

(2)　$x=-2$ のとき，$3-\frac{8}{x}$

点UP (3)　$a=\frac{6}{5}$，$b=-\frac{7}{5}$ のとき，$-15a-\frac{7}{b}$

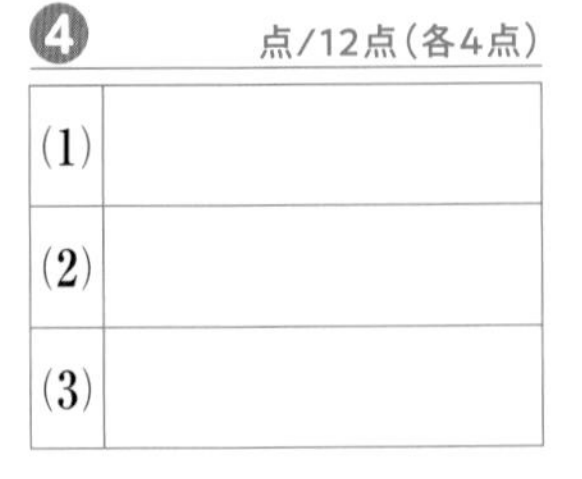

❹	点/12点(各4点)
(1)	
(2)	
(3)	

成績評価の観点　知…数量や図形などについての知識・技能　考…数学的な思考・判断・表現

❺ 次の計算をしなさい。知

(1) $4x-1+(-2x+3)$　　(2) $5a-8-(7-6a)$

(3) $4x\times\left(-\dfrac{1}{8}\right)$　　(4) $-\dfrac{3}{5}y\div\dfrac{3}{4}$

(5) $(20a-16)\div(-4)$　　(6) $6(x+5)-8(x-3)$

(7) $-12\left(\dfrac{5}{3}y-\dfrac{3}{2}\right)$　　 (8) $0.7(3x-8)-4(0.2x-1.3)$

❺　点/32点（各4点）

(1)	
(2)	
(3)	
(4)	
(5)	
(6)	
(7)	
(8)	

❻ 次の2つの式をたしなさい。

また，左の式から右の式をひきなさい。知

$-x+6,\quad -5x-4$

❻　点/8点（各4点）

❼ 次の数量の関係を，等式か不等式に表しなさい。考

(1) a 個のクッキーがあります。このクッキーを n 人の子どもに，1人に3個ずつ配ろうと思いましたが，2個たりませんでした。

(2) 40 L はいる水そうがあります。この水そうに毎分 y L ずつ水を入れたら，x 分後には水があふれていました。

(3) 7 km 離れた目的地に行くのに，時速 x km で45分間進みましたが，目的地までは，まだ y km 残っていました。

❼　点/12点（各4点）

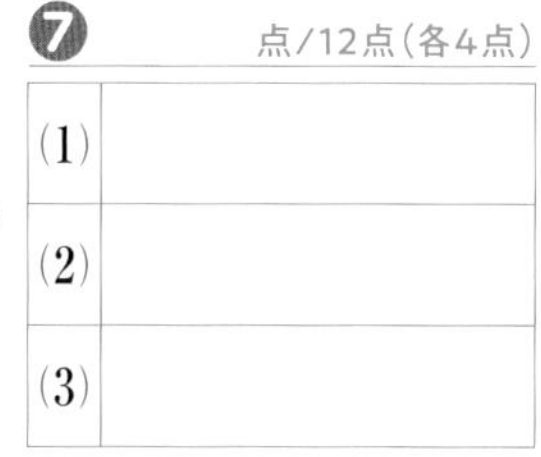

教科書のまとめ 〈2章　文字の式〉

●文字式の表し方

① かけ算の記号×を省いて書く。

※$b\times a$ は ba ですが，ふつうはアルファベットの順にして ab と書きます。

② 文字と数の積では，数を文字の前に書く。

※$1\times a$ は a，$(-1)\times a$ は $-a$ と書きます。

③ 同じ文字の積は，指数を使って書く。

④ わり算は，記号÷を使わないで，分数の形で書く。

[注意] 記号＋，－は省略できません。

●文字式と数量

(例) 時速3kmで x 時間歩いたときの道のりは，$3x$ (km)

y gの7％の重さは，

$\frac{7}{100}y$ (g)〔$0.07y$ (g)〕

●式の値

・式の中の文字に数をあてはめることを**代入**するといいます。

・文字に数を代入するとき，その数を**文字の値**といい，代入して求めた結果を**式の値**といいます。

(例) $x=-3$ のとき，$2x+1$ の値は，

x に -3 を代入すると，

$2x+1=2\times(-3)+1=-5$

●項と係数

・式 $3x+1$ で，加法の記号＋で結ばれた $3x$ と 1 を，その式の**項**(こう)といいます。

・文字をふくむ項 $3x$ の3を x の**係数**といいます。

・文字が1つだけの項を**1次の項**といいます。

・1次の項だけの式，または，1次の項と数の項の和で表されている式を**一次式**といいます。

●項をまとめて計算する

・文字の部分が同じ項は，分配法則 $mx+nx=(m+n)x$ を使って，1つの項にまとめて計算することができます。

・文字をふくむ項と数の項が混じった式は，文字の部分が同じ項どうし，数の項どうしを，それぞれまとめます。

(例) $8x+4-6x+1$

$=8x-6x+4+1$

$=(8-6)x+4+1$

$=2x+5$

●文字式の減法

ひく式すべての項の符号(ふごう)を変えて，ひかれる式にたします。

●項が2つの式に数をかける

・分配法則 $m(a+b)=ma+mb$ を使って計算します。

・かっこの前が－のとき，かっこをはずすと，かっこの中の各項の符号が変わります。

(例) $-(-a+1)=a-1$

●項が2つの式を数でわる

分数の形にして，$\frac{a+b}{m}=\frac{a}{m}+\frac{b}{m}$ を使って計算するか，わる数の逆数をかけます。

●かっこがある式の計算

分配法則を使って，かっこをはずし，項をまとめて計算します。

●数量の関係を表す式

・等号＝を使って，2つの数量が等しい関係を表した式を**等式**といいます。

・不等号を使って，2つの数量の大小関係を表した式を**不等式**といいます。

3章　方程式

次の学習に入る前に取り組もう。

□**速さ・道のり・時間**　◀ 小学5年

速さ，道のり，時間について，次の関係が成り立ちます。

速さ＝道のり÷時間
道のり＝速さ×時間
時間＝道のり÷速さ

□**比の値**　◀ 小学6年

$a:b$ で表される比で，a が b の何倍になっているかを表す数を比の値といいます。

1 次の速さや道のり，時間を求めなさい。　◀ 小学5年〈速さ〉

(1)　400 m を 5 分で歩いた人の分速

(2)　時速 60 km の自動車が 1 時間 20 分で進む道のり

(3)　秒速 75 m の新幹線が 54 km 進むのにかかる時間

ヒント
単位をそろえて考えると……

2 次の比の値を求めなさい。　◀ 小学6年〈比と比の値〉

(1)　2：5　　(2)　4：2.5　　(3)　$\frac{2}{3}:\frac{4}{5}$

ヒント
$a:b$ の比の値は，a が b の何倍になっているかを考えて……

3 A さんのクラスは，男子が 17 人，女子が 19 人です。　◀ 小学6年〈比と比の値〉

(1)　男子の人数と女子の人数の比を答えなさい。

(2)　クラス全体の人数と女子の人数の比を答えなさい。

ヒント
クラス全体の人数は，男子と女子の合計人数だから……

解答▶▶ p.16

3章　方程式

1節　方程式
[1]　方程式とその解

●方程式の解

教科書 p.88

□ **例題 1** 方程式(ほうていしき) $3x+2=x+10$ で，次の値がこの方程式の解(かい)であるかどうかを調べなさい。 ▶▶1

(1)　3　　　(2)　4

考え方　それぞれの x の値を左辺と右辺に代入して，左辺＝右辺になっているかどうかを調べます。

プラスワン　方程式，解

方程式…まだわかっていない数を表す文字をふくむ等式

解…方程式を成り立たせる文字の値

答え (1)　x に 3 を代入すると，

左辺＝3×3＋2＝[①　　]

右辺＝3＋10＝[②　　]

左辺と右辺が等しくないので，3 はこの方程式の解ではない。

(2)　x に 4 を代入すると，

左辺＝3×4＋2＝[③　　]　　右辺＝4＋10＝[④　　]

左辺と右辺が等しいので，4 はこの方程式の解で[⑤　　]。

方程式の解を求めることを，その方程式を解(と)くといいます。

●等式の性質を使って方程式を解く

教科書 p.89〜91

□ **例題 2** 次の方程式を，等式の性質を使って解きなさい。 ▶▶2〜4

(1)　$x-4=-3$　　　(2)　$x+12=9$

(3)　$\frac{x}{3}=-4$　　　(4)　$-3x=12$

考え方　等式の性質を使って，左辺を x だけにします。

等式の性質　（❹では，C は 0 ではありません）

❶ 等式の両辺に　同じ数をたしても，等式が成り立つ。$A=B$ ならば，$A+C=B+C$

❷ 等式の両辺から同じ数をひいても，等式が成り立つ。$A=B$ ならば，$A-C=B-C$

❸ 等式の両辺に　同じ数をかけても，等式が成り立つ。$A=B$ ならば，$A\times C=B\times C$

❹ 等式の両辺を　同じ数でわっても，等式が成り立つ。$A=B$ ならば，$A\div C=B\div C$

答え (1)　$x-4=-3$

$x-4+$[①　　]$=-3+$[①　　]　　等式の性質の❶を使う

$x=$[②　　]

(2)　$x+12=9$

$x+12-$[③　　]$=9-$[③　　]　　等式の性質の❷を使う

$x=$[④　　]

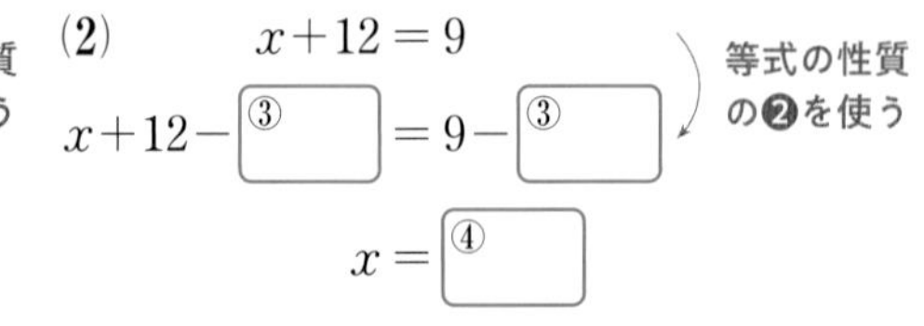

(3)　$\frac{x}{3}=-4$

$\frac{x}{3}\times$[⑤　　]$=-4\times$[⑤　　]　　等式の性質の❸を使う

$x=$[⑥　　]

(4)　$-3x=12$

$-3x\div$([⑦　　])$=12\div$([⑦　　])　　等式の性質の❹を使う

$x=$[⑧　　]

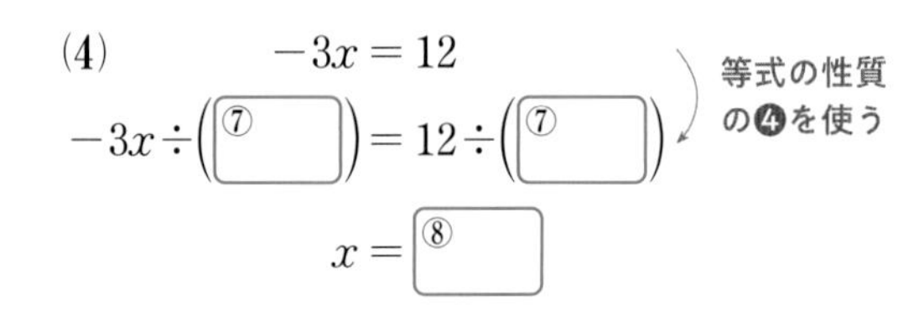

1 【方程式の解】次の㋐〜㋒のうち，2 が解である方程式をすべて選びなさい。

□

教科書 p.88 例 1

㋐ $x-7=5$　　㋑ $-2x-3=-7$　　㋒ $10-x=3x+2$

●キーポイント
$x=2$ を代入して，
左辺＝右辺
となるかを調べます。

2 【等式の性質を使って方程式を解く】次の方程式を，等式の性質を利用して解くとき，前ページの 例題2 の 考え方 の等式の性質の何番を使って下の式に変形したかを答えなさい。

教科書 p.90

□(1) $x+2=-3$ → $x=-5$

□(2) $x-7=2$ → $x=9$

□(3) $3x=21$ → $x=7$

□(4) $\dfrac{x}{4}=12$ → $x=48$

●キーポイント
左辺を x だけにするために，等式の性質のどれを使えばよいかを考えます。

絶対理解 **3** 【等式の性質を使って方程式を解く】次の方程式を，等式の性質を使って解きなさい。

教科書 p.90 例 2, 例 3

□(1) $x+4=8$　　□(2) $x+11=5$

□(3) $x-3=10$　　□(4) $x-6=-9$

□(5) $2+x=-8$　　□(6) $-7+x=0$

●キーポイント
$x+$●$=$■
$x-$●$=$■
の形の方程式を
$x=\sim$
の形の式に変形します。

絶対理解 **4** 【等式の性質を使って方程式を解く】次の方程式を，等式の性質を使って解きなさい。

教科書 p.91 例 4, 例 5

□(1) $\dfrac{x}{3}=5$　　□(2) $\dfrac{x}{2}=-7$

□(3) $3x=6$　　□(4) $9x=-27$

□(5) $-\dfrac{x}{5}=6$　　□(6) $-7x=-56$

●キーポイント
$\dfrac{x}{●}=$■
●$x=$■
の形の方程式を
$x=\sim$
の形の式に変形します。

例題の答え **1** ①11　②13　③14　④14　⑤ある　**2** ①4　②1　③12　④−3　⑤3　⑥−12　⑦−3　⑧−4

解答▶▶ p.16

1節 方程式
2 方程式の解き方 ── ①

●移項して方程式を解く

教科書 p.92〜93

□ 例題 1 移項（いこう）して，次の方程式を解きなさい。 ▶▶1 2

(1) $4x-7=9$　　(2) $7x=4x+24$

考え方 (1) 左辺の -7 を右辺に移項します。
(2) 右辺の $4x$ を左辺に移項します。

答え (1) $4x\underline{-7}=9$

$4x=9$ ①［　　］　← -7 を移項する

$4x=$ ②［　　］　← 数の項をまとめる

$x=$ ③［　　］　← 両辺を x の係数 4 でわる

(2) $7x=\underline{4x}+24$

$7x$ ④［　　］$=24$　← $4x$ を移項する

$3x=$ ⑤［　　］　← 文字の項をまとめる

$x=$ ⑥［　　］　← 両辺を x の係数 3 でわる

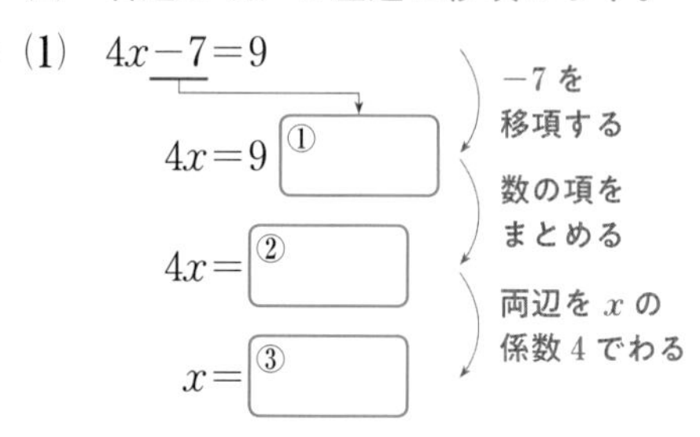

プラスワン　移項

等式では，一方の辺の項を，符号を変えて，他方の辺に移すことができます。このことを移項するといいます。

$7x+3=24$
$7x=24-3$

●方程式の解き方

教科書 p.93

□ 例題 2 次の方程式を解きなさい。 ▶▶3 4

(1) $3x-4=x-10$　　(2) $24=7x+3$

考え方 文字の項や数の項を移項して，左辺に文字の項，右辺に数の項を集めます。

答え (1) $3x\underline{-4}=\underline{x}-10$

$3x$ ①［　　］$=-10$ ②［　　］　← -4，x をそれぞれ移項する（ここがポイント）

$2x=$ ③［　　］　← 文字の項，数の項をそれぞれまとめる

$x=$ ④［　　］　← 両辺を x の係数 2 でわる

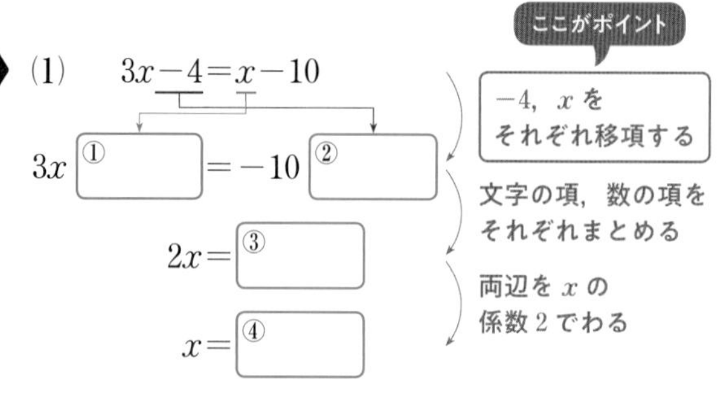

(2) $24=7x+3$

$7x\underline{+3}=24$　← 左辺と右辺を入れかえる（ここがポイント）

$7x=24$ ⑤［　　］　← $+3$ を移項する

$7x=$ ⑥［　　］　← 数の項をまとめる

$x=$ ⑦［　　］　← 両辺を x の係数 7 でわる

はじめに左辺と右辺を入れかえると，移項が少なくてすみます。

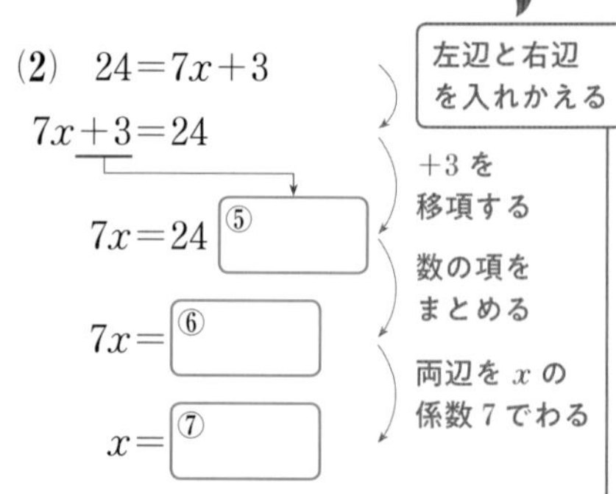

絶対理解 **1** 【移項して方程式を解く】次の方程式を解きなさい。

教科書 p.92 例 1

□(1) $5x-8=12$　　□(2) $3x-2=-17$

□(3) $-4x-6=30$　　□(4) $-7x+27=-15$

●キーポイント
左辺の数の項を右辺に移項します。
移項するときは，項の符号が変わることに注意しましょう。

絶対理解 **2** 【移項して方程式を解く】次の方程式を解きなさい。

教科書 p.93 例 2

□(1) $9x=5x-16$　　□(2) $8x=60-2x$

□(3) $-6x=-3x+18$　　□(4) $-7x=14-6x$

●キーポイント
右辺の文字の項を左辺に移項します。
移項するときは，項の符号が変わることに注意しましょう。

よく出る **3** 【方程式の解き方】次の方程式を解きなさい。

教科書 p.93 例題 1

□(1) $3x+7=x+11$　　□(2) $5x-4=2x+14$

□(3) $4x+10=3x+4$　　□(4) $2x+13=6x+13$

□(5) $-7x+4=2x-5$　　□(6) $5x+4=8x+25$

●キーポイント
❶ 移項して，左辺に文字の項，右辺に数の項を集める。
❷ 文字の項，数の項をそれぞれまとめて，$ax=b$ の形にする。
❸ 両辺を x の係数 a でわる。

4 【方程式の解き方】次の方程式を解きなさい。

教科書 p.93

□(1) $40=6x-14$　　□(2) $44=12-8x$

●キーポイント
まず左辺と右辺を入れかえると，移項が少なくなります。

例題の答え **1** ①$+7$ ②16 ③4 ④$-4x$ ⑤24 ⑥8 **2** ①$-x$ ②$+4$ ③-6 ④-3 ⑤-3 ⑥21 ⑦3

解答▶▶ p.17

1節 方程式
2 方程式の解き方 —— ②

●かっこがある方程式の解き方 教科書 p.94

□ 例題 1 方程式 $6(x-5)=8x+2$ を解きなさい。 ▶▶1

考え方 かっこをはずしてから解きます。

答え

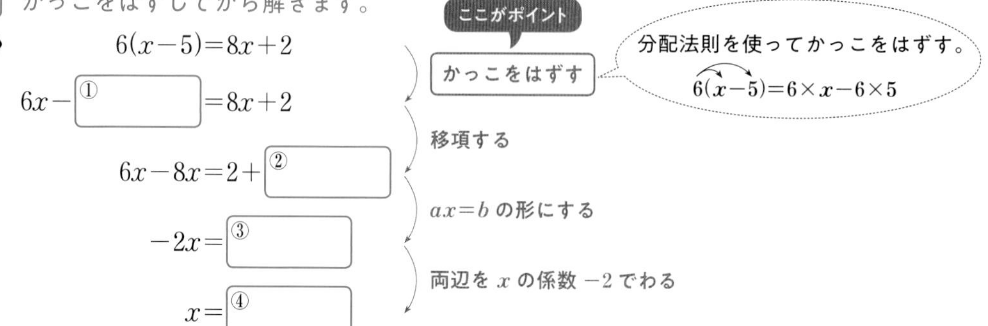

$6(x-5)=8x+2$

$6x-$ ① $=8x+2$ 　かっこをはずす（ここがポイント：分配法則を使ってかっこをはずす。$6(x-5)=6\times x-6\times 5$）

$6x-8x=2+$ ② 　移項する

$-2x=$ ③ 　$ax=b$ の形にする

$x=$ ④ 　両辺を x の係数 -2 でわる

●分数をふくむ方程式の解き方 教科書 p.94〜95

□ 例題 2 方程式 $\frac{1}{2}x+4=\frac{x+2}{3}$ を解きなさい。 ▶▶2

考え方 分母の公倍数を両辺にかけて，分数をふくまない式になおしてから解きます。
└分母をはらうという

答え

$\frac{1}{2}x+4=\frac{x+2}{3}$

$\left(\frac{1}{2}x+4\right)\times 6=\frac{x+2}{3}\times$ ① 　分母をはらう（ここがポイント：分母の公倍数の6をかけて，分数をふくまない形にする。）

$3x+24=$ ② $+4$ 　移項する

$3x-$ ③ $=4-24$ 　$ax=b$ の形にする

$x=$ ④

●小数をふくむ方程式の解き方 教科書 p.95

□ 例題 3 方程式 $0.4x-0.7=2-0.5x$ を解きなさい。 ▶▶3

考え方 両辺に10や100などをかけて，x の係数を整数にしてから解きます。

答え

$0.4x-0.7=2-0.5x$

$(0.4x-0.7)\times 10=(2-0.5x)\times$ ① 　両辺に10をかける（ここがポイント）

$4x-7=20-5x$ 　移項する

$4x+5x=20+7$ 　$ax=b$ の形にする

$9x=27$ 　x の係数9でわる

$x=$ ②

絶対理解 **1** 【かっこがある方程式の解き方】次の方程式を解きなさい。 教科書 p.94 例題 2

□(1) $7x+2=3(x+6)$　　□(2) $4(x-3)=x+9$

□(3) $-2(x+9)=6(x-7)$　　□(4) $9-5(x+2)=19$

●キーポイント
一次方程式を解く手順
❶ かっこをはずす。
❷ 移項して，左辺に文字の項，右辺に数の項を集める。
❸ $ax=b$ の形にする。
❹ 両辺を x の係数 a でわる。

よく出る **2** 【分数をふくむ方程式の解き方】次の方程式を解きなさい。 教科書 p.94 例題 3

□(1) $\frac{1}{3}x-1=\frac{1}{4}x$　　□(2) $\frac{x-1}{4}=\frac{5}{8}x+\frac{1}{2}$

□(3) $\frac{x+3}{2}=\frac{x-2}{3}$　　□(4) $\frac{x+2}{5}-x=6$

●キーポイント
両辺に分母の公倍数をかけて，分母をはらいます。

3 【小数やかっこをふくむ方程式の解き方】次の方程式を解きなさい。 教科書 p.95

□(1) $0.8x-0.1=2+0.1x$　　□(2) $0.7x-4.2=x-3$

□(3) $0.5x-0.27=0.6x+0.13$　　□(4) $0.02(x-6)=0.1x+0.28$

□(5) $90x+400=50x-120$　　□(6) $700x-2100=1400(x+2)$

●キーポイント
(1)~(4) 両辺に 10 や 100 をかけて，x の係数を整数になおしてから解きます。
(5)，(6) 両辺を 10 や 100 でわって，x の係数を小さくしてから解きます。

例題の答え **1** ①30 ②30 ③32 ④−16 **2** ①6 ②$2x$ ③$2x$ ④−20 **3** ①10 ②3

解答▶▶ p.17

1節 方程式
3 比と比例式

●比の値と比例式

教科書 p.97

□ 比の値が等しいことを使って，次の比例式を解きなさい。 ▸▸ 1 2

(1) $x:12=3:4$　　(2) $x:5=8:15$

考え方　両辺の比の値が等しいことから方程式をつくり，その方程式を解くことで，比例式を解きます。

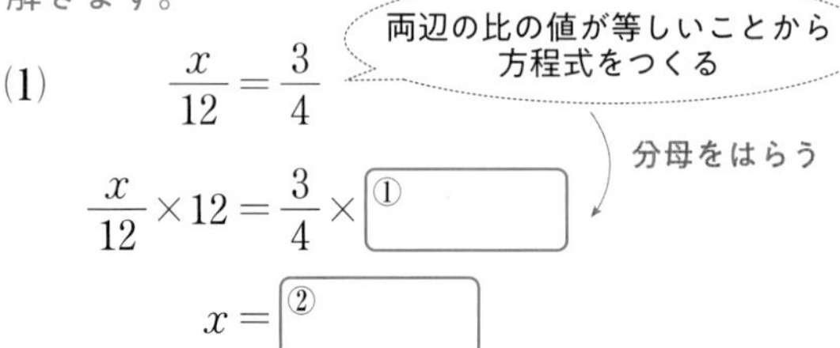

答え (1) $\dfrac{x}{12}=\dfrac{3}{4}$

$\dfrac{x}{12}\times 12=\dfrac{3}{4}\times$ ①

$x=$ ②

(2) $\dfrac{x}{5}=\dfrac{8}{15}$

$\dfrac{x}{5}\times 15=\dfrac{8}{15}\times$ ③

$3x=$ ④

$x=$ ⑤

プラスワン　比の値，比例式

比の値…比 $a:b$ で，a，b を比の項といい，$\dfrac{a}{b}$ を比の値といいます。

比例式…$a:b=c:d$ のような，比が等しいことを表す式

比例式にふくまれる文字の値を求めることを比例式を解くといいます。

●比例式の性質を使って比例式を解く

教科書 p.98

□ 比例式の性質を使って，次の比例式を解きなさい。 ▸▸ 3

(1) $x:4=3:2$　　(2) $x:(x+2)=4:5$

考え方　比例式の性質(比例式の外側の項の積と内側の項の積は等しい。)

$a:b=c:d$ ならば，$ad=bc$

を使って方程式をつくり，比例式を解きます。

（$a:b=c:d$ の外側の項の積 ad，内側の項の積 bc）

答え (1) $x:4=3:2$　（$a:b=c:d$ ならば $ad=bc$）

① $=12$

$x=$ ②

(2) $x:(x+2)=4:5$

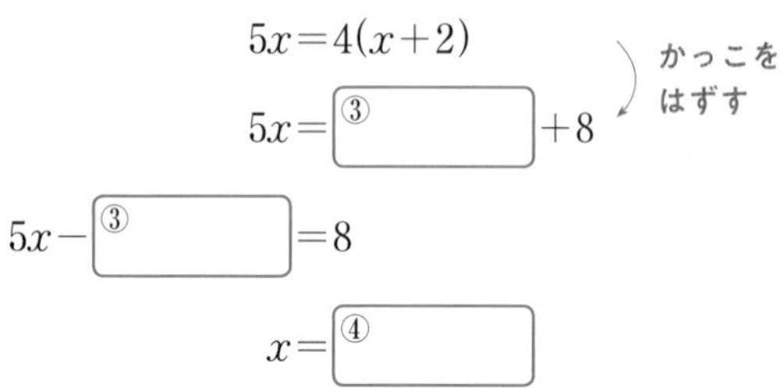

$5x=4(x+2)$

$5x=$ ③ $+8$

$5x-$ ③ $=8$

$x=$ ④

1 【比の値と比例式】次の㋐～㋕のうち，比の値が等しいものはどれとどれですか。

□ また，それらを比例式で表しなさい。

教科書 p.97

㋐ 5：8　　㋑ 8：6　　㋒ 18：48

㋓ 6：16　　㋔ 28：32　　㋕ 21：27

●キーポイント

$a:b$ の比の値 $\frac{a}{b}$ と $c:d$ の比の値 $\frac{c}{d}$ が等しいとき，

$a:b=c:d$

と表せます。

2 【比の値と比例式】比の値が等しいことを使って，次の比例式を解きなさい。

教科書 p.98 問 1

□(1) $x:28=4:7$　　□(2) $24:9=x:3$

□(3) $x:12=2:9$　　□(4) $5:6=x:15$

●キーポイント

$a:b=c:d$ の比例式は比の値が等しいことから，

$\frac{a}{b}=\frac{c}{d}$

の形にすることができます。

絶対理解 **3** 【比例式の性質を使って比例式を解く】次の比例式を解きなさい。

教科書 p.98 例 1

□(1) $x:18=7:6$　　□(2) $x:27=2:9$

□(3) $9:7=x:28$　　□(4) $3:5=24:x$

●キーポイント

$a:b=c:d$ の比例式は比の性質を使って，

$ad=bc$

の形にすることができます。

□(5) $x:9=\frac{2}{3}:\frac{1}{2}$　　□(6) $\frac{1}{7}:\frac{1}{5}=10:x$

□(7) $3:8=x:(25+x)$　　□(8) $x:(x-4)=26:18$

例題の答え **1** ①12　②9　③15　④8　⑤$\frac{8}{3}$　**2** ①$2x$　②6　③$4x$　④8

1節　方程式　1～3

1 次の方程式のうち，-3 が解であるものを答えなさい。

□ ㋐　$2(x+3)=3x+9$

㋑　$-8x+23=7(4-x)$

㋒　$3.1x+0.2=2.3x-1.4$

㋓　$\frac{1}{3}x-2=\frac{1}{6}x-\frac{5}{2}$

2 次の方程式を解きなさい。

□(1)　$12+x=-12$

□(2)　$-\frac{3}{5}x=24$

□(3)　$50-6x=8$

□(4)　$5x-7=8x+14$

□(5)　$x-20=10x+25$

□(6)　$13x+36=9x-12$

よく出る

3 次の方程式を解きなさい。

□(1)　$5(3x-2)=7x-16$

□(2)　$-3(x-6)=x-8$

□(3)　$3(x-1)=2(x+2)$

□(4)　$3(x+2)-5(1-x)=9$

□(5)　$4(x+1)-3=1+(x-6)$

□(6)　$2x-4(2x-5)=3x-10$

ヒント

1 方程式に $x=-3$ を代入して，左辺と右辺が等しくなるかどうかを確かめます。

3 かっこのある式は分配法則でかっこをはずし，文字の項を左辺に，数の項を右辺に集めます。

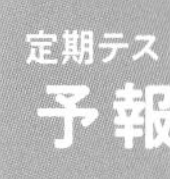

●一次方程式の解き方をしっかりマスターしておこう。
「かっこをはずす」，「分母をはらう」，「移項する」などを行って，$ax=b$ の形に整理できるようにしよう。比例式 $a:b=c:d$ は $ad=bc$ であることを使って解こう。

4 次の方程式を解きなさい。

□(1) $\frac{1}{2}x-7=-\frac{6}{5}x+\frac{3}{2}$

□(2) $x-\frac{3}{2}=\frac{x}{6}-\frac{2}{3}$

□(3) $\frac{x-4}{3}=\frac{4-x}{2}$

□(4) $\frac{2}{3}(2x+3)=\frac{3}{4}(6-x)$

5 次の方程式を解きなさい。

□(1) $2.6x-4=-1.2x+7.4$

□(2) $-0.9x-3.7=-0.2x+11$

□(3) $1.3(x-5)=0.8x$

□(4) $0.3x-0.2=0.7(0.2-0.1x)+0.4$

□(5) $2000-150x=1300-10x$

□(6) $100(7x-5)=200(2x-3)$

6 次の比例式を解きなさい。

□(1) $8.4:2.1=40:x$

□(2) $x:6=\frac{1}{3}:\frac{5}{4}$

□(3) $x:(6-x)=4:5$

□(4) $(x-7):4=x:6$

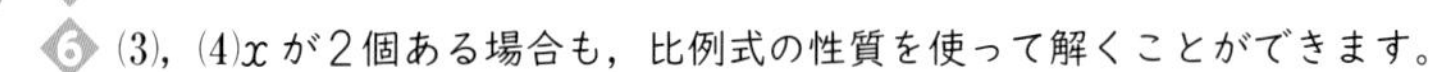
5 (4)かっこの中も小数なので，かっこをはずしてから100倍します。 (6)両辺を100でわります。
6 (3)，(4)xが2個ある場合も，比例式の性質を使って解くことができます。

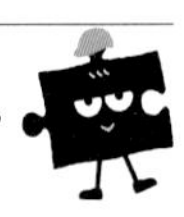

3章 教科書86～98ページ

解答▶▶p.19

2節 方程式の利用
1 方程式の利用 —— ①

●代金の問題

教科書 p.100〜102

□ **例題 1** 500円で，鉛筆(えんぴつ)4本と90円の消しゴム1個を買うと，おつりが170円でした。鉛筆1本の値段はいくらですか。 ▶▶1〜3

考え方 右のような図から数量の関係を見つけ，鉛筆1本の値段を x 円として，方程式をつくります。

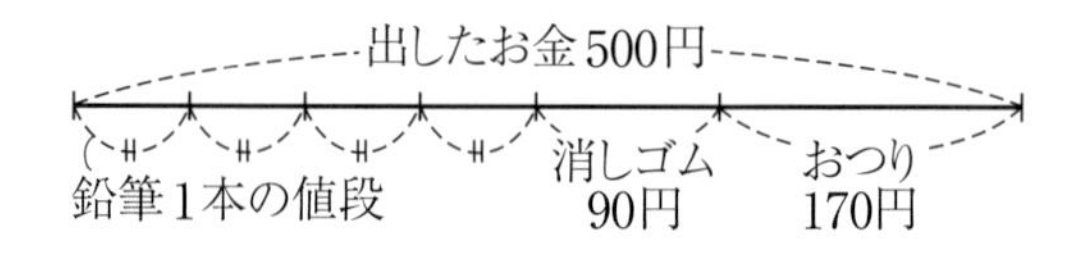

答え 鉛筆1本の値段を x 円とすると，

$500-(4x+90)=$ ①□

$500-4x-90=170$

$-4x=170-410$

$-4x=-240$

$x=$ ②□

方程式を使って問題を解く手順
❶ 問題の中の数量に着目して，数量の関係を見つける。
❷ まだわかっていない数量のうち，適当なものを文字で表して，方程式をつくって解く。
❸ 方程式の解が，問題にあっているかどうかを調べて，答えを書く。

ここがポイント

鉛筆1本の値段が60円のとき，代金の合計は ③□ 円になるから，500円出すと，おつりは170円になるので，この解は問題にあっている。

鉛筆1本の値段 ④□ 円

●過不足の問題

教科書 p.103

□ **例題 2** クッキーを何個かつくりました。これらを用意した袋(ふくろ)に入れていくとき，1袋に4個ずつ入れると12個余り，6個ずつ入れると最後の袋は4個になって，2個たりませんでした。用意した袋の枚数を求めなさい。 ▶▶4

考え方 どんな入れ方をしても，はじめにあるクッキーの個数は変わりません。
クッキーの個数を，2通りの入れ方で，それぞれ式に表して，方程式をつくります。

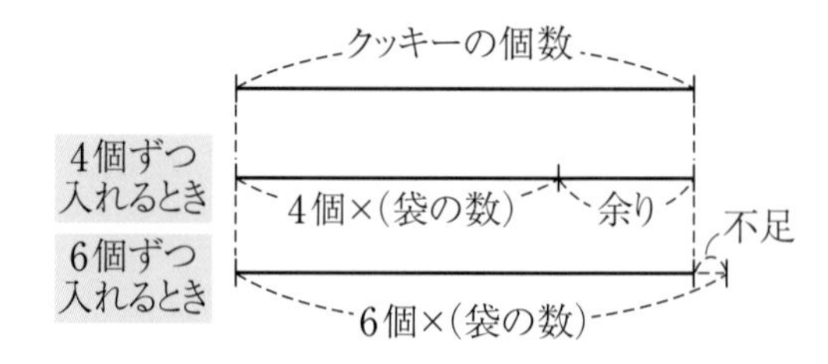

答え 袋の枚数を x 枚とすると，

$4x+12=6x-2$

$4x-6x=-2-$ ①□

$-2x=$ ②□

$x=$ ③□

この解は問題にあっている。

袋の枚数 ④□ 枚

絶対理解 **1** 【年齢の問題】現在，ゆうきさんは12歳，ゆうきさんの父親は40歳です。父親の年齢が，ゆうきさんの年齢の3倍になるのは何年後ですか。

教科書 p.100~101

□(1) この問題を解くために，x年後に父親の年齢がゆうきさんの年齢の3倍になるとして，方程式をつくります。次の□にあてはまる式を答えなさい。

$40+x=$□

□(2) (1)の方程式を解いて，何年後に，父親の年齢はゆうきさんの年齢の3倍になるか求めなさい。

●キーポイント
問題の中の数量に着目して，数量の関係から方程式をつくります。この問題では，方程式の解は，自然数でなければなりません。

2 【代金の問題】1個150円のりんごと1個180円のなしをあわせて11個買ったら，1800円でした。買ったりんごの個数を求めなさい。

□

教科書 p.102 例題1

●キーポイント
りんごの個数をx個とすると，なしの個数は$11-x$(個)になります。

3 【代金の問題】バナナ8本と120円のオレンジ1個を買ったときの代金は，同じバナナ1本と150円のりんご1個を買ったときの代金の2倍になりました。このバナナ1本の値段を求めなさい。

□

教科書 p.102 例題1

絶対理解 **4** 【過不足の問題】何人かの子どもにみかんを同じ数ずつ分けます。1人に3個ずつ分けると5個余り，4個ずつ分けると3個たりません。

教科書 p.103 例題2

□(1) 子どもの人数を求めなさい。

□(2) はじめにあったみかんの個数を求めなさい。

●キーポイント
はじめにあったみかんの個数は，どんな分け方をしても変わりません。子どもの人数をx人として，みかんの個数を，2通りの分け方で式に表して，方程式をつくります。

例題の答え **1** ①170 ②60 ③330 ④60 **2** ①12 ②−14 ③7 ④7

解答▶▶ p.20

2節 方程式の利用
[1] 方程式の利用 ―― ②／[2] 比例式の利用

●速さ・時間・道のりの問題

教科書 p.104～105

□ 
例題 1

弟が，1.8 km 離(はな)れた駅に向かって，分速 90 m で家を出発しました。それから 10 分後に，兄が弟の忘れ物に気づき，自転車で同じ道を分速 240 m で追いかけました。兄は出発してから何分後に弟に追いつきますか。 ▶▶[1][2]

考え方　追いついたときには，兄と弟は同じ地点にいるので，家からその地点まで，2 人が進んだ道のりは同じです。家から追いつく地点までの道のりを，2 通りの求め方で，それぞれ式に表して，方程式をつくります。

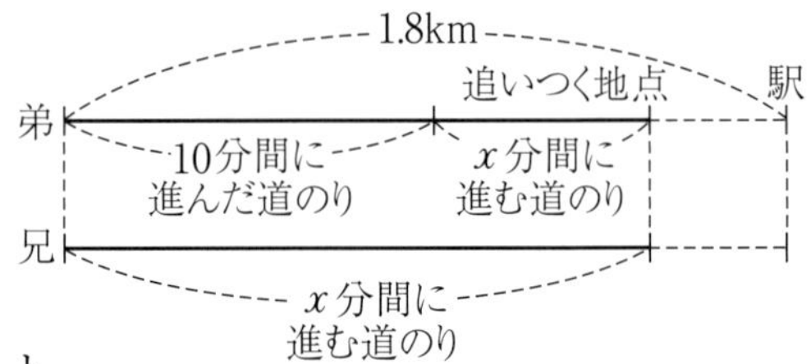

答え　兄が出発してから x 分後に追いつくとすると，

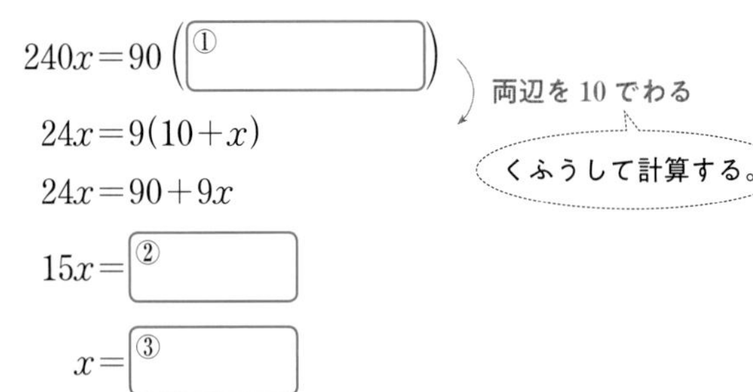

$240x=90($①$\quad)$

$24x=9(10+x)$

$24x=90+9x$

$15x=$②

$x=$③

この解は問題にあっている。　　④　　分後に追いつく

●比例式を利用する問題

教科書 p.106

□ 例題 2

A，B 2 つの箱に，おはじきが 20 個ずつはいっています。A の箱からおはじきを何個か取り出して，B の箱に入れたところ，A の箱と B の箱のおはじきの個数の比が 2：3 になりました。A の箱から取り出したおはじきの個数を求めなさい。 ▶▶[3][4]

考え方　A の箱から取り出したおはじきの個数を x 個として，比例式をつくります。

答え　A の箱から取り出したおはじきの個数を x 個とすると，

$(20-x):(20+x)=2:3$

$3(20-x)=2($①$\quad)$　　$a:b=c:d$ ならば，$ad=bc$

$60-3x=40+2x$

$-5x=$②

$x=$③

この解は問題にあっている。　　おはじきの個数　④　　個

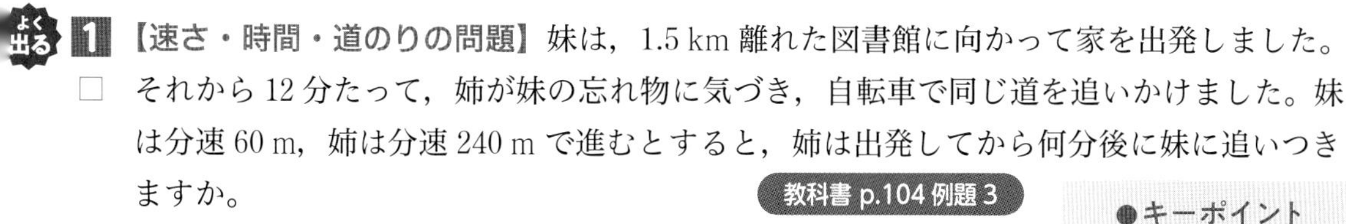

よく出る **1** □ 【速さ・時間・道のりの問題】妹は，1.5 km 離れた図書館に向かって家を出発しました。それから 12 分たって，姉が妹の忘れ物に気づき，自転車で同じ道を追いかけました。妹は分速 60 m，姉は分速 240 m で進むとすると，姉は出発してから何分後に妹に追いつきますか。 教科書 p.104 例題 3

●キーポイント
家から追いつく地点までの，2人が進んだ道のりが同じことから方程式をつくります。

2 □ 【速さ・時間・道のりの問題】**1** で，雨が降りそうだったので，妹が家を出発してから 20 分後に，兄がかさを持って，同じ道を分速 260 m で追いかけました。妹が図書館に着くまでに，兄は妹に追いつくことができますか。 教科書 p.105 問 4

●キーポイント
妹は家を出てから何分後に図書館に着くかを求め，それまでに兄が追いつくかを考えます。

絶対理解 **3** □ 【比例式を利用する問題】ウスターソースが 85 g，ケチャップが 145 g あります。これらに，それぞれ同じ量のウスターソースとケチャップを増やしてから混ぜあわせ，ウスターソースとケチャップの量の比が 2：3 となるハンバーグソースをつくります。ウスターソースとケチャップを，何 g ずつ増やせばよいですか。 教科書 p.106 例題 1

●キーポイント
ウスターソースとケチャップを x g ずつ増やすと，その量はそれぞれ，$85+x$(g)，$145+x$(g)になります。

4 □ 【比例式を利用する問題】A の容器にコーヒーが 150 mL，B の容器に牛乳が何 mL かはいっています。B の容器から牛乳を 300 mL 取り出して，A の容器に入れたところ，A の容器のコーヒー牛乳と B の容器の牛乳の量の比が 5：2 になりました。はじめに，B の容器には何 mL の牛乳がはいっていましたか。 教科書 p.106 問 1

●キーポイント
B の容器に x mL の牛乳がはいっていたとすると，300 mL 取り出すので，B の容器の牛乳の量は $x-300$(mL) になります。

例題の答え **1** ①$10+x$ ②90 ③6 ④6 **2** ①$20+x$ ②-20 ③4 ④4

2節 方程式の利用 [1], [2]

1 現在，あかりさんは12歳，父は42歳です。父の年齢が，あかりさんの年齢の2.5倍になるのは，何年後ですか。

2 200円のかごに，1個140円のりんごと1個120円のオレンジを，あわせて10個つめて買うと，1480円でした。りんごとオレンジを，それぞれ何個つめましたか。

3 ある数 x に21をたした数が，x から5をひいて3倍した数に等しくなるとき，ある数 x を求めなさい。

よく出る **4** 長いすを何脚(なんきゃく)か並べました。集まった人たちが，長いす1脚に4人ずつすわると2人がすわれず，1脚に5人ずつすわると最後の長いすにすわった人は1人だけになりました。並べた長いすは何脚ですか。

5 20 km離れたP，Q両地点があり，Aさんは，P地点を時速4 kmでQ地点に向かって出発します。Bさんは，Aさんが出発して2時間後にQ地点を出発し，時速5 kmでP地点に向かいます。2人が出会うのは，Bさんが出発してから何時間何分後ですか。

ヒント
4 長いすを x 脚として，集まった人の人数を長いすの数を使って2通りに表します。
5 出会うとき，Aさんが進んだ道のりとBさんが進んだ道のりの和が20 kmになります。

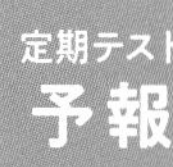

定期テスト予報

●文章題を解くときには，問題の中の数量の関係を見つけよう。
方程式をつくるときは，単位をそろえることが大切だよ。
また，答えが問題にあっているかどうかのたしかめも忘れずにね。

6 □ A の容器に牛乳が 120 mL，B の容器に紅茶が 400 mL はいっています。B の容器から紅茶を何 mL か取り出して A の容器に入れたところ，A の容器のミルクティーと B の容器の紅茶の量の比が 8：5 になりました。B の容器から取り出した紅茶は何 mL ですか。

7 □ 男女あわせて 40 人のクラスでテストをしました。クラス全員の平均点は 68 点で，男子の平均点は 67 点，女子の平均点は 69.5 点でした。男女それぞれの人数を求めなさい。

8 □ 4 m のリボンを A，B，C の 3 人で分けるのに，A さんは B さんの 2 倍より 30 cm 短く，C さんは B さんより 50 cm 長くなるようにしたい。このとき，3 人のリボンの長さを，それぞれ求めなさい。

9 □ 12 km 離れた場所へ行くのに，はじめは自転車に乗って時速 10 km で進みましたが，途中で自転車が故障(こしょう)したので，その後は時速 4 km で歩いて，全体で 1 時間 30 分かかりました。自転車に乗って進んだ道のりを求めなさい。

ヒント
8 B の長さを x cm とすると，A の長さは $2x-30$(cm) となります。
9 時間＝道のり÷速さをもとに，自転車に乗った時間と歩いた時間の和を方程式に表します。

解答▶▶ p.21

3章　方程式

❶ 次の方程式を解きなさい。知

(1)　$3x+8=-4$

(2)　$4-12x=-5x+21$

(3)　$3x-(7x-1)=-15$

(4)　$4(x+2)-7(2x-1)=0$

❶　点/20点（各5点）

(1)	
(2)	
(3)	
(4)	

❷ 次の方程式や比例式を解きなさい。知

(1)　$\dfrac{x-2}{3}=x+2$

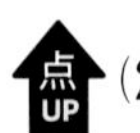

(2)　$\dfrac{x-1}{2}-\dfrac{3x-2}{3}=\dfrac{5x+3}{4}$

(3)　$0.2+0.03x=0.08x-0.1$

(4)　$500x-400=10(20x+110)$

(5)　$\dfrac{1}{3}:x=\dfrac{5}{6}:\dfrac{2}{5}$

(6)　$x:(x-2)=4:7$

❷　点/36点（各6点）

(1)	
(2)	
(3)	
(4)	
(5)	
(6)	

❸ x についての方程式 $\dfrac{x+a}{2}=3a-2+x$ の解が $x=-1$ であるとき，a の値を求めなさい。考

❸　点/10点

成績評価の観点　知…数量や図形などについての知識・技能　考…数学的な思考・判断・表現

❹ ある店でりんごを 12 個買おうと思ったら，持っていたお金では 120 円たりないので，10 個にしたら 200 円余りました。持っていたお金はいくらですか。考

❹　点/10点

❺ 一定の速さで走っている電車が，長さ 175 m の鉄橋を渡(わた)りはじめてから渡り終わるまでに 18 秒かかりました。
また，長さ 730 m のトンネルにはいりはじめてから，全部出てしまうまでに 55 秒かかりました。この電車の長さを求めなさい。考

❺　点/12点

❻ 道路上に 3 地点 A，B，C がこの順にあります。A，C 間は 4 km で，徒歩では 40 分，バスでは 8 分かかります。A 地点から B 地点まで行くのに，A 地点から C 地点までバスで行ってから B 地点まで徒歩でもどってかかった時間と，A 地点から B 地点まで徒歩でかかった時間が同じでした。このとき，A，B 間の道のりを求めなさい。ただし，歩く速さは一定とします。考

❻　点/12点

3章　教科書86～111ページ

知　/56点	考　/44点

解答▶▶ p.22

教科書のまとめ〈3章　方程式〉

●方程式

・等式 $4x+2=14$ のように，まだわかっていない数を表す文字をふくむ等式を**方程式**といいます。

・方程式を成り立たせる文字の値を，その方程式の**解**といいます。

・方程式の解を求めることを，**方程式を解く**といいます。

●等式の性質

1　等式の両辺に同じ数をたしても，等式が成り立つ。

$A=B$　ならば，　$A+C=B+C$

2　等式の両辺から同じ数をひいても，等式が成り立つ。

$A=B$　ならば，　$A-C=B-C$

3　等式の両辺に同じ数をかけても，等式が成り立つ。

$A=B$　ならば，　$A\times C=B\times C$

4　等式の両辺を同じ数でわっても，等式が成り立つ。

$A=B$　ならば，　$A\div C=B\div C$

［注意］　4では，C は0ではありません。

●移項

等式の一方の辺の項(こう)を，符号(ふごう)を変えて，他方の辺に移すことを**移項**するといいます。

(例)　$3x-4=2x+1$

$2x$，-4 を移項すると，

$3x-2x=1+4$

$x=5$

●かっこがある方程式の解き方

分配法則 $a(b+c)=ab+ac$ を使って，かっこをはずしてから解きます。

［注意］　かっこをはずすとき，符号に注意。

●分数をふくむ方程式の解き方

・分母の公倍数を両辺にかけて，係数を整数にしてから解きます。

・方程式の両辺に分母の公倍数をかけて，分数をふくまない方程式になおすことを，分母をはらうといいます。

●係数に小数がある方程式の解き方

両辺に 10 や 100 などをかけて，係数を整数にしてから解きます。

●一次方程式を解く手順

1　必要であれば，かっこをはずしたり，係数を整数にしたりする。

2　文字の項を一方の辺に，数の項を他方の辺に移項して集める。

3　$ax=b$ の形にする。

4　両辺を x の係数 a でわる。

●比例式の性質

比例式の外側の項の積と内側の項の積は等しい。

$a:b=c:d$ ならば，$ad=bc$

(例)　$x:18=2:3$

比例式の性質を使って，

$x\times 3=18\times 2$

$x=12$

●方程式を使って問題を解く手順

1　問題の中の数量に着目して，数量の関係を見つける。

2　まだわかっていない数量のうち，適当なものを文字で表して，方程式をつくって解く。

3　方程式の解が，問題にあっているかどうかを調べて，答えを書く。

4章　変化と対応

次の学習に入る前に取り組もう。

□**比例**　← 小学6年

ともなって変わる2つの量x，yがあります。xの値が2倍，3倍，4倍，……になると，yの値は2倍，3倍，4倍，……になります。

関係を表す式は，y＝決まった数×xになります。

□**反比例**　← 小学6年

ともなって変わる2つの量x，yがあります。xの値が2倍，3倍，4倍，……になると，yの値は$\frac{1}{2}$倍，$\frac{1}{3}$倍，$\frac{1}{4}$倍，……になります。

関係を表す式は，y＝決まった数÷xになります。

1 次のxとyの関係を式に表し，比例するものには○，反比例するものには△をつけなさい。　← 小学6年〈比例と反比例〉

ヒント
一方を何倍かすると，他方は……

(1) 1000円持っているとき，使ったお金x円と残っているお金y円

(2) 分速90 mで歩くとき，歩いた時間x分と歩いた道のりy m

(3) 面積100 cm^{2}の長方形の縦の長さx cmと横の長さy cm

2 下の表は，高さが6 cmの三角形の底辺をx cm，その面積をy cm^{2}として，面積が底辺に比例するようすを表したものです。表のあいているところにあてはまる数を答えなさい。　← 小学6年〈比例〉

ヒント
決まった数を求めて……

x(cm)	1		3	4	5		7	…
y(cm^2)		6		12		18		…

3 下の表は，面積が決まっている平行四辺形の高さy cmが底辺x cmに反比例するようすを表したものです。表のあいているところにあてはまる数を答えなさい。　← 小学6年〈反比例〉

ヒント
決まった数を求めて……

x(cm)	1	2	3		5	6	…
y(cm)			16	12			…

4章

解答▶▶ p.24

4章　変化と対応

1節　関数
1　関数

●関数

教科書 p.114〜116

□ **例題 1** ある人が，A 市から 30 km 離（はな）れた B 市まで行くとき，進んだ道のりを x km，残りの道のりを y km とします。 ▶▶1 2

(1)　y は x の関数（かんすう）であるといえますか。

(2)　x と y の変化のようすを，表やグラフに表しなさい。

(3)　x と y の関係を，式に表しなさい。

考え方　(1)　x の値を決めると，それに対応して y の値がただ 1 つに決まるとき，y は x の関数であるといえます。

(2)　(残りの道のり)＝(A 市から B 市までの道のり)−(進んだ道のり) です。

(3)　(2)のことばの式を x，y の文字で表します。

答え　(1)　進んだ道のり(x km)を決めると，残りの道のり(y km)はただ 1 つに決まるので，y は x の関数であると ①［　　］。

(2)　例えば，x の値が 5，10，15，20，25 のときの y の値を求めると，下の表のようになる。

進んだ道のり x(km)	5	10	15	20	25
残りの道のり y(km)	25	20	②［　　］	③［　　］	④［　　］

上の表を使って，グラフに表すと，右のようになる。

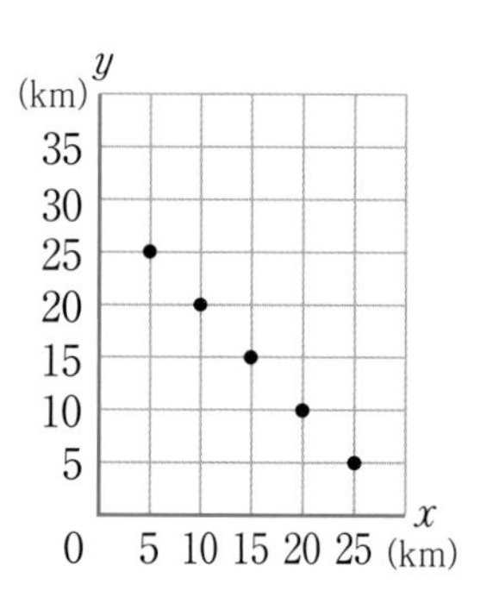

(3)　$y=$ ⑤［　　］ の式で表すことができる。

プラスワン　変数

変数（へんすう）…x，y のように，いろいろな値をとる文字

●変域の表し方

教科書 p.116

□ **例題 2** 変数 x の変域（へんいき）が −4 より大きく 3 以下であることを，不等号を使って表しなさい。 ▶▶3

（数直線：−4（○），3（●））

考え方　変域は，不等号＜，＞，≦，≧や数直線を使って表します。

答え　−4 ①［　　］ x ②［　　］ 3

プラスワン　変域

変域…変数のとる値の範囲（はんい）

関数の関係を式に表すとき，変数 x の変域に制限がある場合には，

$y=30-x$　$(0 \leqq x \leqq 30)$

のように，変域をつけ加えることもあります。

変域を数直線で表すとき，
• はその点をふくみ，
◦ はその点をふくみません。

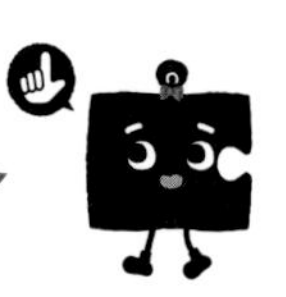

絶対理解 **1** **【関数】** 次の(1)～(4)で，y は x の関数であるといえるものには○，いえないものには×を書きなさい。

教科書 p.115 問 1

□(1) 正方形の周の長さが x cm のとき，正方形の面積 y cm^2
( )

□(2) 長方形の周の長さが x cm のとき，長方形の面積 y cm^2
( )

□(3) 1000 円出して，x 円の買い物をしたときのおつり y 円
( )

□(4) あるクラスの数学のテストで，男子の平均点が x 点のときの女子の平均点 y 点 ( )

●キーポイント
x の値を決めると，それに対応して y の値がただ 1 つ決まるものが，y は x の関数であるといえます。

2 **【表やグラフで関数のようすを調べる】** 1 個 150 円のケーキを x 個買って，200 円の箱につめてもらったときの代金を y 円とします。

教科書 p.115 例 1，p.116 問 3

□(1) x と y の変化のようすを，下の表や図に表しなさい。

x(個)	1	2	3	4	5
y(円)	350				

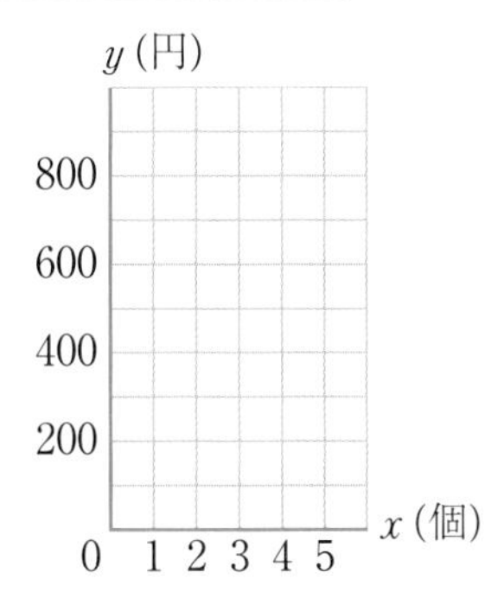

□(2) x の値を大きくしていくと，y の値はどのように変わっていきますか。

□(3) x と y の関係を，式に表しなさい。

●キーポイント
代金 y 円は，ケーキ x 個の代金と箱の代金 200 円の和になります。

よく出る **3** **【変域の表し方】** 変数 x のとる値が次の場合に，x の変域を，不等号を使って表しなさい。また，数直線上に表しなさい。

教科書 p.116 例 3

□(1) −1 より大きく 5 より小さい

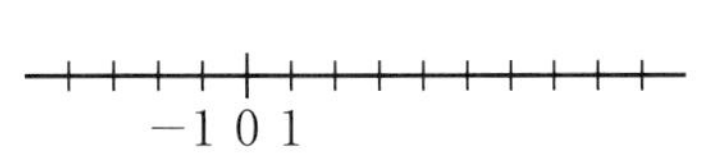

□(2) −6 以上 2 未満

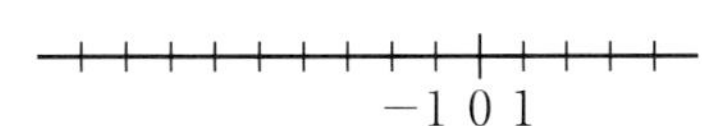

⚠ミスに注意
数直線で表すときには
•はその数をふくみ，
∘はその数をふくみません。

例題の答え **1** ①いえる ②15 ③10 ④5 ⑤$30-x$ **2** ①< ②≦

2節　比例
1　比例の式

●比例の関係

教科書 p.118

□ 例題1　1枚25円の画用紙を x 枚買ったときの代金を y 円とします。 ▶▶1

(1)　y は x に比例（ひれい）することを示しなさい。

(2)　比例定数（ひれいていすう）を答えなさい。

考え方　$y=ax$（a は定数（ていすう））の式で表されることを示します。定数 a が比例定数です。

答え　(1)　$y=$ ①［　　］と表されるから，

y は x に比例する。

(2)　$y=ax$ で，a が比例定数だから，

比例定数は ②［　　］である。

プラスワン　比例の関係

比例…y が x の関数で，$y=ax$（a は定数）で表されるとき，y は x に比例するといいます。

比例定数…$y=ax$ で，定数 a のこと。

●比例の性質

教科書 p.119～120

□ 例題2　下の表は，$y=-3x$ について，対応する y の値を求めたものです。 ▶▶2

x	…	-4	-3	-2	-1	0	1	2	3	4	…
y	…	12	9	6	3	0	-3	-6	-9	-12	…

(1)　x の値が2倍，3倍，4倍，……になると，y の値はどうなりますか。

(2)　対応する x と y の値の商 $\dfrac{y}{x}$ はどうなっていますか。

考え方　変数 x・y や比例定数が負の数の場合も，$y=ax$ の関係があれば，y は x に比例していて，比例の性質があります。

答え　(1)　x の値が2倍，3倍，4倍，……になると，

y の値は ①［　　］倍，②［　　］倍，③［　　］倍，……になる。

(2)　対応する x と y の値の商 $\dfrac{y}{x}$ は一定で，比例定数の ④［　　］になっている。

●比例の式を求める

教科書 p.120

□ 例題3　y は x に比例し，$x=7$ のとき $y=42$ です。x と y の関係を式に表しなさい。 ▶▶3

考え方　y は x に比例するから，$y=ax$ と表すことができます。

答え　比例定数を a とすると，$y=$ ①［　　］

$x=7$ のとき $y=42$ だから，この式に代入すると，

$42=a\times$ ②［　　］　　$a=$ ③［　　］

したがって，$y=$ ④［　　］

比例の式は，x と y の値の組が1組わかれば，求めることができます。

1 【比例の関係】次の問いに答えなさい。

教科書 p.118~120

□(1) 分速 80 m で，x 分間歩くときに進む道のりを y m とすると，y は x に比例することを示しなさい。
また，そのときの比例定数を答えなさい。

●キーポイント
x と y の関係が，$y=ax$（a は定数）の式で表されることを示します。

□(2) 底辺が x cm で，高さが 4 cm の三角形の面積を y cm^2 とすると，y は x に比例することを示しなさい。
また，そのときの比例定数を答えなさい。

絶対理解

2 【比例の性質】比例の関係 $y=4x$ について，次の問いに答えなさい。

教科書 p.119

□(1) 下の表の x の値に対応する y の値を求めなさい。

x	…	-4	-3	-2	-1	0	1	2	3	4	…
y	…										…

(2) 次の場合について，対応する x と y の値から $\dfrac{y}{x}$ の値を求めなさい。

□① $x=2$ のとき　　□② $x=-3$ のとき

□(3) x の値が，2 倍，3 倍，4 倍，……になると，y の値はどうなりますか。

よく出る

3 【比例の式を求める】次の x と y の関係を式に表しなさい。

教科書 p.120 例題 1

□(1) y は x に比例し，$x=3$ のとき $y=15$ である。

●キーポイント
比例定数を a とすると，比例の式は $y=ax$ と表されます。

□(2) y は x に比例し，$x=-6$ のとき $y=48$ である。

例題の答え　**1** ①$25x$　②25　**2** ①2　②3　③4　④-3　**3** ①ax　②7　③6　④$6x$

解答▶▶ p.25

ぴたトレ 1 要点チェック

4章　変化と対応

2節　比例
[2] 座標／[3] 比例のグラフ

●点の座標

教科書 p.122〜123

□ **例題 1** 右の図で，点 A，B，C，D の座標を答えなさい。 ▸▸1

考え方　座標の値は，(x 座標の値，y 座標の値)と表します。

答え　点 A の座標は，(①　　，②　　)

点 B の座標は，(③　　，④　　)

点 C の座標は，(⑤　　，⑥　　)

点 D の座標は，(⑦　　，⑧　　)

プラスワン　点の座標

点 E を表す数の組 $(-4,\ 3)$ を，点 E の**座標**といいます。
また，-4 を **x 座標**，3 を **y 座標**といいます。

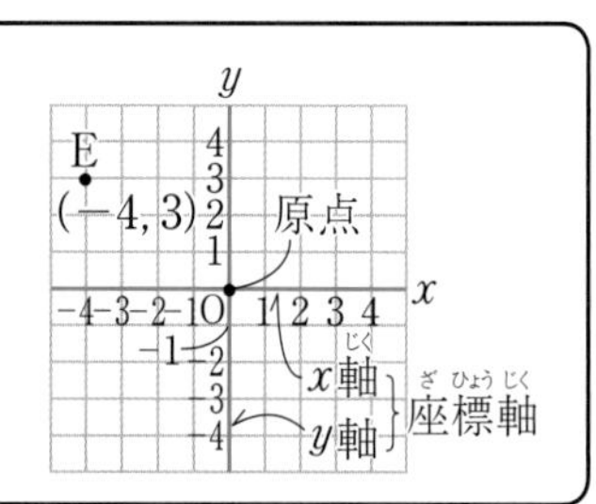

●比例のグラフ

教科書 p.124〜126

□ **例題 2** 次の関数のグラフのかき方を説明しなさい。 ▸▸2 3

(1)　$y=\dfrac{1}{2}x$　　(2)　$y=-3x$

考え方　比例の関係 $y=ax$ のグラフは，原点ともう1つの点を通る直線をひいてかきます。

答え　(1)　$x=2$ のとき，$y=$ ①　　 だから，$y=\dfrac{1}{2}x$ のグラフは，原点と点 $(2,$ ②　　$)$ を通る直線をひく。

(2)　$x=1$ のとき，$y=$ ③　　 だから，$y=-3x$ のグラフは，原点と点 $(1,$ ④　　$)$ を通る直線をひく。

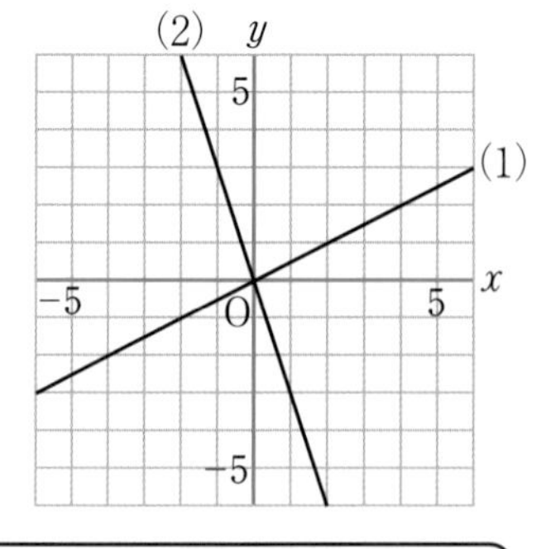

プラスワン　比例のグラフ

比例の関係 $y=ax$ のグラフは原点を通る直線で，比例定数 a の値によって，右の図のようになります。

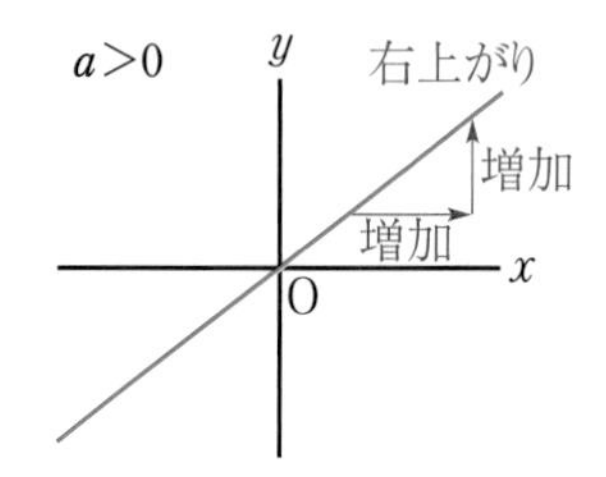

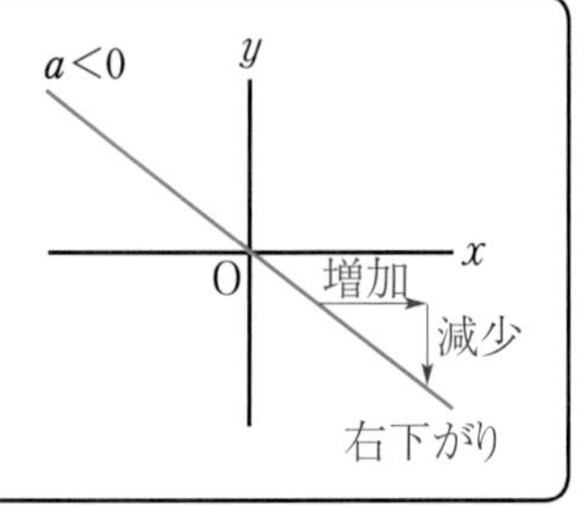

よく出る

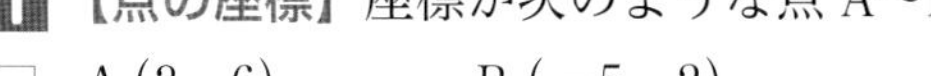

1 【点の座標】座標が次のような点 A〜F を，下の図にかき入れなさい。

教科書 p.123 問 1

□ A (3, 6)　　B (−5, 2)

C (2, −5)　　D (0, −3)

E (−6, −4)　　F (7, 0)

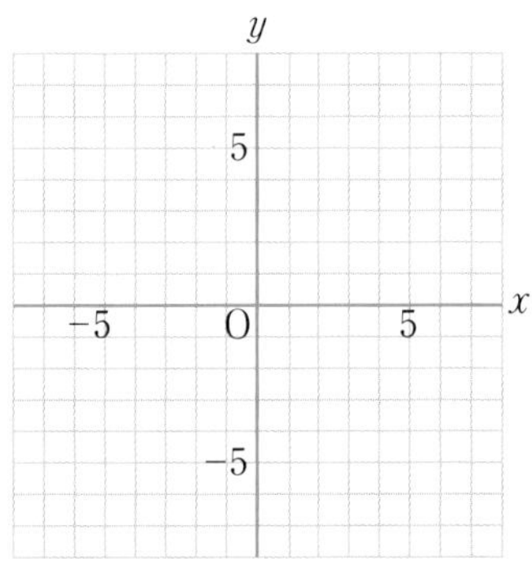

⚠ミスに注意

座標は，x 座標，y 座標の順に書いてあります。

x 座標と y 座標をまちがえないように注意しましょう。

2 【比例のグラフ】下の(1)〜(4)のグラフは，それぞれ，下の直線のどれですか。

教科書 p.125〜126

□(1)　$y=5x$

□(2)　$y=\dfrac{5}{4}x$

□(3)　$y=\dfrac{2}{5}x$

□(4)　$y=-\dfrac{1}{6}x$

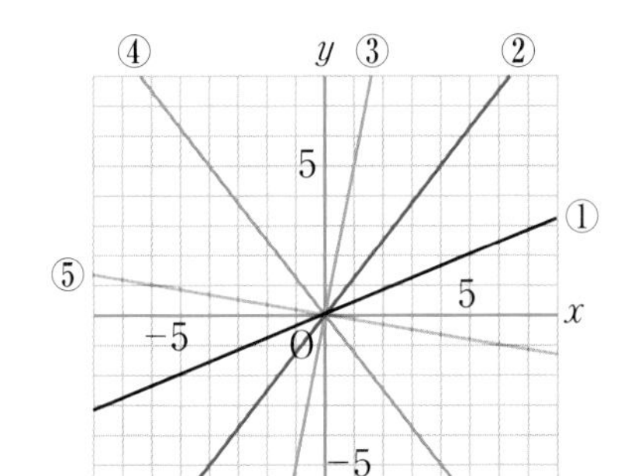

●キーポイント

対応する値の組を１つ求め，その点を通るグラフを見つけます。

絶対理解

3 【比例のグラフ】次の問いに答えなさい。

教科書 p.126 問 3, 問 4

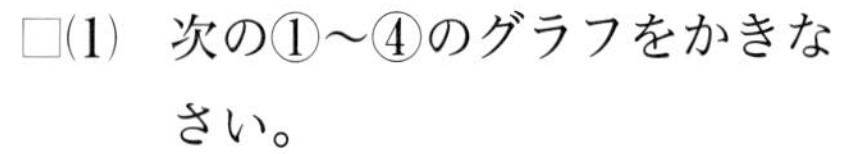

□(1)　次の①〜④のグラフをかきなさい。

①　$y=4x$　　②　$y=-x$

③　$y=\dfrac{2}{3}x$　　④　$y=-\dfrac{3}{5}x$

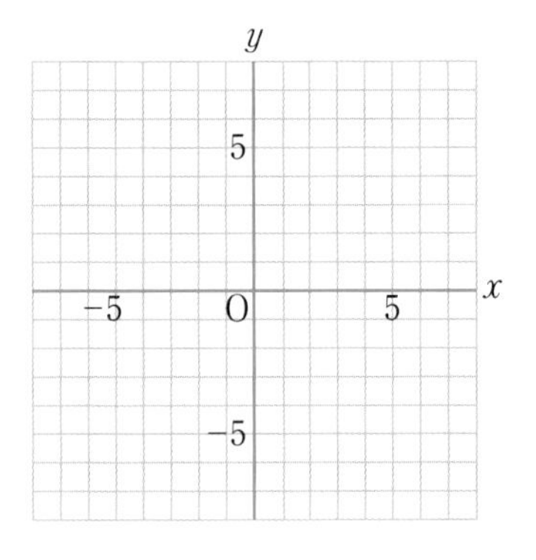

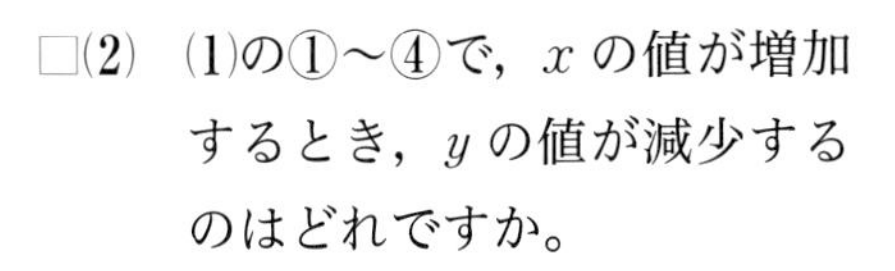

□(2)　(1)の①〜④で，x の値が増加するとき，y の値が減少するのはどれですか。

●キーポイント

(2)　x の値が増加するとき，y の値が減少するグラフは右下がりになります。

例題の答え　**1** ①−2　②3　③−3　④−2　⑤2　⑥−1　⑦4　⑧2　**2** ①1　②1　③−3　④−3

解答▶▶ p.25

1 次の㋐～㋓のうち，y が x の関数であるものをすべて選びなさい。

□ ㋐ 長さ 150 cm のひもで，使った長さ x cm と残りの長さ y cm

㋑ 総ページ数が x ページの本とその定価 y 円

㋒ ある私鉄電車の運賃 x 円と乗車距離 y km

㋓ ある自然数 x と，その自然数を 3 でわったときの余り y

2 次の表のうち，いずれかは y が x に比例しています。それがどれかを答えなさい。
□ また，そのときの比例定数を求めなさい。

㋐

x	1	2	3	4
y	-4	-5	-6	-7

㋑

x	-1	-2	-3	-4
y	12	6	4	3

㋒

x	-1	-2	-3	-4
y	4	8	12	16

よく出る **3** 次の問いに答えなさい。

□(1) y は x に比例し，$x=12$ のとき $y=-4$ です。x と y の関係を式に表しなさい。

□(2) y は x に比例し，$x=-6$ のとき $y=3$ です。$x=10$ のときの y の値を求めなさい。

4 点 A $(4,\ -5)$，B $(-2,\ 0)$ を，右の図にかき入れなさい。
□ また，右の図で，点 C，D，E の座標を答えなさい。

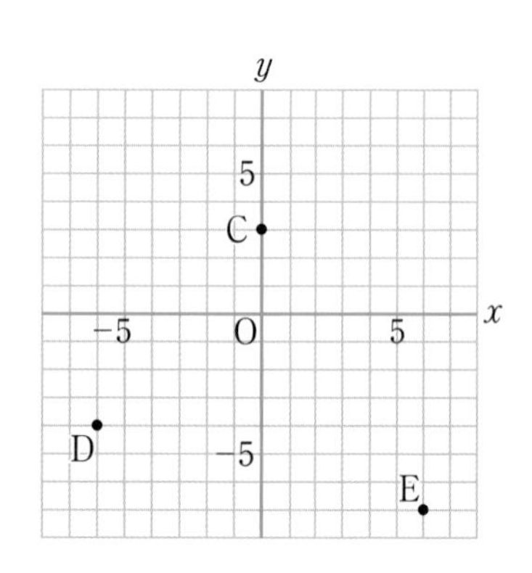

ヒント **2** 比例の性質があてはまるものはどれかを考えます。
3 比例の式は，$y=ax$ と表すことができます。

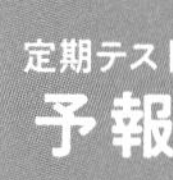

●比例は，$y=ax$ と表されることをしっかり理解しておこう。
比例の関係を表，式，グラフのそれぞれでとらえるようにして，それらの関係性をしっかりとつかんでおこう。また増加，減少の問題は，式だけでなく，表やグラフとあわせて考えるようにしよう。

5 右の A～C のグラフは，次の①～⑤のどの式で表されますか。
□
また，使わなかった式のグラフをかきなさい。

① $y=-\frac{5}{2}x$　② $y=\frac{3}{5}x$

③ $y=\frac{5}{3}x$　④ $y=-\frac{1}{3}x$

⑤ $y=\frac{2}{5}x$

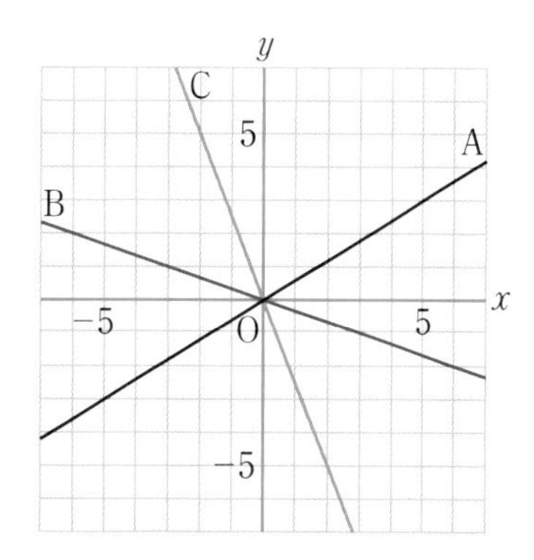

6 比例の関係 $y=-3x$ について，次の問いに答えなさい。

□(1) 下の表の x の値に対応する y の値を求めなさい。

x	-3	-2	-1	0	1	2	3
y							

□(2) x の値が 1 ずつ増加すると，y の値はどのように変わりますか。

□(3) x の値が -5 から 4 まで増加すると，y の値はどう変わりますか。

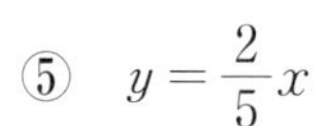

7 $y=\frac{6}{5}x\ (-5\leqq x<5)$ のグラフを，右の図にかきなさい。
□

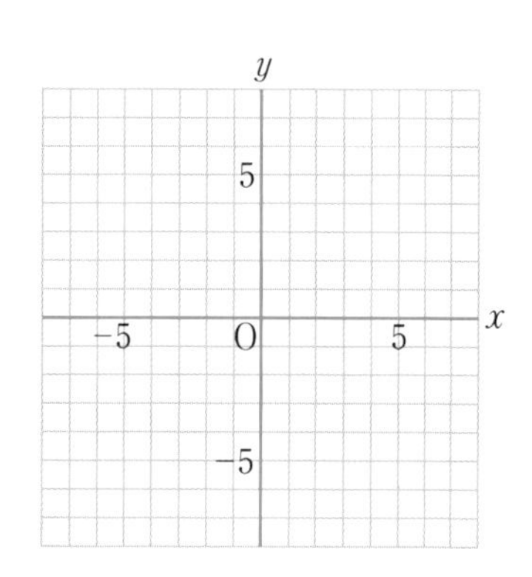

ヒント　**7** 変数 x に変域があるので，グラフをかくときに注意します。
変域以外の部分のグラフは点線でかきます。

4章
教科書 112～127ページ

解答▶▶ p.26

4章　変化と対応

3節　反比例
1　反比例の式

●反比例の関係

教科書 p.129

□ **例題 1** 面積が $10\ \mathrm{cm}^2$ の平行四辺形の底辺を x cm，高さを y cm とします。 ▶▶1

(1) y は x に反比例(はんぴれい)することを示しなさい。

(2) 比例定数を答えなさい。

考え方　$y=\dfrac{a}{x}$ （a は定数）の式で表されることを示します。定数 a が比例定数です。

答え (1) $y=$ ①［　　］と表されるから，

y は x に反比例する。

(2) $y=\dfrac{a}{x}$ で，a が比例定数だから，

比例定数は ②［　　］である。

プラスワン　反比例の関係

反比例…y が x の関数で，$y=\dfrac{a}{x}$ （a は定数）で表されるとき，y は x に反比例するといいます。

比例定数…$y=\dfrac{a}{x}$ で，定数 a のこと。

●反比例の性質

教科書 p.130〜131

□ **例題 2** 下の表は，$y=-\dfrac{12}{x}$ について，対応する x と y の値を求めたものです。 ▶▶2 3

x	…	-4	-3	-2	-1	0	1	2	3	4	…
y	…	3	4	6	12	×	-12	-6	-4	-3	…

(1) x の値が 2 倍，3 倍，4 倍，……になると，y の値はどうなりますか。

(2) 対応する x と y の値の積 xy はどうなっていますか。

考え方　変数 x，y や比例定数が負の数の場合でも，$y=\dfrac{a}{x}$ の関係があれば，y は x に反比例していて，反比例の性質があります。

答え (1) x の値が 2 倍，3 倍，4 倍，……になると，

y の値は ①［　　］倍，②［　　］倍，③［　　］倍，……になる。

(2) 対応する x と y の値の積 xy は一定で，比例定数の ④［　　］になっている。

●反比例の式を求める

教科書 p.131

□ **例題 3** y は x に反比例し，$x=3$ のとき $y=7$ です。x と y の関係を式に表しなさい。 ▶▶4

考え方　y は x に反比例するから，$y=\dfrac{a}{x}$ と表すことができます。

答え $x=3$ のとき $y=7$ だから，$7=\dfrac{a}{①［　　］}$　　$a=$ ②［　　］

したがって，$y=$ ③［　　］

1 【反比例の関係】次の問いに答えなさい。

教科書 p.129 問 1

□(1) 2000 m の道のりを，分速 x m で進むときにかかる時間を y 分とするとき，y は x に反比例することを示しなさい。
また，そのときの比例定数を答えなさい。

□(2) 1 m のリボンを x 等分したときの，1 本の長さを y cm とするとき，y は x に反比例することを示しなさい。
また，そのときの比例定数を答えなさい。

●キーポイント
x と y の関係が，
$y=\frac{a}{x}$（a は定数）
の式で表されることを示します。

絶対理解 **2** 【反比例の性質】次の㋐，㋑の表の x と y の関係のうち，どちらかは反比例の関係です。
□ それはどちらですか。
また，その x と y の関係を式に表しなさい。

教科書 p.130〜131

㋐

x	1	2	3	4	5
y	-5	-10	-15	-20	-25

㋑

x	1	2	3	4	5
y	-24	-12	-8	-6	-4.8

●キーポイント
表の x と y の間に，反比例の性質があるかどうかを考えます。

3 【反比例の性質】次の表は，それぞれ y が x に反比例する関係を示しています。表の空欄(くうらん)をうめなさい。
また，それぞれの x と y の関係を式に表しなさい。

教科書 p.130 例 1

□(1)

x	…	2	3	4	…	12	…
y	…	①	②	9	…	③	…

□(2)

x	…	-2	-1	…	③	…	6
y	…	①	②	…	-6	…	-3

●キーポイント
対応する x と y の値がどちらもわかっているところをもとに考えます。

よく出る **4** 【反比例の式を求める】次の問いに答えなさい。

教科書 p.131 例題 1

□(1) y は x に反比例し，$x=3$ のとき $y=9$ です。x と y の関係を式に表しなさい。

□(2) y は x に反比例し，$x=-4$ のとき $y=8$ です。x と y の関係を式に表しなさい。

●キーポイント
反比例の式は，
$y=\frac{a}{x}$
と表されます。

例題の答え **1** ① $\frac{10}{x}$ ② 10 **2** ① $\frac{1}{2}$ ② $\frac{1}{3}$ ③ $\frac{1}{4}$ ④ -12 **3** ① 3 ② 21 ③ $\frac{21}{x}$

3節 反比例
2 反比例のグラフ

●反比例のグラフ　教科書 p.132〜135

□ **例題 1** 反比例の関係 $y=\dfrac{8}{x}$ のグラフのかき方を説明しなさい。 ▶▶1〜3

考え方　反比例のグラフは，なめらかな曲線になります。対応する x と y の値の組を座標とする点をたくさんとると，グラフがきれいにかけます。

答え　反比例の関係 $y=\dfrac{8}{x}$ で，対応する x と y の値の表は次のようになる。

x	…	-8	…	-5	-4	…	-2	-1	0	1	2	…	4	5	…	8	…
y	…	-1	…	-1.6		…	-4	-8	×	8		…	2	1.6	…	1	…

$x=-4$ のときの y の値は，$y=\dfrac{8}{①\square}=②\square$

$x=2$　のときの y の値は，$y=\dfrac{8}{③\square}=④\square$

上の表をもとにして，x と y の値の組を座標とする点をとると，下の図のようになる。

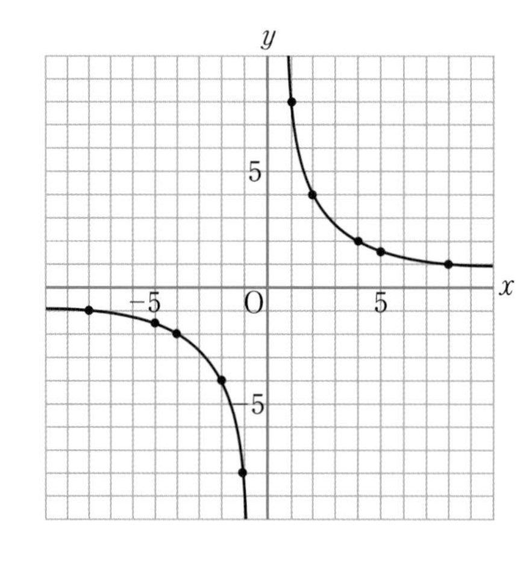

プラスワン　反比例のグラフ

反比例の関係 $y=\dfrac{a}{x}$ のグラフは**双曲線**(そうきょくせん)で，比例定数 a の値によって，下の図のようになります。

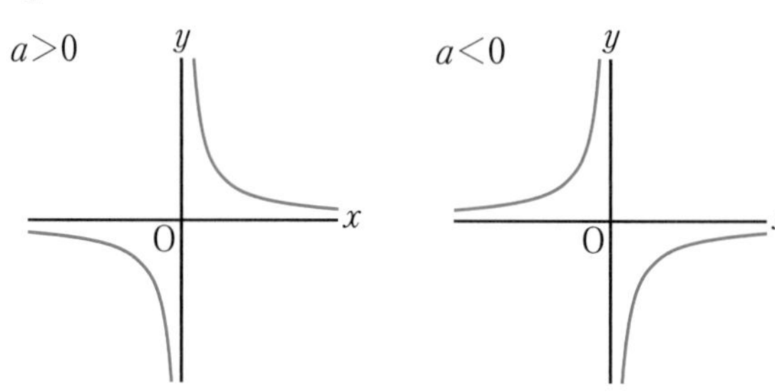

1【反比例のグラフ】次の反比例の関係で，対応する x と y の値を表にして，そのグラフをかきなさい。

絶対理解

教科書 p.132 問 1, p.133 問 2, p.134 問 3

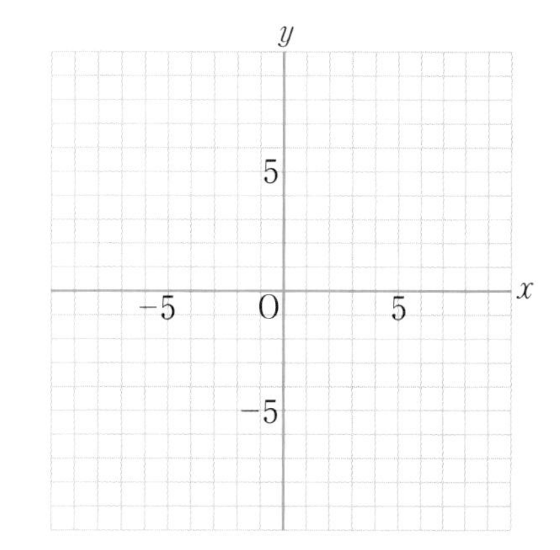

□(1) $y=\dfrac{10}{x}$

x	-10	-5	-2	-1	0	1	2	5	10
y					×				

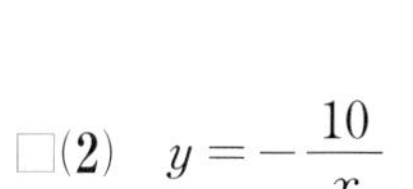

□(2) $y=-\dfrac{10}{x}$

x	-10	-5	-2	-1	0	1	2	5	10
y					×				

2【反比例のグラフ】y が x に反比例する関係で，$x=4$ のとき $y=4$ です。

よく出る

教科書 p.132 問 1, p.133 問 2

□(1) x と y の関係を式に表しなさい。

□(2) $x=2$ のとき，y の値を求めなさい。

□(3) x と y の関係をグラフに表しなさい。

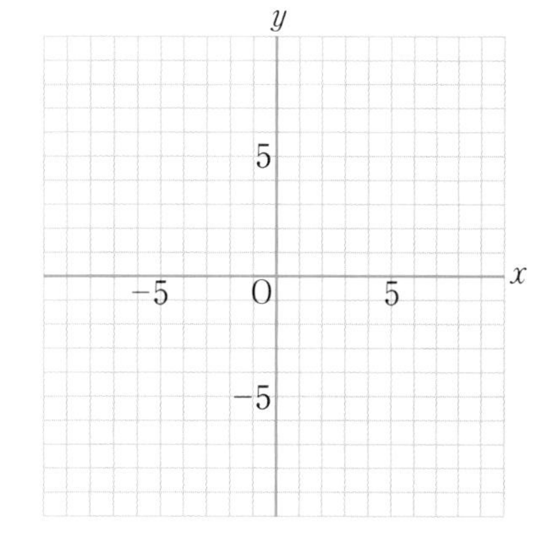

3【反比例のグラフ】右の反比例のグラフについて，次の問いに答えなさい。

教科書 p.132~135

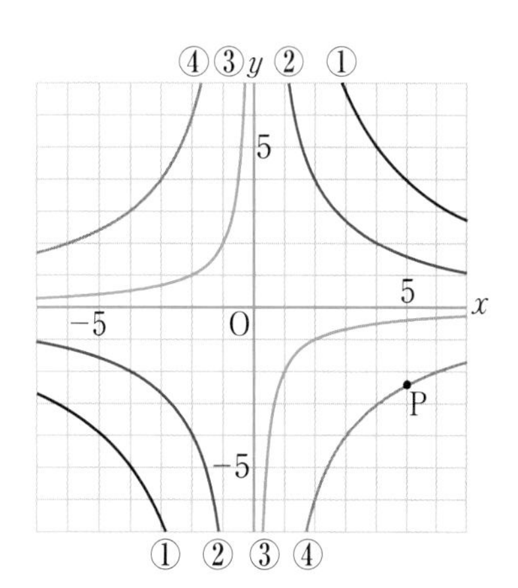

□(1) ①のグラフの式を求めなさい。

□(2) ②のグラフの式を求めなさい。

□(3) ③のグラフの式を求めなさい。

□(4) ④のグラフの式を求めなさい。

□(5) ④のグラフ上の点 P の座標を求めなさい。

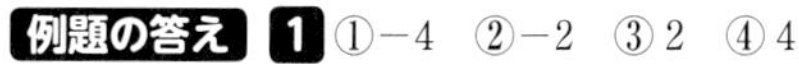

例題の答え **1** ①-4 ②-2 ③$2$ ④$4$

解答▶▶ p.29

4節　比例，反比例の利用
1　比例，反比例の利用

●比例の利用　教科書 p.138～139

□ **例題 1**　画用紙がたくさんあります。その厚さは 96 mm です。20 枚を取り出して，その厚さを測ると 6 mm でした。画用紙は全部で何枚ありますか。　▸▸1

考え方　厚さは画用紙の枚数に比例することを利用します。

答え　x 枚の画用紙の厚さを y mm とすると，y は x に比例するから，$y=ax$ と表せる。

$y=ax$ に $x=20$，$y=6$ を代入して計算すると，$a=$ ①［　　］

よって，x と y の関係は，$y=\frac{3}{10}x$　　$y=\frac{3}{10}x$ に $y=96$ を代入すると，

$96=\frac{3}{10}x$　　$x=$ ②［　　］　　③［　　］枚

□ **例題 2**　4 km の道のりを分速 200 m で走るとき，x 分に進んだ道のりを y m とします。　▸▸2

(1)　x と y の関係を，x の変域をつけて，それぞれ式に表しなさい。

(2)　1.8 km 進むのは，何分走ったときですか。

考え方　(1)　x の変域は，走り始めてから 4 km 走ったときまでの時間で考えます。

答え　(1)　y は x に比例するから，x と y の関係は，$y=$ ①［　　］

$4000\div200=20$(分) だから，x の変域は，②［　　］$\leqq x\leqq$ ③［　　］

(2)　$y=200x$ に $y=1800$ を代入すると，

$1800=200x$　　$x=$ ④［　　］　　⑤［　　］分

●反比例の利用　教科書 p.140

□ **例題 3**　体育館に，いすを 1 列に 12 脚ずつ 30 列並べました。これらのいすを並べかえて，1 列に 18 脚ずつ並べるとき，列は何列になりますか。　▸▸3 4

考え方　列の数は 1 列に並べるいすの数に反比例することを利用します。

答え　1 列に x 脚ずつ y 列並べるとすると，y は x に反比例するから，$y=\frac{a}{x}$ と表せる。

$y=\frac{a}{x}$ に $x=12$，$y=30$ を代入して計算すると，$a=$ ①［　　］

よって，x と y の関係は，$y=\frac{360}{x}$

$y=\frac{360}{x}$ に $x=18$ を代入すると，$y=\frac{360}{18}=$ ②［　　］　　③［　　］列

絶対理解 **1** 【比例の利用】厚さが一定で，面積が違う大小2枚の長方形の鉄板があります。小さい方の鉄板の大きさは縦6 cm，横8 cmで，重さは16 gです。大きい方の鉄板の大きさは，縦24 cm，横40 cmです。大きい方の鉄板の重さを求めなさい。

教科書 p.138~139

●キーポイント
鉄板の重さは，鉄板の面積に比例します。

2 **【比例の利用】24 L はいる容器に，毎分1.5 Lの割合で水を入れます。水を入れる時間を x 分，その間にはいる水の量を y L とします。**

教科書 p.139 問4, 問5

□(1) x と y の関係を，x の変域をつけて，式に表しなさい。

□(2) 水が18 Lはいるのは，何分水を入れたときですか。

●キーポイント
(1) 水を入れ始めてから，容器いっぱいに水がはいるまでの時間が x の変域になります。

3 【反比例の利用】壁に絵が1列に12枚ずつ8列はってあります。
これらの絵を1列に16枚ずつにはりかえると，列の数は何列になりますか。

教科書 p.140 問6, 問7

●キーポイント
絵の数は変わらないから，1列に並ぶ絵の数と列の数は反比例します。

4 【反比例の利用】数教科を同じ時間ずつ使って，毎日一定の時間だけ家庭学習をすることを習慣づけている人がいます。昨日は，英語・数学・国語の3教科を40分ずつ学習したとすると，今日，理科をふくめた4教科の家庭学習をするには，1教科の時間を何分ずつにすればよいですか。

教科書 p.140 問6, 問7

●キーポイント
学習時間は変わらないから，教科数と1教科の時間は反比例します。

例題の答え **1** ① $\frac{3}{10}$ ②320 ③320 **2** ①$200x$ ②0 ③20 ④9 ⑤9 **3** ①360 ②20 ③20

解答▶▶ p.29

3節 反比例 1, 2
4節 比例，反比例の利用 1

1 次の㋐～㋒のうち，いずれかは y が x に反比例しています。それを選びなさい。
□ また，そのときの比例定数を求めなさい。

㋐

x	1	2	3	4
y	14	10	6	2

㋑

x	−1	−2	−3	−4
y	12	6	4	3

㋒

x	−1	−2	−3	−4
y	−16	−9	−6	−4

2 次の問いに答えなさい。

□(1) y は x に反比例し，$x=4$ のとき $y=-7$ です。x と y の関係を式に表しなさい。

□(2) y は x に反比例し，$x=-\frac{15}{2}$ のとき $y=-\frac{8}{5}$ です。x と y の関係を式に表しなさい。

3 次の(1)，(2)の関数のグラフをかきなさい。

□(1) $y=\frac{4}{x}$

□(2) $y=-\frac{16}{x}$

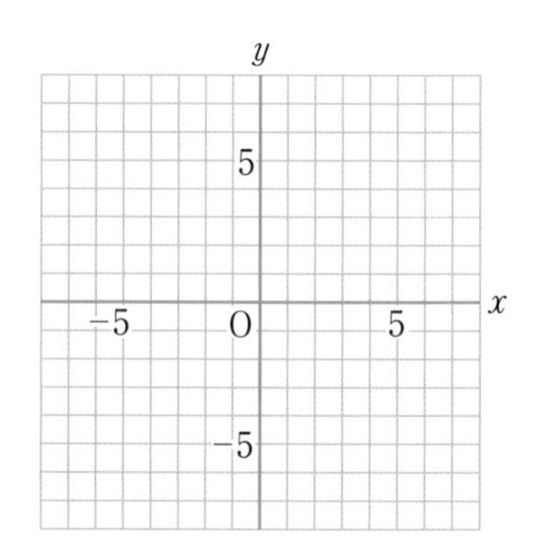

4 次の(1)，(2)のグラフは，それぞれ，右の㋐～㋓の双曲線のどれですか。

□(1) $y=\frac{6}{x}$

□(2) $y=-\frac{15}{x}$

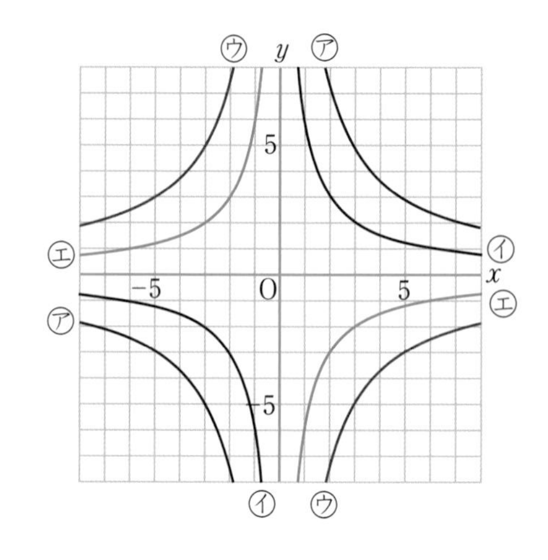

ヒント **1** 反比例の性質から，反比例の関係にあるものを見つけます。
2 y が x に反比例するとき，その関係を表す式の比例定数 a は，$a=xy$ で求められます。

定期テスト予報
●反比例の関係を，$y=\frac{a}{x}$ と表すことをしっかり理解しておこう。
反比例のグラフは双曲線になるよ。$a>0$ のときと $a<0$ のときの違いを確認しよう。

5 点 (6, −5) を通る双曲線のグラフについて，次の問いに答えなさい。

□(1) この双曲線の式を求めなさい。

□(2) (7, −4), (−15, 2), $\left(\frac{1}{2}, -60\right)$ のうち，この双曲線上にない点を答えなさい。

6 ある自動車は，ガソリン 20 L(リットル) で 320 km の道のりを走ることができます。この自動車で
□ 80 km の道のりを走るには，何 L のガソリンが必要ですか。

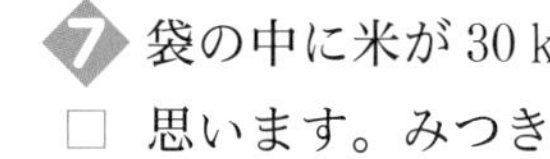

7 袋の中に米が 30 kg はいっています。この中に全部で約何粒の米があるのかを調べようと
□ 思います。みつきさんは，両手いっぱいの米を取り出し，その重さをはかったところ，28 g でした。そして，この 28 g の米粒の数を数えたところ，1456 粒ありました。これをもとにすると，袋の中には何粒の米があるといえますか。求め方と米粒の数を，十万の位まで求めなさい。

4章
教科書128～141ページ

8 歯の数 x の歯車 A が 1 分間に y 回転しています。これに歯の数 20 の歯車 B がかみ合って 1 分間に 4 回転しているとき，次の問いに答えなさい。

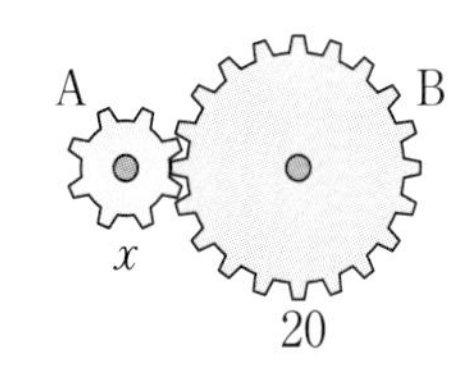

□(1) A の歯の数と 1 分間の回転数の積は，B の歯の数と 1 分間の回転数の積に等しいことから，y を x の式で表しなさい。

□(2) 比例定数を求めなさい。

□(3) 歯車 A が 1 分間に 10 回転しているとき，歯車 A の歯の数を求めなさい。

5 (2)双曲線上にあれば，対応する x と y の値の積は比例定数になります。
8 (1) 1 分間にかみ合う歯の数は，歯車 A と B で変わらないことから考えます。

解答▶▶ p.30

ぴたトレ 3 確認テスト

4章　変化と対応

❶ ある水そうに30L（リットル）の水がはいっています。この水を毎分2Lの割合でx分間抜（ぬ）いたときの残りの水の量をyLとします。知

(1) yはxの関数であるといえますか。

(2) xの変域を求めなさい。

(3) yをxの式で表しなさい。

❶　点/9点（各3点）

(1)	
(2)	
(3)	

❷ 次のそれぞれについて，yをxの式で表しなさい。
また，yがxに比例するものには○を，反比例するものには△を，どちらでもないものには×を書きなさい。知

(1) 1mあたり16gの針金が，xmでは重さがygになる。

(2) 180ページある本を，xページ読むと残りはyページになる。

(3) 全員でx人のうち，女子は5人で，その割合はy%である。

(4) 底辺が8cmで，高さが$x$cmの三角形の面積は$y$cm^{2}である。

❷　点/16点（各4点）（各完答）

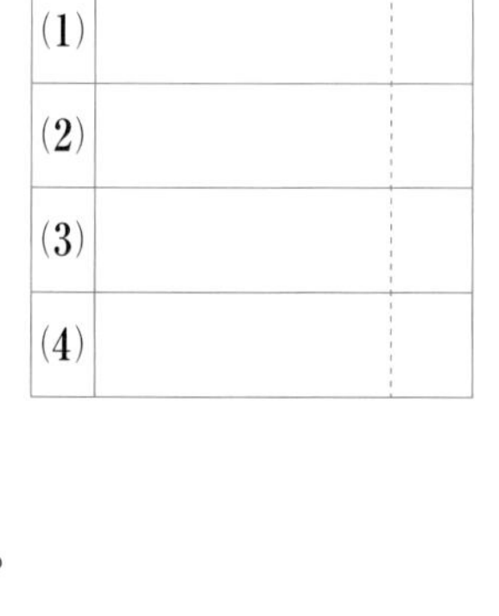

(1)		
(2)		
(3)		
(4)		

❸ 次のxとyの関係を式に表しなさい。知

(1) yはxに比例し，$x=2$のとき$y=-14$である。

(2) yはxに反比例し，$x=-5$のとき$y=8$である。

(3) xとyの値の積が一定で，$x=2$のとき$y=7$である。

(4) xとyの値の商$\frac{y}{x}$が一定で，$x=3$のとき$y=4$である。

❸　点/16点（各4点）

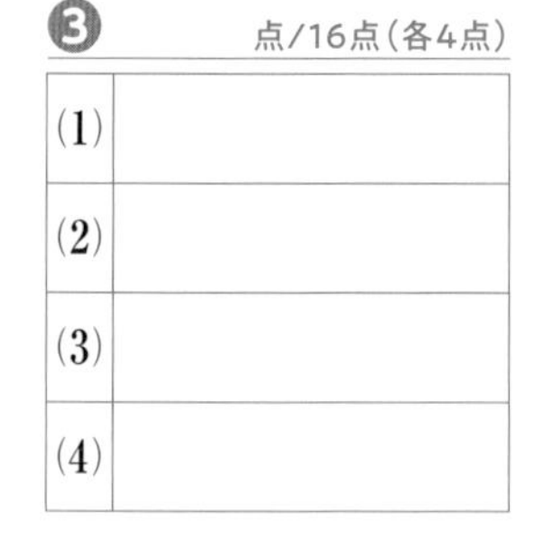

(1)	
(2)	
(3)	
(4)	

❹ 次の(1)～(4)のグラフをかきなさい。知

(1) $y=4x$　　(2) $y=-\frac{5}{4}x$

(3) $y=\frac{6}{x}$　　(4) $y=-\frac{12}{x}$

❹　点/16点（各4点）

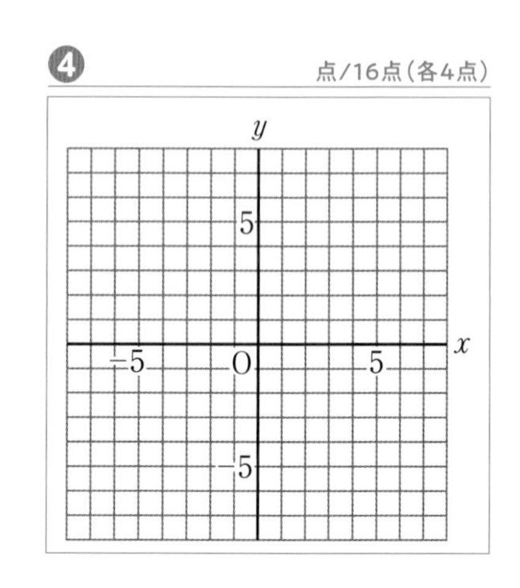

成績評価の観点　知…数量や図形などについての知識・技能　考…数学的な思考・判断・表現

5 右の図で，㋐，㋒，㋓は直線，㋑は双曲線です。点 A の座標は $(-8,\ 6)$，点 B は㋑と㋒の交わる点で，座標は $(3,\ 8)$ です。

(1)知，(2)考

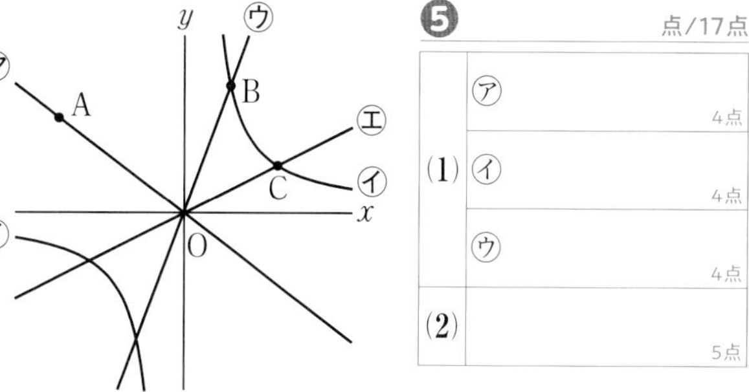

(1) ㋐，㋑，㋒の式をそれぞれ求めなさい。

点UP (2) 図の点 C は㋑と㋓の交わる点で，点 C の x 座標は点 B の x 座標の 2 倍になります。㋓の式を求めなさい。

5 点/17点

(1)	㋐	4点
	㋑	4点
	㋒	4点
(2)		5点

6 6 km 離れた A，B 2 つの駅の間を，時速 90 km で電車が走っています。A 駅を出発して x 分後の電車の進んだ道のりを y km とするとき，次の問いに答えなさい。考

(1) この電車が B 駅に着くまでを考えるとき，x の変域を求めなさい。

(2) x と y の関係を式に表しなさい。

6 点/10点（各5点）

(1)	
(2)	

4章

教科書112～145ページ

点UP **7** 右の図の縦 12 cm，横 20 cm の長方形 ABCD で，点 P は辺 BC 上を毎秒 2 cm の速さで B から C まで動きます。点 P が B から x 秒進んだときにできる三角形 ABP の面積を y cm^2 として，次の問いに答えなさい。考

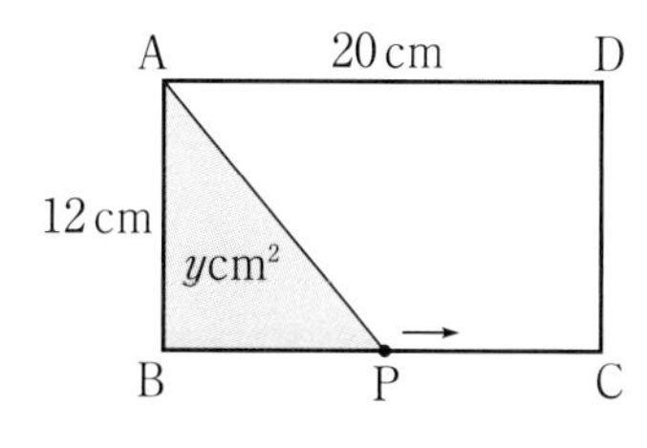

(1) y を x の式で表しなさい。
また，x の変域を答えなさい。

(2) 点 P が頂点 B から 8 秒進んだときの三角形 ABP の面積を求めなさい。

7 点/16点

(1)	式	5点
	変域	5点
(2)		6点

知 /69点　考 /31点

解答▶▶ p.31

教科書のまとめ〈4章　変化と対応〉

●**関数**

ともなって変わる2つの変数 x，y があって，x の値（あたい）を決めると，それに対応して y の値がただ1つに決まるとき，**y は x の関数である**といいます。

●**変域**

変数のとる値の範囲（はんい）を，その変数の**変域**といい，不等号＜，＞，≦，≧を使って表します。

●**比例の式**

y が x の関数で，その間の関係が $y=ax$（a は定数）で表されるとき，y は x に**比例**するといい，定数 a を**比例定数**といいます。

●**比例の関係**

比例の関係 $y=ax$ では，

1 x の値が2倍，3倍，4倍，……になると，y の値も2倍，3倍，4倍，……になる。

2 対応する x と y の値の商 $\frac{y}{x}$ は一定で，比例定数 a に等しい。
つまり，x と y の関係は，$\frac{y}{x}=a$ とも表される。

●**座標**

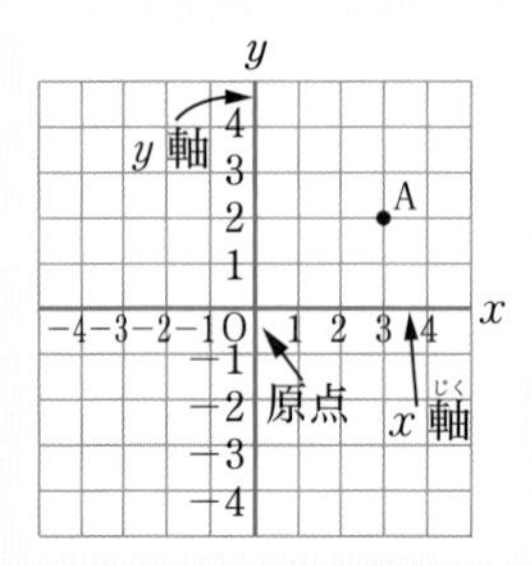

・x 軸と y 軸をあわせて**座標軸**といいます。
・上の図の点Aを表す数の組（3，2）を点Aの**座標**といいます。

●**比例の関係 $y=ax$ のグラフ**

原点を通る直線です。

$a>0$　　　$a<0$

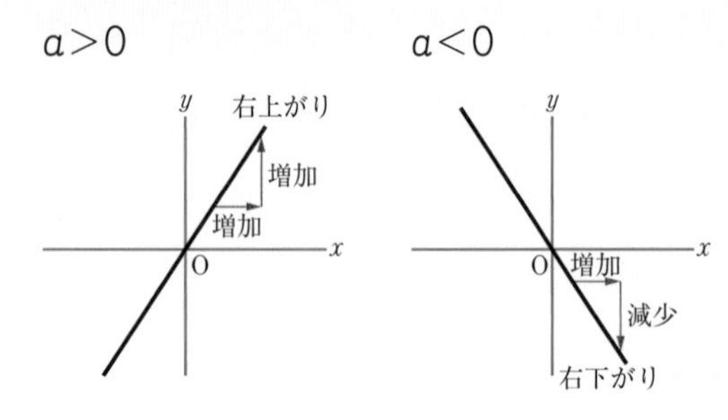

●**反比例の式**

y が x の関数で，その間の関係が $y=\frac{a}{x}$（a は定数）で表されるとき，y は x に**反比例**するといい，定数 a を**比例定数**といいます。

●**反比例の関係**

反比例の関係 $y=\frac{a}{x}$ では，

1 x の値が2倍，3倍，4倍，……になると，y の値は $\frac{1}{2}$ 倍，$\frac{1}{3}$ 倍，$\frac{1}{4}$ 倍，……になる。

2 対応する x と y の値の積 xy は一定で，比例定数 a に等しい。
つまり，x と y の関係は，$xy=a$ とも表される。

●**反比例の関係 $y=\frac{a}{x}$ のグラフ**

原点について対称（たいしょう）な双曲線です。

$a>0$　　　$a<0$

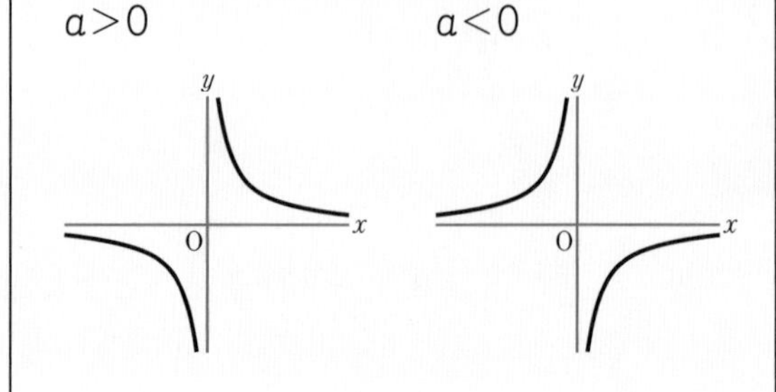

5章　平面図形

次の学習に入る前に取り組もう。

□線対称(たいしょう)な図形の性質

← 小学6年

・対応する2点を結ぶ直線は，対称の軸(じく)と垂直に交わります。
・その交わる点から，対応する2点までの長さは等しくなります。

□点対称な図形の性質

← 小学6年

・対応する2点を結ぶ直線は，対称の中心を通ります。
・対称の中心から，対応する2点までの長さは等しくなります。

1 右の図は，線対称な図形です。

← 小学6年〈対称な図形〉

ヒント
2つに折ると，両側がぴったりと重なるから……

(1) 対称の軸を図にかき入れなさい。

(2) 点BとDを結ぶ直線BDと，対称の軸とは，どのように交わっていますか。

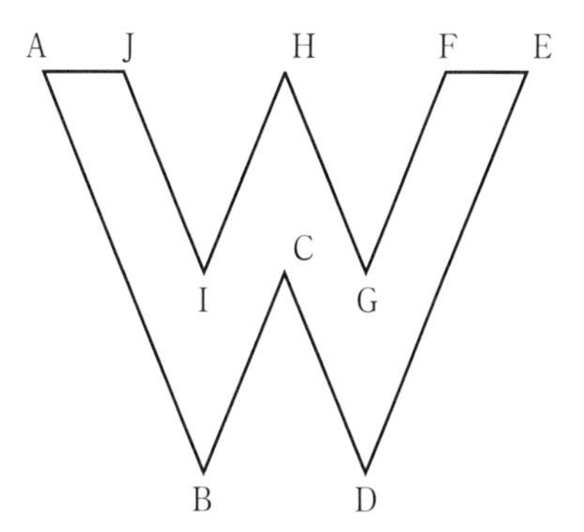

(3) 直線AHの長さが3 cmのとき，直線EHの長さは何cmになりますか。

2 右の図は，点対称な図形です。

← 小学6年〈対称な図形〉

ヒント
対応する点を結ぶ直線をかくと……

(1) 対称の中心Oを図にかき入れなさい。

(2) 点Bに対応する点はどれですか。

(3) 右の図のように，辺AB上に点Pがあります。この点Pに対応する点Qを図にかき入れなさい。

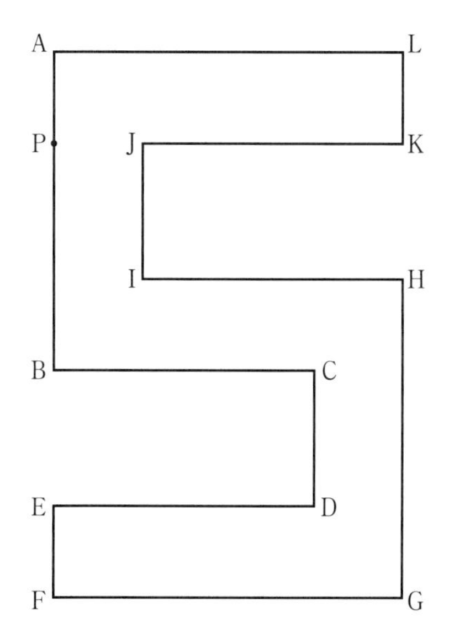

解答▶▶ p.33

ぴたトレ 1
要点チェック

5章　平面図形

1節　直線と図形
[1]　直線と図形

●直線と角

教科書 p.148〜149

□ 

右の図について，次の問いに答えなさい。 ▶▶1

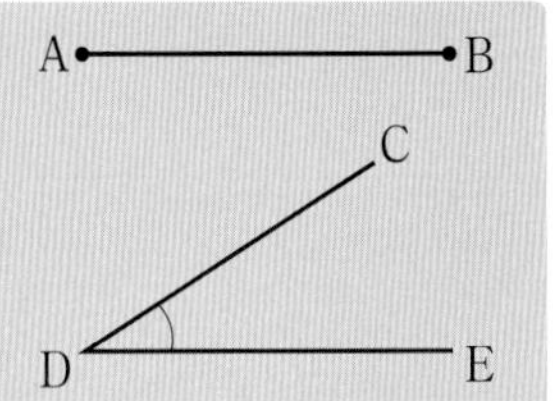

(1)　点Aから点Bまでの直線を何といいますか。

(2)　印をつけた角を，角の記号とC，D，Eを使って表しなさい。

考え方　(1)　両端(りょうたん)のある直線を，線分(せんぶん)といいます。

(2)　角を表す記号は∠です。

答え　(1)　[①　　　] AB

(2)　[②　　　] CDE

プラスワン　直線，線分，半直線

直線…まっすぐに限りなくのびている線
線分…直線の一部分で，両端のあるもの
半直線(はんちょくせん)…1点を端(はし)として一方にだけのびたもの

●垂直と平行

教科書 p.150〜151

□ 例題 2

下の図のひし形について，次の問いに答えなさい。 ▶▶2

(1)　対角線ACとBDが垂直であることを，垂直の記号を使って表しなさい。

(2)　辺ABと辺DCが平行であることを，平行の記号を使って表しなさい。

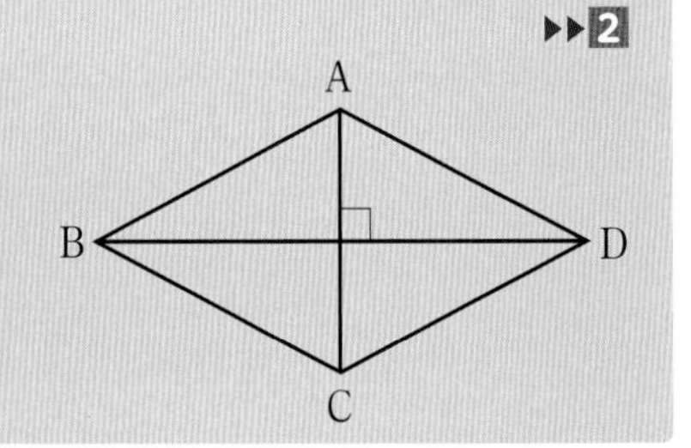

考え方　垂直の記号は⊥，平行の記号は∥です。

答え　(1)　AC [①　　　] BD

(2)　AB [②　　　] DC

プラスワン　距離

点Cと直線AB との距離

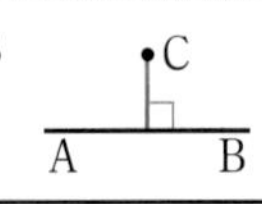

平行な2直線 ℓ，m 間の距離

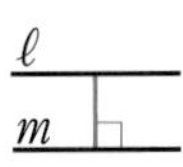

●三角形の表し方

教科書 p.152

□ 

右の図の中にあるすべての三角形を，三角形の記号を使って表しなさい。 ▶▶3

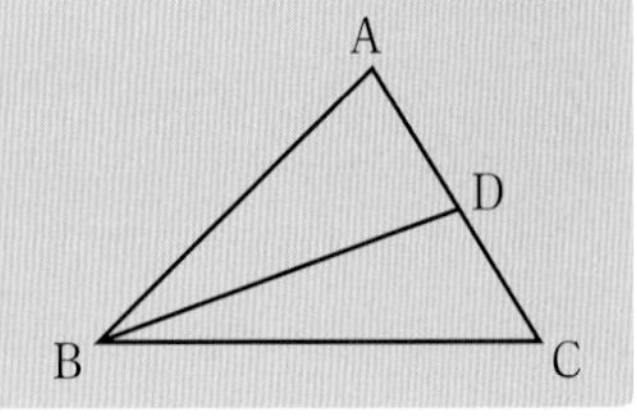

考え方　三角形の記号は△です。

答え　3点A，B，Cを頂点とする三角形は [①　　　]，

3点A，B，Dを頂点とする三角形は [②　　　]，

3点B，C，Dを頂点とする三角形は [③　　　] である。

たがいに平行でない3つの線分で囲まれた図形が三角形です。

1 【直線と角】下の図に，次のものをかき入れなさい。

教科書 p.148, p.149

□(1) 直線 AB

A
B

□(2) 線分 CD

C

□(3) ∠AEB

E
D

●キーポイント

(2) 線分 CD は，2 点 C，D を端とするまっすぐな線です。

2 【垂直と平行】三角定規を使ってかきなさい。

教科書 p.150, p.151

□(1) 点 P を通る直線 ℓ の垂線（すいせん）

P

ℓ

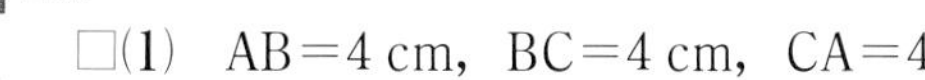

□(2) 点 C を通り，直線 AB に平行な直線

C

A　B

●キーポイント

(1) 2 直線が垂直であるとき，その一方を他方の垂線といいます。

3 【三角形をかく】次のような △ABC をかきなさい。

教科書 p.152 問 9, 問 10

絶対理解

□(1) AB＝4 cm，BC＝4 cm，CA＝4 cm

□(2) AB＝3 cm，BC＝4 cm，CA＝2 cm

□(3) BC＝5 cm，CA＝3 cm，∠C＝45°

□(4) BC＝4 cm，∠B＝60°，∠C＝45°

例題の答え　1 ①線分　②∠　2 ①⊥　②//　3 ①△ABC　②△ABD　③△BCD

5章　平面図形

2節　移動と作図

1　図形の移動

●平行移動

教科書 p.154～155

□ **例題 1** 右の図で，△PQR は，△ABC を，矢印 KL の方向に，その長さだけ平行移動したものです。 ▶▶1

(1) 線分 AP と長さの等しい線分をすべて答えなさい。

(2) 線分 AP と平行な線分をすべて答えなさい。

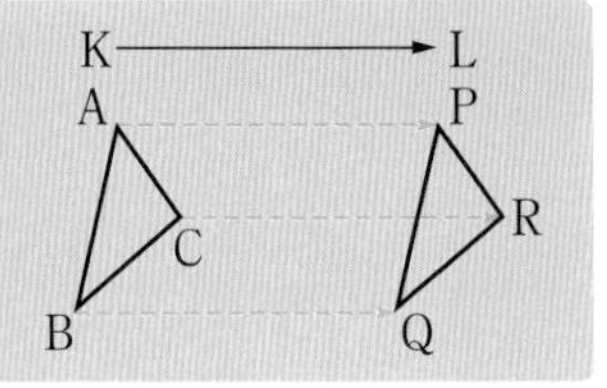

考え方　平行移動では，対応する点を結んだ線分どうしは平行で，その長さはすべて等しい。

└図形を，一定の方向に，一定の長さだけずらして移すこと

答え (1) 線分 CR，線分 ①＿＿＿　AP＝CR＝BQ　　(2) 線分 CR，線分 ②＿＿＿　AP∥CR∥BQ

●回転移動

教科書 p.155～156

□ **例題 2** 右の図で，△PQR は，△ABC を，点 O を回転の中心として，時計まわりに 105° だけ回転移動したものです。 ▶▶2

(1) 線分 OB と長さの等しい線分を答えなさい。

(2) ∠BOQ と大きさが等しい角をすべて答えなさい。

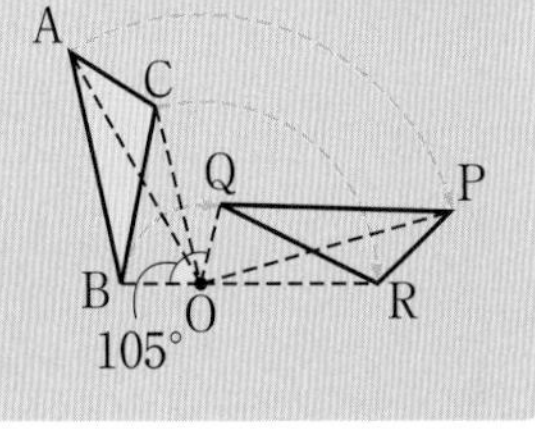

考え方　回転移動では，対応する点は回転の中心からの距離が等しく，対応する点と回転の中心とを結んでできた角の大きさはすべて等しい。

└図形を，1つの点 O を中心として，一定の角度だけまわして移すこと

答え (1) 線分 ①＿＿＿　OB＝OQ　　(2) ∠AOP，∠②＿＿＿　∠BOQ＝∠AOP＝∠COR

180° の回転移動は，点対称移動といいます。

●対称移動

教科書 p.156～157

□ **例題 3** 右の図で，△PQR は，△ABC を，直線 ℓ を対称の軸として，対称移動したものです。対応する2点を結んだ線分 AP，BQ，CR と対称の軸 ℓ との間には，どんな関係がありますか。 ▶▶3 4

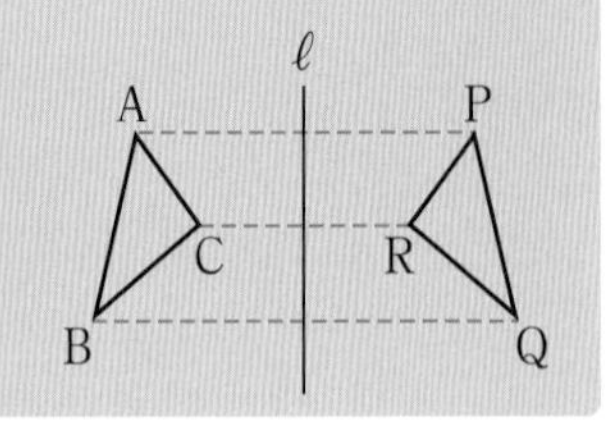

考え方　対称移動では，対称の軸は，対応する2点を結んだ線分の垂直二等分線です。

└図形を，1つの直線 ℓ を折り目として，折り返して移すこと

└線分の中点を通り，その線分と垂直に交わる直線

答え 線分 AP，BQ，CR は，対称の軸 ℓ と ①＿＿＿ に交わり，

その交点で ②＿＿＿ される。

1 【平行移動】下の図の △ABC を，点 A を点 P に移すように，平行移動した図(△PQR)をかきなさい。

よく出る

教科書 p.155 問 3

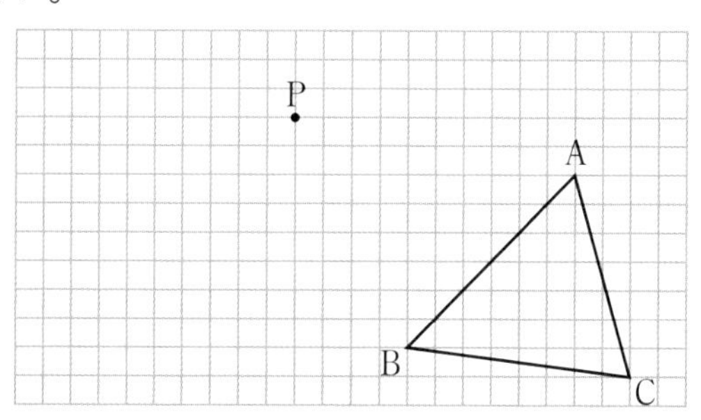

●キーポイント
AP∥BQ∥CR,
AP＝BQ＝CR
となるように，△PQR をかきます。

2 【回転移動】下の図の △ABC を，点 O を回転の中心として，時計の針の回転と同じ向きに 90° 回転移動した図(△PQR)をかきなさい。

よく出る

教科書 p.155 例 2

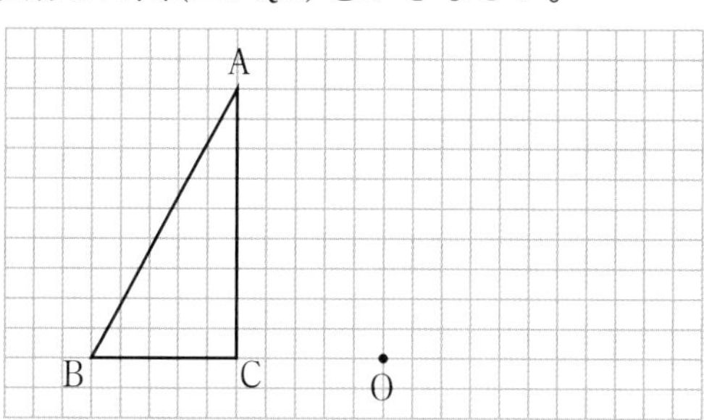

●キーポイント
OA＝OP，OB＝OQ，
OC＝OR，
∠AOP＝∠BOQ
＝∠COR＝90°
となるように，△PQR をかきます。

3 【対称移動】下の図の △ABC を，直線 ℓ を対称の軸として対称移動した図(△PQR)をかきなさい。

絶対理解

教科書 p.156 例 3

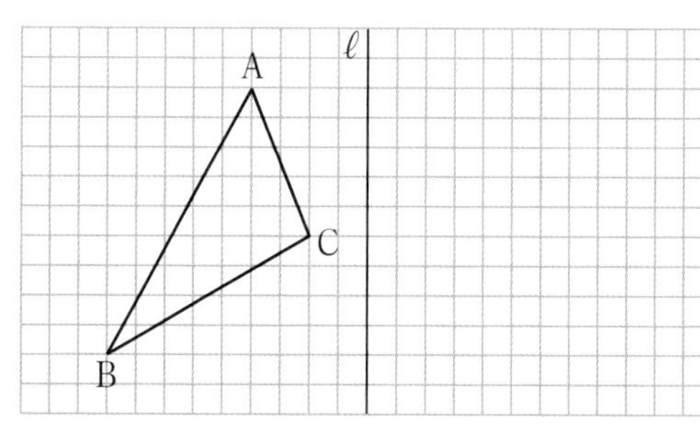

●キーポイント
直線 ℓ が線分 AP，BQ，CR の垂直二等分線になるように，△PQR をかきます。

4 【移動の組み合わせ】下の図は，平行移動，回転移動，対称移動の 3 つのうちからいくつかを組み合わせて，△ABC を △PQR の位置に移したところを示しています。この移動は，どのような移動を組み合わせたものですか。

教科書 p.158 例 4

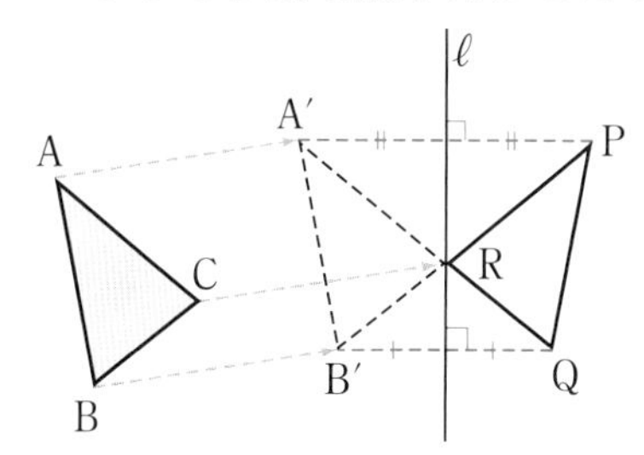

例題の答え **1** ①BQ ②BQ **2** ①OQ ②COR **3** ①垂直 ②2 等分

2節　移動と作図
2　基本の作図 ―― ①

●線分の垂直二等分線の作図
教科書 p.160〜161

□ 

例題1 線分 AB の垂直二等分線 PQ の作図のしかたを説明しなさい。 ▸▸1

A ―――――― B

考え方　ひし形の1つの対角線は，もう1つの対角線の垂直二等分線になることを利用します。

答え
❶ 線分の両端の点 ①[　　　] を，それぞれ中心として，等しい半径の円をかき，この2円の交点を P，Q とする。
❷ 直線 ②[　　　] をひく。

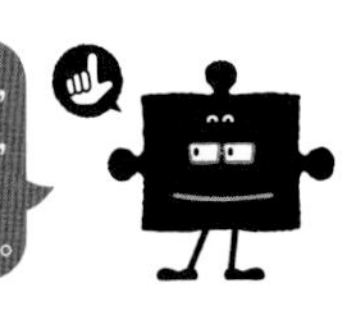

●角の二等分線の作図
教科書 p.161

□ 

例題2 右の図の ∠XOY の二等分線（にとうぶんせん） OR の作図のしかたを説明しなさい。 ▸▸2

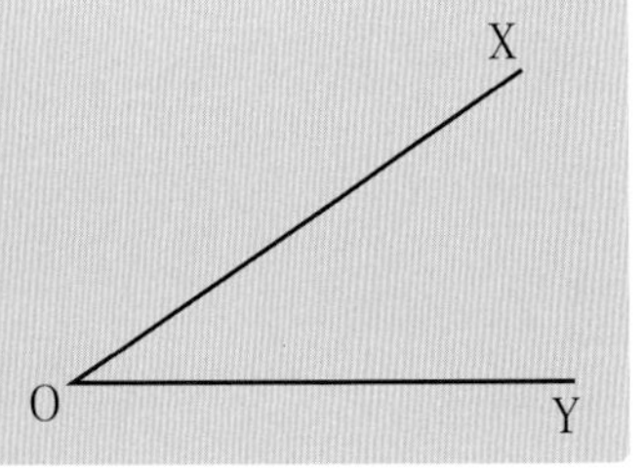

考え方　ひし形の対角線は，頂点にできる角の二等分線になることを利用します。

答え
❶ 点 O を中心とする円をかき，半直線 OX，OY との交点を，それぞれ P，Q とする。
❷ 2点 ①[　　　] を，それぞれ中心として，半径 OP の円をかき，その交点の1つを R とする。
❸ 半直線 ②[　　　] をひく。

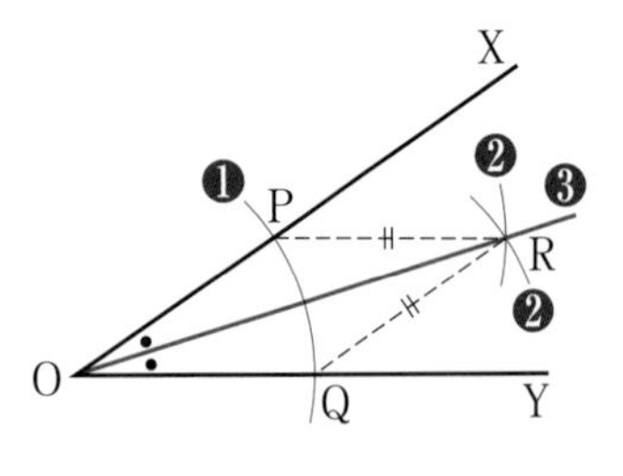

●直線上の1点を通る垂線の作図
教科書 p.162

□ **例題3** 直線 XY とその直線上に点 P があります。点 P を通る直線 XY の垂線の作図のしかたを説明しなさい。 ▸▸3

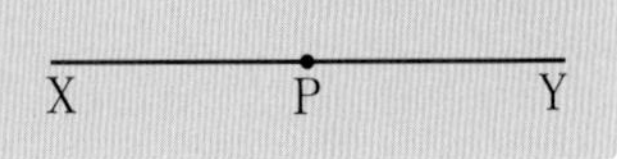

考え方　直線上の1点を通る垂線は，180° の角の二等分線とみることができます。

答え
❶ 点 P を中心とする円をかき，直線 XY との交点を A，B とする。
❷ 線分 AB の [　　　] 線 PQ をひく。

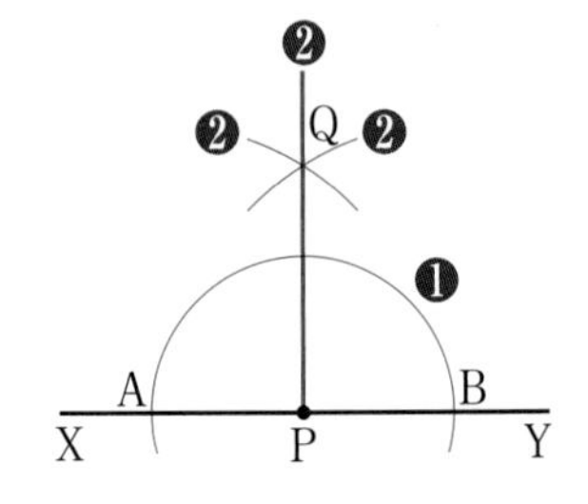

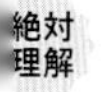

1 【線分の垂直二等分線の作図】下の図の △ABC について，次の問いに答えなさい。

絶対理解

教科書 p.161 問 1

□(1) 辺 AB の垂直二等分線 ℓ を作図しなさい。

□(2) 辺 AC の中点 D を作図しなさい。

●キーポイント
(2) 辺 AC と辺 AC の垂直二等分線との交点が辺 AC の中点になります。

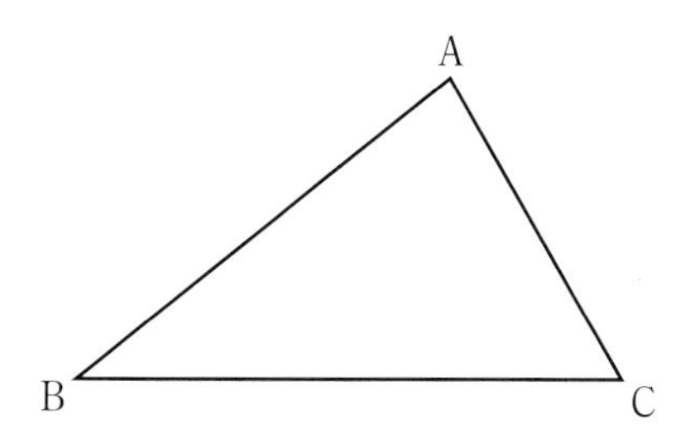

2 【角の二等分線の作図】下の図で，∠XOY の二等分線を，それぞれ作図しなさい。

よく出る

教科書 p.161 問 2

□(1)

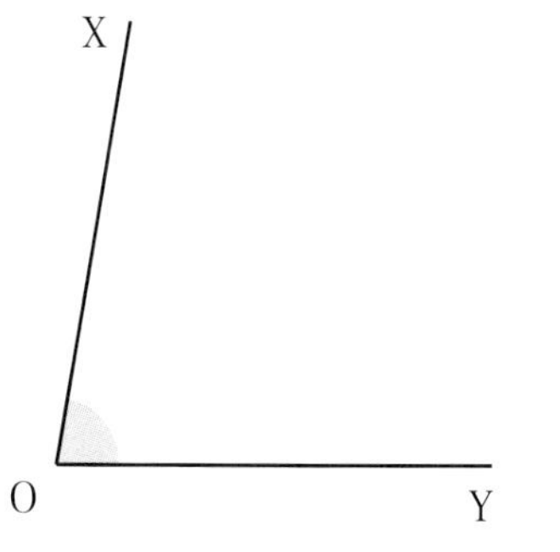

□(2)

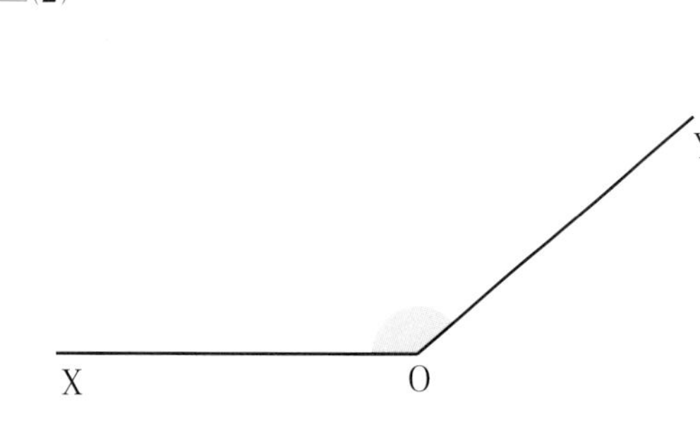

3 【直線上の 1 点を通る垂線の作図】下の図の台形 ABCD について，次の問いに答えなさい。

教科書 p.162 問 3

□(1) 点 P を通る辺 BC の垂線を作図しなさい。

□(2) 点 P を通る辺 BC の垂線と辺 AD との交点を R とすると，線分 PR は，台形の何にあたりますか。

●キーポイント
(2) 辺 BC を底辺とみると，線分 PR は台形の何にあたるかを考えます。

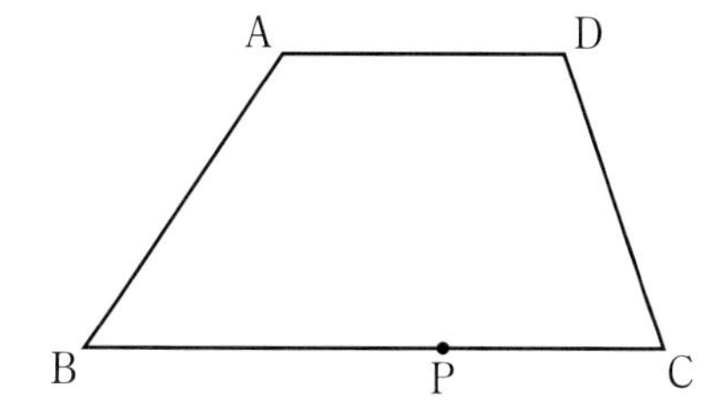

例題の答え **1** ①A，B ②PQ **2** ①P，Q ②OR **3** 垂直二等分

解答▶▶ p.34

2節 移動と作図
[2] 基本の作図 ―― ②／[3] 図形の移動と基本の作図の利用

●直線上にない1点を通る垂線の作図

教科書 p.163

□ **例題 1** 直線XYとその直線上にない点Pがあります。点Pを通る直線XYの垂線の作図のしかたを説明しなさい。 ▶▶1

•P

X ―――― Y

考え方 ひし形の2本の対角線は，それぞれの中点で垂直に交わることを利用します。

答え ❶ 点Pを中心とする円をかき，直線X，Yとの交点を，A，Bとする。

❷ 2点 ① [　　] を，それぞれ中心として，半径PAの円をかき，その交点の1つをQとする。

❸ 直線 ② [　　] をひく。

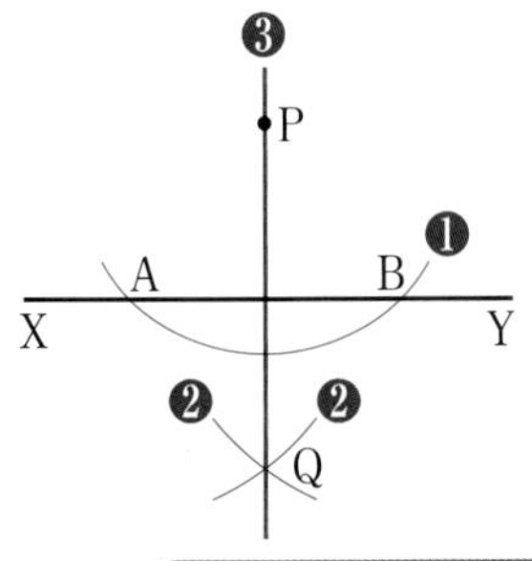

●図形の移動の利用

教科書 p.164〜165

□ **例題 2** 右の図のように，直線 ℓ と2点A，Bがあります。ℓ 上に点Pをとり，AP+PBが最短となる点Pの位置の求め方を説明しなさい。 ▶▶2

•B
A•
ℓ ――――

考え方 対称移動を利用して求めます。

答え 直線 ℓ を対称の軸として，点Aを対称移動した点をA′とすると，AP＝① [　　] だから，AP＋PB＝A′P＋PBとなる。

A′P＋PBが最短となるには，A′，P，Bが1つの直線上にあればよい。

よって，点Pの位置を，直線 ② [　　] と線分A′Bの交点にとればよい。

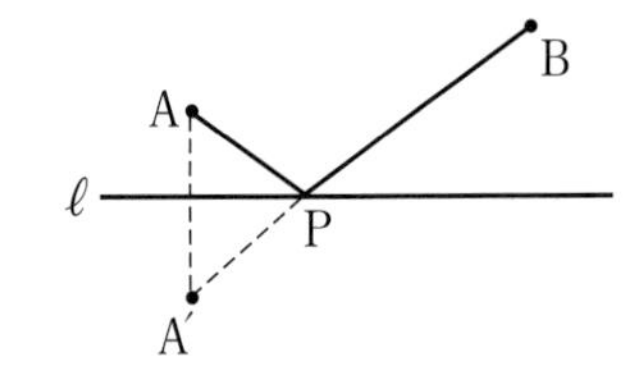

●いろいろな角の作図

教科書 p.165

□ **例題 3** 45°の角の作図のしかたを説明しなさい。 ▶▶3 4

考え方 垂線の作図と角の二等分線の作図を利用します。

答え ❶ まず，直線上の1点を通る垂線を作図して，90°の角をつくる。

❷ 次に，① [　　]°の角の ② [　　] 線を作図して，45°の角をつくる。

90°の角を $\frac{1}{2}$ にすれば45°になります。

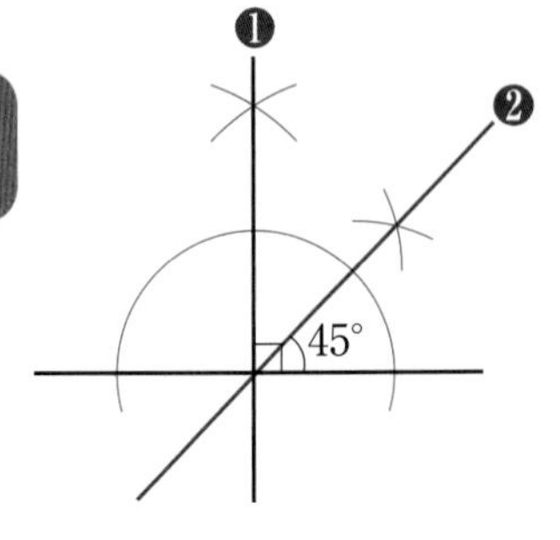

1 【直線上にない１点を通る垂線の作図】下の図の平行四辺形 ABCD で，頂点 A を通る直線 BC の垂線を作図しなさい。

教科書 p.163 問 4

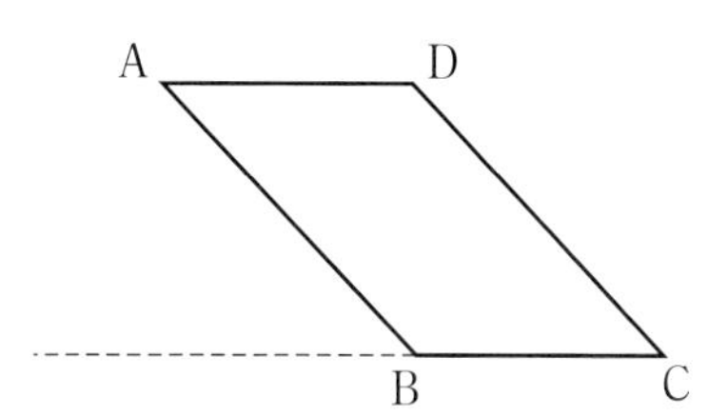

2 【図形の移動の利用】川をはさんだ２軒（けん）の家 A，B があります。A と B の間を移動できるように，川に垂直に橋をかけます。移動する道のりを最短にするには，どこに橋をかければよいですか。橋を直線と考えて，橋を作図しなさい。

教科書 p.165 ステップ 3

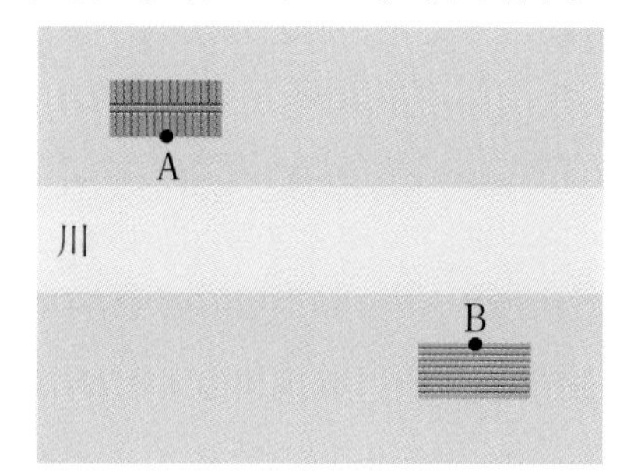

●キーポイント
川幅を考えないで，家 A と家 B の間を最短で移動する方法を考えます。

3 【基本の作図の利用】下の図のように，線分 AB と点 C があります。線分 AB 上に点 P をとり，AB＝AP＋PC となるようにするには，点 P をどこにとればよいですか。点 P の位置を作図しなさい。

教科書 p.164～165

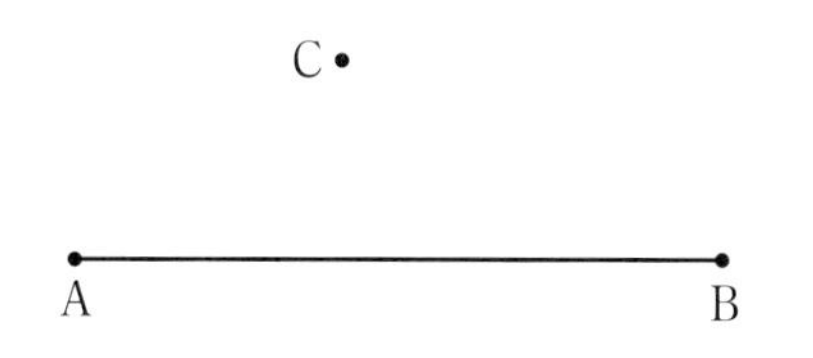

●キーポイント
２点から等しい距離にある点は，その２点を結んだ線分の垂直二等分線上にあります。
PB＝PC ならば，AB＝AP＋PC となります。

4 【いろいろな角の作図】下の図で，線分 AB を１辺とする正三角形 ABC を作図しなさい。また，それを利用して，∠DAB＝15° の角を作図しなさい。

教科書 p.165 問 2

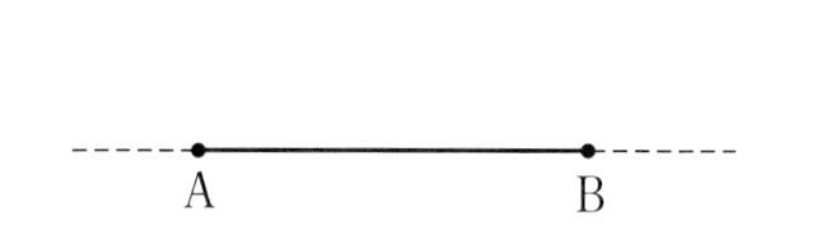

●キーポイント
正三角形の１つの角は 60° になっています。
15° は 60° の $\frac{1}{4}$ の大きさです。

例題の答え **1** ①A，B　②PQ　**2** ①A′P　②ℓ　**3** ①90　②二等分

５章 教科書 163～165 ページ

1 下の図の長方形 ABCD について，次の問いに答えなさい。

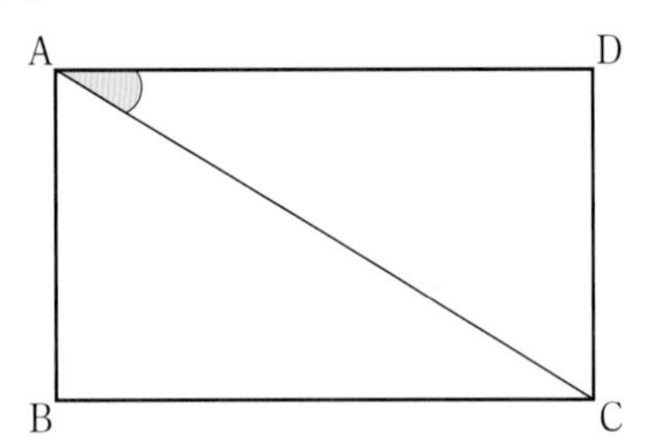

□(1) 図に示した角を，角の記号を使って表しなさい。

□(2) 三角定規を使って，頂点 B を通り直線 AC に平行な直線 ℓ をひきなさい。

□(3) 三角定規を使って，頂点 D から直線 AC に垂線 m をひきなさい。

2 定規と分度器を使って，BC＝4 cm，∠A＝50°，∠B＝70° の △ABC をかきなさい。
□

3 右の図の △ABC を，点 O を回転の中心として，点対称移動した図をかきなさい。
□

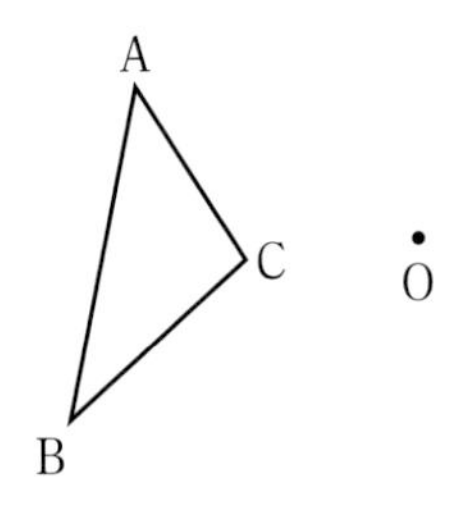

4 次の図形をかきなさい。

□(1) △ABC を，直線 ℓ を対称の軸として対称移動した図

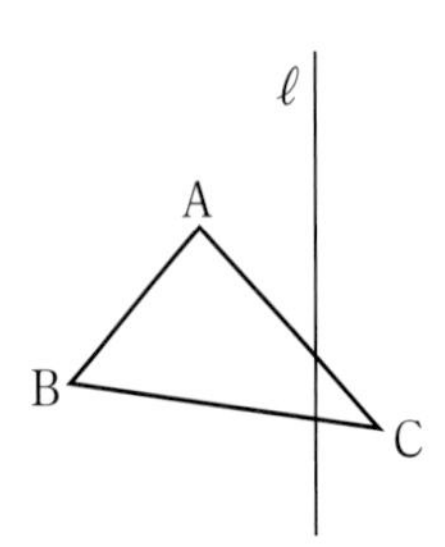

□(2) △ABC を，点 O を回転の中心として時計の針の回転と反対の向きに 60° だけ回転移動した図

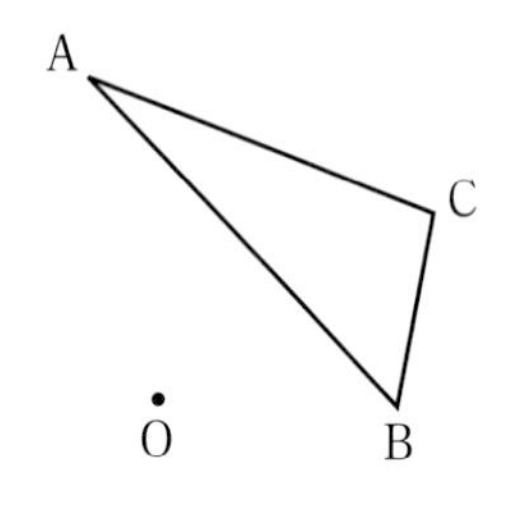

ヒント 2 ∠A＝50°，∠B＝70° から，∠C の大きさを計算で求めます。
3 点対称移動では，頂点と点 O を結ぶ直線をひき，点 O までの距離が等しくなる点をとります。

定期テスト 予報

●垂直・平行の意味や表し方，基本の作図のしかたをきっちり理解しておこう。
角や垂直，平行などを記号で表すこと，また基本の作図をきちんとできることがたいせつだよ。
そして，移動した図形の作図や対応する点を結んだ線分の関係もきちんと理解しておこう。

5 正方形 ABCD の対角線の交点 O を通る線分を，右の図のようにひくと，合同な 8 つの直角二等辺三角形ができます。

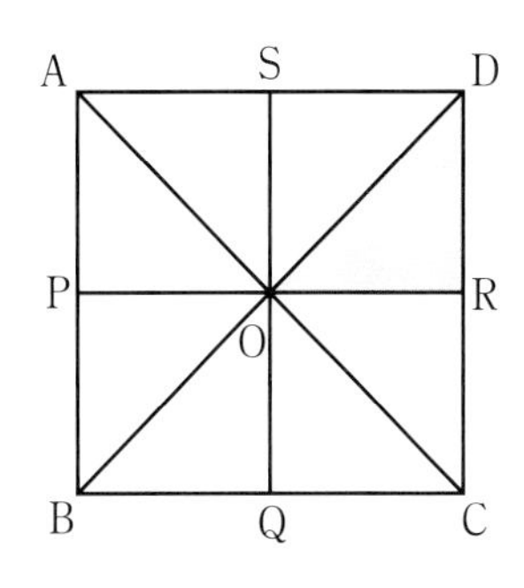

□(1) △ORD を平行移動すると，重なる三角形はどれですか。

□(2) △ORD を，点 O を回転の中心として回転移動すると，重なる三角形はどれですか。すべて答えなさい。

□(3) △ORD を，SQ を対称の軸として，対称移動し，さらに点 O を回転の中心として，時計まわりに 90° 回転移動すると，重なる三角形はどれですか。

6 よく出る 下の図のように，2 点 A，B と直線 ℓ があります。直線 ℓ 上にあって，AP＝BP となる点 P を作図しなさい。

□(1)

B

A•

ℓ

□(2)

A•

ℓ

•B

7 次の大きさの角度を作図しなさい。

□(1) ∠AOD＝90°

O D

□(2) ∠BOD＝30°

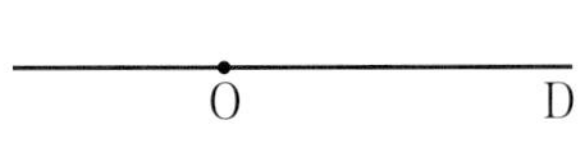

8 公園の広場に，3 つのベンチ A，B，C があります。

□ ベンチ A とベンチ B から同じ距離にあり，ベンチ C から最短となるところにゴミ箱を置こうと思います。このとき，ゴミ箱を置く位置を，右の図に作図しなさい。

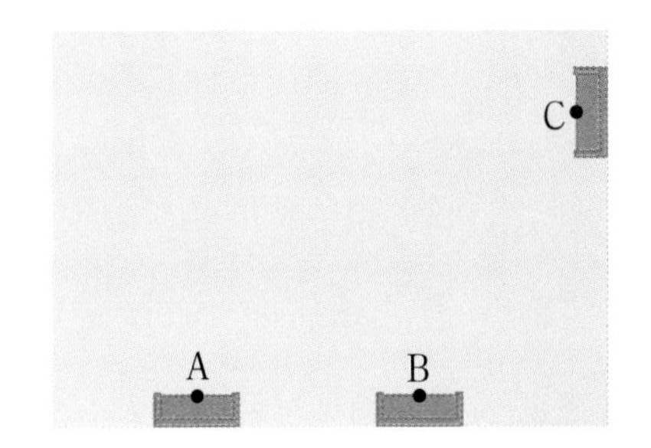

ヒント **6** AP＝BP となる点 P は，線分 AB の垂直二等分線上にあります。

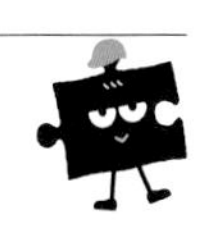

解答▶▶ p.35

ぴたトレ 1 要点チェック

5章 平面図形

3節 円とおうぎ形
1 円とおうぎ形の性質

●円の弧と弦

教科書 p.167

□ 
例題 1 右の図の円 O について，次の問いに答えなさい。 ▶▶1

(1) 線分 OA と OB の関係を，記号を使って表しなさい。

(2) $\overset{\frown}{AB}$ の両端の点を結んだ線分を何といいますか。

(3) $\overset{\frown}{AB}$ に対する中心角（ちゅうしんかく）を，記号を使って表しなさい。

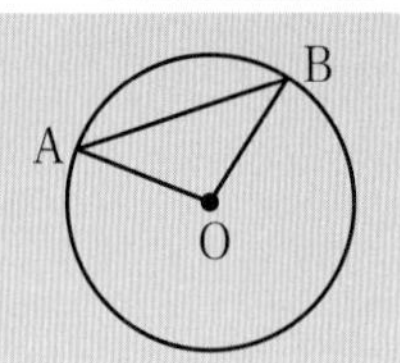

考え方 (1) 線分 OA と OB は，円 O の半径です。

答え (1) OA ① OB

(2) ② AB

(3) ③ AOB

プラスワン 弧（こ），弦（げん），中心角

弧 AB（$\overset{\frown}{AB}$）…円周の A から B までの部分
弦 AB…$\overset{\frown}{AB}$ の両端の点を結んだ線分
∠COD…$\overset{\frown}{CD}$ に対する**中心角**

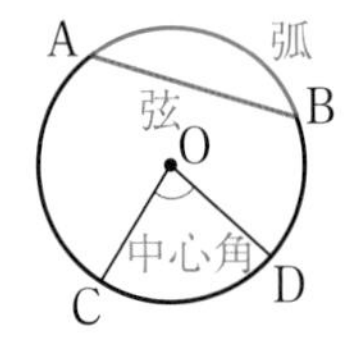

●円の接線

教科書 p.168

□ 
例題 2 右の図の円 O と接線（せっせん）ℓ について，次の問いに答えなさい。

▶▶2

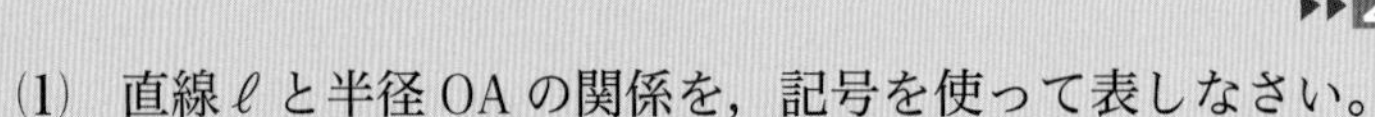
(1) 直線 ℓ と半径 OA の関係を，記号を使って表しなさい。

(2) 点 A を何といいますか。

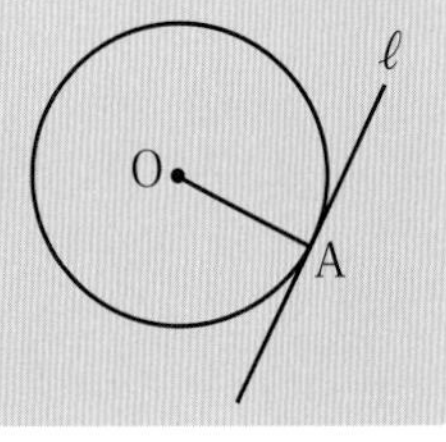

考え方 (1) 円の接線は，その接点（せってん）を通る半径に垂直です。
円に接する直線（接線）　円と接線が接する点（接点）

円と直線が1点だけを共有するとき，直線は円に接するといいます。

答え (1) ℓ ① OA

(2) 点 A は円 O と直線 ℓ が接する点だから，② という。

●おうぎ形

教科書 p.169

□ 
例題 3 右の図で，おうぎ形 OAB と OCD の中心角の大きさが等しいとき，次の問いに答えなさい。 ▶▶3

(1) $\overset{\frown}{AB}$ と $\overset{\frown}{CD}$ の関係を，記号を使って表しなさい。

(2) おうぎ形 OAB の面積が約 11.2 cm^2 ならば，おうぎ形 OCD の面積は約何 cm^2 ですか。

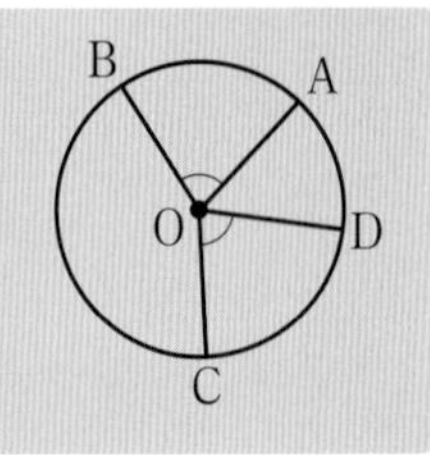

考え方 おうぎ形 OAB を，点 O を中心として，回転移動すると，おうぎ形 OCD に重なります。

答え (1) $\overset{\frown}{AB}$ ① $\overset{\frown}{CD}$

(2) おうぎ形 OAB と OCD の面積は等しいから，約 ② cm^2

1 【円の弧と弦】次の□にあてはまることばを答えなさい。 教科書 p.167 問 2, 問 3

□(1) 直径は，円の□を通る□です。

□(2) $\overset{\frown}{AB}$ に対する中心角が 180° のとき，$\overset{\frown}{AB}$ と弦 AB でつくられる形は□です。

2 【円の接線】下の円 O で，点 A が接点となるように，この円の接線 ℓ を作図しなさい。 教科書 p.168 問 5

●キーポイント
接線 ℓ は，半径 OA に垂直になります。

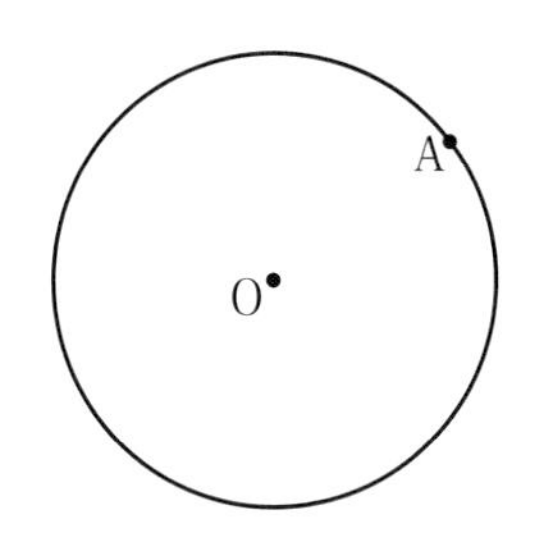

絶対理解 **3** 【おうぎ形】次の問いに答えなさい。 教科書 p.169

□(1) 次の㋐～㋓の中から，おうぎ形をすべて選び，記号で答えなさい。

●キーポイント
(1) 円の2つの半径と弧で囲まれた図形が，おうぎ形です。

㋐

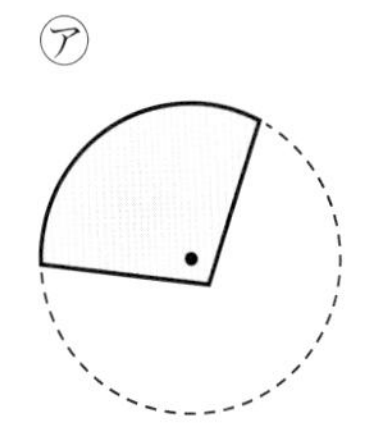

㋑

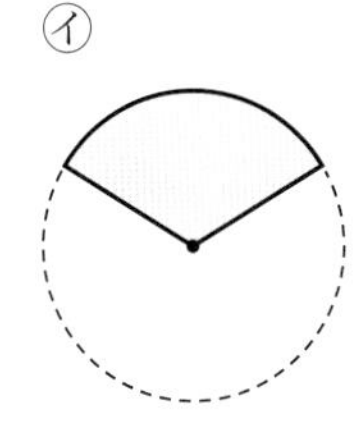

㋒

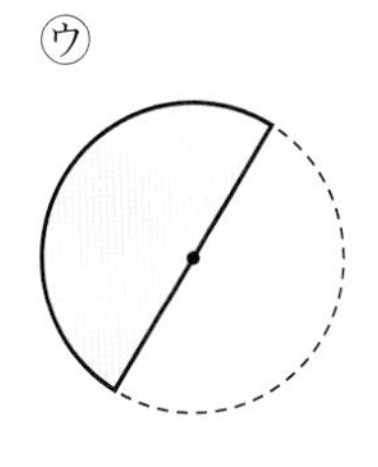

㋓

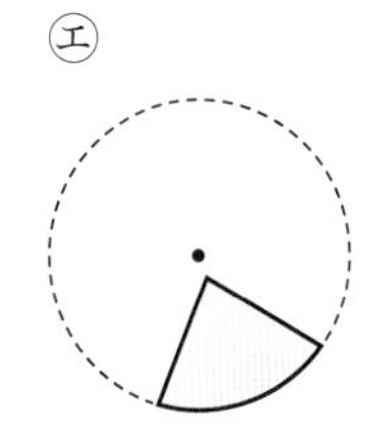

□(2) 1つの円で，中心角が等しいおうぎ形は合同であるといえますか。

□(3) 円 O の円周上に点 A，B，C があって，$\overset{\frown}{AB}$ = 5 cm，∠AOB = 30° です。∠BOC = 30° のとき，$\overset{\frown}{BC}$ の長さを求めなさい。

例題の答え **1** ①＝ ②弦 ③∠ **2** ①⊥ ②接点 **3** ①＝ ②11.2

解答▶▶ p.37

3節　円とおうぎ形
2　円とおうぎ形の計量

●円の周の長さと面積

教科書 p.170

□ **例題 1** これからは，円周率にギリシャ文字の π（パイ）を使います。半径が 4 cm の円の周の長さと面積を π を使って表しなさい。 ▸▸1

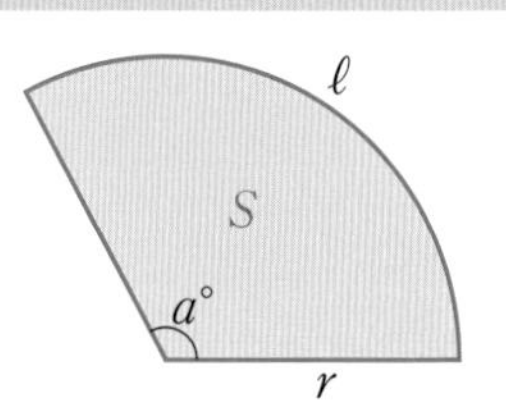

考え方　半径 r の円の周の長さを ℓ，面積を S とすると，
周の長さは，$\ell=2\pi r$　　面積は，$S=\pi r^2$

答え　周の長さは，$2\pi\times$ ① $=$ ② (cm)　← $\ell=2\pi r$ に $r=4$ を代入

面積は，$\pi\times$ ③^2 $=$ ④ (cm^2)　← $S=\pi r^2$ に $r=4$ を代入

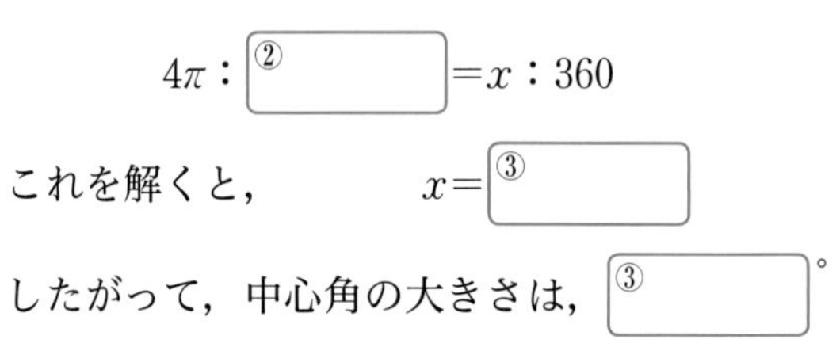

●おうぎ形の弧の長さと面積

教科書 p.171～172

□ **例題 2** 半径 5 cm，中心角 144° のおうぎ形の弧の長さと面積を求めなさい。 ▸▸2 3

考え方　半径 r，中心角 $a°$ のおうぎ形の弧の長さを ℓ，
面積を S とすると，弧の長さは，$\ell=2\pi r\times\dfrac{a}{360}$

面積は，$S=\pi r^2\times\dfrac{a}{360}$

答え　弧の長さは，$2\pi\times5\times\dfrac{①}{360}=$ ② (cm)　← $\ell=2\pi r\times\dfrac{a}{360}$ に $r=5$，$a=144$ を代入

面積は，$\pi\times$ ③^2 $\times\dfrac{④}{360}=$ ⑤ (cm^2)　← $S=\pi r^2\times\dfrac{a}{360}$ に $r=5$，$a=144$ を代入

●おうぎ形の中心角の求め方

教科書 p.172～173

□ **例題 3** 半径 6 cm，弧の長さ 4π cm のおうぎ形の中心角の大きさを求めなさい。 ▸▸4

考え方　1つの円では，おうぎ形の弧の長さや面積の比は，中心角の大きさの比と等しい。

答え　(おうぎ形の弧の長さ)：(円の周の長さ)＝(中心角の大きさ)：360 だから，

おうぎ形の中心角を $x°$ とすると，半径 6 cm の円の周の長さは ① cm

4π : ② $=x:360$

これを解くと，　$x=$ ③

したがって，中心角の大きさは，③ °

プラスワン　公式を使った求め方

おうぎ形の中心角を $x°$ とすると，

$4\pi=2\pi\times6\times\dfrac{x}{360}$

これを解くと，$x=120$

よく出る **1** 【円の周の長さと面積】次の問いに答えなさい。

教科書 p.170 例 1

□(1) 半径 6 cm の円の周の長さと面積を求めなさい。

□(2) 周の長さが 20π cm である円の半径を求めなさい。

●キーポイント

(2) 半径を r cm とすると，円の周の長さは $2\pi r$(cm)です。

2 【おうぎ形の弧の長さと面積】次のおうぎ形の弧の長さと面積を求めなさい。

教科書 p.172 例 2

□(1)

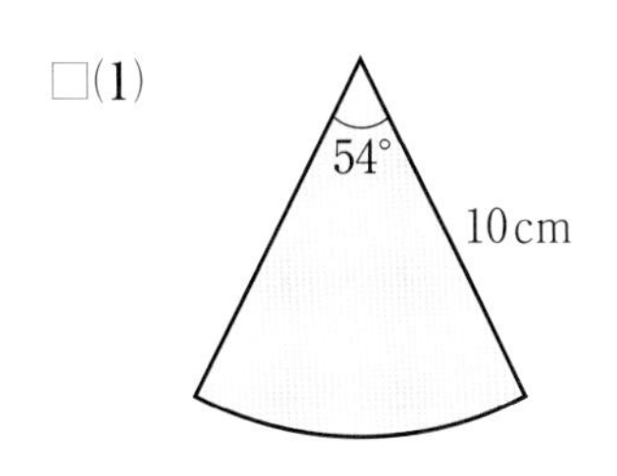

□(2)

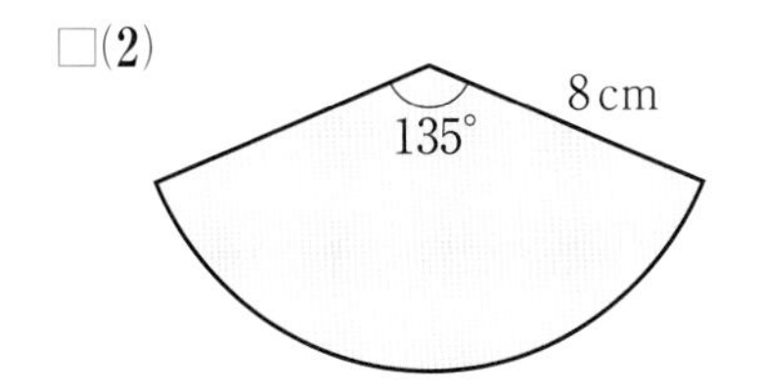

●キーポイント

半径 r，中心角 $a°$ のおうぎ形の弧の長さを ℓ，面積を S とすると，

$$\ell = 2\pi r \times \frac{a}{360}$$

$$S = \pi r^2 \times \frac{a}{360}$$

絶対理解 **3** 【おうぎ形の弧の長さと面積】半径 12 cm，中心角 60° のおうぎ形の弧の長さと面積を求めなさい。

教科書 p.172 問 3

4 【おうぎ形の中心角の求め方】半径 9 cm，弧の長さ 6π cm のおうぎ形について，次の問いに答えなさい。

教科書 p.173 例題 1, 問 4

□(1) 中心角の大きさを求めなさい。

□(2) 面積を求めなさい。

●キーポイント

おうぎ形の中心角は，円とおうぎ形について，長さや面積の関係を表す比例式を作って求めます。

または，おうぎ形の弧の長さと面積の公式を使って求めます。

例題の答え **1** ① 4 ② 8π ③ 4 ④ 16π **2** ① 144 ② 4π ③ 5 ④ 144 ⑤ 10π  **3** ① 12π ② 12π ③ 120

ぴたトレ 2 練習

3節 円とおうぎ形 1, 2

1 次の問いに答えなさい。

□(1) 直径 16 cm の円の周の長さと面積を求めなさい。

□(2) 半径 9 cm，中心角 160° のおうぎ形の弧の長さと面積を求めなさい。

2 右の図で，$\overset{\frown}{BC}$，$\overset{\frown}{CA}$ の長さは，それぞれ，$\overset{\frown}{AB}$ の長さの 3 倍，
□ 5 倍になっています。このとき，$\angle x$ の大きさを求めなさい。

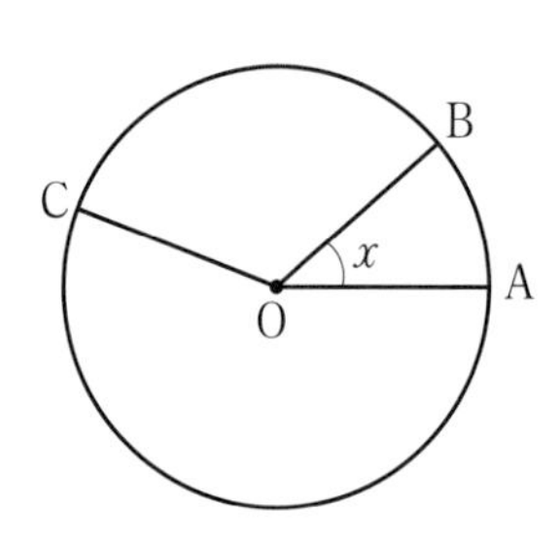

3 右の図で，点 O を通り，おうぎ形 OAB の面積を 2 等分する
□ 直線を作図しなさい。

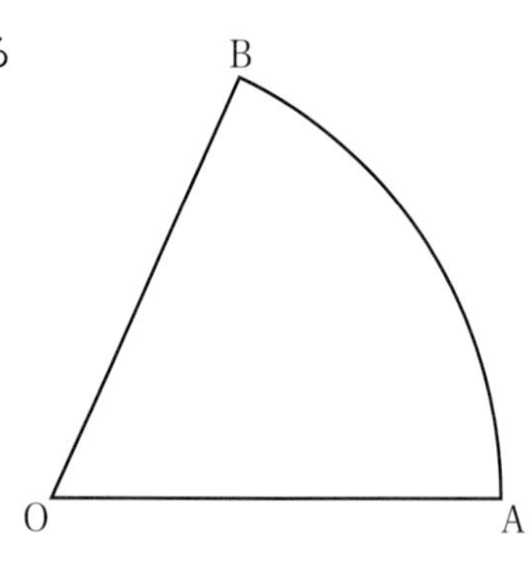

4 右の図のように，直線 ℓ と点 A，B があります。
□ 点 A で直線 ℓ に接する円のうち，点 B を通る
円 O を作図しなさい。

•B

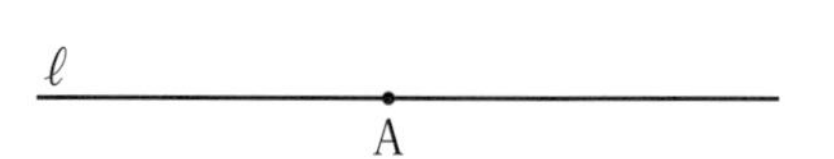

ヒント **2** おうぎ形 OAB，OBC，OCA の中心角をすべて合わせると，360° になります。
3 おうぎ形 OAB の中心角を 2 等分する直線をひけば，おうぎ形 OAB の面積は 2 等分されます。

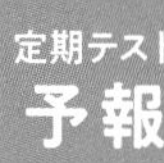

定期テスト予報

●円とおうぎ形の性質や，円とおうぎ形の計量についての求め方をきちんと理解しておこう。
円やおうぎ形の弧の長さ，面積が求められるか，中心角と弧，面積の関係が理解できているかを確認し，またおうぎ形の中心角も求められるようにしておこう。

5 右の図で，1 辺が 6 cm の正方形の内側にかかれた色をつけた部分について，次の問いに答えなさい。

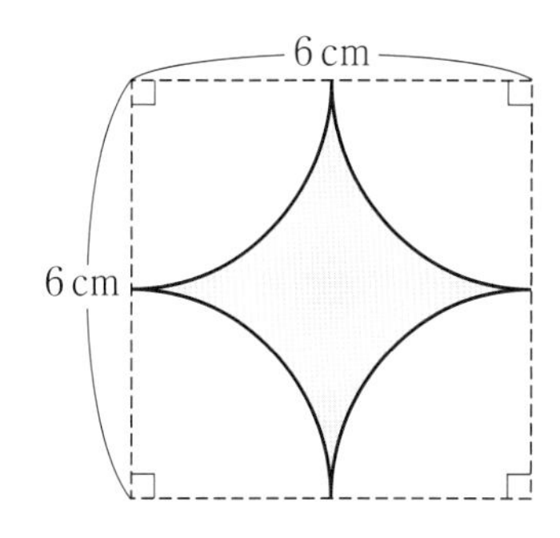

□(1) 周の長さを求めなさい。

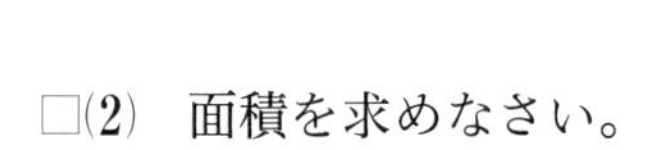

□(2) 面積を求めなさい。

6 右の図で，1 辺が 8 cm の正方形の内側にかかれた色をつけた部分について，次の問いに答えなさい。

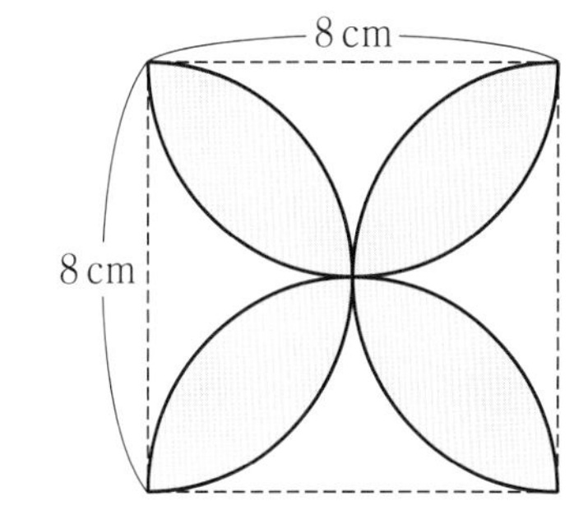

□(1) 周の長さを求めなさい。

□(2) 面積を求めなさい。

7 次の問いに答えなさい。

□(1) 半径 6 cm のおうぎ形 A と，半径 3 cm，中心角 120° のおうぎ形 B の面積が同じとき，おうぎ形 A の中心角の大きさを求めなさい。

□(2) 半径 8 cm，中心角 150° のおうぎ形 A と，弧の長さが同じで半径が 6 cm のおうぎ形 B があります。おうぎ形 B の中心角の大きさを求めなさい。

ヒント **6** 正方形を 4 分の 1 にして，さらにその半分の図形で考えます。
 **7** (1)(A の面積)=(B の面積) (2)(A の弧の長さ)=(B の弧の長さ)

解答▶▶ p.38

5章　平面図形

❶ 同じ平面上に，異なる3直線 ℓ，m，n があります。このとき，次のことがらで正しいものには○を，正しくないものには×を書きなさい。 知

(1) $\ell /\!/ m$，$m /\!/ n$ ならば $\ell \perp n$　(2) $\ell /\!/ m$，$m /\!/ n$ ならば $\ell /\!/ n$

(3) $\ell \perp m$，$m \perp n$ ならば $\ell /\!/ n$　(4) $\ell \perp m$，$m \perp n$ ならば $\ell \perp n$

(5) $\ell /\!/ m$，$m \perp n$ ならば $\ell \perp n$　(6) $\ell \perp m$，$m /\!/ n$ ならば $\ell /\!/ n$

❶　点/30点（各5点）

(1)	
(2)	
(3)	
(4)	
(5)	
(6)	

❷ 右の図のように，正六角形 ABCDEF の対角線の交点を O とします。 知

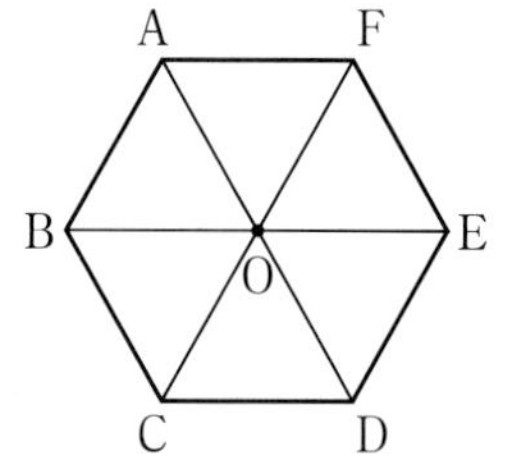

(1) △AOB を，平行移動によって重ねられる三角形はどれですか。すべて答えなさい。

(2) △FOE を，点 O を回転の中心とした点対称移動によって重ねられる三角形はどれですか。すべて答えなさい。

(3) △AOF を，上の図の線分を対称の軸とした対称移動によって重ねられる三角形はどれですか。すべて答えなさい。

❷　点/15点（各5点）

(1)	
(2)	
(3)	

❸ 次の作図をしなさい。 知

(1) 頂点 A から辺 BC にひいた垂線と，∠B の二等分線との交点 P

(2) ∠ACD の二等分線と，点 D を通る直線 BC の垂線との交点 Q

(3) 線分 PQ の垂直二等分線 ℓ

❸　点/15点（各5点）

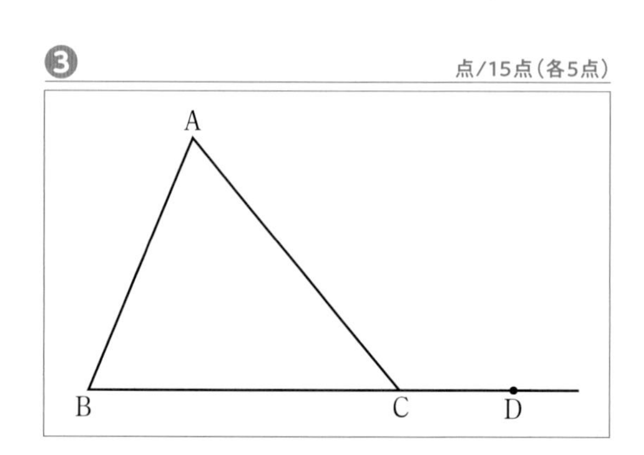

成績評価の観点　知…数量や図形などについての知識・技能　考…数学的な思考・判断・表現

4 下の図のように，直線 ℓ と 2 点 A，B があります。ℓ 上に中心があって，2 点 A，B を通る円 O を作図しなさい。知

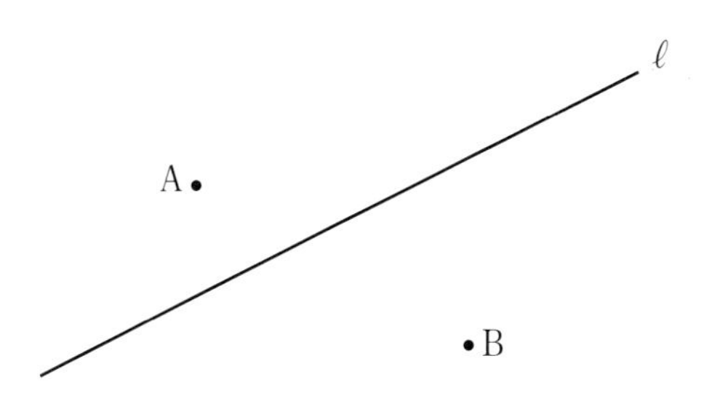

4	点/7点
左の図に作図しなさい。	

5 下の図のような △ABC で，辺 BC 上に点 D があります。この三角形を 2 つに折りまげて，頂点 A が D に重なるようにするには，どこを折り目として折ればよいですか。作図して示しなさい。考

点UP

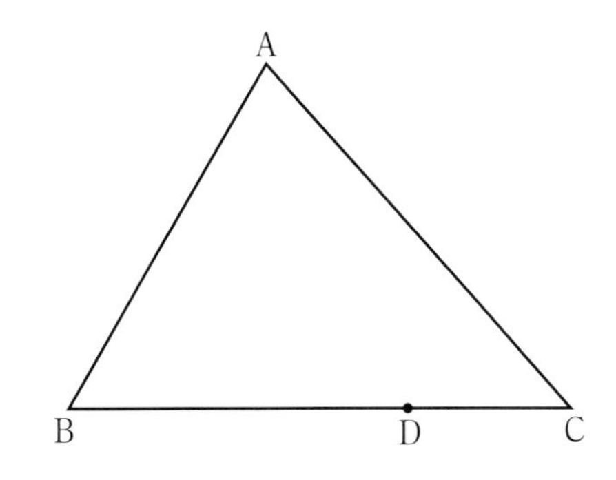

5	点/8点
左の図に作図しなさい。	

6 次の問いに答えなさい。(1)〜(3)知，(4)(5)考

(1) 円周が 18π cm の円の面積を求めなさい。

(2) 半径 16 cm，中心角 135° のおうぎ形の弧の長さを求めなさい。

(3) 半径 15 cm，中心角 112° のおうぎ形の面積を求めなさい。

点UP (4) 右の図のような半円とおうぎ形を組み合わせた図形の面積を求めなさい。

点UP (5) (4)の図形の周の長さを求めなさい。

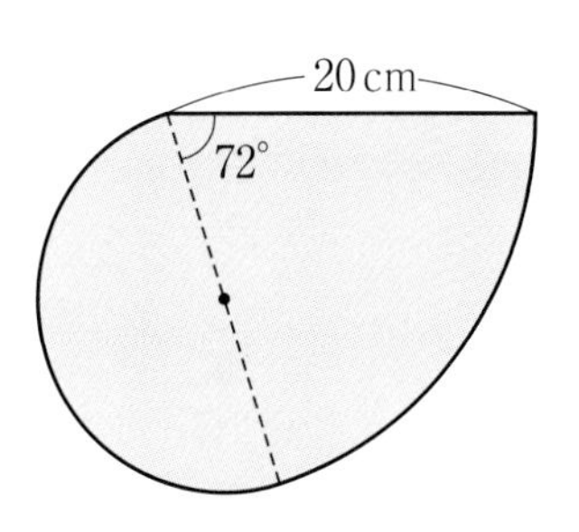

6	点/25点(各5点)
(1)	
(2)	
(3)	
(4)	
(5)	

知 /82点	考 /18点

5章

教科書146〜177ページ

解答▶▶ p.40

教科書のまとめ 〈5章　平面図形〉

●平行移動

対応する点を結んだ線分どうしは平行で，その長さはすべて等しい。

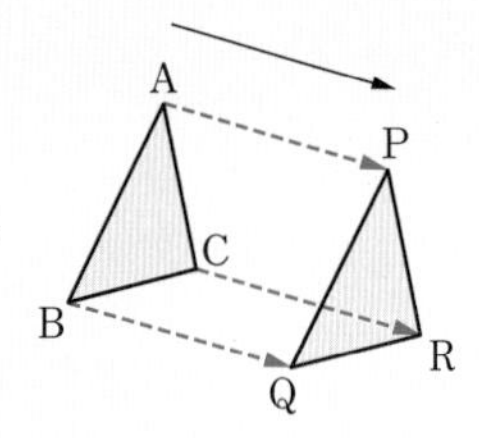

●回転移動

・対応する点は，回転の中心からの距離が等しい。

・対応する点と回転の中心とを結んでできた角の大きさはすべて等しい。

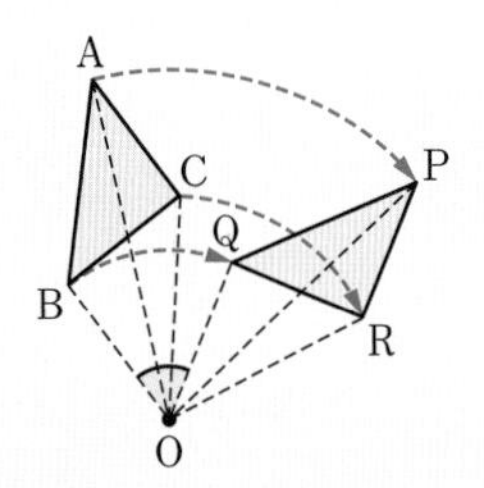

・$180°$ の回転移動を**点対称移動**（てんたいしょういどう）といいます。

●対称移動

・対応する点を結んだ線分は，対称の軸と垂直に交わり，その交点で2等分されます。

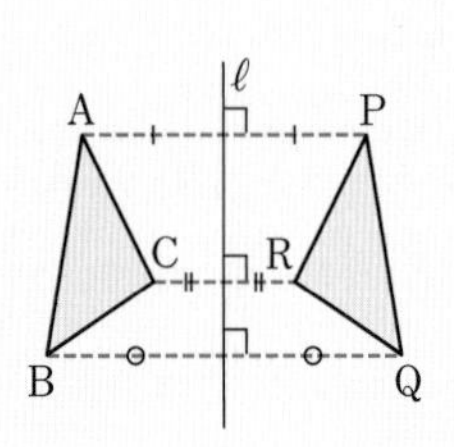

●線分の垂直二等分線の作図

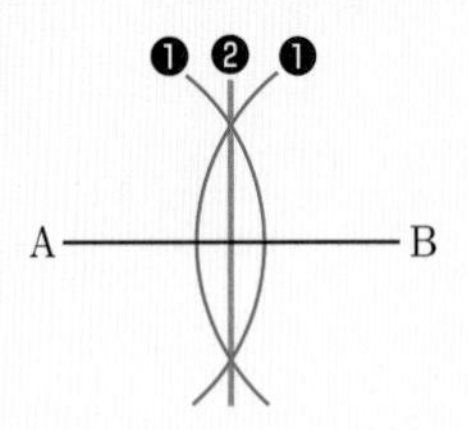

●角の二等分線の作図

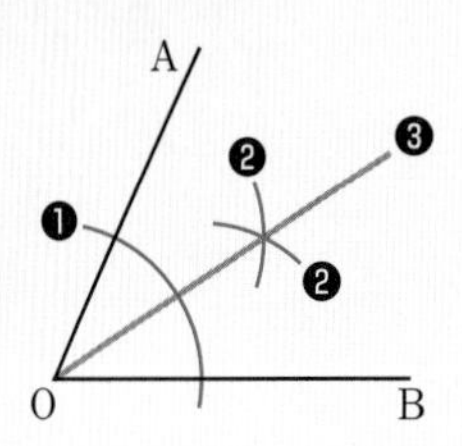

●垂線の作図

・直線 ℓ 上の点Pを通る垂線

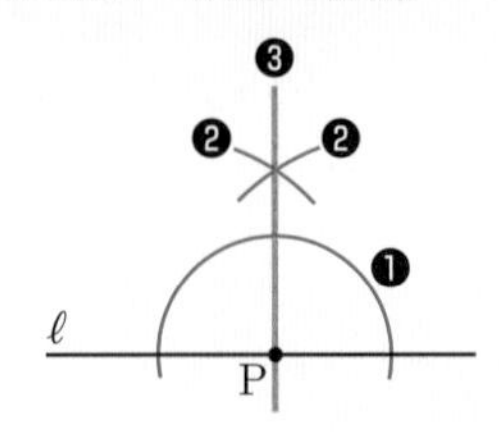

・直線 ℓ 上にない点Pを通る直線 ℓ の垂線

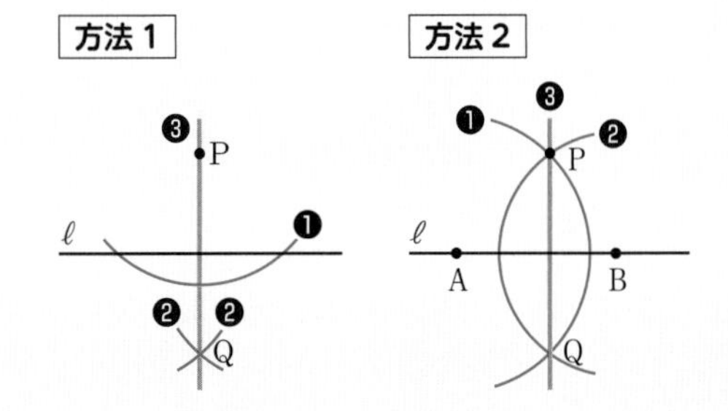

●円の接線の性質

円の接線は，その接点を通る半径に垂直です。

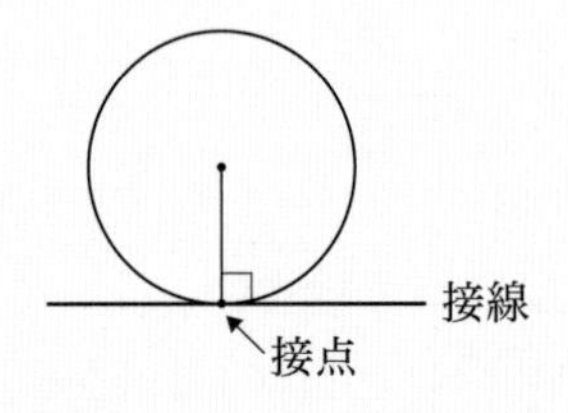

●円の周の長さと面積

半径 r の円の周の長さを ℓ，面積を S とすると，

$\ell=2\pi r$　　$S=\pi r^2$

●おうぎ形の弧の長さと面積

半径 r，中心角 $a°$ のおうぎ形の弧（こ）の長さを ℓ，面積を S とすると，

$$\ell=2\pi r\times\frac{a}{360}$$

$$S=\pi r^2\times\frac{a}{360}$$

6章　空間図形

次の学習に入る前に取り組もう。

□**見取図と展開図**　◀小学4年

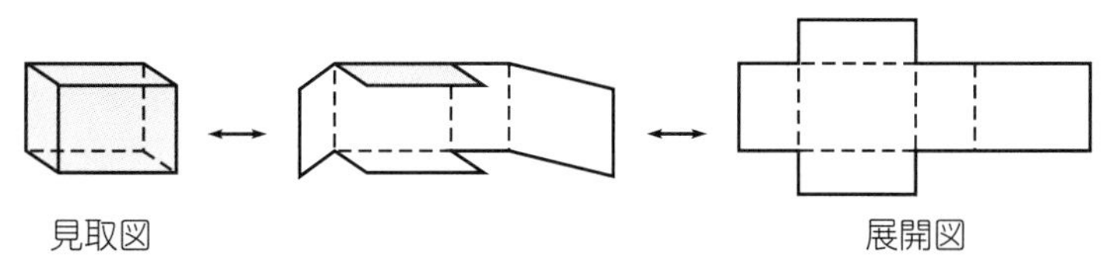

□**角柱，円柱の体積の公式**　◀小学6年

角柱の体積＝底面積×高さ　　円柱の体積＝底面積×高さ

1 下の展開図からできる立体の名前を答えなさい。　◀小学5年〈角柱と円柱〉

(1)

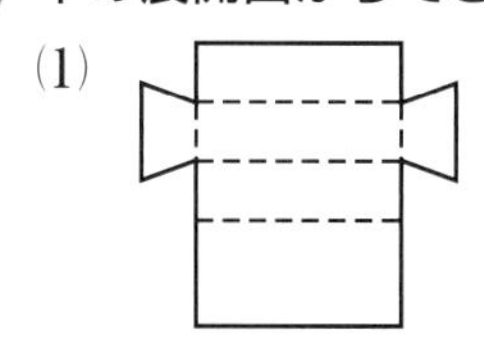

(2)

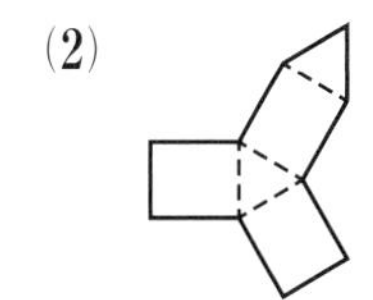

ヒント
(2)三角形を底面と考えると……

2 右の展開図を組み立てて，立方体をつくります。　◀小学4年〈直方体と立方体〉

(1) 辺EFと重なる辺はどれですか。

(2) 頂点Eと重なる頂点をすべて答えなさい。

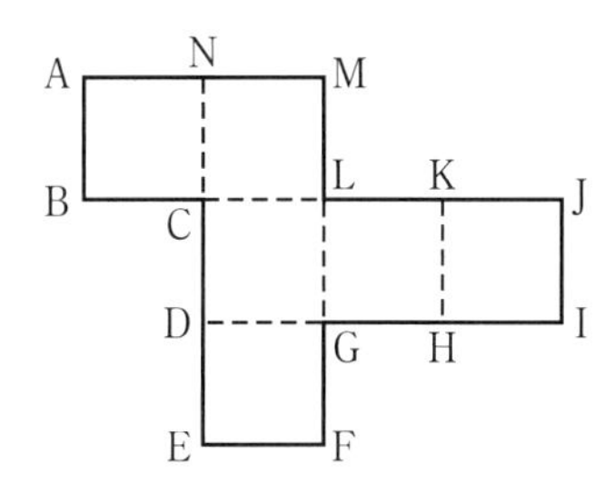

ヒント
例えば，CDGLを底面と考えて，組み立てると……

3 次の立体の体積を求めなさい。ただし，円周率を3.14とします。　◀小学6年〈立体の体積〉

(1) 直方体

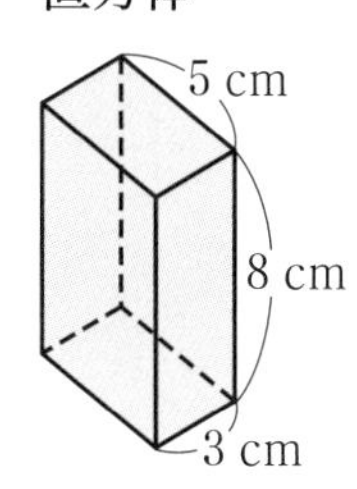

(2) 三角柱

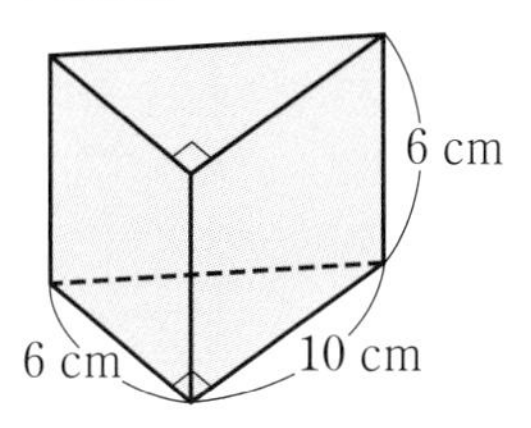

ヒント
底面はどこか考えると……

(3) 円柱

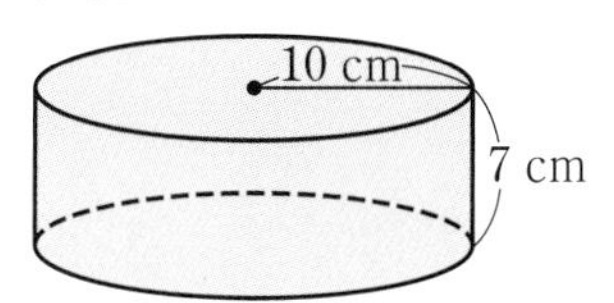

(4) 円柱

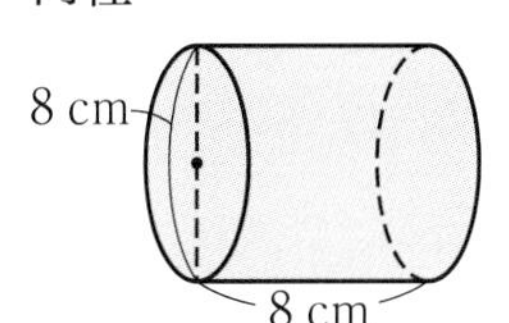

6章

1節　立体と空間図形
1　いろいろな立体 ―― ①

●いろいろな立体

教科書 p.180

□ **例題 1** 右の立体の名前を答えなさい。 ▸▸1

(1) 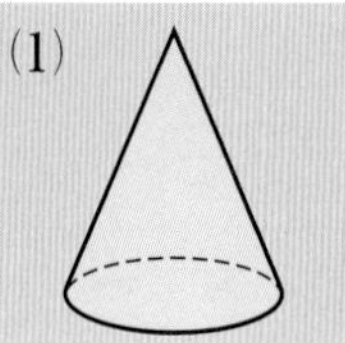 (2) 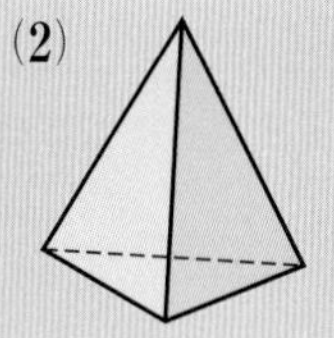 (3) 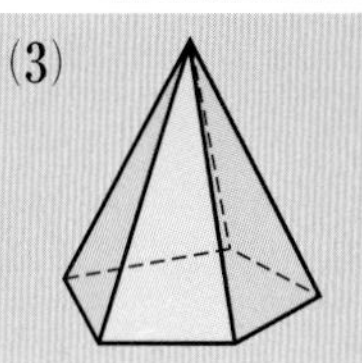

考え方　さきのとがった立体には，角錐(かくすい)や円錐(えんすい)などがあります。角錐は，底面の図形によって，三角錐，四角錐，五角錐，……といいます。

プラスワン　角錐，円錐

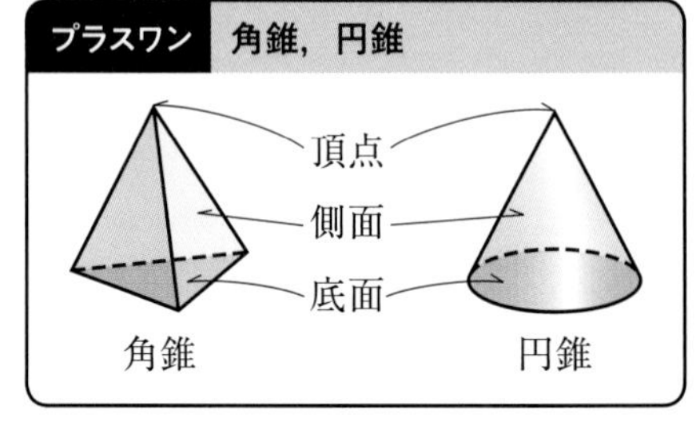

答え　(1)　底面が円だから，①［　　］

(2)　底面が三角形だから，②［　　］

(3)　底面が五角形だから，③［　　］

●多面体

教科書 p.181

□ **例題 2** 右の立体は，それぞれ何面体ですか。 ▸▸2

(1)　四角柱 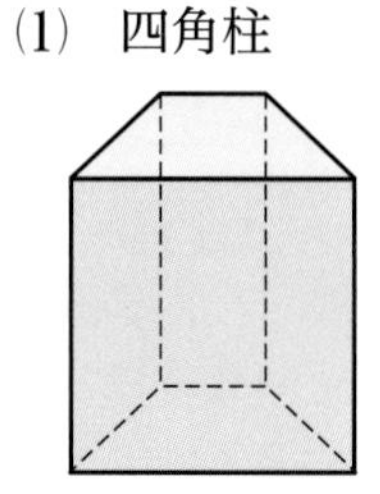

(2)　六角錐 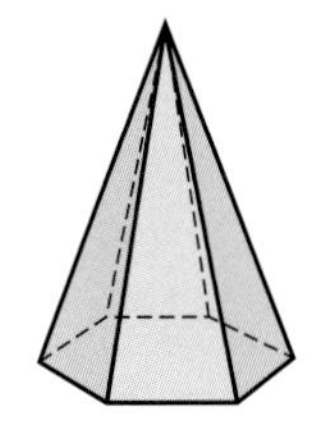

考え方　いくつかの平面で囲まれた立体を多面体(ためんたい)といい，その面の数によって，四面体，五面体，六面体，……といいます。

答え　(1)　面が6つあるから，①［　　］である。

(2)　面が7つあるから，②［　　］である。

●投影図

教科書 p.182

□ **例題 3** 右の投影図(とうえいず)で表される立体を，次の㋐～㋓から，それぞれ選びなさい。 ▸▸3 4

㋐　三角柱　　㋑　四角錐

㋒　円柱　　㋓　円錐

(1) 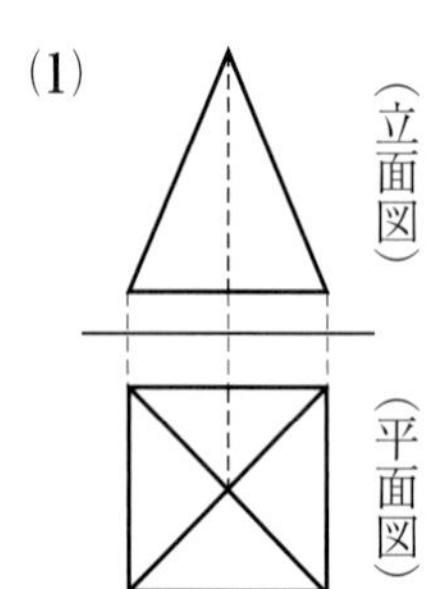

(2) 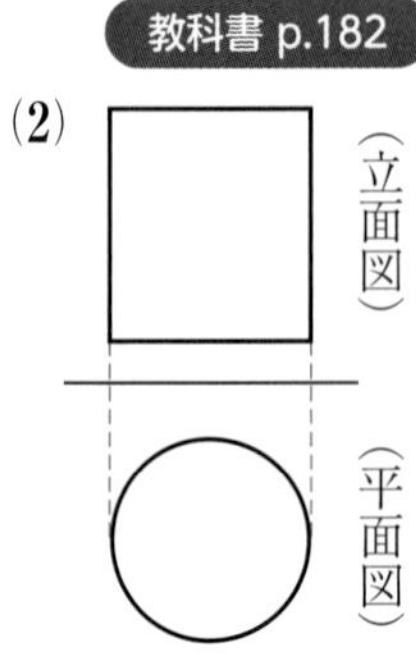

考え方　立面図(りつめんず)（真正面から見た図）から角柱・円柱であるか，角錐・円錐であるかがわかり，平面図(へいめんず)（真上から見た図）から，底面の形がわかります。

答え　(1)　①［　　］　(2)　②［　　］

立面図と平面図をあわせて投影図といいます。

1 【いろいろな立体】次の立体の名前を答えなさい。

教科書 p.180

□(1)

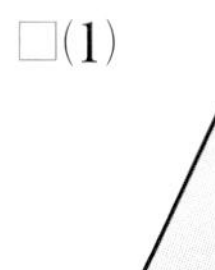

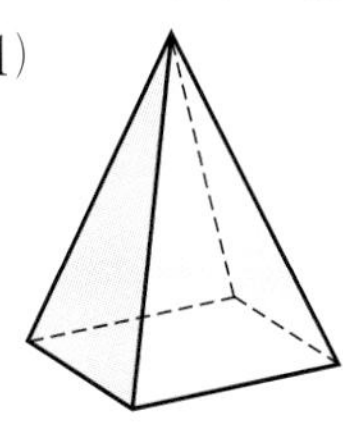

□(2)

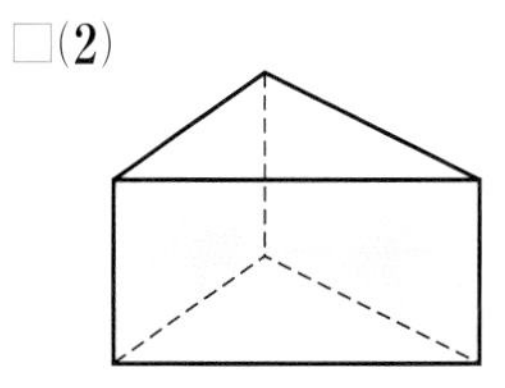

□(3)

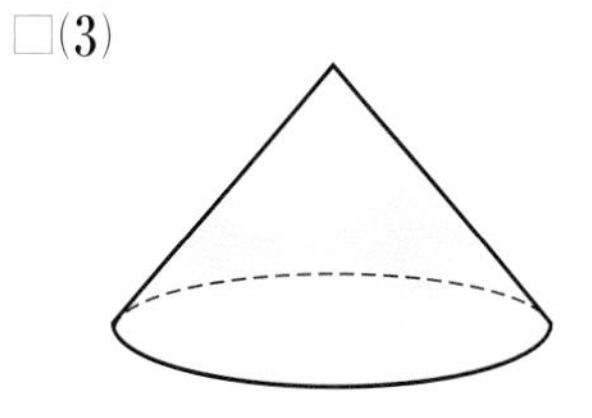

2 【正多面体】多面体のうち，すべての面が合同な正多角形で，どの頂点に集まる面の数も等しく，へこみのないものを正多面体といいます。次の正多面体は，正何面体ですか。

教科書 p.181

□(1) すべての面が正方形

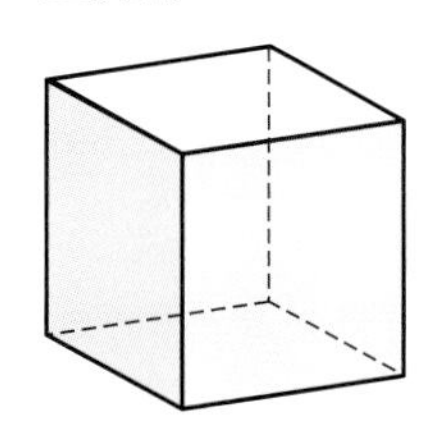

□(2) すべての面が正三角形

□(3) すべての面が正五角形

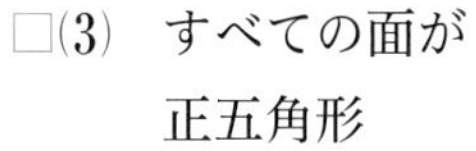

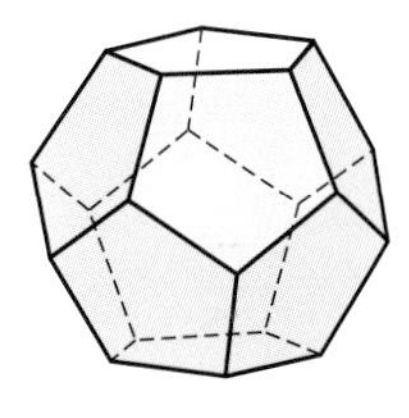

絶対理解

3 【投影図】下の投影図で表される立体を，次の㋐〜㋗から選びなさい。

教科書 p.182

㋐ 円柱	㋑ 三角柱	㋒ 四角柱	㋓ 五角柱
㋔ 円錐	㋕ 三角錐	㋖ 四角錐	㋗ 五角錐

●キーポイント
立面図で角柱・円柱か，角錐・円錐かを判断し，平面図で底面の形を考え，どんな立体かを答えます。

□(1)

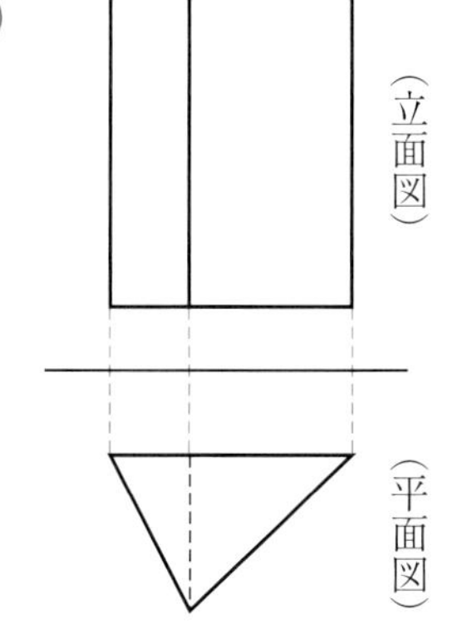

□(2)

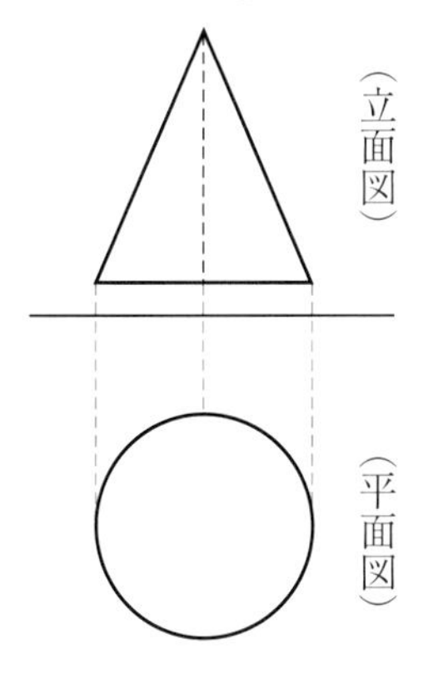

4 【投影図】球の投影図をかきなさい。

教科書 p.182 問3

□

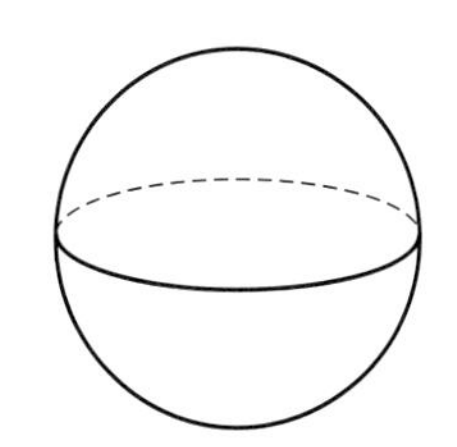

（平面図）

例題の答え **1** ①円錐 ②三角錐 ③五角錐 **2** ①六面体 ②七面体 **3** ①㋑ ②㋒

6章

教科書180〜182ページ

解答▶▶ p.42

1節　立体と空間図形
1　いろいろな立体 —— ②

●角柱と角錐

教科書 p.183〜185

□ 例題 1　右の図は，底面が正方形で，4 つの側面がすべて合同な二等辺三角形である四角錐の展開図です。 ▶▶ 1 2

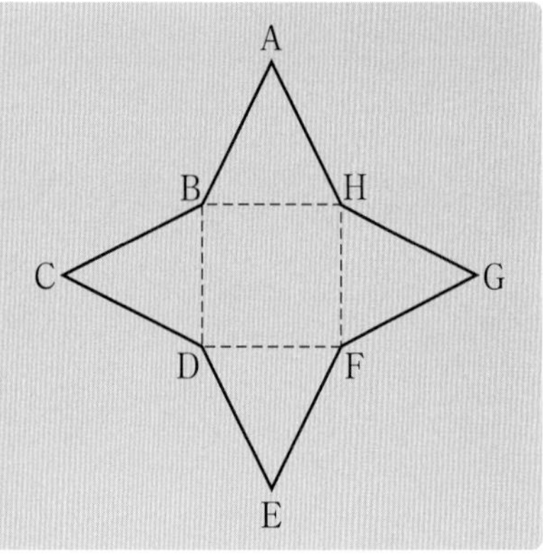

(1) 底面が正方形で，4 つの側面がすべて合同な二等辺三角形である四角錐を何といいますか。

(2) 展開図を組み立てて四角錐をつくるとき，辺 AB と重なる辺を答えなさい。

考え方　(1) 角錐のうち，底面が，正三角形，正方形，正五角形，……で，側面がすべて合同な二等辺三角形であるものを，それぞれ正三角錐，正四角錐，正五角錐，……といいます。

答え　(1) 底面が正方形で，側面がすべて合同な二等辺三角形だから，①［　　　］

(2) 辺 ②［　　　］

プラスワン　正三角柱，正四角柱，正五角柱，……

角柱のうち，底面が，正三角形，正方形，正五角形，……であるものを，それぞれ，正三角柱，正四角柱，正五角柱，……といいます。

●円柱と円錐

教科書 p.185〜187

□ 例題 2　下の図は，円柱と円錐の展開図です。 ▶▶ 3

㋐

㋑

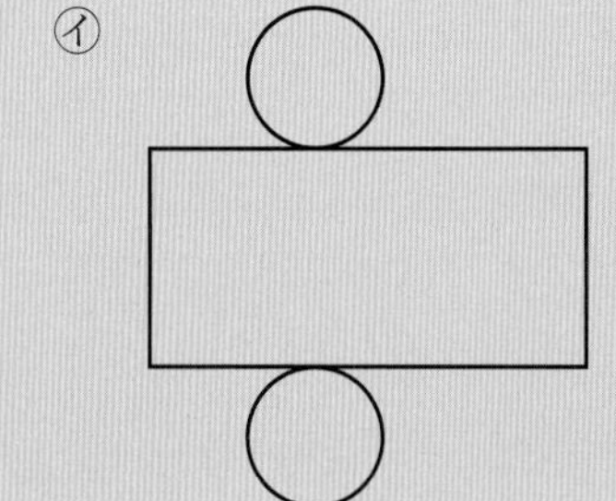

(1) 円柱の展開図は，㋐，㋑のどちらですか。

(2) ㋐の展開図で，組み立てたとき，$\overset{\frown}{AB}$ と重なるところはどこですか。

考え方　(1) 展開図では，円柱は側面が長方形になり，円錐は側面がおうぎ形になります。また，円柱は底面が 2 つで，円錐は底面が 1 つです。

答え　(1) 円柱の展開図は，1 つの長方形と 2 つの円になるから，①［　　　］である。

(2) 組み立てると，$\overset{\frown}{AB}$ は底面の ②［　　　］と重なる。

よく出る **1** 【角柱と角錐】右の図は，4 つの正三角形でできた，ある立体の展開図です。 教科書 p.183〜185

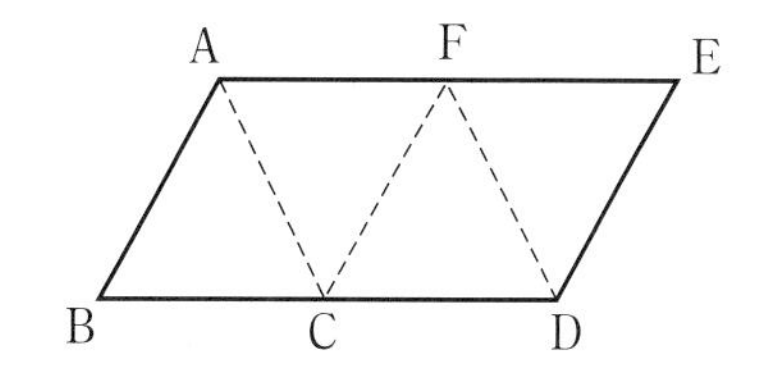

□(1) 何という立体の展開図ですか。
また，正何面体の展開図ともいえますか。

□(2) 展開図を組み立てるとき，点 A と重なる点をすべて答えなさい。

2 【角柱と角錐】次の立体の名前を答えなさい。 教科書 p.183〜185

□(1) 底面が正六角形で，側面がすべて合同な二等辺三角形である立体

□(2) 2 つの底面が合同な正五角形で，側面がすべて長方形である立体

□(3) すべて合同な 6 つの正方形でできている立体

絶対理解 **3** 【円柱と円錐】下の図㋐，㋑は円錐と円柱の展開図です。 教科書 p.186 問 9, p.187 問 10

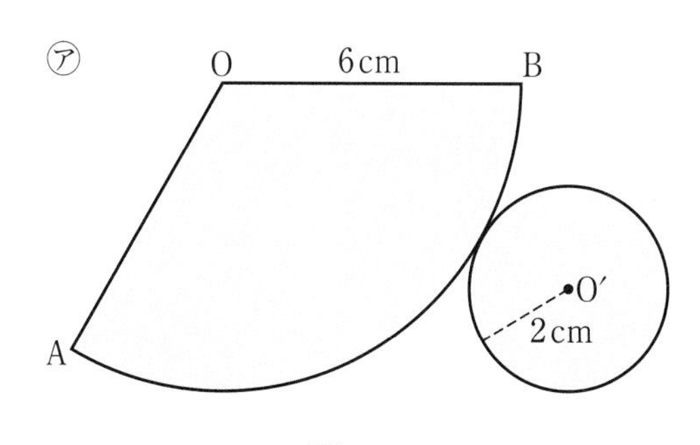

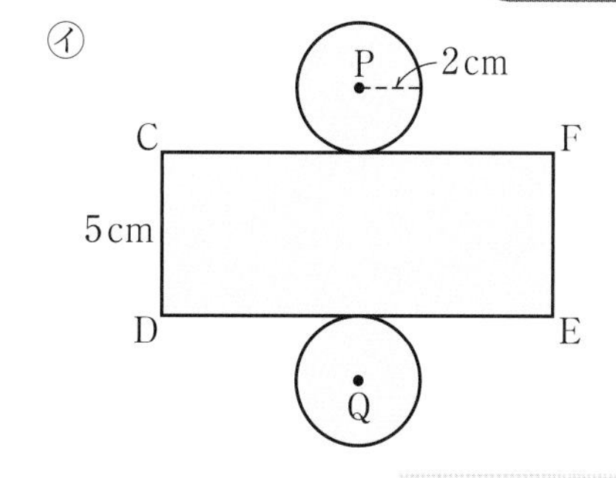

□(1) 展開図㋐の $\overset{\frown}{AB}$ の長さを求めなさい。

□(2) 展開図㋑を組み立てるとき，辺 CF と重なるところはどこですか。

□(3) 展開図㋑の辺 DE の長さを求めなさい。

●キーポイント
(1) $\overset{\frown}{AB}$ は，底面の円周と重なります。
(3) 辺 DE は，底面の円周と重なります。

例題の答え **1** ①正四角錐 ②CB **2** ①㋑ ②円周

解答▶▶ p.42

6章 空間図形

1節 立体と空間図形
2 空間内の平面と直線

● 2直線の位置関係

教科書 p.190〜191

□ **例題 1** 右の図の直方体について，次の問いに答えなさい。 ▶▶ 1 2

(1) 直線 AB と平行な直線を答えなさい。

(2) 直線 AB とねじれの位置にある直線を答えなさい。

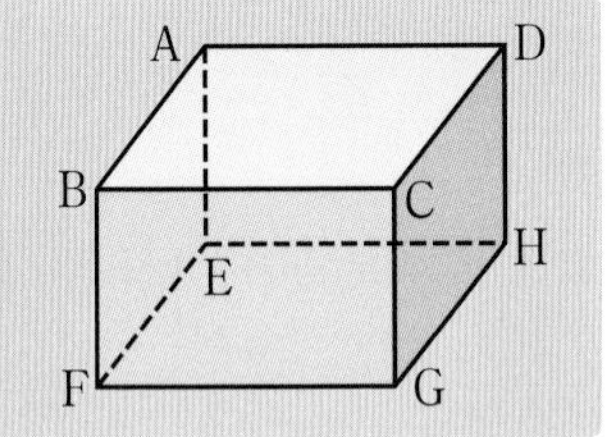

考え方 (2) 直線 AB と平行でなく，交わらない直線が，ねじれの位置にある直線です。

答え (1) 直線 DC，直線 EF，

直線 ①□

(2) 直線 ②□，直線 ③□，

直線 FG，直線 EH

プラスワン 2直線の位置関係

・空間内の2直線 ℓ，m の位置関係

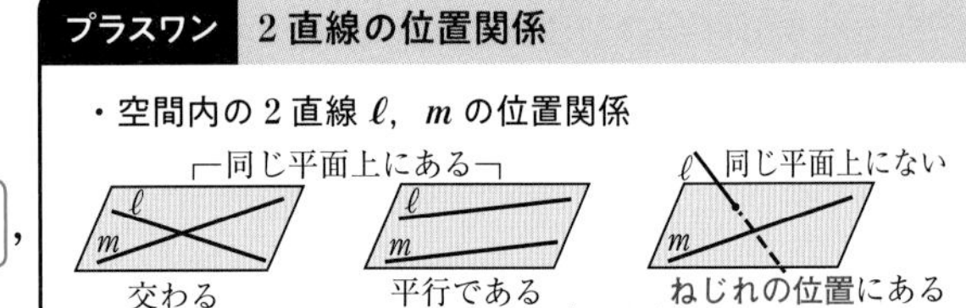

●直線と平面の位置関係

教科書 p.192〜193

□ **例題 2** 例題1の直方体について，次の問いに答えなさい。 ▶▶ 3 4

(1) 平面 AEHD と交わる直線を答えなさい。

(2) 平面 AEHD と平行な直線を答えなさい。

考え方 (2) 平面 AEHD と交わらない直線が，平行な直線です。

答え (1) 直線 AB，直線 EF，

直線 ①□，直線 ②□

(2) 直線 BC，直線 FG，

直線 ③□，直線 ④□

プラスワン 直線と平面の位置関係

・直線 ℓ と平面 P の位置関係

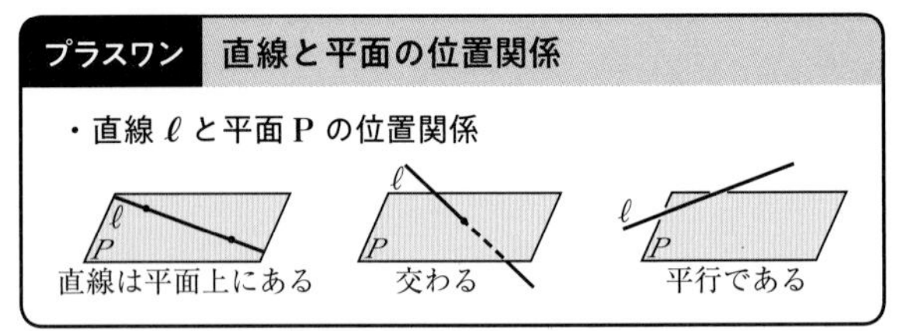

● 2平面の位置関係

教科書 p.194〜195

□ **例題 3** 例題1の直方体で，平面 AEHD と平行な平面を答えなさい。 ▶▶ 4

考え方 平面 AEHD と交わらない平面が，平行な平面です。

答え 平行になるのは，

平面 □

の1つだけである。

プラスワン 2平面の位置関係

・2つの平面 P，Q の位置関係

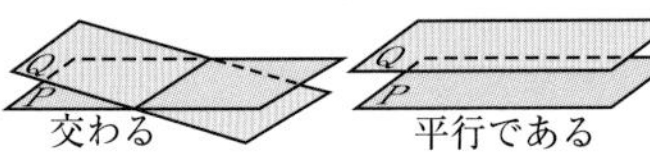

1 【平面の決定】次のような平面はいくつありますか。下の㋐～㋔から選びなさい。

教科書 p.189

□(1) 同じ直線上にない 3 点をふくむ平面　　□(2) 1 つの直線をふくむ平面

□(3) 交わる 2 直線をふくむ平面　　□(4) 平行な 2 直線をふくむ平面

㋐ ない　㋑ 1 つ　㋒ 2 つ　㋓ 3 つ　㋔ 無数にある

2 【2 直線の位置関係】右の図の立方体で，次の位置関係を，下の㋐～㋒から選びなさい。

教科書 p.190～191

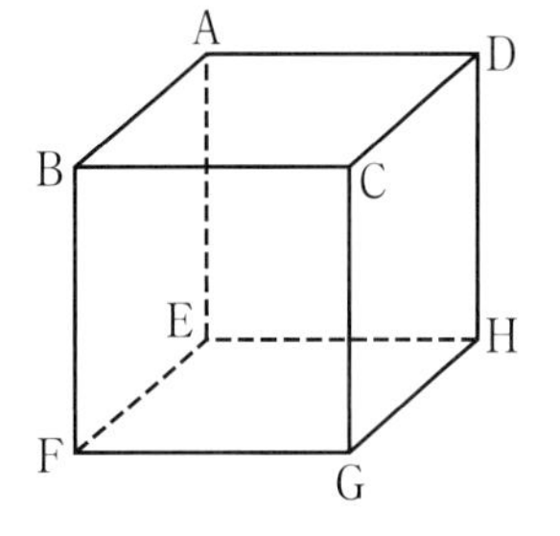

□(1) 直線 AB と直線 HG　　□(2) 直線 BC と直線 AE

□(3) 直線 AD と直線 DH　　□(4) 直線 DH と直線 FG

㋐ 交わる　㋑ 平行である　㋒ ねじれの位置にある

3 【立体の高さ】次の立体で，それぞれの高さを表しているのは，①～③のどれですか。

□(1)

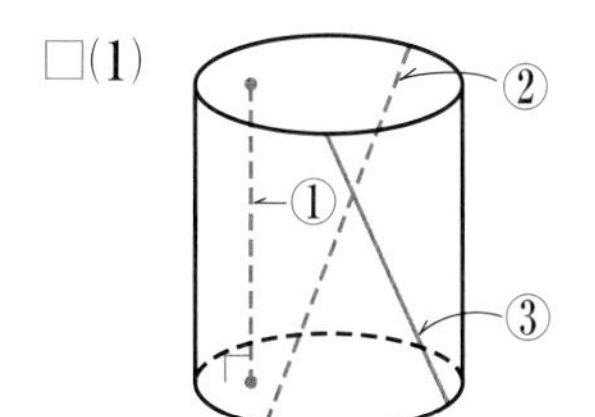

□(2)

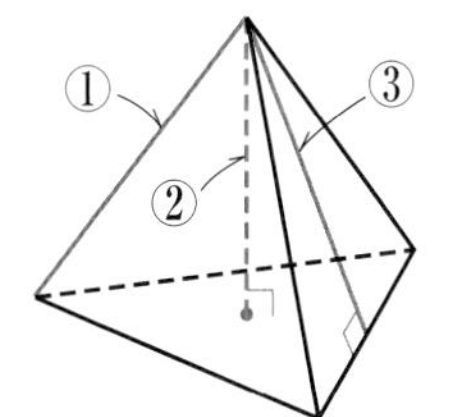

●キーポイント
角柱や円柱では，2 つの底面の距離が高さに，角錐や円錐では，頂点と底面との距離が高さになります。

絶対理解 **4** 【直線と平面の位置関係，2 平面の位置関係】右の図は，直方体を辺 AD，FG をふくむ平面で切り取った三角柱です。次の直線や平面をすべて答えなさい。

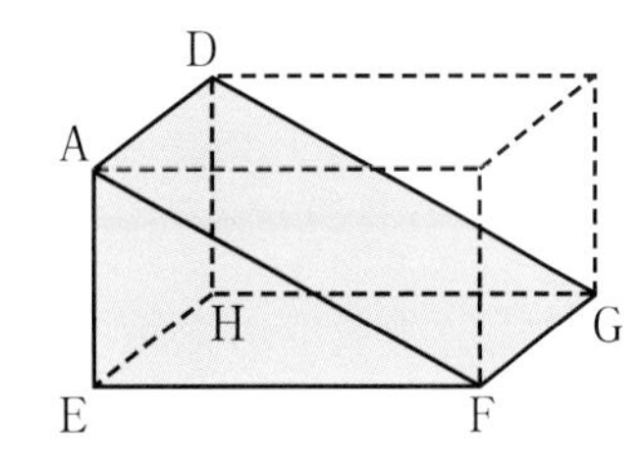

□(1) 平面 AEHD と垂直に交わる直線

□(2) 平面 AFGD と平行な直線

□(3) 直線 FG と平行な平面

□(4) 平面 AEF と平行な平面　　□(5) 平面 AFGD と垂直な平面

例題の答え **1** ①HG ②CG ③DH （②と③は順不同可）
2 ①DC ②HG ③BF ④CG （①と②，③と④は，それぞれ順不同可） **3** BFGC

6 章　教科書 189～195 ページ

解答▶▶ p.43

1節 立体と空間図形
3 立体の構成

●面を平行に動かしてできる立体

教科書 p.196

□ **例題 1** 次の問いに答えなさい。 ▸▸1

(1) 三角形を，その面に垂直な方向に一定の距離だけ平行に動かすと，何という立体ができますか。

(2) 五角形を，その面に垂直な方向に一定の距離だけ平行に動かすと，何という立体ができますか。

考え方　角柱や円柱は，1つの多角形や円を，その面に垂直な方向に，一定の距離だけ平行に動かしてできる立体とみることができます。

答え　(1) ㋐の図のようになるので，① ［　　］ができる。

(2) ㋑の図のようになるので，② ［　　］ができる。

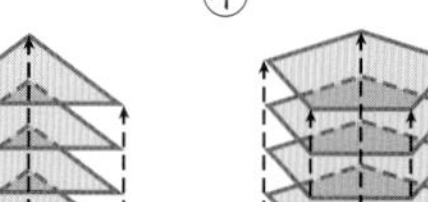

●面を回転させてできる立体

教科書 p.196〜197

□ **例題 2** どんな立体ができますか。 ▸▸2 3

(1) 半円を，その直径上の直線 ℓ を回転(かいてん)の軸(じく)として1回転させてできる立体

(2) 長方形を，その辺上の直線 ℓ を回転の軸として1回転させてできる立体

考え方　円柱，円錐，球などは，1つの平面図形を，その平面上の直線 ℓ のまわりに1回転させてできる立体とみることができます。

答え　(1) ㋐の図のようになるので，

① ［　　］ができる。

(2) ㋑の図のようになるので，

② ［　　］ができる。

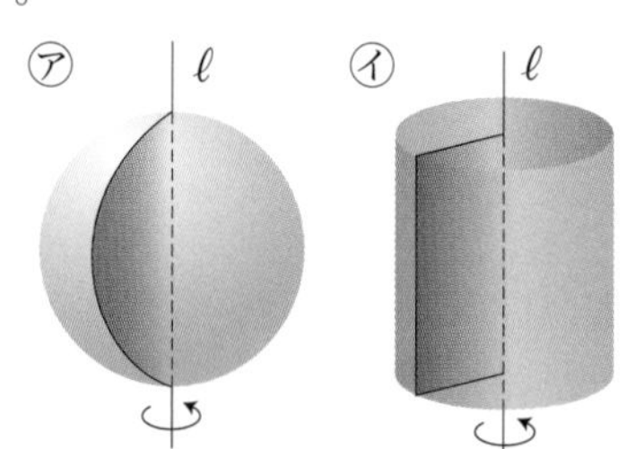

㋐，㋑のような立体を，回転体(かいてんたい)といいます。

●線を動かしてできる立体

教科書 p.197〜198

□ **例題 3** 線分 AB を，四角形に垂直に立てたまま，その周にそって1まわりさせると，線分 AB が動いたあとは，どんな図形になりますか。 ▸▸4

考え方　角柱や円柱の側面は，多角形や円に垂直に立てた線分を，その周にそって1まわりさせてできたものとみることができます。

└ 1まわりさせた線分を，その角柱や円柱の母線(ぼせん)といいます。

答え　右の図のようになるので，

四角柱の［　　］になる。

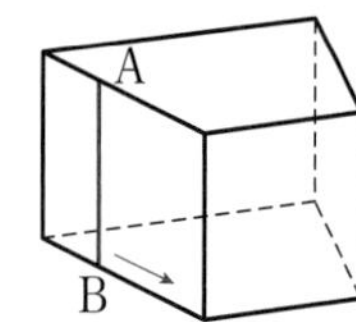

1 【面を平行に動かしてできる立体】角柱や円柱は，1つの面を平行に動かしてできる立体とみることができます。

教科書 p.196 問1

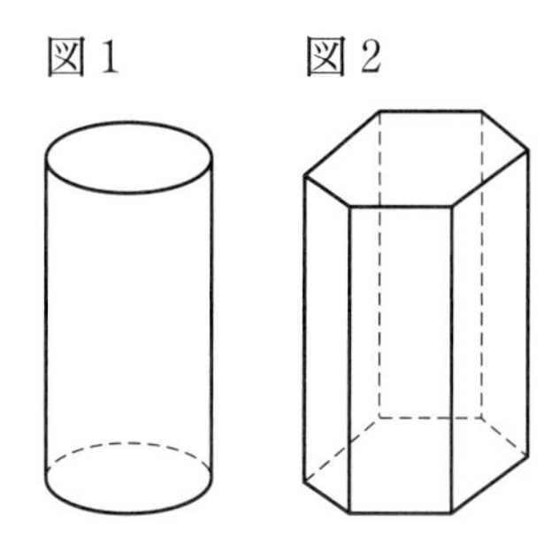

□(1) 図1の円柱は，どんな図形を，どのように動かしてできる立体とみることができますか。

□(2) 図2の六角柱は，どんな図形を，どのように動かしてできる立体とみることができますか。

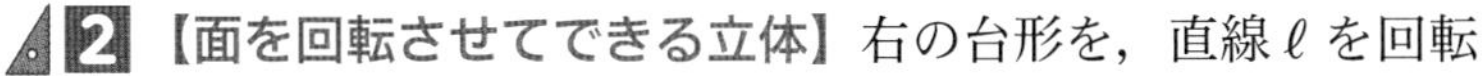

2 【面を回転させてできる立体】右の台形を，直線 ℓ を回転の軸として1回転させると，どんな立体ができますか。できる立体の見取図をかきなさい。

絶対理解 □

教科書 p.197 問2

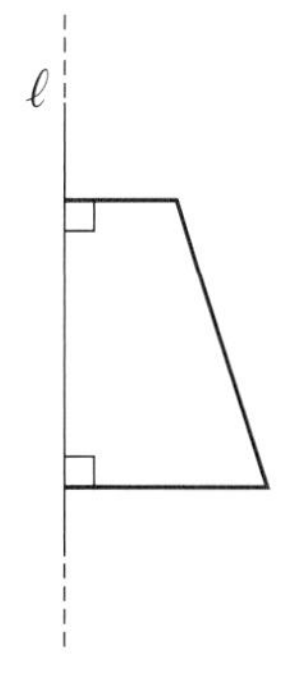

よく出る **3** 【面を回転させてできる立体】次のそれぞれの回転体を，回転の軸をふくむ平面で切ると，切り口はどんな図形になりますか。
また，回転の軸に垂直な平面で切ると，どんな図形になりますか。

教科書 p.197 問3

□(1)

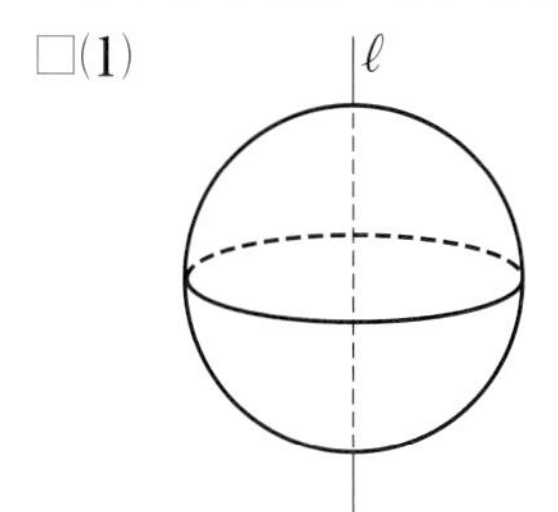

□(2)

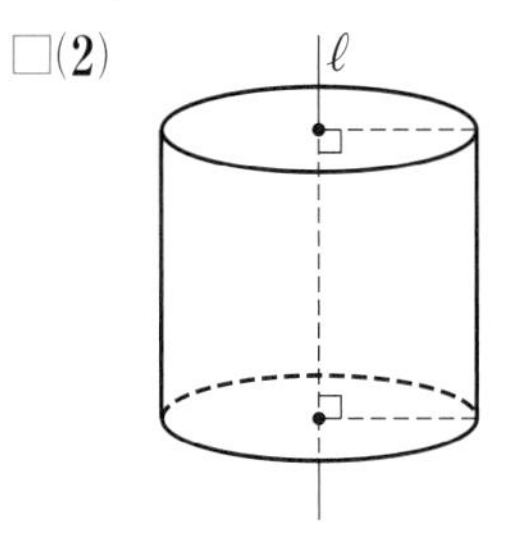

●キーポイント
回転の軸をふくむ平面で切ると，その切り口は，回転の軸について線対称な図形になります。

4 【線を動かしてできる立体】次の問いに答えなさい。

教科書 p.197～198

□(1) 右の図のように，線分PQを，△ABCに垂直に立てたまま，その周にそって1まわりさせます。このとき，線分PQが1まわりしたあとにできる図形は，どんな立体のどの面になるか答えなさい。

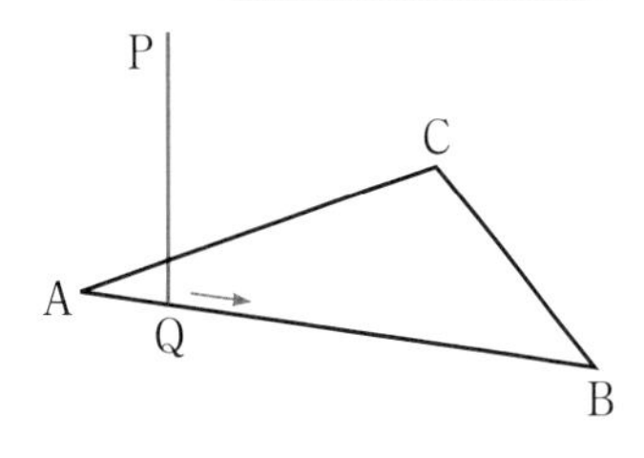

□(2) 図の線分PQを，その立体の何といいますか。

例題の答え **1** ①三角柱　②五角柱　**2** ①球　②円柱　**3** 側面

解答▶▶ p.44

ぴたトレ 2 練習

6章　空間図形

1節　立体と空間図形　1～3

◆1 次の投影図は，どんな立体を表していますか。立体の名前を答えなさい。

□(1)　平面図は正六角形　　□(2)　平面図は正三角形　　□(3)

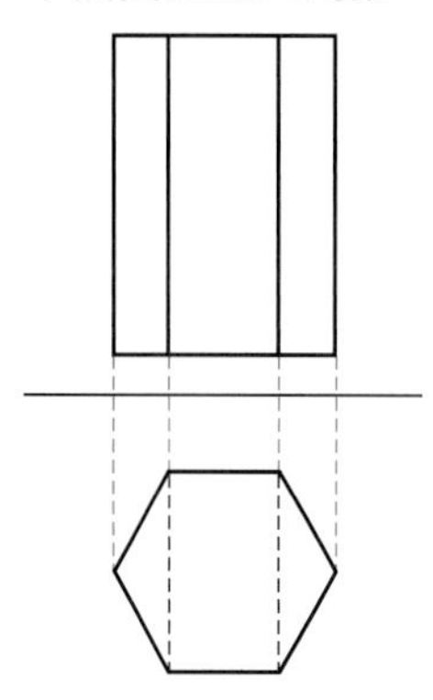

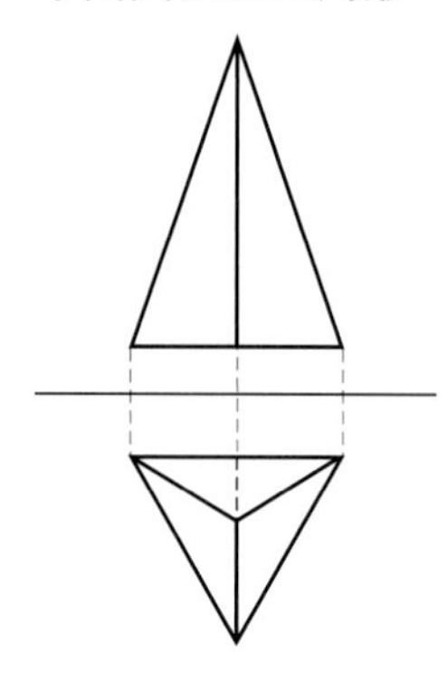

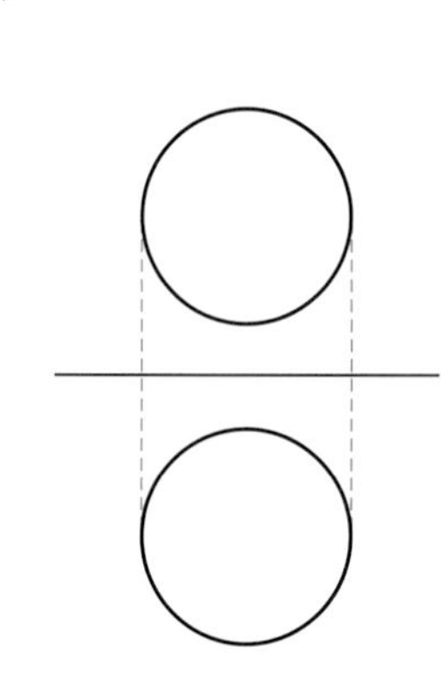

◆2 次の立体の名前を答えなさい。

□(1)　7つの三角形が側面となる立体

□(2)　展開図で側面がおうぎ形となる立体

□(3)　底面が2つの円となる立体

□(4)　4つの合同な正三角形の面でできる立体

□(5)　正三角形をその面に垂直な方向に，一定の距離だけ平行に動かしてできる立体

□(6)　直角三角形を直角をはさむ1辺を回転の軸として1回転させてできる立体

よく出る ◆3 下の展開図について，次の問いに答えなさい。

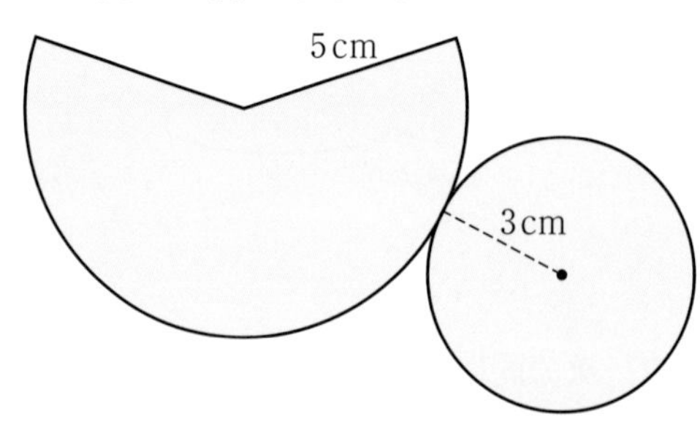

□(1)　この展開図を組み立ててできるのは，何という立体ですか。

□(2)　この展開図を組み立ててできる立体の，母線の長さは何cmですか。

□(3)　おうぎ形の弧の長さを求めなさい。

ヒント　◆2 (5)面を平行に動かしてできる立体は角柱か円柱です。　(6)回転体ができます。
◆3 (3)(弧の長さ)＝(底面の円周の長さ)の関係があります。

●空間図形は，実物模型などで面や線をたしかめ，実感しておくことがたいせつだよ。
立体の見取図と展開図の対応する面や線をしっかり理解しておこう。
また，回転体では，見取図をかいたり，切り口を問われたりするので想像力を養っておこう。

4 右の図のような直方体から三角柱を切り取った立体があります。この立体について，次の直線や平面の位置関係を答えなさい。

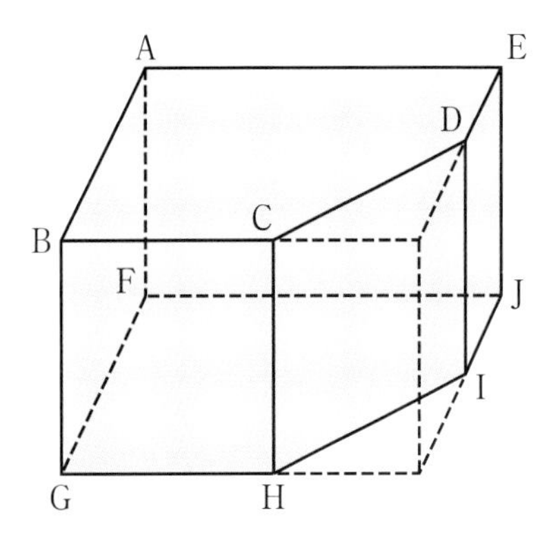

□(1) 直線 AE と直線 CD

□(2) 直線 AB と直線 HI

□(3) 直線 FJ と平面 CHID

□(4) 直線 CD と平面 FGHIJ

□(5) 平面 ABGF と平面 CHID

5 次のような図形を，直線 ℓ を回転の軸として，1 回転させると，どのような立体ができますか。見取図をかきなさい。

□(1)

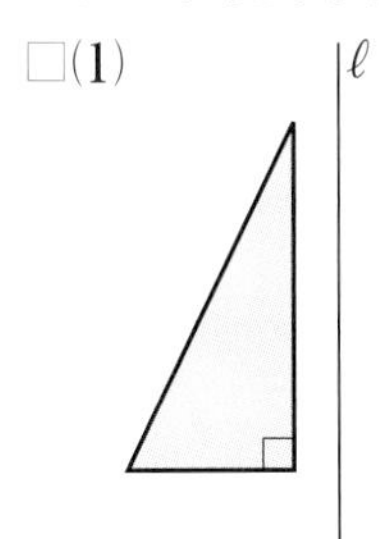

□(2)

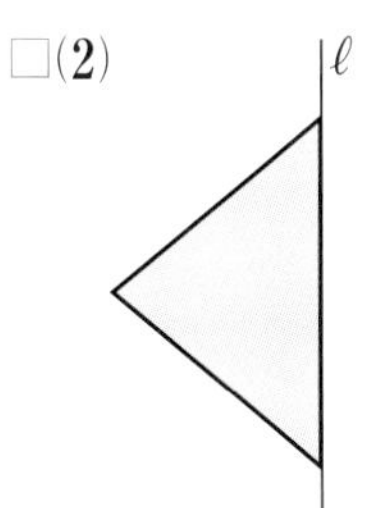

6 次の見取図で表される回転体は，どのような図形を，直線 ℓ を回転の軸として 1 回転したものですか。下の図に直線 ℓ と図形をかいて示しなさい。

□(1)

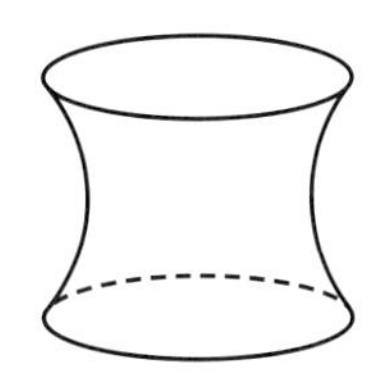

□(2)

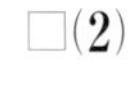

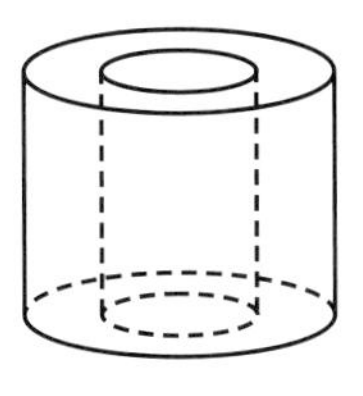

□(3)

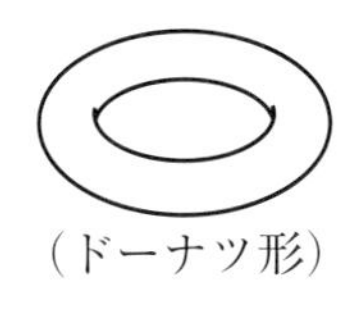

(ドーナツ形)

ヒント　**5** (1)図形が直線 ℓ とはなれているので，中央にあながあいた立体ができます。
6 まず，回転の軸を見つけます。次に，回転の軸をふくむ平面で切った図から考えます。

6章 教科書178～199ページ

解答▶▶ p.44

ぴたトレ **1**
要点チェック

6章　空間図形

2節　立体の体積と表面積
1　立体の体積

●角柱，円柱の体積

教科書 p.201

□ 例題 1　右の立体の体積を求めなさい。　▶▶1

(1)
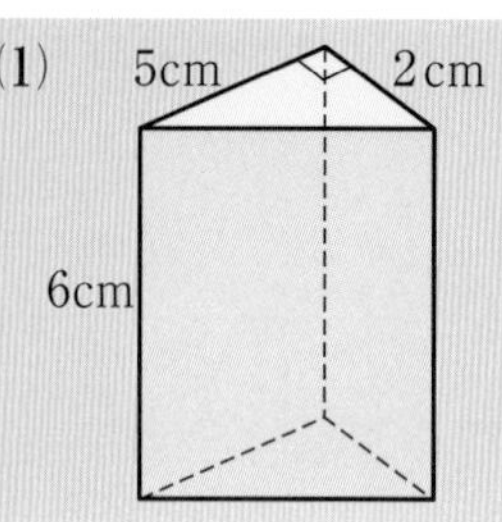

(2)
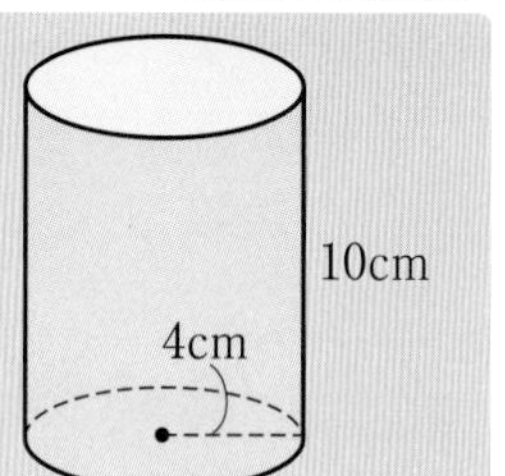

考え方　角柱，円柱の底面積を S，高さを h，体積を V とすると，$V=Sh$

答え

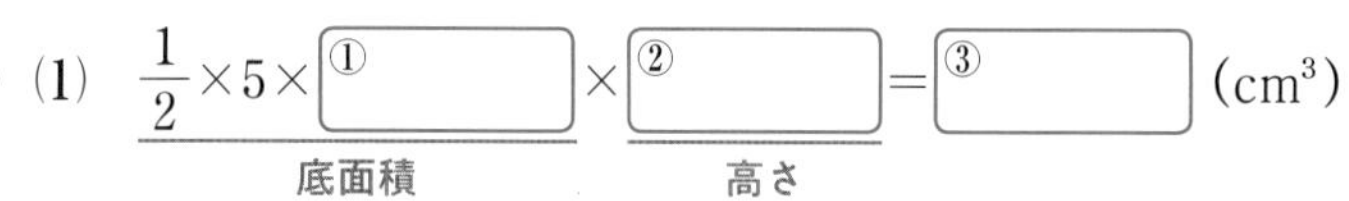

(1) $\frac{1}{2}\times5\times$ ① $\times$ ② $=$ ③ (cm^3)
（底面積）（高さ）

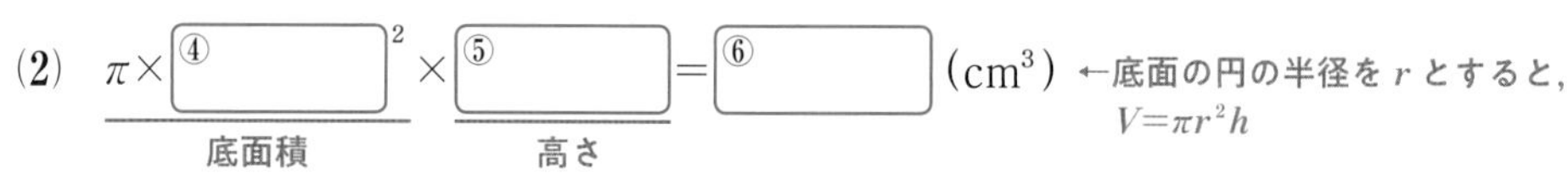

(2) $\pi\times$ ④ $^2\times$ ⑤ $=$ ⑥ (cm^3)　←底面の円の半径を r とすると，$V=\pi r^2h$
（底面積）（高さ）

●角錐，円錐の体積

教科書 p.202～203

□ 例題 2　右の立体の体積を求めなさい。　▶▶2

(1)
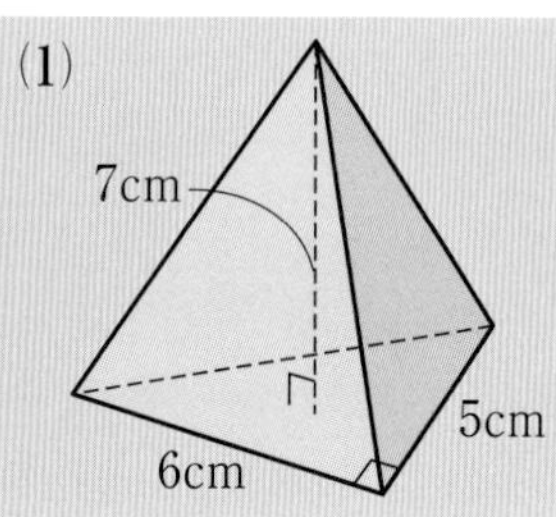

(2)
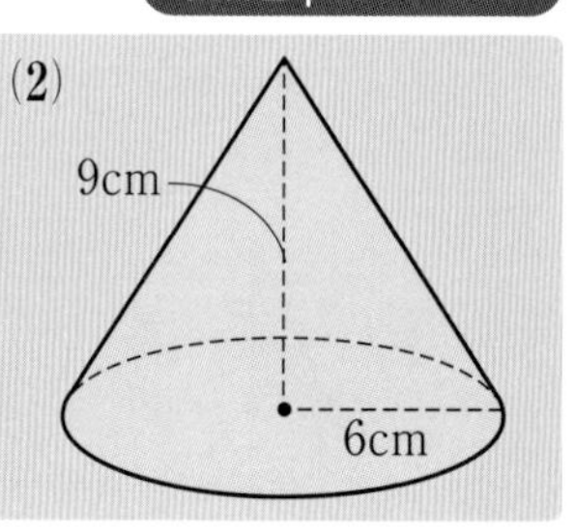

考え方　角錐，円錐の底面積を S，高さを h，体積を V とすると，$V=\frac{1}{3}Sh$
└底面が合同で高さの等しい角柱，円柱の体積の $\frac{1}{3}$

答え

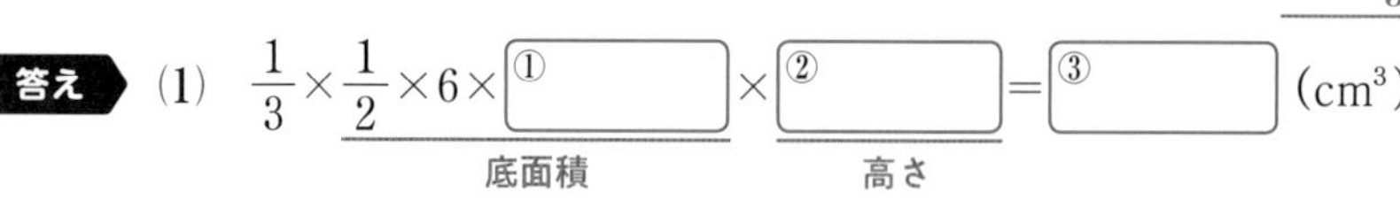

(1) $\frac{1}{3}\times\frac{1}{2}\times6\times$ ① $\times$ ② $=$ ③ (cm^3)
（底面積）（高さ）

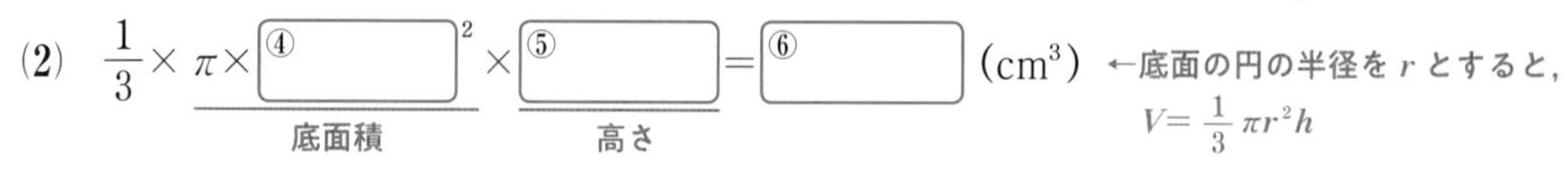

(2) $\frac{1}{3}\times\pi\times$ ④ $^2\times$ ⑤ $=$ ⑥ (cm^3)　←底面の円の半径を r とすると，$V=\frac{1}{3}\pi r^2h$
（底面積）（高さ）

●球の体積

教科書 p.203～204

□ 例題 3　半径 3 cm の球の体積を求めなさい。　▶▶3 4

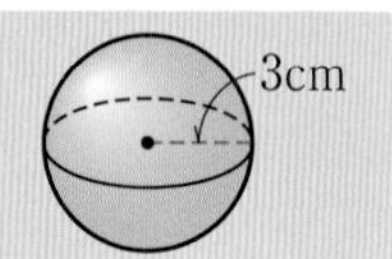

考え方　半径 r の球の体積を V とすると，$V=\frac{4}{3}\pi r^3$

答え　$\frac{4}{3}\pi\times$ ① $^3=$ ② (cm^3)

球の体積は，球がちょうどはいる円柱の体積の $\frac{2}{3}$ になります。
$\frac{2}{3}\times2\pi r^3=\frac{4}{3}\pi r^3$

1 【角柱，円柱の体積】次の立体の体積を求めなさい。

教科書 p.201 問 1

□(1)

8cm
12cm
2cm

□(2)

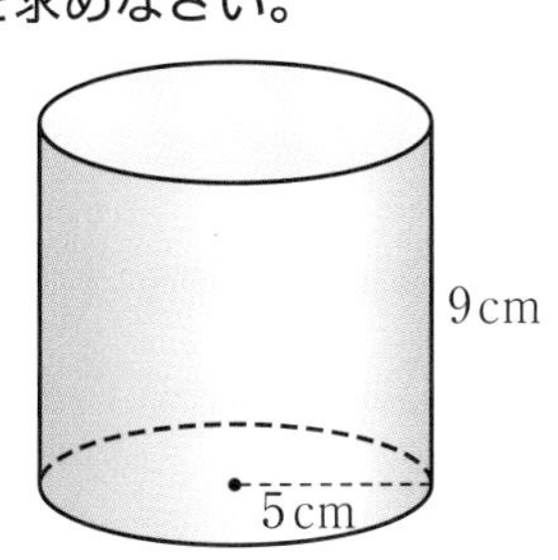

●キーポイント
角柱，円柱の底面積を S，高さを h，体積を V とすると，
$V=Sh$

2 【角錐，円錐の体積】次の立体の体積を求めなさい。

絶対理解

教科書 p.203 問 2

□(1)

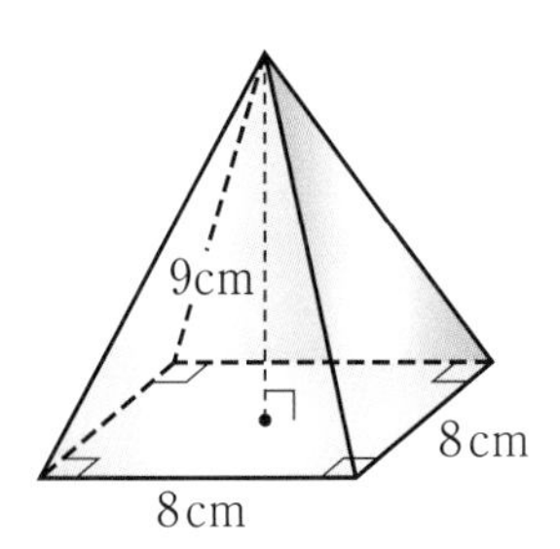

□(2)

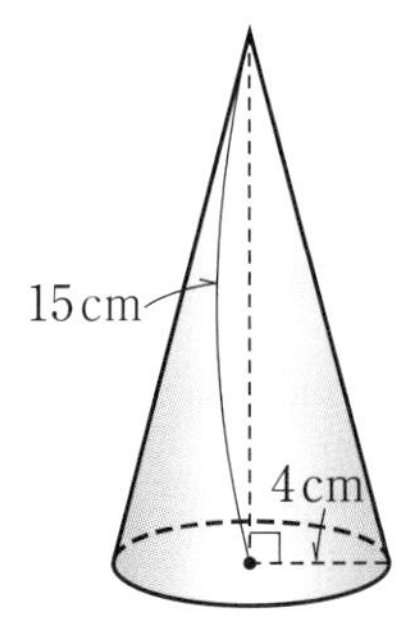

●キーポイント
角錐，円錐の底面積を S，高さを h，体積を V とすると，
$V=\frac{1}{3}Sh$

3 【球の体積】次の球と半球の体積を求めなさい。

よく出る

教科書 p.204 問 3，練習問題 2

□(1)

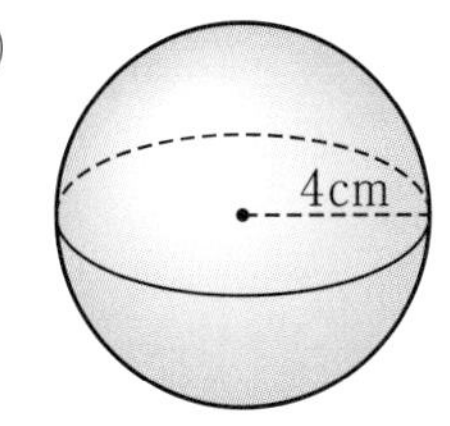

□(2) 半球

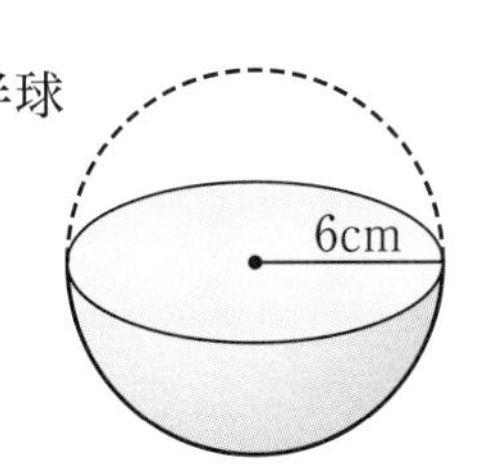

●キーポイント
半径 r の球の体積を V とすると，
$V=\frac{4}{3}\pi r^3$

4 【球の体積】右の図のように，底面の半径が 5 cm の円柱にちょうどはいる円錐と球があります。

教科書 p.202～204

□(1) 円錐の体積は，円柱の体積の何倍ですか。

□(2) 球の体積は，円柱の体積の何倍ですか。

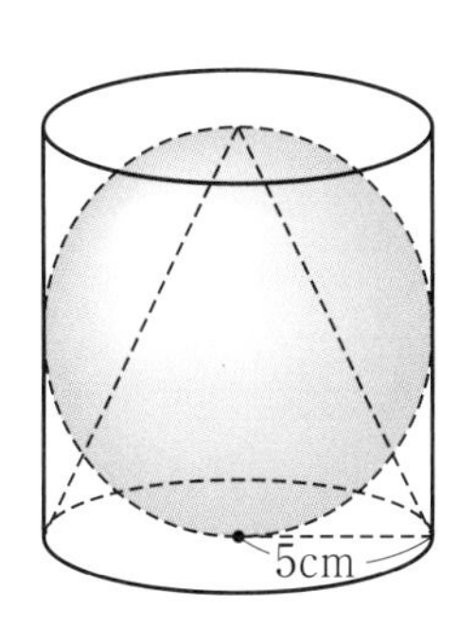

例題の答え **1** ① 2 ② 6 ③ 30 ④ 4 ⑤ 10 ⑥ 160π **2** ① 5 ② 7 ③ 35 ④ 6 ⑤ 9 ⑥ 108π **3** ① 3 ② 36π

6章 教科書 201～204ページ

6章 空間図形

2節 立体の体積と表面積
[2] 立体の表面積 —— ①

●角柱，円柱の表面積

教科書 p.205〜206

□ **例題 1** 右の立体の表面積を求めなさい。 ▶▶1〜3

(1)

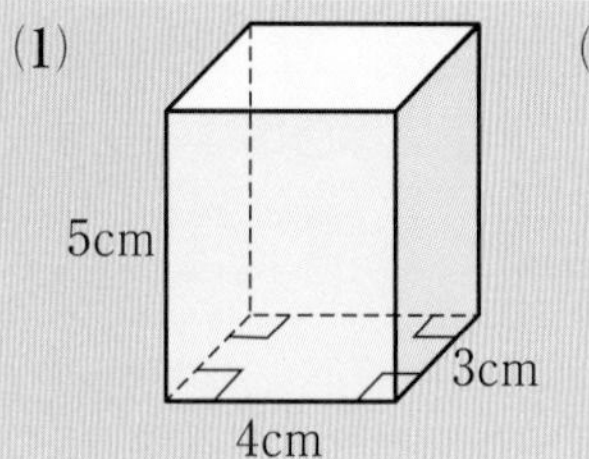

(2)

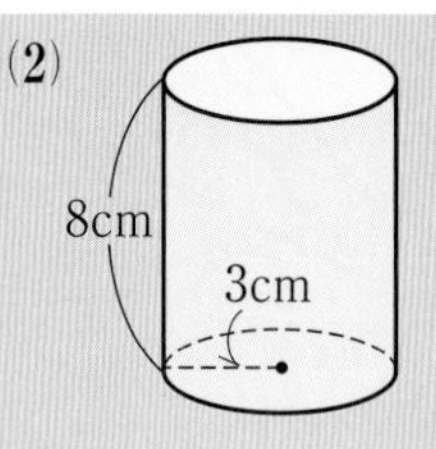

考え方 角柱，円柱の表面積は，底面積×2＋側面積で求められます。
（表面積：立体の表面全体の面積　底面積：1つの底面の面積　側面積：側面全体の面積）

答え (1) 底面積は，$3\times4=12(\text{cm}^2)$

側面積は，

$$\boxed{①}\times(3+4+3+4)=\boxed{②}\ (\text{cm}^2)$$

したがって，表面積は，

$$12\times2+\boxed{③}=\boxed{④}\ (\text{cm}^2)$$

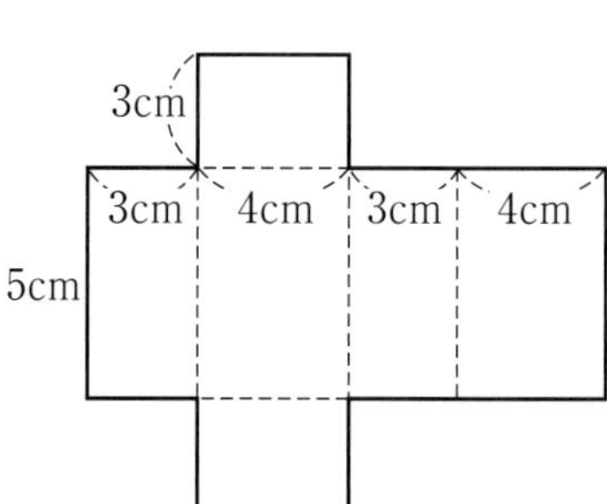

(2) 底面積は，$\pi\times3^2=9\pi(\text{cm}^2)$

側面積は，(円柱の高さ)×(底面の円周の長さ)になるから，
（円柱の高さ：長方形の縦の長さ　底面の円周の長さ：長方形の横の長さ）

$$8\times\boxed{⑤}=\boxed{⑥}\ (\text{cm}^2)$$

したがって，表面積は，

$$9\pi\times2+\boxed{⑦}=\boxed{⑧}\ (\text{cm}^2)$$

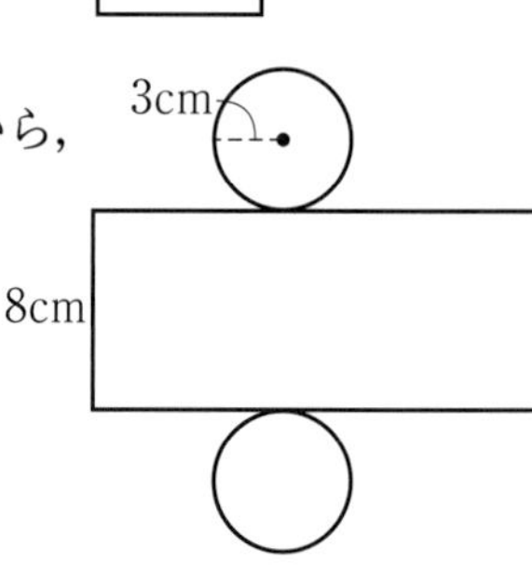

●角錐の表面積

教科書 p.206〜207

□ **例題 2** 右の正四角錐の表面積を求めなさい。 ▶▶4

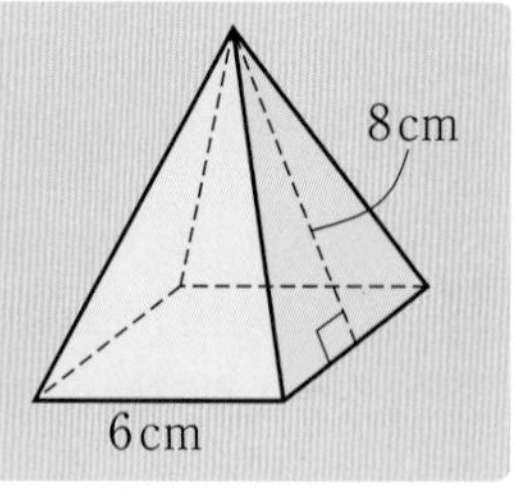

考え方 角錐の表面積は，底面積＋側面積で求められます。

答え 底面積は，$6\times6=36(\text{cm}^2)$

側面積は，合同な二等辺三角形が4つあるので，

$$\left(\frac{1}{2}\times6\times\boxed{①}\right)\times4=\boxed{②}\ (\text{cm}^2)$$

したがって，表面積は，

$$36+\boxed{③}=\boxed{④}\ (\text{cm}^2)$$

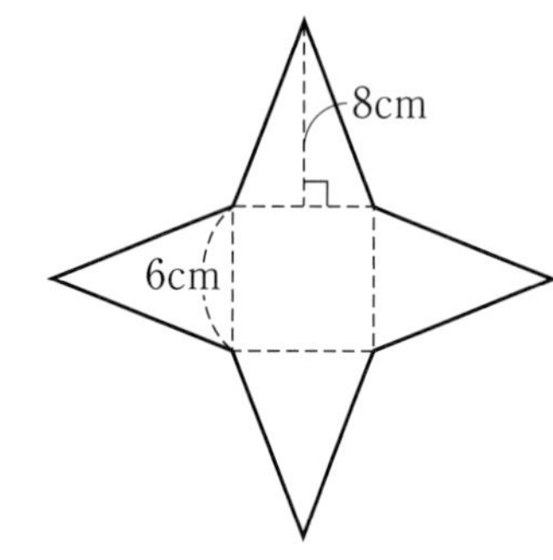

1 【角柱の表面積】次の角柱の表面積を求めなさい。 教科書 p.205

□(1)

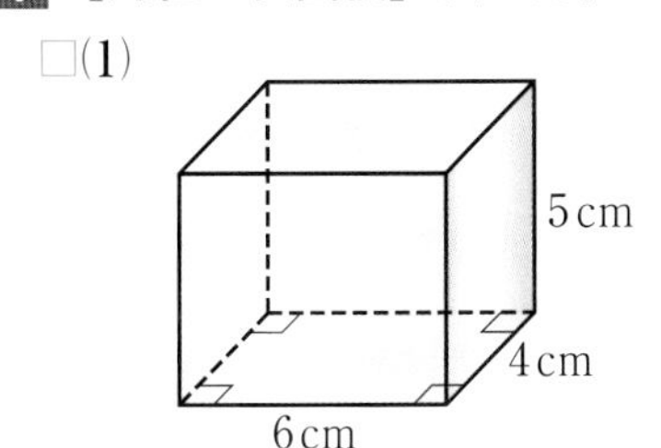

□(2)

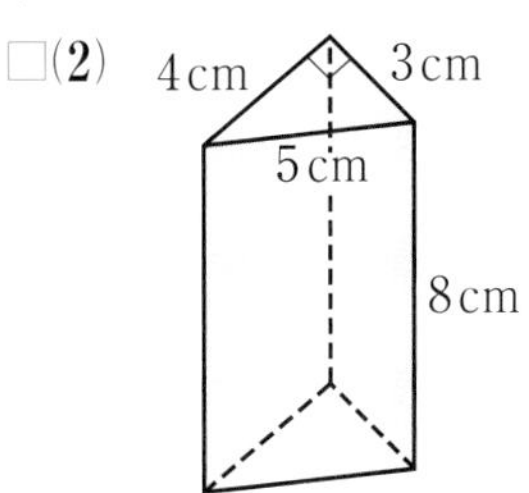

●キーポイント
展開図で考えると，側面は長方形になります。

よく出る **2** 【円柱の表面積】次の円柱の表面積を求めなさい。 教科書 p.206 例1，問2

□(1)

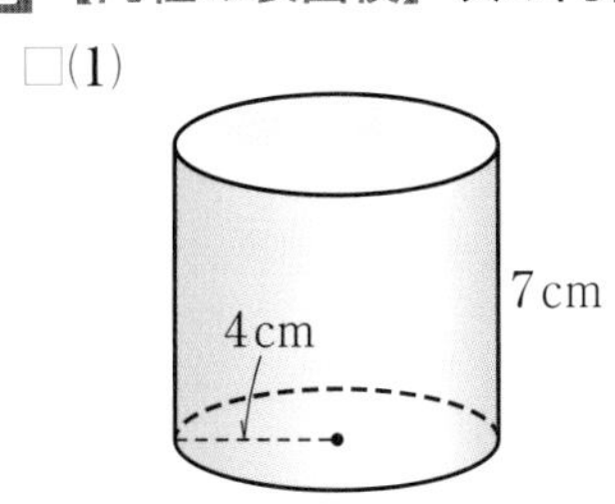

□(2)

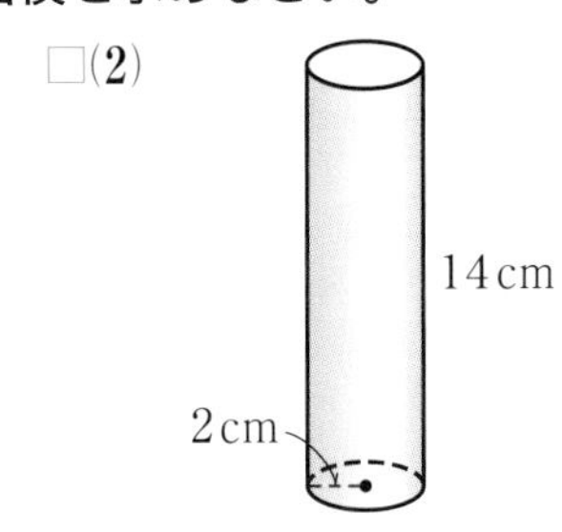

●キーポイント
展開図で考えると，側面は長方形になります。

3 【円柱の表面積】下の正方形を，直線 ℓ を回転の軸として1回転させてできる立体の表面積を求めなさい。 教科書 p.206

□

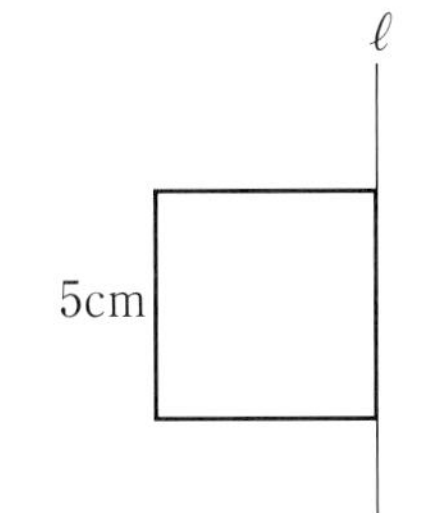

●キーポイント
1回転させてできる立体は，底面の半径5cm，高さ5cmの円柱です。

絶対理解 **4** 【角錐の表面積】次の正四角錐の表面積を求めなさい。 教科書 p.206 例2

□(1)

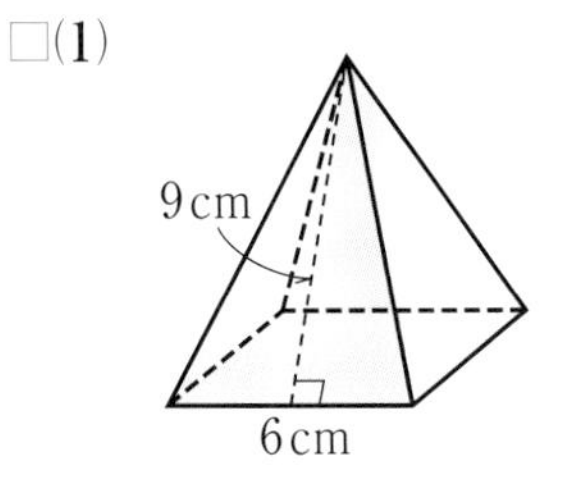

□(2)

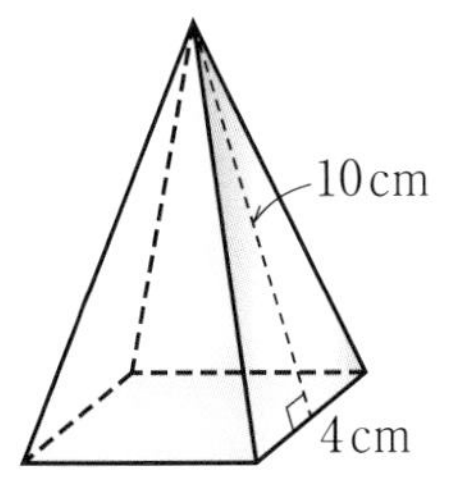

例題の答え **1** ①5 ②70 ③70 ④94 ⑤$6\pi$ ⑥$48\pi$ ⑦$48\pi$ ⑧$66\pi$ **2** ①8 ②96 ③96 ④132

解答▶▶ p.46

2節 立体の体積と表面積
[2] 立体の表面積 ―― ②

●円錐の表面積

教科書 p.207〜208

□ 
例題 1 右の円錐について，次の問いに答えなさい。 ▶▶[1][2]

(1) 側面積を求めなさい。

(2) 表面積を求めなさい。

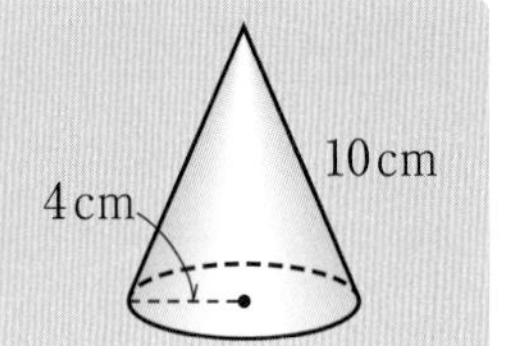

考え方 (1) 側面の展開図は，おうぎ形になります。

(2) 円錐の表面積は，底面積＋側面積で求められます。

答え (1) 側面の展開図は，半径 10 cm のおうぎ形で，

その中心角を $x°$ とすると，

$(2\pi\times4):(2\pi\times10)=x:$ [①]

これを解いて，　　$x=144$

したがって，側面積は，

$\pi\times10^2\times\dfrac{[②]}{360}=$ [③] (cm^2)

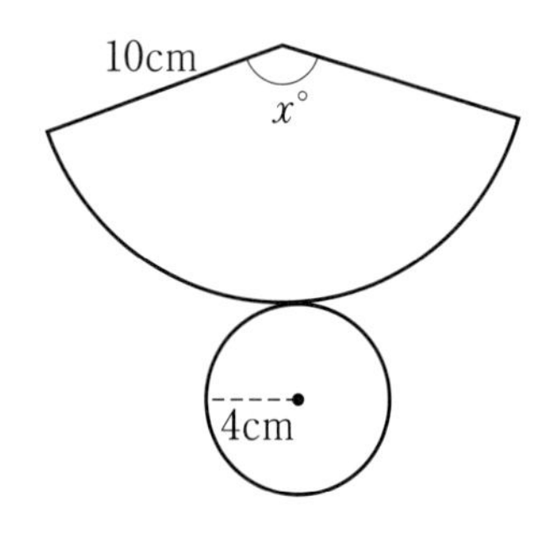

(2) 底面積は，

$\pi\times$ [④] $^2=16\pi(\text{cm}^2)$

したがって，表面積は，

$16\pi+$ [⑤] $=$ [⑥] (cm^2)

側面積 $S\text{cm}^2$ は，
$S:(\pi\times10^2)=(2\pi\times4):(2\pi\times10)$
の式からも求められます。

●球の表面積

教科書 p.208

□ 
例題 2 次の立体の表面積を求めなさい。 ▶▶[3][4]

(1) 球

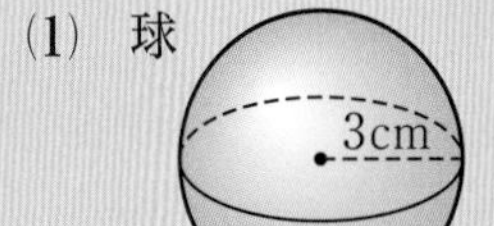

(2) 半球

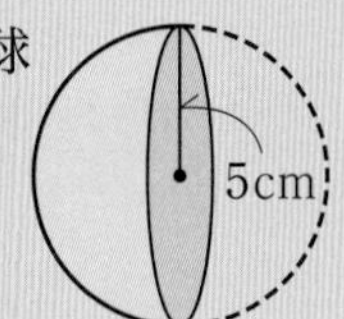

考え方 半径 r の球の表面積を S とすると，$S=4\pi r^2$

答え (1) $4\pi\times$ [①] $^2=$ [②] (cm^2)

(2) 半球の表面積は，(球の表面積)$\times\dfrac{1}{2}$＋(切り口の面積) だから，

$4\pi\times$ [③] $^2\times\dfrac{1}{2}+\pi\times$ [④] $^2=$ [⑤] (cm^2)

1 【円錐の表面積】下の円錐について，次の問いに答えなさい。 教科書 p.207 例題 1

□(1) 側面積を求めなさい。

□(2) 表面積を求めなさい。

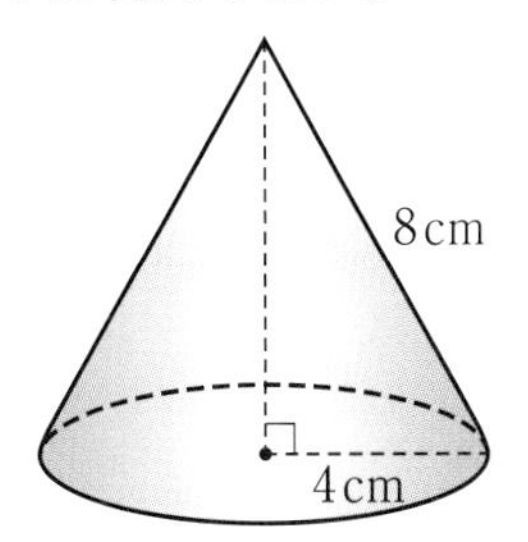

●キーポイント
(1) 展開図で考えると，側面はおうぎ形になります。

2 【円錐の表面積】下の直角三角形を，直線 ℓ を回転の軸として 1 回転させてできる立体の
□ 表面積を求めなさい。 教科書 p.208 問 6

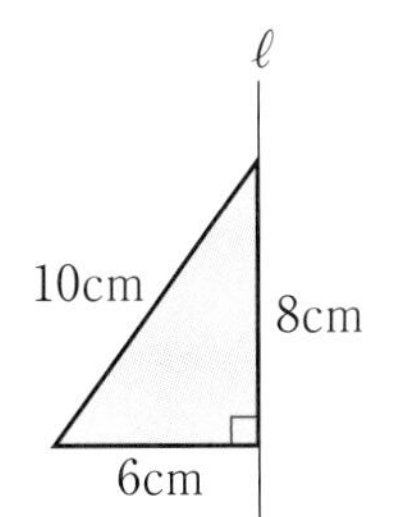

●キーポイント
1 回転させてできる立体は，底面の半径が 6cm，母線の長さが 10cm の円錐になります。

3 【球の表面積】次の球の表面積を求めなさい。 教科書 p.208 問 7

□(1)

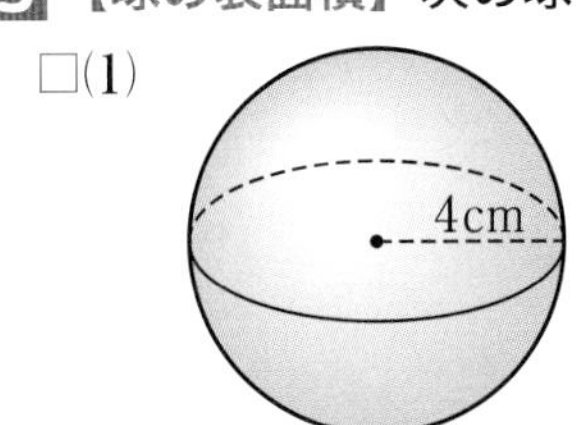

□(2)

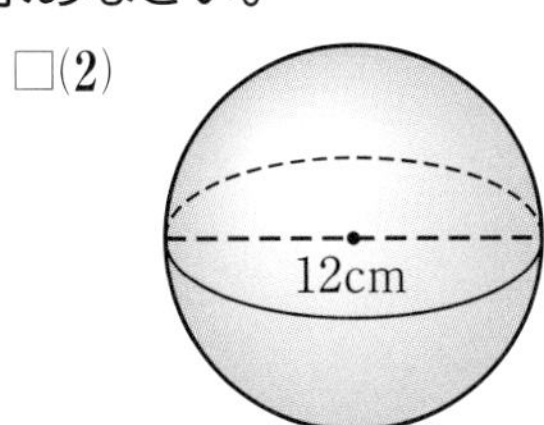

●キーポイント
半径 r の球の表面積を S とすると，
$S=4\pi r^2$

4 【球の表面積】次の立体の表面積を求めなさい。 教科書 p.209 練習問題 2

□(1) 半球

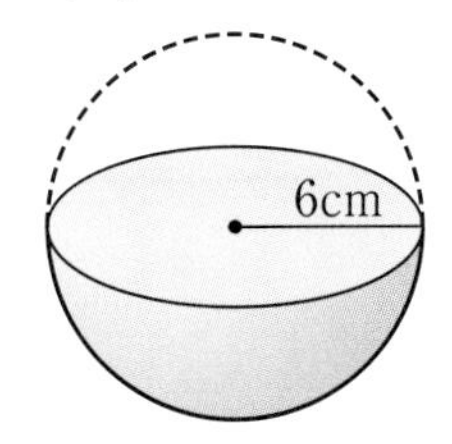

□(2) 球の 4 分の 1

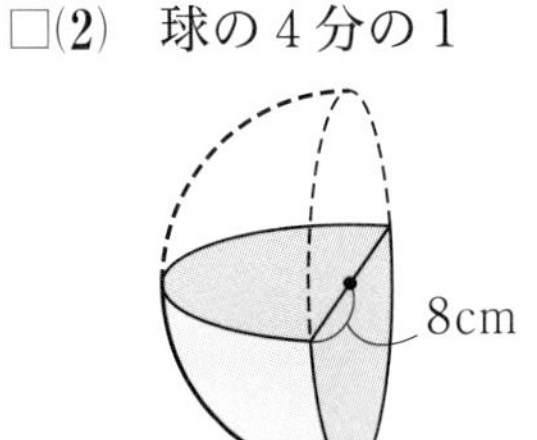

●キーポイント
(2) 半径 8cm の球の表面積の $\frac{1}{4}$ と 2 つの切り口の面積の和になります。

例題の答え **1** ①360 ②144 ③$40\pi$ ④4 ⑤$40\pi$ ⑥$56\pi$ **2** ①3 ②$36\pi$ ③5 ④5 ⑤$75\pi$

解答▶▶ p.46

2節 立体の体積と表面積 1, 2

1 右の図は，直方体から三角柱を切り取った立体です。

□ この立体の体積を求めなさい。

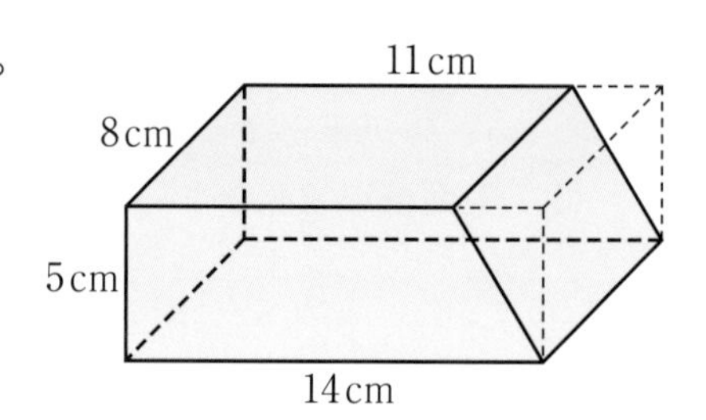

2 右の図は，底面の半径が 6 cm で，高さが 6 cm の円柱から，底面の半径が 3 cm で，高さが 6 cm の円柱を取りのぞいた立体です。

□(1) この立体の表面積を求めなさい。

□(2) この立体の体積を求めなさい。

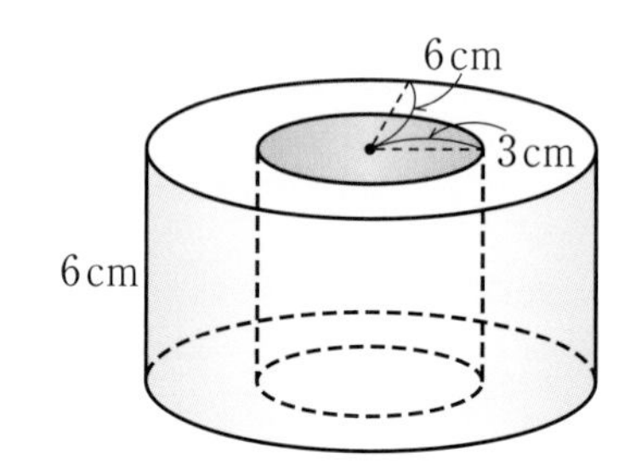

3 右の図は，底面の 1 辺が 12 cm，側面の高さが 16 cm の正四角錐の上半分を，切り取った立体です。この立体の表面積を求めなさい。

□

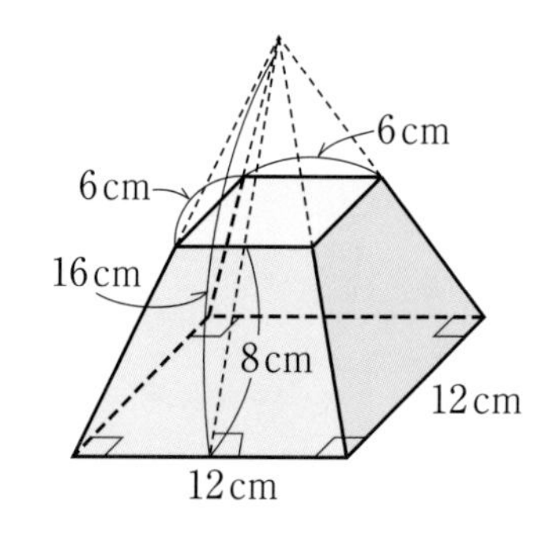

4 右の図は，底面の半径が 12 cm で，高さが 9 cm，母線の長さが 15 cm の円錐の上から 3 分の 1 を，切り取った立体です。

□(1) この立体の表面積を求めなさい。

□(2) この立体の体積を求めなさい。

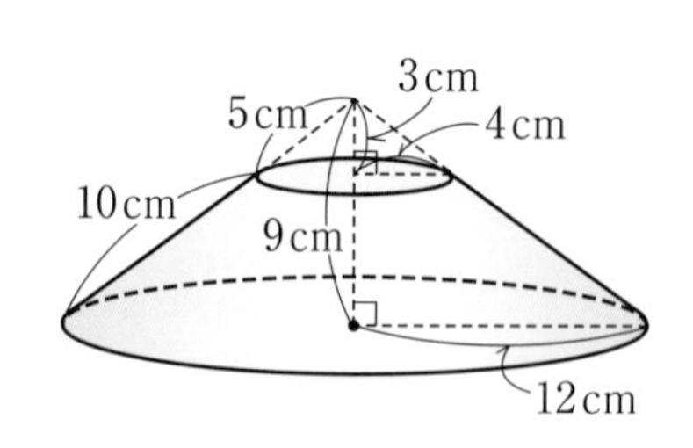

ヒント **2** (1)内側の側面積も忘れないようにします。

4 (1)展開図で考えます。

定期テスト 予報	●立体の体積や表面積を，展開図と見取図などから求められるようにしよう。 円錐の展開図から表面積を求める問題はよく練習しておこう。 また，球の体積と表面積の公式を混同しないようにしよう。

5 右の図のように，1 辺の長さが 6 cm の立方体から，3 つの頂点 A，B，C を通る平面で切り取った，色をつけた部分の四面体を考えます。

6cm A 6cm B 6cm C

□(1) この立体の底面を △ABC とするとき，側面積を求めなさい。

□(2) この立体の体積を求めなさい。

6 右の図は，AB＝3 cm，BC＝5 cm，CA＝4 cm，∠A＝90° の直角三角形です。辺 AC を回転の軸（じく）として 1 回転したときにできる立体について，次の問いに答えなさい。

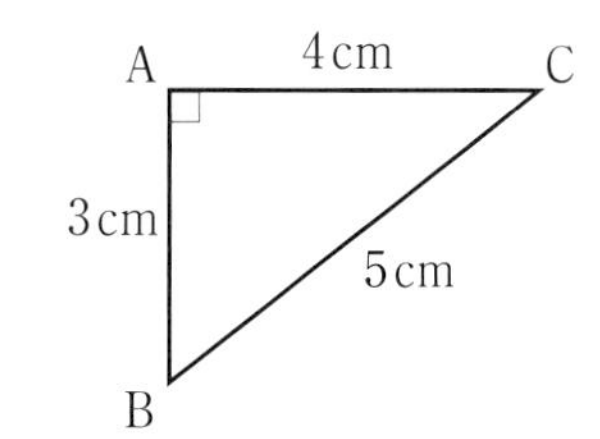

□(1) 底面の面積を求めなさい。

□(2) 高さを求めなさい。

□(3) 体積を求めなさい。

□(4) この立体の体積は，辺 AB を回転の軸として 1 回転させた立体の体積の何倍になりますか。

7 右の図は，半径 6 cm の半球の上に，底面が半径 6 cm の円で，高さが 8 cm の円錐を，ぴったりと組み合わせたものです。

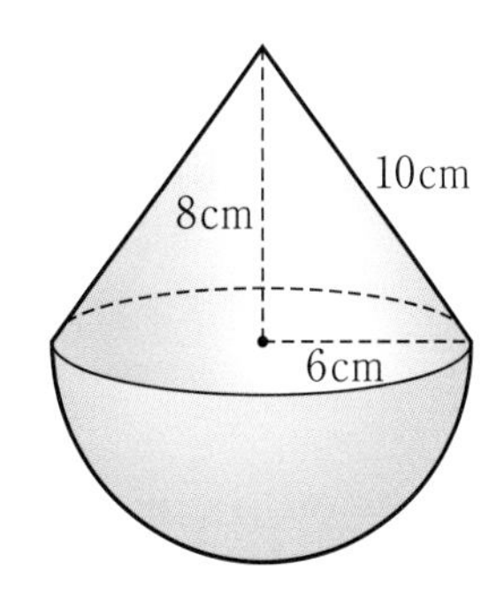

□(1) この立体の表面積を求めなさい。

□(2) この立体の体積を求めなさい。

ヒント

5 (2)底面や頂点の見かたを変えて考えます。

6 AC を回転の軸として 1 回転したときの立体を，見取図などで具体的にイメージします。

ぴたトレ
3
確認テスト

6章　空間図形

時間30分　／100点　合格70点

❶ 右の図のような正三角柱について，次の問いに答えなさい。 知

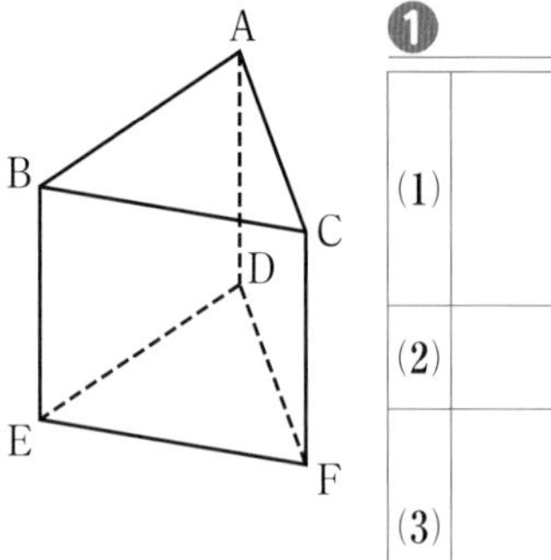

(1)　平面 ABED と合同な図形を，すべて答えなさい。

(2)　∠CFD の大きさを求めなさい。

(3)　直線 AB をふくむ平面を，すべて答えなさい。

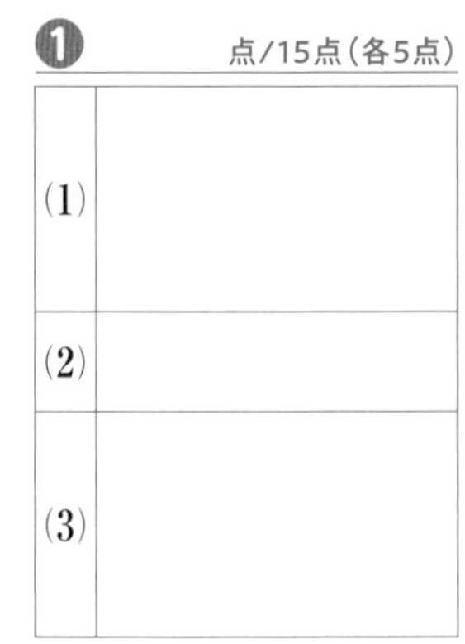

❶　点/15点（各5点）

(1)	
(2)	
(3)	

❷ 下の図のような展開図を組み立ててできる立体について，次の問いに答えなさい。 知

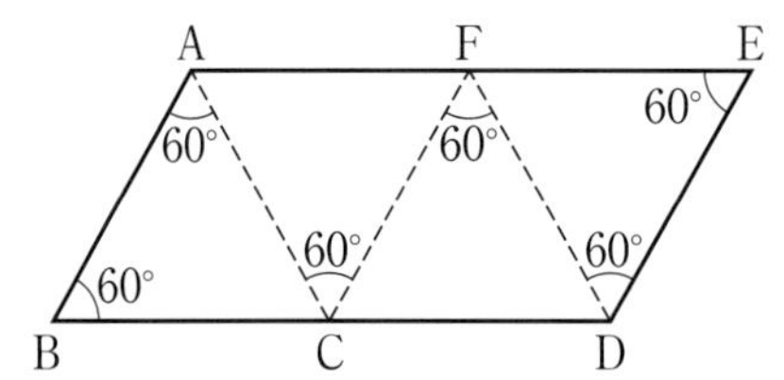

(1)　点 B と重なる頂点はどれですか。

(2)　辺 DE と重なる辺はどれですか。

(3)　辺 AF と辺 CD の位置関係を答えなさい。

(4)　この立体の辺は，いくつありますか。

❷　点/20点（各5点）

(1)	
(2)	
(3)	
(4)	

❸ 右の図の正八角形 ABCDEFGH を，その面に垂直な方向に点 A が点 A′ に重なるまで，平行に動かして立体をつくります。

(1)(2) 知，(3)(4) 考

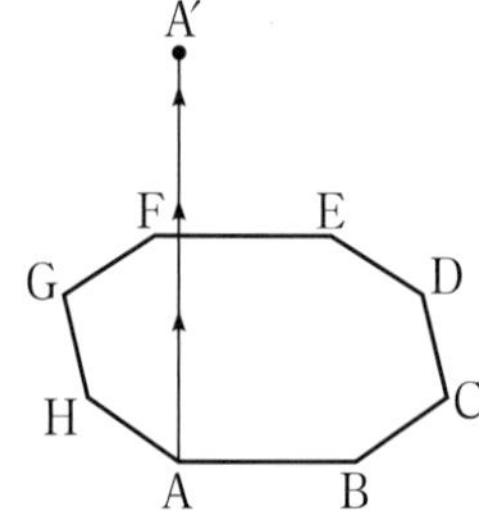

(1)　辺 AB と平行になる辺の数を答えなさい。

(2)　辺 CD とねじれの位置にある辺の数を答えなさい。

(3)　辺 EF と平行になる面の数を答えなさい。

(4)　平行になる面の組は，何組ありますか。

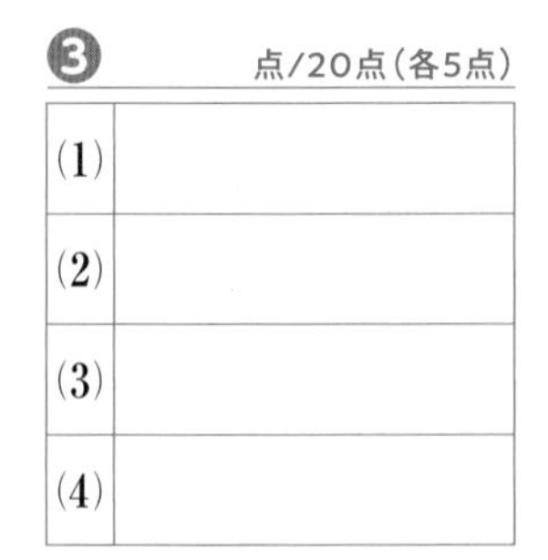

❸　点/20点（各5点）

(1)	
(2)	
(3)	
(4)	

成績評価の観点　知…数量や図形などについての知識・技能　考…数学的な思考・判断・表現

④ 底面が正方形で，高さが 2 cm の正四角錐があります。この正四角錐の立面図を下の図にかいて，投影図を完成させなさい。知

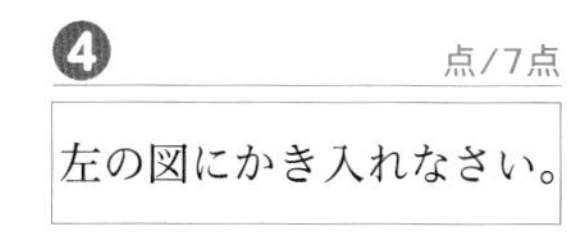

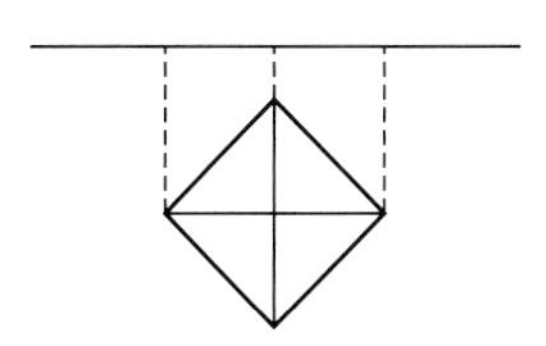

⑤ 次のような図形を，直線 ℓ を回転の軸として 1 回転したときにできる立体の表面積と体積を求めなさい。表面積考，体積知

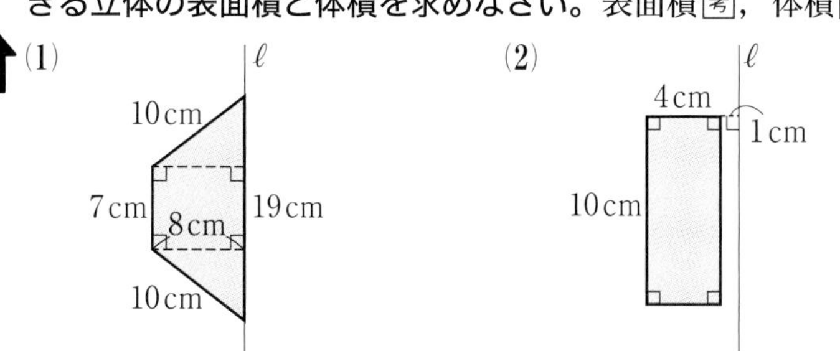

⑥ 右の図は，底面の 1 辺が 6 cm で，高さが 8 cm の正四角柱と，直径が 6 cm の半球をぴったりと組み合わせた立体です。

(1)知，(2)考

(1) この立体の体積を求めなさい。

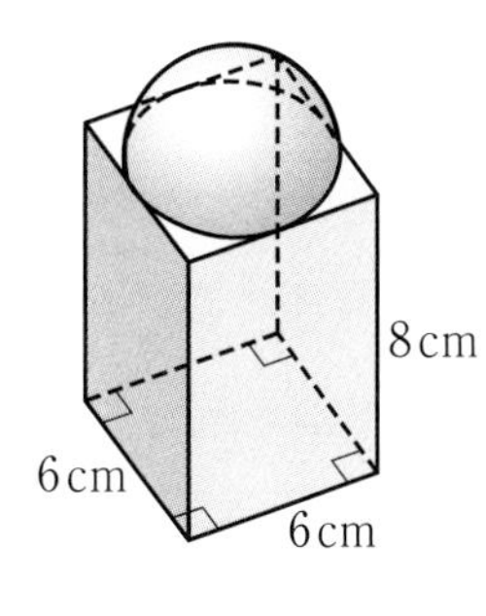

(2) この立体の表面積を求めなさい。

⑥ 点/10点(各5点)

(1)	
(2)	

知 /71点	考 /29点

6章

教科書178～213ページ

解答▶▶ p.48

教科書のまとめ〈6章　空間図形〉

●投影図

立体を，真正面から見た図を**立面図**，真上から見た図を**平面図**，これらをあわせて**投影図**といいます。

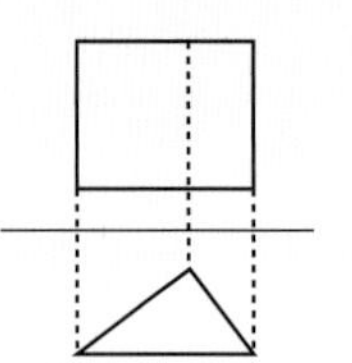

●平面が1つに決まる条件

・同じ直線上にない3点
・1つの直線とその直線上にない1点
・交わる2直線
・平行な2直線

●2直線の位置関係

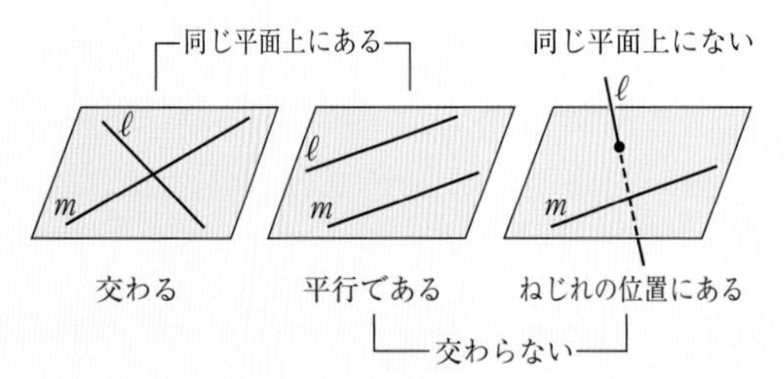

●直線と平面の位置関係

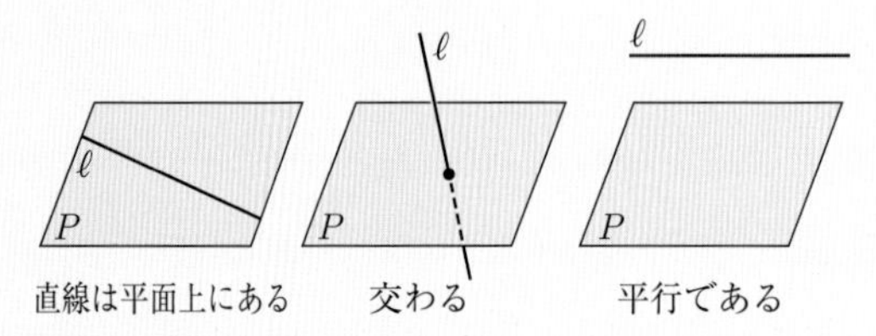

●2平面の位置関係

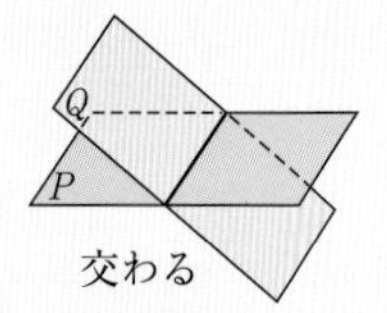

交わる

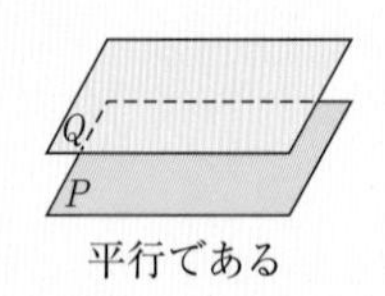

平行である

●回転体

・平面図形をある直線ℓのまわりに1回転させてできる立体を**回転体**といい，直線ℓを**回転の軸**（じく）といいます。
・円柱や円錐の側面をつくり出す線分を，円柱や円錐の**母線**といいます。

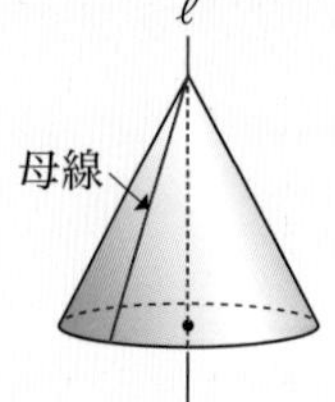

●展開図

円錐の展開図は，側面はおうぎ形でその半径は円錐の母線の長さに等しい。
また，そのおうぎ形の弧（こ）の長さは，底面の円の周の長さに等しい。

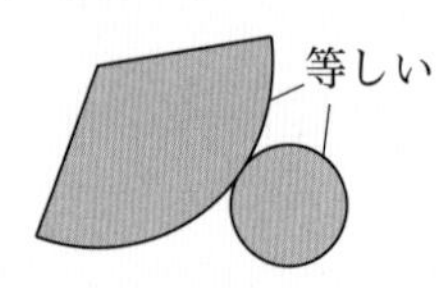

●角柱，円柱の体積

角柱，円柱の底面積をS，高さをh，体積をVとすると，

$$V=Sh$$

特に，円柱では，底面の円の半径をrとすると，

$$V=\pi r^2h$$

●角錐，円錐の体積

角錐，円錐の底面積をS，高さをh，体積をVとすると，

$$V=\frac{1}{3}Sh$$

特に，円錐では，底面の円の半径をrとすると，

$$V=\frac{1}{3}\pi r^2h$$

●球の体積

半径rの球の体積をVとすると，

$$V=\frac{4}{3}\pi r^3$$

●球の表面積

半径rの球の表面積をSとすると，

$$S=4\pi r^2$$

7章　データの活用

次の学習に入る前に取り組もう。

□**平均値，中央値，最頻値**　◀小学6年

平均値＝データの値の合計÷データの個数

中央値……データの値を大きさの順に並べたとき，ちょうどまん中の値
データの数が偶数のときは，まん中の2つの値の平均を中央値とします。

最頻値……データの値の中で，いちばん多い値

1 あるクラスのソフトボール投げの記録を，下のようなドットプロットに表しました。　◀小学6年〈データの整理〉

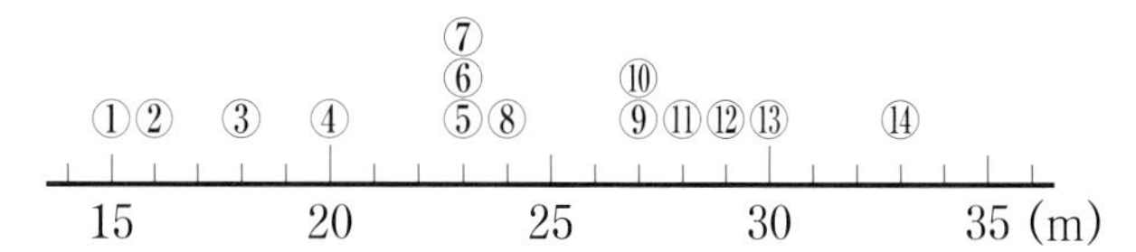

(1)　平均値を求めなさい。

(2)　中央値を求めなさい。

ヒント
データの数が偶数だから……

(3)　最頻値を求めなさい。

(4)　ちらばりのようすを，表に表しなさい。

距離(m)	人数(人)
以上 15 ～ 20 未満	
20 ～ 25	
25 ～ 30	
30 ～ 35	
計	

(5)　ちらばりのようすを，ヒストグラムに表しなさい。

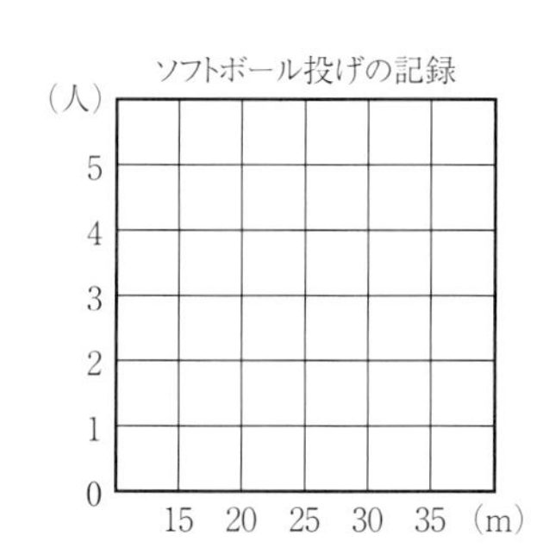

ヒント
横軸は区間を表すから……

解答▶▶ p.50

7章　データの活用

1節　ヒストグラムと相対度数
1　データを活用して，問題を解決しよう ——①

●度数分布表，累積度数
教科書 p.217～218

□ 

右の表は，ある中学校の水泳部員の身長の度数分布表です。 ▸▸1

(1) 表の累積度数の㋐～㋓の空欄にあてはまる数を答えなさい。

(2) 身長が 160 cm 未満である人は，何人ですか。

身長(cm)	度数(人)	累積度数(人)
以上　未満 145 ～ 150	5	5
150 ～ 155	9	14
155 ～ 160	13	㋐
160 ～ 165	8	㋑
165 ～ 170	6	㋒
170 ～ 175	2	㋓
計	43	

考え方　(1) 最初の階級から，ある階級までの度数の合計を累積度数といいます。

答え　(1) ㋐ 14＋13＝① (人)　　㋑ ㋐＋8＝② (人)

㋒ ㋑＋6＝③ (人)　　㋓ ㋒＋2＝④ (人)

(2) 155 cm 以上 160 cm 未満の累積度数の人数になるから，⑤ 人。

プラスワン　範囲

範囲…**最大値**(データの値の中でもっとも大きい値)と**最小値**(データの値の中でもっとも小さい値)の差

●ヒストグラム，代表値
教科書 p.219～222

□ 

例題1の度数分布表をヒストグラムに表しなさい。
また，そのグラフに度数分布多角形をかき入れなさい。 ▸▸2

考え方　階級の幅を横，度数を縦とする長方形を並べたグラフがヒストグラム(柱状グラフ)です。ヒストグラムの1つ1つの長方形の上の辺の中点を，順に線分で結んだものが，度数分布多角形(度数折れ線)です。ただし，両端は，度数 0 の階級があるものと考えて，線分を横軸までのばします。

答え　ヒストグラムは図1のようになる。
度数分布折れ線は，ヒストグラムの両端に度数が ① (人)の階級 140 cm 以上 145 cm 未満，② cm 以上 ③ cm 未満があると考えて，図2のようになる。

図1
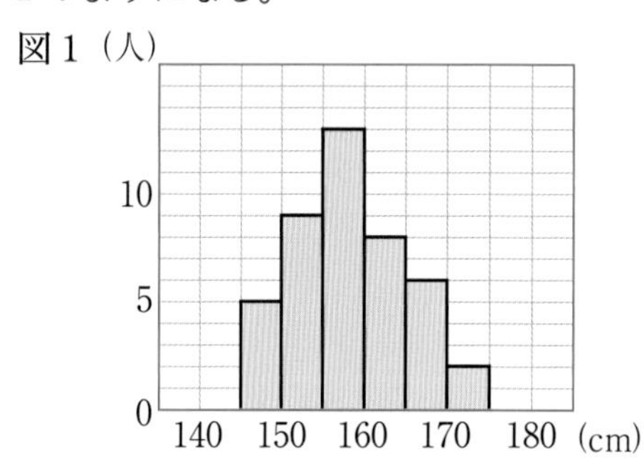

図2
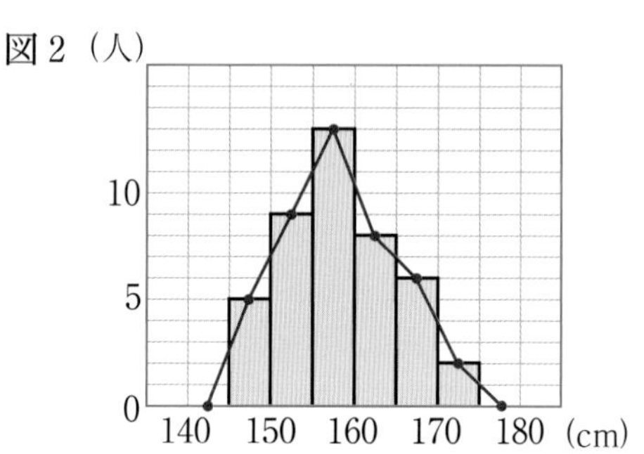

絶対理解 **1** 【度数分布表，累積度数】右の表は，ある中学校の1年生についての長座体前屈の記録です。 教科書 p.217 例1，p.218 例2

1年40人			
番号	前屈した長さ(cm)	番号	前屈した長さ(cm)
1	47	21	42
2	35	22	45
3	43	23	62
4	53	24	48
5	48	25	51
6	44	26	31
7	39	27	47
8	42	28	49
9	68	29	44
10	47	30	54
11	44	31	59
12	48	32	56
13	44	33	66
14	35	34	52
15	58	35	51
16	40	36	64
17	47	37	41
18	54	38	40
19	53	39	36
20	61	40	56

□(1) 右のデータを，累積度数を加えた下の度数分布表に整理しなさい。

前屈した長さ(cm)	度数(人)	累積度数(人)
以上 未満 30 ～ 35		
35 ～ 40		
40 ～ 45		
45 ～ 50		
50 ～ 55		
55 ～ 60		
60 ～ 65		
65 ～ 70		
計		

□(2) 前屈した長さについて，範囲を求めなさい。

□(3) 記録が40 cm以上55 cm未満の人は，何人ですか。

2 【ヒストグラム，代表値】右の度数分布表は，ある中学校のテニス部員の身長を整理したものです。 教科書 p.221 問4，p.222 問5

身長(cm)	度数(人)
以上 未満 130 ～ 135	1
135 ～ 140	2
140 ～ 145	6
145 ～ 150	10
150 ～ 155	7
155 ～ 160	3
160 ～ 165	2
165 ～ 170	1
計	32

□(1) テニス部員の身長の最頻値(さいひんち)を答えなさい。

□(2) 下の図にヒストグラムをかきなさい。

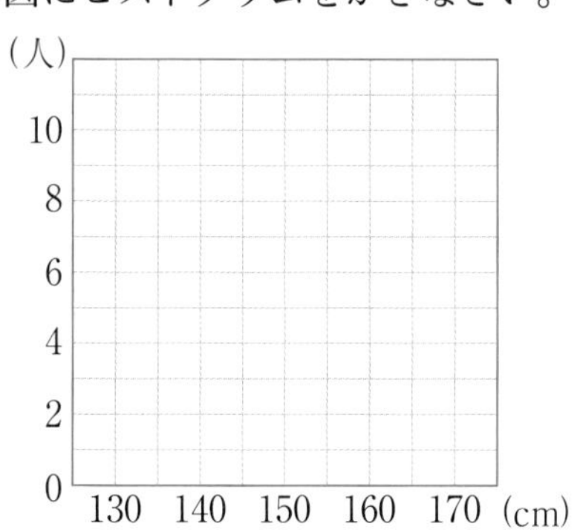

□(3) 度数分布多角形を，(2)の図にかき入れなさい。

●キーポイント
(1) 最頻値は，階級値(階級のまん中の値)で答えます。

例題の答え **1** ①27 ②35 ③41 ④43 ⑤27 **2** ①0 ②175 ③180

解答▶▶ p.50

1節 ヒストグラムと相対度数
1 データを活用して，問題を解決しよう —— ②
2 整理されたデータから読みとろう

●相対度数，累積相対度数

教科書 p.224〜227

□ **例題 1** 下の表は，ある中学校の1年男子の握力測定の結果を度数分布表に整理したものです。相対度数の㋐と㋑，累積相対度数の㋒，㋓の空欄にあてはまる数を答えなさい。▶▶1

握力(kg)	度数(人)	相対度数	累積相対度数
以上 未満 18 〜 22	8	0.20	0.20
22 〜 26	12	0.30	0.50
26 〜 30	10	㋐	㋒
30 〜 34	6	㋑	㋓
34 〜 38	4	0.10	1.00
計	40	1.00	

考え方 それぞれの階級の度数の，全体に対する割合を，その階級の相対度数といいます。また，最初の階級から，ある階級までの相対度数の合計を累積相対度数といいます。

答え 相対度数$=\dfrac{\text{階級の度数}}{\text{度数の合計}}$ だから，㋐は $\dfrac{10}{40}=$ ①［　　］，㋑は $\dfrac{6}{40}=$ ②［　　］

㋒は，0.50＋［㋐］＝③［　　］

㋓は，［㋒］＋［㋑］＝④［　　］

全体の度数が違うデータは，相対度数を用いてくらべます。

●度数分布表から平均値を求める

教科書 p.229〜231

□ **例題 2** 下の表は，ある中学校の1年女子の反復横跳びの結果をまとめたものです。▶▶2

階級(回)	階級値	度数(人)	階級値×度数
以上 未満 32 〜 36	34	6	204
36 〜 40	38	13	494
40 〜 44	42	15	㋐
44 〜 48	46	11	㋑
48 〜 52	50	4	200
52 〜 56	54	1	54
計		50	㋒

(1) 表の空欄㋐〜㋒にあてはまる数を答えなさい。

(2) 平均値を，小数第1位を四捨五入して整数で求めなさい。

考え方 (2) 度数分布表から平均値を求めるときは，1つの階級にはいっているデータの値は，すべてその階級の階級値と考えます。

答え (1) ㋐は，42×15＝①［　　］　　㋑は，46×11＝②［　　］

㋒は，204＋494＋［㋐］＋［㋑］＋200＋54＝③［　　］

(2) 平均値$=\dfrac{\text{データの個々の値の合計}}{\text{データの個数}}$ だから，約④［　　］回。←$\dfrac{㋒}{50}=41.76$

1【相対度数，累積相対度数】下の表は，ある中学の1年男子のハンドボール投げの記録について，相対度数と累積相対度数をまとめたものです。

教科書 p.226 問7，問8，問9

1年男子のハンドボール投げの記録

投げた距離(m)	度数(人)	相対度数	累積相対度数
以上 8 ～ 12 未満	2	0.05	0.05
12 ～ 16	6		
16 ～ 20	16		
20 ～ 24	10		
24 ～ 28	4	0.11	1.00
計	38	1.00	

●キーポイント
(2) 16m以上20m未満の累積相対度数から考えます。

□(1) 空欄をうめて，表を完成させなさい。ただし，相対度数は小数第2位まで求めなさい。

□(2) 投げた距離が20m未満の人は，全体の何％ですか。

□(3) 下の図に，1年男子のハンドボール投げの記録について，度数分布多角形をかき入れなさい。

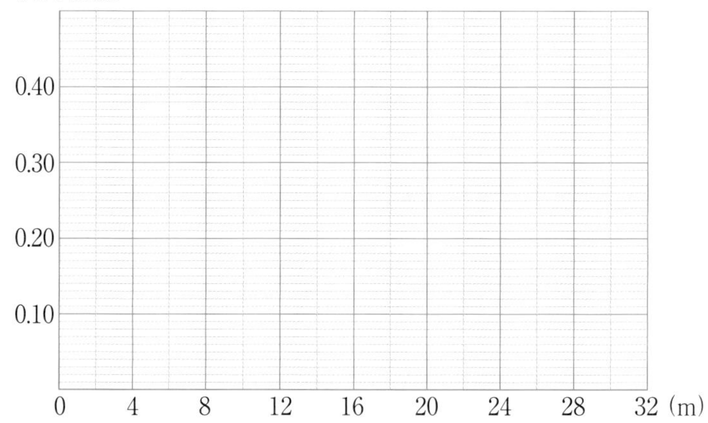

2【平均値】下の表は，1年男子50人の体重を調べてまとめたものです。

教科書 p.231 問1

絶対理解

1年男子　体重

階級(kg)	階級値(kg)	度数(人)	階級値×度数
以上 35 ～ 40 未満	37.5	2	75
40 ～ 45		6	
45 ～ 50		9	
50 ～ 55		16	
55 ～ 60		10	
60 ～ 65		5	
65 ～ 70		2	
計		50	

●キーポイント
(2) 50人の体重だから，25番目と26番目の人がはいっている階級を答えます。

□(1) 空欄をうめて，表を完成させなさい。

□(2) 中央値がふくまれる階級を答えなさい。

□(3) 完成した表から，50人の体重の平均値を求めなさい。

例題の答え **1** ①0.25　②0.15　③0.75　④0.90　**2** ①630　②506　③2088　④42

2節　データにもとづく確率
1　相対度数と確率

●相対度数と確率

教科書 p.234〜235

□ **例題 1**

1個の画びょうを投げて，上向きが出た回数とその相対度数を調べたところ，次の表のようになりました。下の問いに答えなさい。ただし，相対度数は小数第2位まで求めることにします。 ▶▶1

投げた回数	100	200	400	600	800	1000
上向きが出た回数	54	117	225	343	458	569
上向きが出た相対度数	0.54	0.59	0.56	0.57	㋐	㋑

(1) 表の空欄(くうらん)㋐，㋑にあてはまる数を答えなさい。
(2) 上向きが出る確率(かくりつ)は，どのくらいだと考えられますか。

考え方 (1) 相対度数$=\dfrac{\text{上向きが出た回数}}{\text{投げた回数}}$で求めます。

(2) あることがらの起こりやすさの程度を表す数を，そのことがらの起こる確率といいます。多数回の実験では，一定の値に近づく相対度数を，その確率と考えます。

答え (1) ㋐は，$\dfrac{458}{800}=0.5725$ より，①［　　］

㋑は，$\dfrac{569}{1000}=0.569$ より，②［　　］

(2) 上向きが出た相対度数の値は，③［　　］に近づいている。

よって，上向きが出る確率は，④［　　］と考えられる。

●データをもとにした確率

教科書 p.236〜237

□ **例題 2**

A社がおこなっているホエールウォッチングツアーでは，これまで150回ツアーを実施(じっし)したうち，クジラに遭遇(そうぐう)できたのは131回でした。また，B社がおこなっているホエールウォッチングツアーでは，これまでツアーを250回実施したうち，クジラに遭遇できたのは228回でした。A社とB社のツアーでは，どちらがクジラに遭遇しやすいといえますか。 ▶▶2

考え方 A社とB社のツアーでクジラに遭遇できる確率を求め，判断します。
└小数第2位まで求めることにします

答え A社でクジラに遭遇できる確率は，$\dfrac{131}{150}=0.873\cdots$ より，①［　　］

B社でクジラに遭遇できる確率は，$\dfrac{228}{250}=0.912$ より，②［　　］

よって，クジラに遭遇できる確率の大きい

③［　　］社の方が，遭遇しやすいといえる。

実験をおこなえないことがらは，データをもとにして確率を考えることがあります。

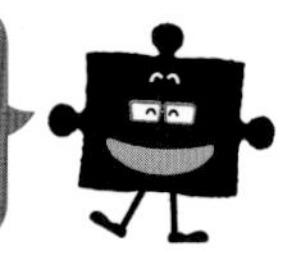

1【相対度数と確率】ペットボトルのキャップを投げると，表，横，裏向きの 3 通りの出かたがあります。1 つのペットボトルのキャップを投げて，その出かたを調べたところ，下の表のようになりました。

絶対理解

教科書 p.235 問 1, 問 2

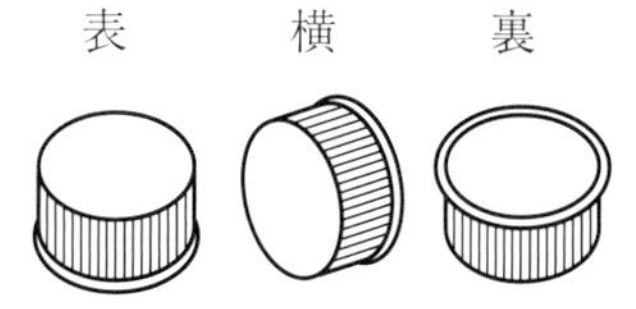

投げた回数	200	400	600	800	1000	1500
表向き	46	79	132	165	207	318
横向き	48	123	187	256	321	478
裏向き	106	198	281	379	472	704

●キーポイント
(2) 相対度数の大きいものほど，出やすいと考えられます。

□(1) 表，横，裏向きが出た相対度数を，小数第 2 位まで求めると，次のようになります。空欄をうめて，表を完成させなさい。

投げた回数	200	400	600	800	1000	1500
表向きの相対度数	0.23	0.20	0.22			
横向きの相対度数	0.24	0.31	0.31			
裏向きの相対度数	0.53	0.50	0.47			

□(2) 表，横，裏向きのどの出かたがもっとも出やすいと考えられますか。また，その出かたが出る確率を求めなさい。

2【データをもとにした確率】ある町に，駅から病院まで行くバスがあります。表は，駅から病院に到着(とうちゃく)するまでにかかった時間をまとめたものです。どれも平日(へいじつ)(月曜日から金曜日まで)の午前中の晴れている日のデータです。次の問いに答えなさい。ただし，相対度数は小数第 2 位まで求めることにします。

教科書 p.237 問 5

●キーポイント
(3) 到着するまでにかかる時間が 25 分未満であるバスは，
58+384+146
=588(台)
あります。

階級(分)	度数(台)	相対度数
以上 未満 10 ～ 15	58	0.08
15 ～ 20	384	
20 ～ 25	146	
25 ～ 30	82	
30 ～ 35	30	0.04
計	700	1.00

□(1) 空欄をうめて，表を完成させなさい。

□(2) 到着までにかかる時間として，もっとも起こりやすいのは何分以上何分未満ですか。

□(3) 到着までにかかる時間が 25 分未満である確率を求めなさい。

例題の答え **1** ①0.57 ②0.57 ③0.57 ④0.57 **2** ①0.87 ②0.91 ③B

よく出る

1 下の表1は，ある中学校のサッカー部員と野球部員の身長を，度数分布表に整理したものです。

表1

身長(cm)	サッカー部	野球部
	度数(人)	度数(人)
以上　未満 130 ～ 135	2	4
135 ～ 140	4	5
140 ～ 145	8	7
145 ～ 150	10	8
150 ～ 155	8	12
155 ～ 160	4	6
160 ～ 165	2	5
165 ～ 170	2	3
計	40	50

図1

(人)
10
5
0
130　140　150　160　170　(cm)

□(1)　サッカー部員の身長のヒストグラムを，上の図1にかきなさい。
また，度数分布多角形をかきなさい。

□(2)　下の表2で，相対度数を求めなさい。
また，図2で，相対度数の度数分布多角形の続きをかき，完成させなさい。

表2

身長 (cm)	サッカー部	野球部
	相対度数	相対度数
以上　未満 130 ～ 135	0.05	0.08
135 ～ 140	0.10	0.10
140 ～ 145	0.20	0.14
145 ～ 150		
150 ～ 155		
155 ～ 160		
160 ～ 165		
165 ～ 170		
計	1.00	1.00

図2

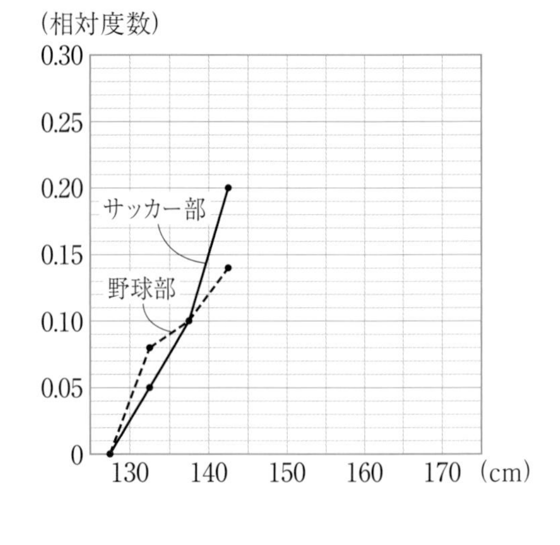

□(3)　(2)でつくった相対度数の度数分布多角形から，どんなことがわかりますか。

ヒント **1** (1)度数分布多角形の両端では，度数0の階級があるものと考えます。
(3)度数分布多角形を重ねると，2つのデータの分布の違いがわかりやすくなります。

定期テスト予報

●整理されたデータを読みとる力を身につけよう。
度数分布表から相対度数や代表値を求める問題はよく出るよ。
また，データにもとづく確率の求め方もしっかり理解しておこう。

2 下の表は，R 中学校と S 中学校の 1 年生について，垂直跳び（すいちょくとび）の記録を調べ，その結果をまとめたものです。

1 年生　垂直跳びの記録

跳んだ高さ(cm)	R 中学校		S 中学校	
	度数(人)	相対度数	度数(人)	相対度数
以上 25 ～ 30 未満	5	0.06	8	0.07
30 ～ 35	13	0.16	19	0.16
35 ～ 40	16	0.20	32	0.27
40 ～ 45	24	0.30	28	0.23
45 ～ 50	15	0.19	23	0.19
50 ～ 55	7	0.09	10	0.08
計	80	1.00	120	1.00

□(1) R 中学校と S 中学校の最頻値を，それぞれ答えなさい。
□(2) 40 cm 以上跳んだ生徒の割合が大きいのは，どちらの中学校ですか。
□(3) R 中学校と S 中学校の生徒のどちらの方が，垂直跳びの記録がよいといえますか。

3 下の表は，あるクラスの 30 人の走り幅跳びの記録を度数分布表に整理したものです。

走り幅跳びの記録

階級(cm)	階級値(cm)	度数(人)	階級値×度数
以上 250 ～ 300 未満	275	3	825
300 ～ 350		6	
350 ～ 400		10	
400 ～ 450		7	
450 ～ 500		4	
計		30	

□(1) 空欄（くうらん）をうめて，表を完成させなさい。
□(2) 中央値がふくまれる階級を答えなさい。
□(3) 30 人の記録の平均値を求めなさい。

4 下の表は，2 種類のびんのふたを投げて，表と裏の出た回数をまとめたものです。次の問いに答えなさい。ただし，相対度数は小数第 2 位まで求めることにします。

ふた＼出た面	表	裏	合計
A	618	882	1500
B	952	1048	2000

□(1) ふた A が表になる確率は，どのくらいだと考えられますか。
□(2) ふた A とふた B では，どちらの方が表が出やすいといえますか。

2 (3)(1)の最頻値の階級，(2)の 40 cm 以上跳んだ生徒の割合から考えます。
4 (2)ふた A とふた B が表になる確率をくらべて，判断します。

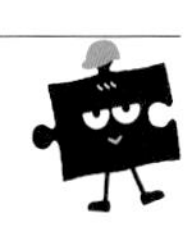

7章　教科書 214～237 ページ

解答▶▶ p.51

7章　データの活用

❶ 次のデータは，中学１年のあるクラス 30 人の数学のテストの記録(点)です。知

64	53	72	90	84	59	77	40	72	66
74	38	62	85	44	51	33	65	40	87
42	68	70	90	94	78	60	82	69	55

(1) 上の記録を，右の度数分布表に整理しなさい。

(2) 上の記録の範囲を求めなさい。

(3) (1)の度数分布表から，最頻値を求めなさい。

❶ 点/20点

(1)

点数(点)	度数(人)
以上　未満 30 ～ 40	
40 ～ 50	
50 ～ 60	
60 ～ 70	
70 ～ 80	
80 ～ 90	
90 ～ 100	
計	30

10点

(2) 5点

(3) 5点

❷ 右の図は，あるクラスの身長と人数を表したヒストグラムです。知

(1) このクラスの人数は何人ですか。

(2) 身長が 160 cm 以上 175 cm 未満の人は，何人いますか。

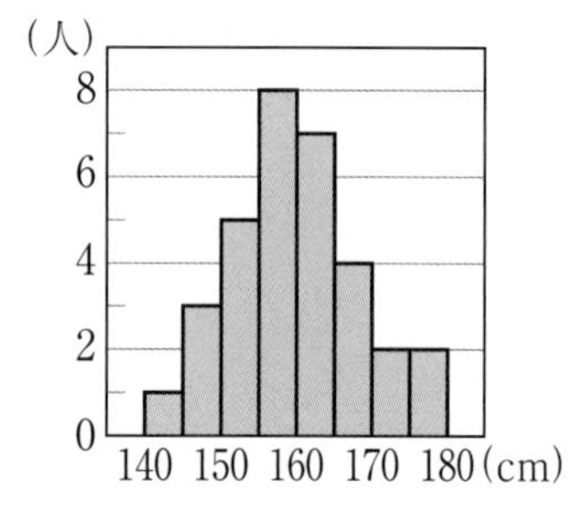

❷ 点/10点(各5点)

(1)

(2)

❸ 右の表は，ある中学校の１年生 80 人の通学時間について調べた結果を，相対度数で表したものです。

(1)(2)知，(3)考

通学時間(分)	相対度数
以上　未満 0 ～ 10	0.20
10 ～ 20	0.30
20 ～ 30	0.40
30 ～ 40	0.05
40 ～ 50	0.05
計	1.00

(1) 通学時間が 10 分以上 20 分未満の生徒の人数を求めなさい。

(2) 通学時間が 30 分以上の生徒は，全体の何 % にあたりますか。

(3) 通学時間の短い方から数えて 40 番目の生徒がはいっている階級を答えなさい。

❸ 点/15点(各5点)

(1)

(2)

(3)

成績評価の観点　知…数量や図形などについての知識・技能　考…数学的な思考・判断・表現

❹ 下の表は，あるクラスの男子の身長を測定し，その結果を度数分布表に整理したものです。知

階級(cm)	階級値(cm)	度数(人)	階級値×度数
以上　未満 145 ～ 150		2	
150 ～ 155		3	
155 ～ 160		6	
160 ～ 165		5	
165 ～ 170		3	
170 ～ 175		1	
計		20	

(1) 空欄(くうらん)をうめて，表を完成させなさい。

(2) 身長の平均値を，四捨五入して整数で求めなさい。

❹ 点/20点(各10点)

(1)	左の表にかき入れなさい。
(2)	

❺ あるびんの王冠(おうかん)を投げて，表が出た回数を調べたところ，下の表のような結果になりました。(1)(2)知，(3)考

投げた回数	100	200	400	600	800
表が出た回数	42	85	165	245	331
表が出た相対度数	0.42	0.43	①	②	③

(1) 表の①～③にあてはまる数を，四捨五入して小数第2位まで求めなさい。

(2) この王冠を投げるとき，表が出る確率はいくらと考えられますか。

(3) 王冠を1500回投げると，表が出る回数はおよそ何回と考えられますか。

❺ 点/25点(各5点)

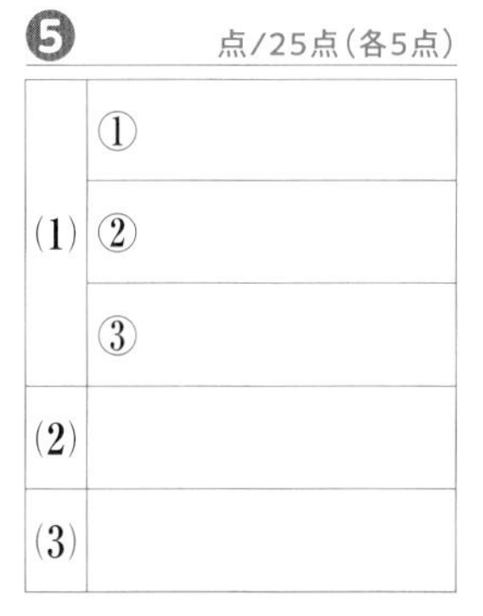

❻ 下の表は，2種類のボタンAとBを何回も投げて，表と裏の出た回数をまとめたものです。相対度数は小数第2位まで求めることとして，次の問いに答えなさい。(1)知，(2)考

	表	裏	合計
A	1064	736	1800
B	1195	1105	2300

(1) ボタンAの表が出る確率は，どのくらいだと考えられますか。

(2) AとBでは，どちらの方が，表が出やすいといえますか。

❻ 点/10点(各5点)

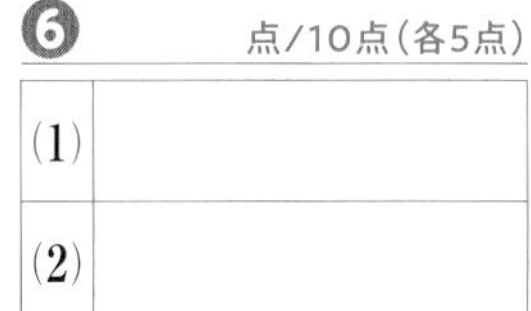

教科書のまとめ〈7章　データの活用〉

●度数の分布

・階級の区間の幅（はば）を階級の幅といいます。

・階級の幅を横，度数を縦とする長方形を並べたグラフを**ヒストグラム**または，柱状グラフといいます。

●散らばり

範囲（はんい）＝最大値－最小値

●階級値

・度数分布表で，それぞれの階級のまん中の値（あたい）を**階級値**といいます。

(例)「20 m 以上 30 m 未満」の階級の階級値は，

$$\frac{20+30}{2}=25(\mathrm{m})$$

・度数分布表で最頻値（さいひんち）を考える場合は，度数分布表の各階級にはいっているデータはすべてその階級の階級値をとるものとみなして，度数がもっとも大きい階級の階級値を最頻値とします。

●相対度数

それぞれの階級の度数の，全体に対する割合を，その階級の**相対度数**といいます。

$$相対度数=\frac{階級の度数}{度数の合計}$$

●累積度数

最初の階級から，ある階級までの度数の合計を**累積度数**（るいせきどすう）といいます。

●累積相対度数

・最初の階級から，ある階級までの相対度数の合計を**累積相対度数**といいます。

・$累積相対度数=\frac{累積度数}{度数の合計}$ と求めることもできます。

・累積相対度数を使うと，ある階級未満，あるいは，ある階級以上の度数の全体に対する割合を知ることができます。

●確率

多数回の実験の結果，あることがらの起こる相対度数がある一定の値に近づくとき，その値を，そのことがらの起こる**確率**といいます。

●データの活用

①調べたいことを決める。

↓

②データの集め方の計画を立てる。

[注意]

・調査に協力してくれる人の気持ちを大切にする。

・相手に迷惑（めいわく）がかからないようにする。

・調査で知った情報は，調査の目的以外には使用しない。

↓

③データを集め，目的に合わせて整理する。

・度数分布表を使う。

・分布のようすを知りたいときは，ヒストグラムや度数折れ線に表す。

・相対度数を使って比較する。

↓

④データの傾向（けいこう）をとらえて，どんなことがいえるか考える。

↓

⑤調べたことやわかったことをまとめて，発表する。

↓

⑥発表したあとに，学習をふり返る。

テスト前に役立つ!

定期テスト

予想問題

チェック!

- テスト本番を意識し，時間を計って解きましょう。
- 取り組んだあとは，必ず答え合わせを行い，まちがえたところを復習しましょう。
- 観点別評価を活用して，自分の苦手なところを確認しましょう。

テスト前に解いて，わからない問題やまちがえた問題は，もう一度確認しておこう!

1章　正の数・負の数

❶ 次の□にあてはまる数やことばを答えなさい。 知

教科書 p.12〜16

(1) 0より23小さい数は□です。

(2) -16 cm短いということを，負の数を使わないで表すと，16 cm□となります。

❶ 点/6点（各3点）

(1)	
(2)	

❷ 次の数について，下の問いに答えなさい。 知

教科書 p.13〜18

$$-2.6,\quad \frac{3}{4},\quad +1,\quad -0.2,\quad -2\frac{1}{2}$$

(1) 自然数を答えなさい。

(2) 小さい順に並べたとき，まん中にくる数を答えなさい。

(3) 絶対値が2より小さい数は，全部で何個ありますか。

❷ 点/9点（各3点）

(1)	
(2)	
(3)	

❸ 次の計算をしなさい。 知

教科書 p.22〜30

(1) $(+23)+(-35)$

(2) $(+18)-(-19)$

(3) $(-3.7)+(-5.2)$

(4) $\left(-\frac{6}{5}\right)-\left(+\frac{5}{2}\right)$

(5) $-12-(-24)+(-8)$

(6) $-6-5+(-9)-(-2)$

❸ 点/18点（各3点）

(1)	
(2)	
(3)	
(4)	
(5)	
(6)	

❹ 次の計算をしなさい。 知

教科書 p.31〜39

(1) $(-4)\times 13$

(2) $(-24)\div(-28)$

(3) $\frac{10}{3}\times\left(-\frac{9}{2}\right)$

(4) $\left(-\frac{7}{2}\right)\div\frac{14}{5}$

(5) $(-22)\times(-3)\div(-6)$

(6) $\frac{1}{6}\div\left(-\frac{4}{3}\right)\times\left(-\frac{2}{3}\right)$

❹ 点/18点（各3点）

(1)	
(2)	
(3)	
(4)	
(5)	
(6)	

 成績評価の観点　知…数量や図形などについての知識・技能　考…数学的な思考・判断・表現

5 次の計算をしなさい。[知]

教科書 p.40~42

(1) $-6\times7-24\div(-3)$　　(2) $14-2^3\times(-3)^2$

(3) $\{3+(0.9-1.7)\}\times(-0.4)$　　(4) $\frac{4}{5}\times\left(-\frac{2}{3}\right)+\frac{6}{5}\times\left(-\frac{2}{3}\right)$

5 点/12点(各3点)

(1)	
(2)	
(3)	
(4)	

6 右の表で，縦，横，斜(なな)めに並んだ3つの数の和がどれも等しくなるように，空欄(くうらん)にあてはまる数を求めなさい。[知]

-5	①	-1
②	-2	③
④	⑤	1

教科書 p.40~42

6 点/15点(各3点)

①		②	
③		④	
⑤			

7 次の問いに答えなさい。[知]

教科書 p.46~48

(1) 20以上30以下の素数をすべて答えなさい。

(2) 180を素因数分解しなさい。

7 点/6点(各3点)

(1)	
(2)	

8 756をできるだけ小さい自然数でわって，その商が，ある自然数の2乗になるようにするには，どんな数でわればよいですか。また，その商はどんな数の2乗になりますか。[考]

教科書 p.46~48

8 点/6点(各3点)

わる数
2乗になる数

9 英語，数学，国語の3教科のテストで，平均点75点を目標点としていました。それぞれの得点は，目標点を基準にすると，英語は$+3$点，数学は-8点，国語は-4点でした。[考]

(1) 数学の得点を求めなさい。

(2) 3教科の平均点を求めなさい。

教科書 p.50~51

9 点/10点(各5点)

(1)	
(2)	

知 /84点	考 /16点

解答▶▶ p.54

定期テスト
予想問題
2

2章　文字の式

時間30分　／100点　合格70点

❶ 次の式を，記号×，÷を使わないで表しなさい。知

教科書 p.60~61

(1) $a\times(-3)+b\times b$　　(2) $(3\times a-2\times b)\div 5$

❶ 点/6点(各3点)

(1)	
(2)	

❷ 次の数量を表す式を書きなさい。知

教科書 p.62~63

(1) 1本80円の鉛筆(えんぴつ) a 本と，1個100円の消しゴム b 個を買ったときの代金

(2) x 人の生徒のうち，3％が欠席したときの出席者の人数

❷ 点/6点(各3点)

(1)	
(2)	

❸ 次の式は何を表していますか。考

教科書 p.63~64

(1) m 人の生徒に1人5枚ずつ色紙を配ったところ，8枚の色紙が余ったときの，$5m+8$(枚)

(2) 片道 x km ある道のりを，行きは時速50 km，帰りは時速60 km で往復したときの，$\frac{x}{50}+\frac{x}{60}$(時間)

❸ 点/8点(各4点)

(1)	
(2)	

❹ 次の式の値を求めなさい。知

教科書 p.65~67

(1) $a=3$ のとき，$2a-4$　　(2) $y=\frac{1}{2}$ のとき，$4-\frac{3}{y}$

(3) $x=5$，$y=-1$ のとき，$-\frac{3}{10}x+4y$

❹ 点/9点(各3点)

(1)	
(2)	
(3)	

❺ n 角形の対角線は，$\frac{n^2-3n}{2}$ 本ひけることがわかっています。このとき，七角形にひける対角線の本数を求めなさい。知

教科書 p.65~67

❺ 点/4点

❻ 次の計算をしなさい。知

教科書 p.70~72

(1) $7a+4-2a$　　(2) $0.3x-5-1.1x+7$

(3) $\frac{1}{2}x+\frac{1}{5}-\frac{2}{3}x-\frac{4}{5}$　　(4) $-5x+1-(-7x-8)$

❻ 点/12点(各3点)

(1)	
(2)	
(3)	
(4)	

成績評価の観点　知…数量や図形などについての知識・技能　考…数学的な思考・判断・表現

7 次の2つの式をたしなさい。
また，左の式から右の式をひきなさい。知

$3x-4$，　$10x+4$

教科書 p.73

7 点/6点(各3点)

和
差

8 次の計算をしなさい。知

(1) $13x\times(-7)$　(2) $-56x\div(-8)$

(3) $-8x\times\left(-\frac{5}{12}\right)$　(4) $42y\div\left(-\frac{6}{7}\right)$

教科書 p.74

8 点/12点(各3点)

(1)	
(2)	
(3)	
(4)	

9 次の計算をしなさい。知

(1) $-4(3x-2)$　(2) $\frac{2x+3}{2}\times(-6)$

(3) $4(3x-5)+3(5-2x)$　(4) $6\left(\frac{2x-3}{3}\right)$

(5) $x-\frac{1}{2}(3x-1)$　(6) $\frac{1}{3}(x+1)-\frac{1}{4}(2x+3)$

(7) $6\left(\frac{2}{3}x-\frac{5}{2}\right)-(6x-4)\div2$

教科書 p.75～76

9 点/21点(各3点)

(1)	
(2)	
(3)	
(4)	
(5)	
(6)	
(7)	

10 次の数量の関係を，等式か不等式に表しなさい。考

(1) 全部で x 冊あったノートを，y 人に1人3冊ずつ配ると，2冊余る。

(2) 正の整数 x を5でわると，商が y，余りが4になる。

(3) 80本の鉛筆(えんぴつ)を，1人4本ずつ a 人の生徒に配ると，何本か余る。

(4) A地点から，分速70 mで x 分間歩き，続いて分速130 mで y 分間走ると，3 kmさきのB地点にちょうど着く。

教科書 p.77～79

10 点/16点(各4点)

(1)	
(2)	
(3)	
(4)	

知　/76点	考　/24点

解答▶▶ p.55

3章　方程式

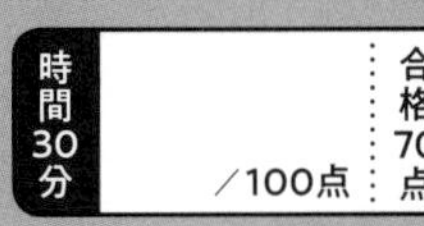

1 次の方程式のうち，-2 が解であるものには○を，そうでないものには×を書きなさい。知

教科書 p.88

(1)　$5x-3=4$

(2)　$\dfrac{4x+12}{2}=\dfrac{8-x}{5}$

1　点/8点（各4点）

(1)	
(2)	

2 次の方程式を解きなさい。知

教科書 p.90～91

(1)　$x-16=-7$

(2)　$-\dfrac{x}{6}=-8$

2　点/8点（各4点）

(1)	
(2)	

3 次の方程式を解きなさい。知

教科書 p.92～93

(1)　$5x+4=2x-5$

(2)　$9-4x=2x-6$

(3)　$-6x+\dfrac{1}{2}=3x+\dfrac{1}{2}$

(4)　$3x-\dfrac{3}{4}=5x+\dfrac{1}{3}$

3　点/16点（各4点）

(1)	
(2)	
(3)	
(4)	

4 次の方程式を解きなさい。知

教科書 p.94～95

(1)　$7(x-6)=10x-18$

(2)　$3(2x+1)=-5-2(x-4)$

(3)　$\dfrac{x-1}{2}=\dfrac{1}{4}x+\dfrac{1}{2}$

(4)　$\dfrac{5x-11}{6}=\dfrac{9+x}{4}$

4　点/16点（各4点）

(1)	
(2)	
(3)	
(4)	

5 次の方程式を解きなさい。知

教科書 p.95

(1)　$0.3x-0.4=0.7x+1.7$

(2)　$200x+100(3-x)=300x-2000$

5　点/8点（各4点）

(1)	
(2)	

　成績評価の観点　知…数量や図形などについての知識・技能　考…数学的な思考・判断・表現

⑥ 次の比例式を解きなさい。 知

教科書 p.97〜98

(1) $6:x=9:21$　　(2) $x:2=(x+6):5$

⑥ 点/8点(各4点)

(1)	
(2)	

⑦ 方程式 $16+ax=4x-8$ の解が $x=-8$ であるとき，a の値を求めなさい。知

教科書 p.110

⑦ 点/6点

⑧ A さんは 1460 円，B さんは 1010 円持っていて，2 人とも同じ本を買ったところ，A さんの残金は B さんの残金の 2 倍になりました。本代はいくらですか。考

教科書 p.102

⑧ 点/10点

⑨ 何人かの子どもに菓子（かし）を同じ数ずつ配るのに，3 個ずつ配ると 19 個余り，4 個ずつ配ると 8 個たりません。子どもの人数を求めなさい。考

教科書 p.103

⑨ 点/10点

⑩ 兄と弟が，家から博物館へ自転車で行くことにしました。弟は時速 12 km で博物館に向かい，兄は弟が出発してから 12 分後に，弟と同じ道を時速 15 km で博物館へ向かったところ，同時に博物館に着きました。家から博物館までの道のりを求めなさい。考

教科書 p.104〜105

⑩ 点/10点

知 /70点　考 /30点

解答▶▶ p.57

定期テスト
予想問題
4

4章　変化と対応

1 次の文で，y が x の関数であるものに○を，そうでないものに×を書きなさい。知

教科書 p.114〜115

(1) 正方形の1辺の長さが x cm のとき，正方形の周の長さ y cm

(2) 正方形の周の長さが x cm のとき，正方形の面積 y cm^2

(3) ある中学校の生徒の身長 x cm と年齢(ねんれい) y 歳(さい)

1 点/12点（各4点）

(1)	
(2)	
(3)	

2 次のそれぞれについて，x と y の関係を式に表しなさい。
また，y が x に比例するものには○を書きなさい。知

教科書 p.118〜120

(1) 縦が5 cm，横が x cm である長方形の面積 y cm^2

(2) 縦が x cm，周の長さが30 cm である長方形の横 y cm

(3) 縦が x cm，横の長さが縦の長さより5 cm 長い長方形の横 y cm

2 点/15点（各5点）（各完答）

(1)		
(2)		
(3)		

3 y は x に比例し，$x=-6$ のとき $y=2$ です。x と y の関係を式に表しなさい。知

教科書 p.120

3 点/4点

4 次の①〜④の関数について，下の問いに答えなさい。知

教科書 p.124〜126

① $y=2x$

② $y=\frac{3}{5}x$

③ $y=-\frac{1}{2}x$

④ $y=-\frac{4}{3}x$

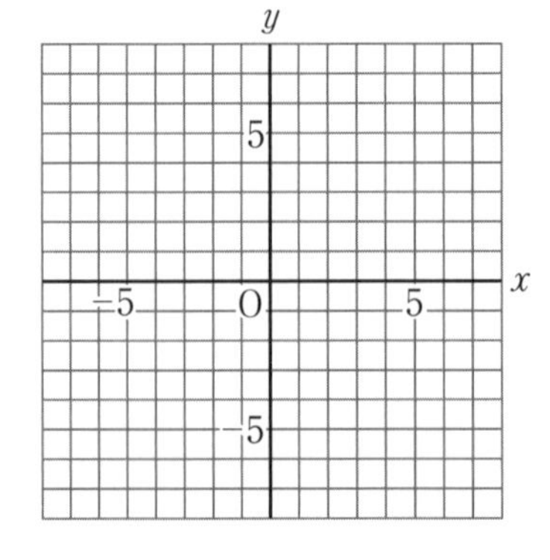

(1) ①〜④のグラフを，右の図にかき入れなさい。

(2) ①〜④のグラフのうち，x の値が増加すると y の値も増加するのはどれですか。すべて答えなさい。

4 点/25点（各5点）

(1)	左の図にかき入れなさい。
(2)	

成績評価の観点　知…数量や図形などについての知識・技能　考…数学的な思考・判断・表現

5 y は x に反比例し，$x=-3$ のとき $y=6$ です。x と y の関係を式に表しなさい。知

教科書 p.131

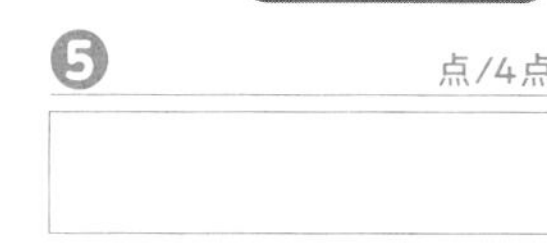

5 点/4点

6 次の①，②の関数のグラフを，下の図にかき入れなさい。知

教科書 p.132～135

① $y=\dfrac{6}{x}$

② $y=-\dfrac{12}{x}$

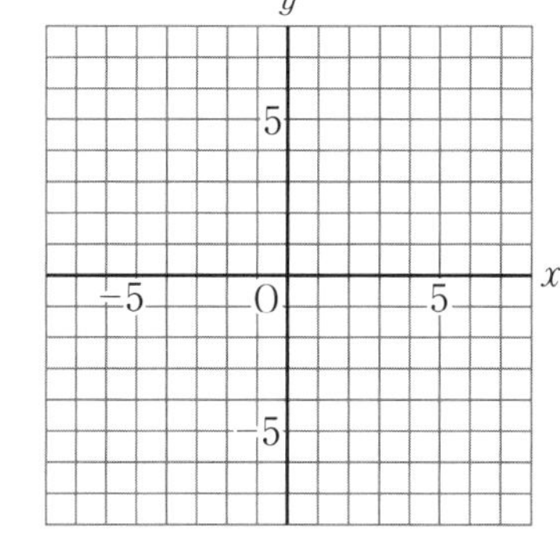

6 点/10点（各5点）

左の図にかき入れなさい。

7 **右の曲線は反比例の関係を表すグラフです。**考

教科書 p.126～134

(1) y を x の式で表しなさい。

(2) $y=ax$ のグラフが，点 A から点 B までを結ぶ線分と交わる（2 点 A，B をふくむ）とき，a の値の範囲を求めなさい。

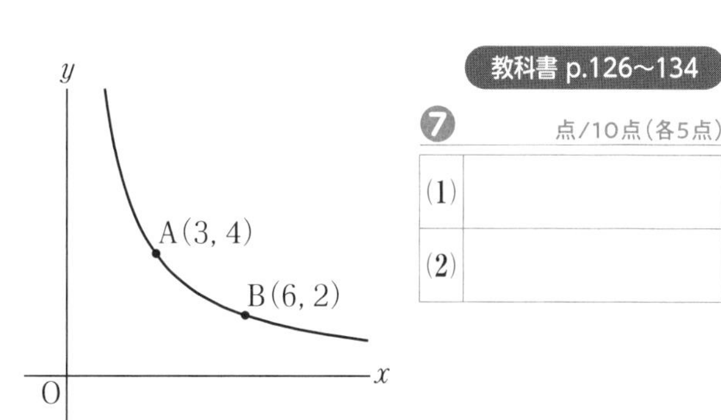

7 点/10点（各5点）

(1)	
(2)	

8 **右の図の長方形 ABCD の辺 BC，CD 上を点 P が毎秒 2 cm の速さで，点 B を出発して点 C を通って点 D まで動きます。点 P が，点 B を出発してから x 秒後の，三角形 ABP の面積を y cm^2 とするとき，次の問いに答えなさい。**考

教科書 p.139

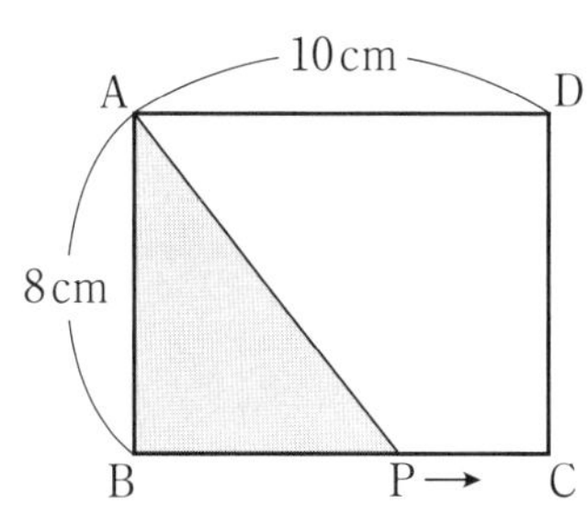

(1) 点 P が辺 BC 上にあるとき，y を x の式で表しなさい。また，x の変域を求めなさい。

(2) 点 P が辺 CD 上にあるとき，y の値を求めなさい。また，x の変域を求めなさい。

8 点/20点（各5点）

(1)	式
	変域
(2)	値
	変域

知 /70点　考 /30点

5章　平面図形

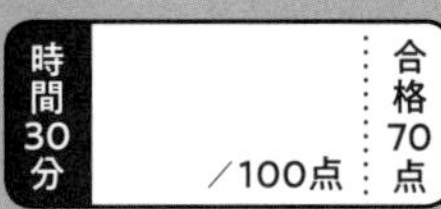

❶ 平面上の異なる3直線 ℓ，m，n について，次のときの位置関係を記号を使って表しなさい。知

教科書 p.150〜151

(1) $\ell \perp m$，$\ell \perp n$ のとき，m と n の位置関係

(2) $\ell \perp m$，$m /\!/ n$ のとき，ℓ と n の位置関係

❶	点/10点（各5点）
(1)	
(2)	

❷ 2点 A$(-2,\ 5)$，B$(3,\ 3)$ を両端とする線分 AB があります。線分 AB を次のように移動し，移った線分を A′B′ とします。知

教科書 p.154〜158

(1) 線分 AB を，x 軸の正の方向に4だけ平行移動したとき，線分 A′B′ を下の図にかき入れなさい。

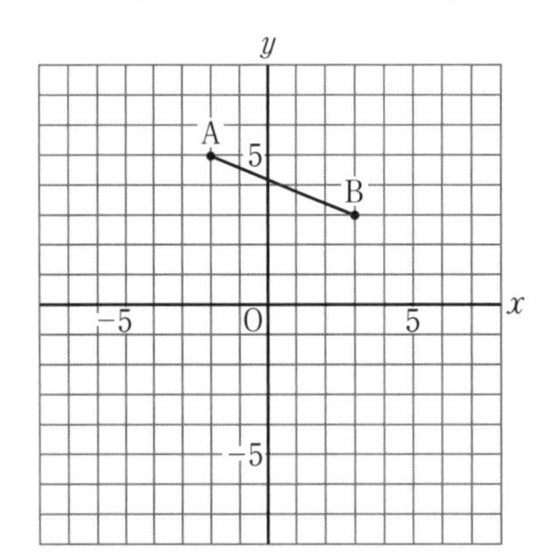

(2) 線分 AB を，原点を中心として，時計の針の回転と同じ向きに 90° 回転移動したとき，点 B′ の座標を求めなさい。

(3) 線分 AB を，x 軸を対称の軸として，対称移動したとき，線分 A′B′ を(1)の図にかき入れなさい。

❷	点/18点（各6点）
(1)	左の図にかき入れなさい。
(2)	
(3)	左の図にかき入れなさい。

❸ 次のような円を作図しなさい。知

教科書 p.160〜163

(1) 点Oを中心として，直線 ℓ に点Pで接する円O

(2) 3点 A，B，C を通る円O

(1)

•O

ℓ

(2)　A•

•C

•B

❸	点/16点（各8点）
(1)	左の図に作図しなさい。
(2)	左の図に作図しなさい。

　成績評価の観点　知…数量や図形などについての知識・技能　考…数学的な思考・判断・表現

4 次の問いに答えなさい。知

教科書 p.160~165

(1) 下の図で，線分 BC を 1 辺とし，∠B が直角の二等辺三角形 ABC を作図しなさい。

(2) (1)の △ABC で，∠DBC＝45° となる点 D を辺 AC 上にとりなさい。

4	点/16点（各8点）
(1)	左の図にかき入れなさい。
(2)	左の図にかき入れなさい。

5 次の問いに答えなさい。考

教科書 p.171~173

(1) 直径 12 cm，中心角 210° のおうぎ形の弧の長さを求めなさい。

(2) 半径 8 cm，弧の長さ 10π cm のおうぎ形の中心角を求めなさい。

(3) 半径 6 cm，面積 14π cm^2 のおうぎ形の中心角を求めなさい。

5	点/24点（各8点）
(1)	
(2)	
(3)	

6 1 辺が 10 cm の正方形の内側にかかれた次の図で，影をつけた部分の面積を求めなさい。考

教科書 p.171~173

(1)

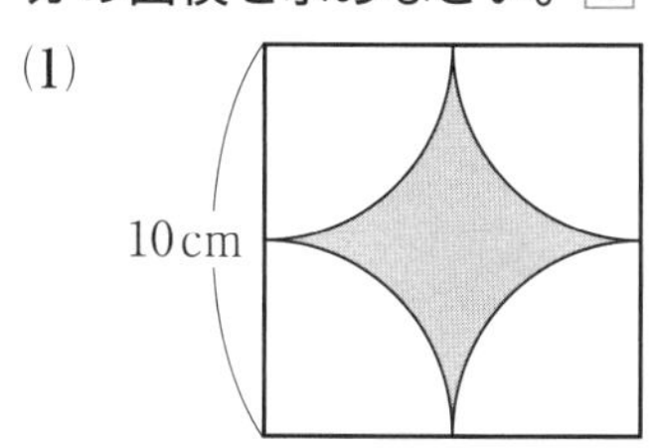

(2)

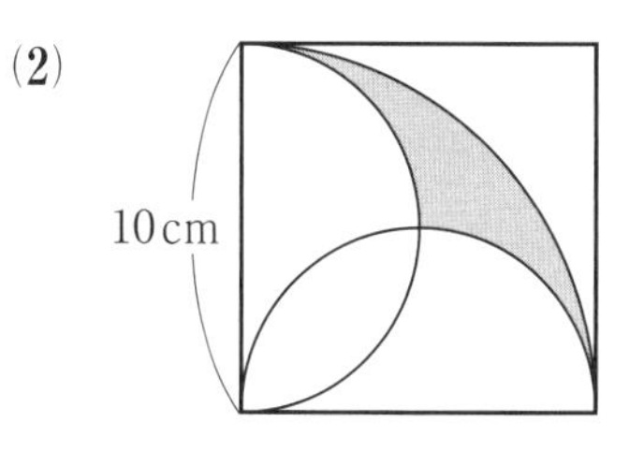

6	点/16点（各8点）
(1)	
(2)	

知 /60点	考 /40点

解答▶▶ p.60

6章　空間図形

❶ **下の図は，ある立体の展開図で，△ABC，△ACF，△FCD，△FDE はすべて正三角形です。この展開図を組み立ててできる立体について，次の問いに答えなさい。** 知

教科書 p.181,183〜185

(1) この立体の名前を答えなさい。

(2) 点Eと重なる点を答えなさい。

(3) 辺BCと重なる辺を答えなさい。

(4) この立体の1つの頂点には，いくつの面が集まっていますか。

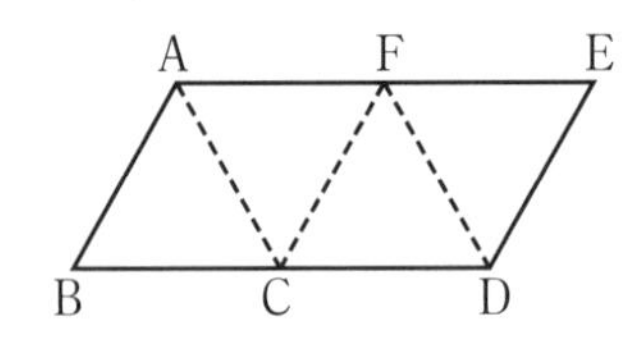

❶ 点/20点（各5点）

(1)	
(2)	
(3)	
(4)	

❷ 右の図のような円柱で，点Aから点Bまで円柱の側面を一周して線をひきます。このような線のうち，もっとも短い線を右の展開図にかきなさい。考

教科書 p.185〜187

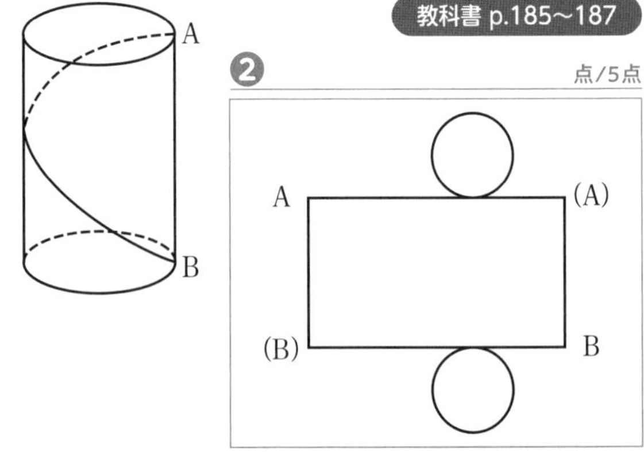

❸ **右の図の四角柱は直方体から一部を切り取った立体です。点Dと点Hがそれぞれもとの直方体の底面上にあるとき，次のような直線をすべて答えなさい。** 知

教科書 p.190〜191

(1) 直線BCと垂直な直線

(2) 直線BFとねじれの位置にある直線

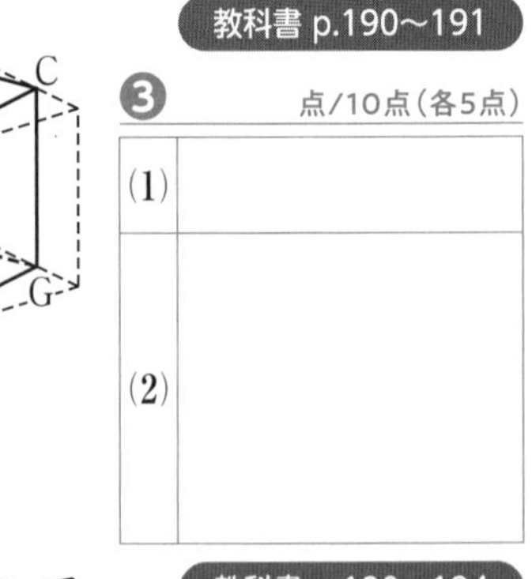

❸ 点/10点（各5点）

(1)	
(2)	

❹ 次の㋐〜㋒の中で，空間内にある直線や平面の位置関係についてつねに正しいものを選び，記号で答えなさい。ただし，ℓ，m，n は異なる3直線を，P，Q，Rは異なる3平面を表すものとします。考

教科書 p.190〜194

㋐ ℓ とPが平行で，m とPが平行ならば，ℓ と m は平行である。

㋑ ℓ とPが平行で，m とPが垂直ならば，ℓ と m は垂直である。

㋒ ℓ はPに垂直で，ℓ はQにも垂直ならば，PとQは平行である。

❹ 点/10点

成績評価の観点　知…数量や図形などについての知識・技能　考…数学的な思考・判断・表現

5 右の立体の体積を求めなさい。知

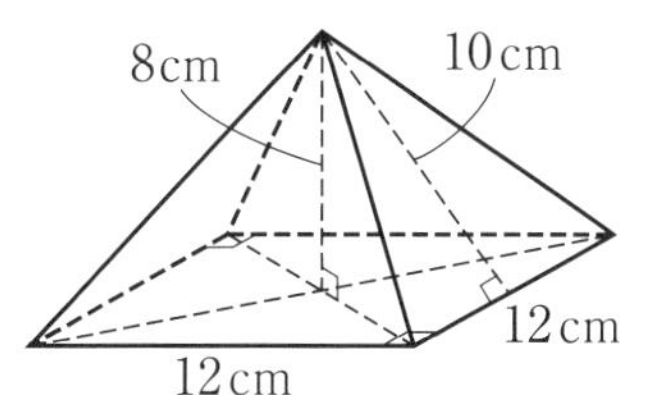

教科書 p.202～203

5	点/5点

6 右の展開図を組み立ててできる立体について，次の問いに答えなさい。知

(1) この立体の側面積を求めなさい。

(2) この立体の表面積を求めなさい。

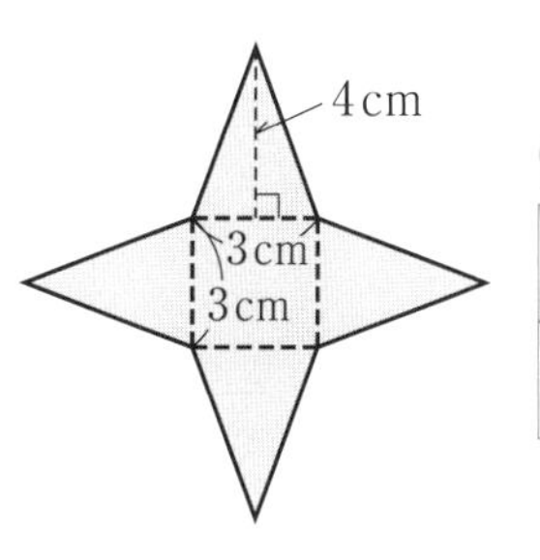

教科書 p.206～207

6	点/10点（各5点）
(1)	
(2)	

7 下の図のような円柱と円錐について，次の問いに答えなさい。知

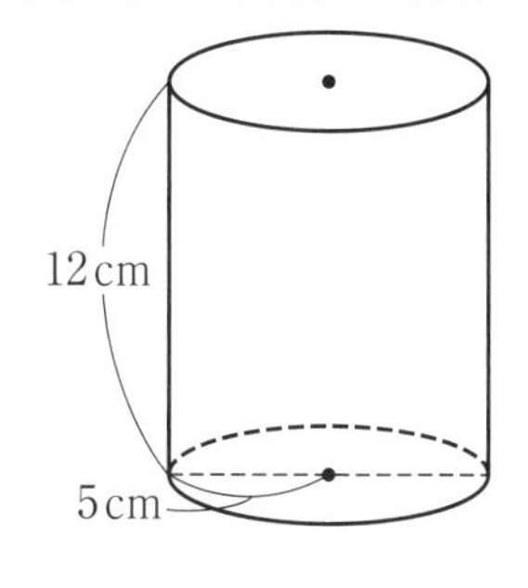

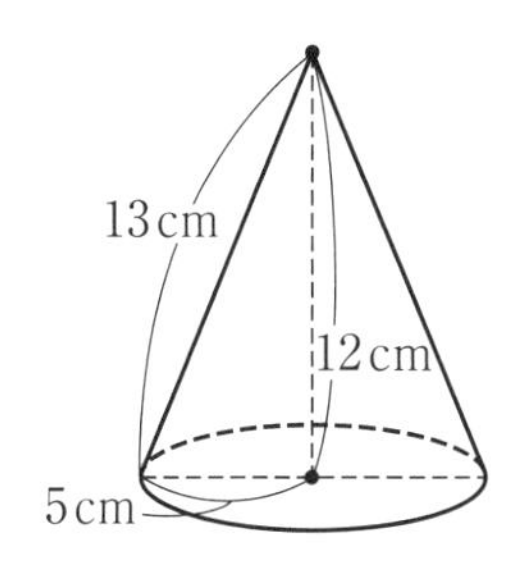

(1) 円柱の体積を求めなさい。

(2) 円錐の体積を求めなさい。

(3) 円柱の側面積を求めなさい。

(4) 円錐の側面積を求めなさい。

教科書 p.201～202，205～207

7	点/20点（各5点）
(1)	
(2)	
(3)	
(4)	

8 右の図形を，直線 ℓ を回転の軸として1回転させてできる立体について答えなさい。考

(1) 体積を求めなさい。

(2) 表面積を求めなさい。

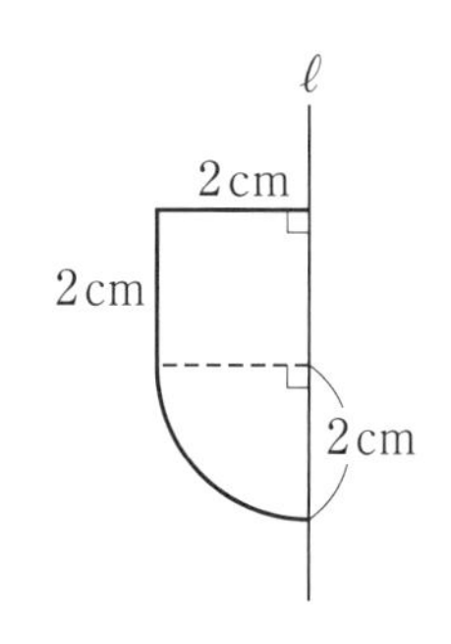

教科書 p.201～208

8	点/20点（各10点）
(1)	
(2)	

知 /65点	考 /35点

定期テスト
予想問題
7

7章　データの活用

❶ 下の度数分布表は，あるクラスの男子の身長を整理したものです。 知　教科書 p.218〜221

身長(cm)	度数(人)	累積度数(人)
135以上〜140未満	1	1
140　〜145	2	3
145　〜150	5	①
150　〜155	5	②
155　〜160	4	③
160　〜165	2	④
165　〜170	1	20
計	20	

(1)　表の空欄(くうらん)①〜④にあてはまる数を答えなさい。

(2)　下の図にヒストグラムをかきなさい。

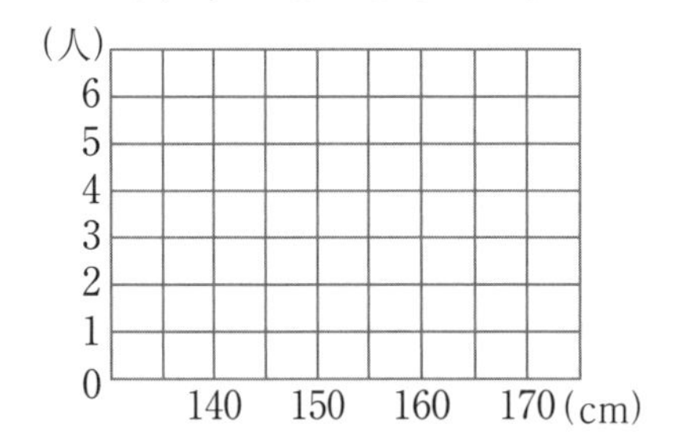

(3)　身長が 155 cm 未満の生徒は何人ですか。

(4)　身長が 145 cm 以上 150 cm 未満の階級の相対度数を求めなさい。

❶　点/26点

(1)	①	2点
	②	2点
	③	2点
	④	2点
(2)	左の図にかき入れなさい。	6点
(3)		6点
(4)		6点

❷ 下の度数分布表は，あるクラスの女子のボール投げの記録を整理したものです。 知　教科書 p.221〜222, 231

階級(m)	階級値(m)	度数(人)	階級値×度数
8以上〜10未満	9	2	18
10　〜12	11	3	33
12　〜14		4	
14　〜16		6	
16　〜18		3	
18　〜20		2	
計		20	

(1)　上の表を完成させなさい。

(2)　平均値を求めなさい。

(3)　中央値は，どの階級にはいっていますか。

❷　点/18点(各6点)

(1)	左の表にかき入れなさい。
(2)	
(3)	

成績評価の観点　知…数量や図形などについての知識・技能　考…数学的な思考・判断・表現

3 下の図は，あるクラスの 50 m 走の記録をヒストグラムに表したものです。知

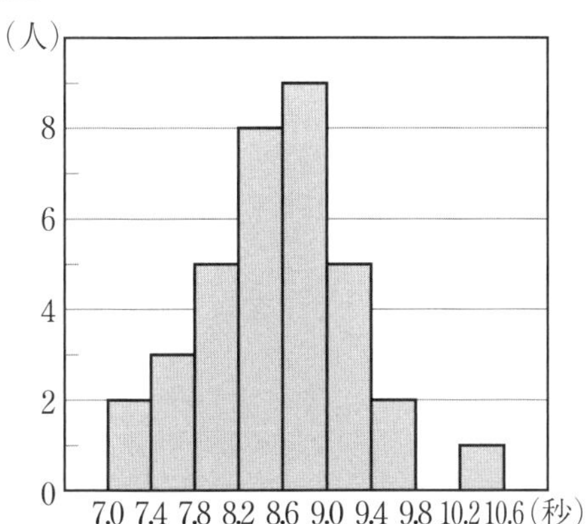

(1) 上の図に，度数分布多角形をかき入れなさい。

(2) 50 m 走の記録の平均値を，四捨五入して小数第 2 位まで求めなさい。

(3) 中央値がはいっている階級の階級値を答えなさい。

(4) 最頻値がはいっている階級の階級値を答えなさい。

教科書 p.219~222, 231

3 点/24点（各6点）

(1)	左の図にかき入れなさい。
(2)	
(3)	
(4)	

4 ジュースの王冠を投げて裏が出た回数を調べたところ，下の表のような結果になりました。(1)(2)知，(3)考

投げた回数	100	500	1000	2000	3000
裏が出た回数	54	305	625	1244	1860
裏が出た相対度数	0.54	0.61	①	②	③

(1) 表の①，②，③にあてはまる数を，四捨五入して小数第 2 位まで求めなさい。

(2) 裏が出る確率はいくらと考えられますか。

(3) 王冠を 4000 回投げるとすると，裏が出る回数はおよそ何回と考えられますか。

教科書 p.234~235

4 点/20点（各4点）

(1)	①	
	②	
	③	
(2)		
(3)		

5 ある町に，駅から美術館まで行くバスがあります。下の表は，駅から美術館に到着(とうちゃく)するまでにかかった時間をまとめたものです。ただし，どれも日曜日の午前中の晴れた日のデータです。

駅から美術館までの所要時間　(1)知，(2)考

階級(分)	度数(台)	相対度数
15以上～20未満	5	0.04
20　～25	54	0.45
25　～30	43	0.36
30　～35	16	0.13
35　～40	2	0.02
計	120	1.00

(1) 到着するまでにかかる時間として，もっとも起こりやすいのは何分以上何分未満ですか。

(2) 到着までにかかる時間が 30 分未満である確率を求めなさい。

教科書 p.236~237

5 点/12点（各6点）

(1)	
(2)	

知　/90点　考　/10点

教科書ぴったりトレーニング
〈啓林館版・中学数学１年〉
この解答集は取り外してお使いください。

1章　正の数・負の数

p.6〜7　ぴたトレ0

1

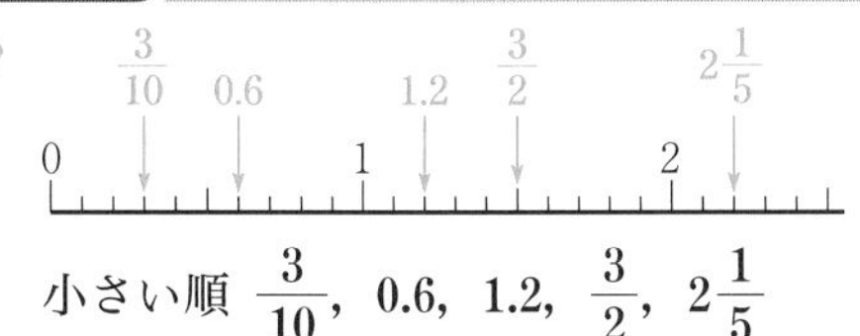

小さい順 $\frac{3}{10}$，0.6，1.2，$\frac{3}{2}$，$2\frac{1}{5}$

解き方
数直線の小さい１目もりは，$0.1\left(\frac{1}{10}\right)$です。
分数を小数になおして考えると，
$\frac{3}{10}=0.3$　$\frac{3}{2}=1.5$　$2\frac{1}{5}=2.2$

2 (1)＞　(2)＜　(3)＜　(4)＞

解き方
(2)分母をそろえると，$\frac{8}{4}<\frac{9}{4}$
(4)分母をそろえると，$\frac{20}{12}>\frac{15}{12}$

3 (1)$\frac{5}{6}$　(2)$\frac{17}{15}$ $\left(1\frac{2}{15}\right)$　(3)$\frac{1}{20}$
(4)$\frac{1}{6}$　(5)$\frac{49}{12}$ $\left(4\frac{1}{12}\right)$　(6)$\frac{5}{12}$

解き方
通分して計算します。
答えが約分できるときは，約分しておきます。
(2)$\frac{5}{6}+\frac{3}{10}=\frac{25}{30}+\frac{9}{30}$
$=\frac{\overset{17}{\cancel{34}}}{\underset{15}{\cancel{30}}}=\frac{17}{15}$
(4)$\frac{9}{10}-\frac{11}{15}=\frac{27}{30}-\frac{22}{30}$
$=\frac{\overset{1}{\cancel{5}}}{\underset{6}{\cancel{30}}}=\frac{1}{6}$
(6)$3\frac{1}{3}-2\frac{11}{12}=\frac{10}{3}-\frac{35}{12}$
$=\frac{40}{12}-\frac{35}{12}=\frac{5}{12}$

4 (1)3.1　(2)10.3　(3)2.3　(4)4.5

解き方
位をそろえて，計算します。
(2)
```
   4.5
 + 5.8
  10.3
```
(4)
```
   6
   7.1
 - 2.6
   4.5
```

5 (1)15　(2)$\frac{1}{9}$　(3)$\frac{2}{5}$　(4)$\frac{1}{16}$　(5)$\frac{2}{5}$　(6)$\frac{1}{5}$

解き方
計算の途中で約分できるときは約分します。
わり算はわる数の逆数をかけて，かけ算になおします。
(5)$\frac{1}{6}\times3\div\frac{5}{4}=\frac{1}{6}\times\frac{3}{1}\times\frac{4}{5}$
$=\frac{1\times\overset{1}{\cancel{3}}\times\overset{2}{\cancel{4}}}{\underset{\underset{1}{2}}{\cancel{6}}\times1\times5}=\frac{2}{5}$
(6)$\frac{3}{10}\div\frac{3}{5}\div\frac{5}{2}=\frac{3}{10}\times\frac{5}{3}\times\frac{2}{5}$
$=\frac{\overset{1}{\cancel{3}}\times\overset{1}{\cancel{5}}\times\overset{1}{\cancel{2}}}{\underset{5}{\cancel{10}}\times\underset{1}{\cancel{3}}\times\underset{1}{\cancel{5}}}=\frac{1}{5}$

6 (1)22　(2)6　(3)10　(4)18

解き方
(　)があるときは(　)の中をさきに計算します。
＋，－と×，÷とでは，×，÷をさきに計算します。
(3)$(3\times8-4)\div2=(24-4)\div2=20\div2=10$
(4)$3\times(8-4\div2)=3\times(8-2)=3\times6=18$

7 (1)12.8　(2)560　(3)7　(4)180

解き方
(3)$10\times\left(\frac{1}{5}+\frac{1}{2}\right)=10\times\frac{1}{5}+10\times\frac{1}{2}=2+5=7$
(4)$18\times7+18\times3=18\times(7+3)=18\times10=180$

8 (1)①100　②1　③5643
(2)①4　②8　③800

解き方
(1)99＝100－1 だから，
$57\times99=57\times(100-1)$
$=57\times100-57\times1=5643$
(2)32＝4×8 と考えて，25×4＝100 を利用します。
$25\times32=(25\times4)\times8=100\times8=800$

p.9　ぴたトレ1

1 (1)－5 ℃　(2)－3.5 ℃

解き方
0 ℃より低い温度は，「－」をつけて表します。

2 (1)－10　(2)＋8　(3)＋3.4　(4)$-\frac{3}{7}$

解き方
0より小さい数の符号は－，
0より大きい数の符号は＋となります。

3 (1)-5, $+7$, 0, 2, -1

(2)-5, $-\frac{1}{2}$, -4.5, -1 (3)$+7$, 2 (4)0

解き方 (3)自然数とは，正の整数のことです。

4 ①-7 ②-5.5 ③-0.5 ④$2$ $(+2)$

⑤$5.5$ $(+5.5)$

解き方 負の数は0を基準にして考えるので，②は-6.5ではなくて-5.5です。
同じく③は-1.5ではなくて，-0.5です。

5

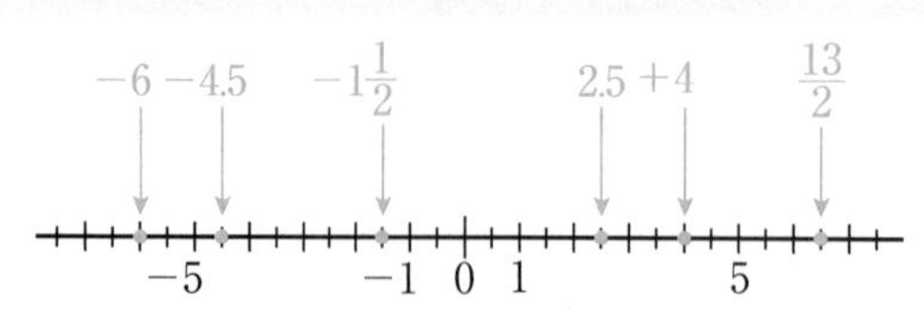

解き方 -4.5，$-1\frac{1}{2}$の点に注意しましょう。

p.11 ぴたトレ1

1 (1)$+8$ cm，-5 cm (2)-7 m，$+3$ m

(3)-200 m，$+300$ m (4)$+2$ kg，-5 kg

解き方 (1)「$+8$ cm長い，-5 cm短い」というように，「長い」，「短い」ということばをつけないように注意しましょう。

2 B

解き方 $-$がつくということはかかった時間が13秒より少ない，すなわち13秒より速く走ったことを表します。

3 (左から順に)-1，0，-5，$+5$

解き方 50との過不足を考えます。
50より多い数には$+$，50より少ない数には$-$をつけて表します。

4 (1)-5人多い (2)-8 cm長い

(3)-100円たりない (4)-5分早い

解き方 反対のことばを使って同じ意味を表すには，負の数を使います。

p.13 ぴたトレ1

1 (1)-7 (2)$+9$ (3)$+\frac{2}{3}$ (4)-4.5

解き方 (4)4.5は$+4.5$と考えます。

2 (1)11 (2)0 (3)2.5 (4)$\frac{2}{5}$

解き方 絶対値は，数直線上で，その数の0からの距離として考えます。

3 (1)4， 絶対値は-6の方が大きい。

(2)-5，絶対値は-7の方が大きい。

解き方 (2)負の数は，絶対値が大きいほど小さくなります。

4 (1)$>$ (2)$>$ (3)$<$ (4)$<$

解き方 数直線で考えると，右にいくほど数は大きくなります。

5 (1)2 (2)-4 (3)-3 (4)4

解き方 (3)2より5小さい数を求めます。
(4)-5より9大きい数を求めます。

p.14～15 ぴたトレ2

1 A -3.5 $\left(-\frac{7}{2}\right)$

B -2

C 0.5 $\left(+0.5, \frac{1}{2}, +\frac{1}{2}\right)$

D 5 $(+5)$

解き方 1目もりは0.5です。
負の数を読みとるときは，特に注意しましょう。

2 (1)$+200$円，-150円

(2)-1200円，$+3500$円

(3)$+8200$ m，-5300 m

(4)-1.5 km，$+0.8$ km

解き方 〔 〕の方を正の数で表せば，その反対の性質をもつ量は，負の数で表されます。
(1)値上がりを正の数で表すので，その反対の値下がりは負の数で表すことになります。
(2)利益が正 → 損失は負
(3)地上が正 → 地下は負
(4)東が正 → 西は負

3 Aさん 27分，Bさん 12分，Cさん 6分，Dさん 21分，Eさん 34分，Fさん 19分

解き方 Aさんは21分より6分多くかかるから27分，
Bさんは21分より-9分多くかかる，すなわち，9分少ないから12分となります。
以下，同じように考えていきます。
Dさんは21分との違いが0なので21分のままです。

4 (1)$-3.1<-3$ (2)$-0.01<0$ (3)$-\frac{4}{3}>-1.4$

解き方 不等号は，大$>$小，小$<$大のように使います。
(3)$-\frac{4}{3}=-1.333\cdots>-1.4$となります。

5 $-9,\ -\frac{10}{9},\ -1.1,\ 0,\ 0.09,\ \frac{1}{10},\ +3$

解き方
分数と小数が混じっているときは，分数を小数になおしてくらべましょう。
$-\frac{10}{9}=-1.111\cdots$　$\frac{1}{10}=0.1$

6 $-2,\ -1,\ 0,\ 1,\ 2$

解き方
-3 と 3 はふくみません。

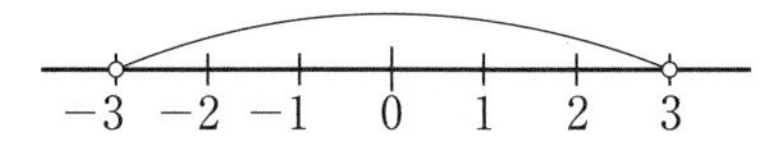

7 (1)0.4　(2)-2.5 と $\frac{5}{2}$　(3)$-0.7,\ 0.4,\ -\frac{2}{3}$

解き方
(1)$-\frac{2}{3}=-0.66\cdots$ だから，絶対値がそれより小さい 0.4 の方が 0 に近いことになります。
(2)$\frac{5}{2}=2.5$ です。
(3)$\frac{4}{5}=0.8$ です。

8 (1)負の整数　$-3,\ -2,\ -1$
自然数　1
(2)-1

解き方
-3.5 より大きく，1.5 より小さい数で考えます。
(1)0 はどちらにもはいりません。
(2)数直線で -3.5 と 1.5 のまん中の数を調べると -1 になります。

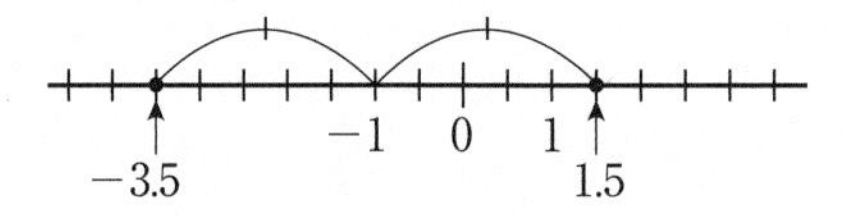

9 (1)-3　(2)-4　(3)4

解き方
(1)

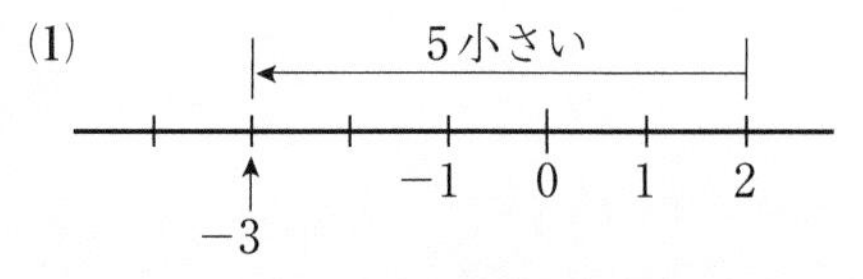

(2)1 より 5 小さい数を求めることになります。
(3)-3 より 7 大きい数を求めることになります。

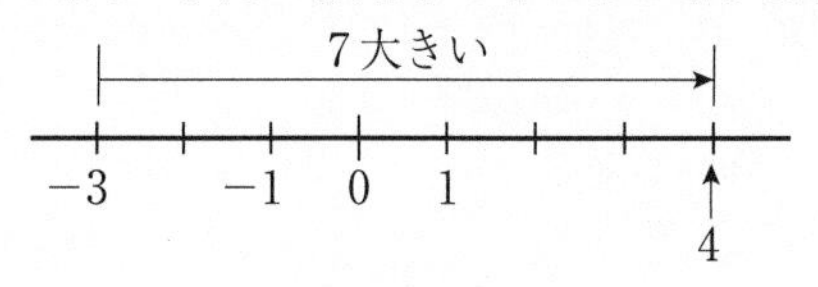

理解のコツ

正の数・負の数と数直線との対応をつかんでおくとよい。
絶対値，数の大小などは，数直線をもとに考えるようにするとよい。
小数と分数の大小は，分数を小数になおしてくらべるとよい。

p.17　ぴたトレ1

1 (1)-2　(2)0　(3)2　(4)1

解き方
(1)-5 を表す点から，右へ 3 進んだ点の表す数になります。

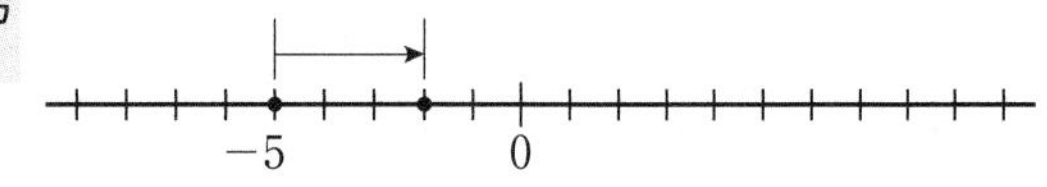

(2)-3 を表す点から，右へ 3 進んだ点の表す数になるから，0 です。
(3)-2 を表す点から，右へ 4 進んだ点の表す数になるから，2 です。
(4)-7 を表す点から，右へ 8 進んだ点の表す数になるから，1 です。

2 (1)-1　(2)-5　(3)-4　(4)-9

解き方
(1)4 より -5 大きい数，すなわち，4 より 5 小さい数を求めます。

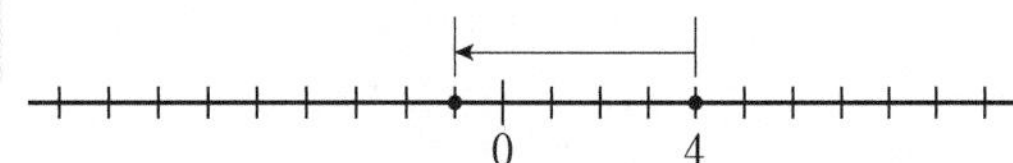

(2)-2 より -3 大きい数，すなわち，-2 より 3 小さい数を求めます。
(3)0 より -4 大きい数，すなわち，0 より 4 小さい数を求めます。
(4)-5 より -4 大きい数，すなわち，-5 より 4 小さい数を求めます。

3 (1)$-$，55　(2)$-$，7

解き方
(1)同符号の 2 数の和は，符号は 2 数と同じ符号になり，絶対値は2数の絶対値の和になります。
(2)異符号の 2 数の和は，符号は絶対値の大きい方の符号になり，絶対値は 2 数の絶対値の差になります。

4 (1)$+60$　(2)-54　(3)-48　(4)-82

解き方
同符号の 2 数の和を求める計算です。
符　号…2 数と同じ符号
絶対値…2 数の絶対値の和
(1)$(+26)+(+34)=+(26+34)=+60$
(2)$(-36)+(-18)=-(36+18)=-54$
(3)$(-24)+(-24)=-(24+24)=-48$
(4)$(-49)+(-33)=-(49+33)=-82$

5 (1)-5　(2)$+24$　(3)0　(4)-73

解き方
異符号の 2 数の和を求める計算です。
符　号…絶対値の大きい方の符号
絶対値…2 数の絶対値の差
(1)$(+23)+(-28)=-(28-23)=-5$
(2)$(-41)+(+65)=+(65-41)=+24$
(3)$(+56)+(-56)=+(56-56)=0$
(4)$0+(-73)=-(73-0)=-73$

p.19 ぴたトレ1

1 (1)$+1.6$ (2)-2.2 (3)-3.7 (4)$+1.9$

解き方
(1)$(+4.8)+(-3.2)=+(4.8-3.2)=+1.6$
(2)$(-1.3)+(-0.9)=-(1.3+0.9)=-2.2$
(3)$(-8.2)+(+4.5)=-(8.2-4.5)=-3.7$
(4)$(+5.7)+(-3.8)=+(5.7-3.8)=+1.9$

2 (1)$-\frac{1}{5}$ (2)$-\frac{5}{7}$ (3)$-\frac{1}{2}$
(4)$-\frac{7}{6}$ $\left(-1\frac{1}{6}\right)$

解き方
(1)$\left(-\frac{3}{5}\right)+\left(+\frac{2}{5}\right)=-\left(\frac{3}{5}-\frac{2}{5}\right)=-\frac{1}{5}$
(2)$\left(-\frac{2}{7}\right)+\left(-\frac{3}{7}\right)=-\left(\frac{2}{7}+\frac{3}{7}\right)=-\frac{5}{7}$
(3)$\frac{1}{4}+\left(-\frac{3}{4}\right)=-\left(\frac{3}{4}-\frac{1}{4}\right)=-\frac{2}{4}=-\frac{1}{2}$
(4)$\left(-\frac{2}{3}\right)+\left(-\frac{1}{2}\right)=-\left(\frac{2}{3}+\frac{1}{2}\right)=-\frac{7}{6}$

3 (1)$+14$ (2)$+76$ (3)-2.4 (4)-0.6 (5)$+1$
(6)$-\frac{1}{6}$

解き方
(1)$(-14)-(-28)=(-14)+(+28)$
$=+(28-14)=+14$
(2)$(+57)-(-19)=(+57)+(+19)$
$=+(57+19)=+76$
(3)$(-1.8)-(+0.6)=(-1.8)+(-0.6)$
$=-(1.8+0.6)=-2.4$
(4)$(-1.5)-(-0.9)=(-1.5)+(+0.9)$
$=-(1.5-0.9)=-0.6$
(5)$\left(+\frac{1}{4}\right)-\left(-\frac{3}{4}\right)=\left(+\frac{1}{4}\right)+\left(+\frac{3}{4}\right)$
$=+\left(\frac{1}{4}+\frac{3}{4}\right)=+\frac{4}{4}=+1$
(6)$\left(-\frac{1}{3}\right)-\left(-\frac{1}{6}\right)=\left(-\frac{1}{3}\right)+\left(+\frac{1}{6}\right)$
$=-\left(\frac{1}{3}-\frac{1}{6}\right)=-\left(\frac{2}{6}-\frac{1}{6}\right)=-\frac{1}{6}$

4 (1)-5 (2)2 (3)10 (4)-23

解き方
(1)$3+(-8)=(+3)+(-8)$
$=-(8-3)=-5$
(2)$-4+6=(-4)+(+6)$
$=+(6-4)=2$
(3)$7-(-3)=(+7)+(+3)$
$=+(7+3)=10$
(4)$-14-9=(-14)-(+9)$
$=(-14)+(-9)$
$=-(14+9)=-23$

p.21 ぴたトレ1

1 (1)正の項 9, 27
負の項 -16, -5
(2)正の項 6, 10
負の項 -23, -18

解き方
加法だけの式に表したとき，正の数が正の項，負の数が負の項になります。

2 (1)$17-35=(+17)+(-35)=-18$
$-35+17=(-35)+(+17)=-18$
したがって，$17-35=-35+17$
(2)$\{13+(-19)\}+(-31)=(-6)+(-31)=-37$
$13+\{(-19)+(-31)\}=(+13)+(-50)=-3$
したがって，
$\{13+(-19)\}+(-31)=13+\{(-19)+(-31)$

解き方
2つの式をそれぞれ計算して，答えが等しくなることを確認します。

3 (1)-5 (2)0 (3)-13 (4)5

解き方
(1)$8-6-7=8-13=-5$
(2)$-4+9-5=9-4-5$
$=9-9=0$
(3)$(+2)+(-8)-7=2-8-7$
$=2-15=-13$
(4)$-15-(-11)+9=-15+11+9$
$=-15+20=5$

4 (1)-2 (2)-5 (3)-11 (4)2

解き方
(1)$3-4+5-6=3+5-4-6$
$=8-10=-2$
(2)$-7+9-(-1)-(+8)=-7+9+1-8$
$=9+1-7-8$
$=10-15=-5$
(3)$-10+(-3)-6-(-8)=-10-3-6+8$
$=8-10-3-6$
$=8-19=-11$
(4)$22-(+14)+16+(-22)=22-14+16-22$
$=22+16-14-22$
$=38-36=2$
(4)は，
$22-(+14)+16+(-22)=\cancel{22}-14+16-\cancel{22}$
$=-14+16=2$
と計算することもできます。

p.23 ぴたトレ1

(1)−20　(2)−56　(3)−65　(4)−48　(5)−24　(6)18　(7)63　(8)60

解き方
同符号の2数の積は絶対値の積に正の符号(＋)を，異符号の2数の積は絶対値の積に負の符号(−)をつけます。

(1)(−4)×5＝−(4×5)＝−20
(2)(−7)×8＝−(7×8)＝−56
(3)(−13)×5＝−(13×5)＝−65
(4)8×(−6)＝−(8×6)＝−48
(5)3×(−8)＝−(3×8)＝−24
(6)(−3)×(−6)＝＋(3×6)＝18
(7)(−9)×(−7)＝＋(9×7)＝63
(8)(−6)×(−10)＝＋(6×10)＝60

(1)−7　(2)−5　(3)−3　(4)−7　(5)7　(6)4　(7)$-\frac{1}{2}$　(8)$\frac{2}{3}$

解き方
同符号の2数の商は絶対値の商に正の符号(＋)を，異符号の2数の商は絶対値の商に負の符号(−)をつけます。

(1)(−42)÷6＝−(42÷6)＝−7
(2)(−45)÷9＝−(45÷9)＝−5
(3)12÷(−4)＝−(12÷4)＝−3
(4)49÷(−7)＝−(49÷7)＝−7
(5)(−35)÷(−5)＝＋(35÷5)＝7
(6)(−28)÷(−7)＝＋(28÷7)＝4
(7)$3\div(-6)=-(3\div6)=-\frac{1}{2}$
(8)$(-14)\div(-21)=+(14\div21)=\frac{2}{3}$

(1)−3.2　(2)−3　(3)0.35　(4)−0.8　(5)−40　(6)9

解き方
小数をふくんでも，計算のしかたは変わりません。

(1)0.4×(−8)＝−(0.4×8)＝−3.2
(2)(−5)×0.6＝−(5×0.6)＝−3
(3)(−0.5)×(−0.7)＝＋(0.5×0.7)＝0.35
(4)4.8÷(−6)＝−(4.8÷6)＝−0.8
(5)(−8)÷0.2＝−(8÷0.2)＝−40
(6)(−4.5)÷(−0.5)＝＋(4.5÷0.5)＝9

p.25 ぴたトレ1

1 (1)$-\frac{5}{8}$　(2)$\frac{9}{10}$

解き方
分数をふくんでも計算のしかたは変わりません。

(1)$\frac{5}{6}\times\left(-\frac{3}{4}\right)=-\left(\frac{5}{6}\times\frac{3}{4}\right)=-\frac{5}{8}$
(2)$\left(-\frac{2}{5}\right)\times\left(-\frac{9}{4}\right)=+\left(\frac{2}{5}\times\frac{9}{4}\right)=\frac{9}{10}$

2 (1)$-\frac{6}{5}$　(2)$-\frac{1}{8}$　(3)−5

解き方
かけて1になる数(分母と分子を入れかえてできる分数)を考えます。

3 (1)$\frac{5}{6}\times\left(-\frac{9}{5}\right)=-\frac{3}{2}$
(2)$\left(-\frac{2}{7}\right)\times\frac{1}{6}=-\frac{1}{21}$

解き方
わる数の逆数をかけます。

4 (1)(−5)×(−2)×19＝10×19＝190
(2)(−17)×25×4＝(−17)×100＝−1700

解き方
(1)19×(−5)×(−2)＝19×10＝190
としてもよいです。

5 (1)168　(2)$-\frac{1}{2}$

解き方
(1)(−2)×4×(−3)×7＝＋(2×4×3×7)＝168
(2)$\frac{2}{5}\times\frac{3}{2}\times\left(-\frac{5}{6}\right)=-\left(\frac{2}{5}\times\frac{3}{2}\times\frac{5}{6}\right)=-\frac{1}{2}$

6 (1)$\frac{1}{4}$　(2)$\frac{1}{14}$　(3)$-\frac{3}{8}$　(4)$-\frac{1}{4}$

解き方
(1)$\left(-\frac{4}{5}\right)\times\left(-\frac{1}{2}\right)\div\frac{8}{5}=\left(-\frac{4}{5}\right)\times\left(-\frac{1}{2}\right)\times\frac{5}{8}$
$=+\left(\frac{4}{5}\times\frac{1}{2}\times\frac{5}{8}\right)=\frac{1}{4}$
(2)$\left(-\frac{3}{4}\right)\div6\times\left(-\frac{4}{7}\right)=\left(-\frac{3}{4}\right)\times\frac{1}{6}\times\left(-\frac{4}{7}\right)$
$=+\left(\frac{3}{4}\times\frac{1}{6}\times\frac{4}{7}\right)=\frac{1}{14}$
(3)$\frac{7}{12}\times\left(-\frac{3}{5}\right)\div\frac{14}{15}=\frac{7}{12}\times\left(-\frac{3}{5}\right)\times\frac{15}{14}$
$=-\left(\frac{7}{12}\times\frac{3}{5}\times\frac{15}{14}\right)=-\frac{3}{8}$
(4)$\left(-\frac{5}{6}\right)\div\left(-\frac{4}{3}\right)\div\left(-\frac{5}{2}\right)$
$=\left(-\frac{5}{6}\right)\times\left(-\frac{3}{4}\right)\times\left(-\frac{2}{5}\right)$
$=-\left(\frac{5}{6}\times\frac{3}{4}\times\frac{2}{5}\right)=-\frac{1}{4}$

p.26〜27 ぴたトレ 2

1 (1)-18 (2)25 (3)-118 (4)-27 (5)-31
(6)13 (7)1.6 (8)-3.6 (9)-6.4

解き方
(1)$13+(-31)=-(31-13)=-18$
(2)$-19+(+44)=+(44-19)=25$
(3)$(-55)+(-63)=-(55+63)=-118$
(5)$(-16)-(+15)=-16+(-15)$
$=-(16+15)=-31$
(6)$-8-(-21)=-8+21$
$=+(21-8)=13$
(7)$-6.8+8.4=+(8.4-6.8)=1.6$
(8)$5.7+(-9.3)=-(9.3-5.7)=-3.6$
(9)$-2.7-3.7=-(2.7+3.7)=-6.4$

2 (1)$-\frac{1}{4}$ (2)$\frac{4}{21}$ (3)$\frac{17}{12}$ (4)$\frac{11}{20}$

解き方
(1)$\frac{1}{2}+\left(-\frac{3}{4}\right)=\frac{2}{4}+\left(-\frac{3}{4}\right)$
$=-\left(\frac{3}{4}-\frac{2}{4}\right)=-\frac{1}{4}$
(2)$-\frac{2}{3}+\frac{6}{7}=-\frac{14}{21}+\frac{18}{21}$
$=+\left(\frac{18}{21}-\frac{14}{21}\right)=\frac{4}{21}$
(3)$\frac{2}{3}-\left(-\frac{3}{4}\right)=\frac{8}{12}+\frac{9}{12}=\frac{17}{12}$
(4)$-\frac{1}{4}-\left(-\frac{4}{5}\right)=-\frac{5}{20}+\frac{16}{20}=\frac{11}{20}$

3 (1)-39 (2)26 (3)-11 (4)15.4

解き方
(1)$-14-8+6-23=6-14-8-23$
$=6-45=-39$
(2)$29+(-11)-(-30)-22=29-11+30-22$
$=29+30-11-22$
$=59-33=26$
(3)$6+(-18)-13-(-14)=6-18-13+14$
$=6+14-18-13$
$=20-31=-11$
(4)$-0.6-(-6.7)+4.2-(-5.1)$
$=-0.6+6.7+4.2+5.1$
$=6.7+4.2+5.1-0.6$
$=16-0.6=15.4$

4 (1)-72 (2)90 (3)0 (4)$-\frac{9}{2}$ (5)13
(6)-7 (7)9.6 (8)4 (9)0

解き方
(1)$(-18)\times4=-(18\times4)=-72$
(2)$(-15)\times(-6)=+(15\times6)=90$
(3)0と正の数，0と負の数の積は0です。
(4)$(-9)\div2=-(9\div2)=-\frac{9}{2}$
(5)$(-39)\div(-3)=+(39\div3)=13$
(6)$56\div(-8)=-(56\div8)=-7$
(7)$(-2.4)\times(-4)=+(2.4\times4)=9.6$
(8)$(-1.6)\div(-0.4)=+(1.6\div0.4)=4$
(9)0を正の数，0を負の数でわったときの商は0です。
しかし，どんな数も0でわることはできないので注意しましょう。

5 (1)$-\frac{10}{9}$ (2)9 (3)$\frac{3}{2}$ (4)$-\frac{27}{7}$

解き方
(1)$\frac{4}{3}\times\left(-\frac{5}{6}\right)=-\left(\frac{4}{3}\times\frac{5}{6}\right)=-\frac{10}{9}$
(2)$(-21)\times\left(-\frac{3}{7}\right)=+\left(21\times\frac{3}{7}\right)=9$
(3)$\left(-\frac{3}{8}\right)\div\left(-\frac{1}{4}\right)=\left(-\frac{3}{8}\right)\times(-4)$
$=+\left(\frac{3}{8}\times4\right)=\frac{3}{2}$
(4)$\left(-\frac{18}{5}\right)\div\frac{14}{15}=\left(-\frac{18}{5}\right)\times\frac{15}{14}$
$=-\left(\frac{18}{5}\times\frac{15}{14}\right)=-\frac{27}{7}$

6 (1)1100 (2)310 (3)$-\frac{45}{16}$ (4)$\frac{4}{5}$

解き方
(1)乗法の計算法則を使って，計算しやすい順序に入れかえます。
$(-4)\times11\times(-25)=(-4)\times(-25)\times11$
$=+(4\times25)\times11=100\times11=1100$
(2)$12.5\times(-3.1)\times(-8)=12.5\times(-8)\times(-3.1)$
$=(-100)\times(-3.1)=310$
(3)$\left(-\frac{8}{3}\right)\div\left(-\frac{16}{5}\right)\div\left(-\frac{8}{27}\right)$
$=-\left(\frac{8}{3}\times\frac{5}{16}\times\frac{27}{8}\right)=-\frac{45}{16}$
(4)$\frac{1}{3}\div\left(-\frac{7}{12}\right)\times(-1.4)=\frac{1}{3}\times\left(-\frac{12}{7}\right)\times\left(-\frac{14}{10}\right)$
$=+\left(\frac{1}{3}\times\frac{12}{7}\times\frac{14}{10}\right)=\frac{4}{5}$

理解のコツ
・正の数・負の数の加法・減法では，計算結果の符号を決め，絶対値の計算をするとよい。
・加減の混じった項の多い計算は，加法だけの式になおし，正の項の和，負の項の和をそれぞれ求めて計算すればよい。
・正の数・負の数の乗除では，先に符号を決めるとよい。
・乗除の混じった計算は，乗法だけの式になおし，計算結果の符号を決めてから計算すればよい。

p.29 ぴたトレ1

1 (1) 4　(2) −49　(3) 24　(4) −3　(5) −25　(6) −54

解き方
(1) $(-2)^2=(-2)\times(-2)=4$
(2) $-7^2=-(7\times7)=-49$
(3) $(-3)\times(-2)^3=(-3)\times(-8)=24$
(4) $(-3^3)\div3^2=(-27)\div9=-3$
(5) $(-5^2)\times(-1)^2=(-25)\times1=-25$
(6) $(-1)^3\times(-6)\times(-3^2)=(-1)\times(-6)\times(-9)$
$=-54$

2 (1) 19　(2) −11　(3) 31　(4) −40　(5) −95　(6) −27

解き方
(1) $17-12\div(-6)=17-(-2)=17+2=19$
(2) $24-(-5)\times(-7)=24-35=-11$
(3) $(-32)\div(-8)-9\times(-3)=4-(-27)$
$=4+27=31$
(4) $(-56)\div(-7)+(-6)\times8=8-48=-40$
(5) $-8^2-3\times(-2)^2-19=-64-3\times4-19$
$=-64-12-19=-95$
(6) $(-2^4)\div2^3-(-5)^2=(-16)\div8-25$
$=-2-25=-27$

3 (1) 40　(2) −8　(3) 14　(4) 19

解き方
(1) $-8\times\{(-2)-3\}=-8\times(-5)=40$
(2) $13+(-9+2)\times(5-2)=13+(-7)\times3$
$=13+(-21)=-8$
(3) $2\times\{-5-(-4)\}\times(-7)$
$=2\times(-1)\times(-7)=14$
(4) $20-\{(-2)^3-(6-15)\}$
$=20-\{-8-(-9)\}=20-(-8+9)$
$=20-1=19$

4 (1) $18\times\frac{4}{9}-18\times\frac{5}{6}=8-15=-7$
(2) $\left(-\frac{2}{3}\right)\times(-12)+\frac{1}{2}\times(-12)=8-6=2$

解き方
分配法則は−の場合も成り立ちます。
$(a-b)\times c=a\times c-b\times c$
$c\times(a-b)=c\times a-c\times b$

p.31 ぴたトレ1

1

	加法	減法	乗法	除法
整数の集合	○	○	○	△
数全体の集合	○	○	○	○

解き方
数の集合と四則計算の可能性について，表にまとめておきましょう。

2 (1) 3，17，23　(2) 31，37

解き方
1とその数のほかに約数がない自然数が素数です。ただし，1は素数にふくめません。
(1) $9=3\times3$ で，3も9の約数です。
同じように，$15=3\times5$，$20=4\times5$，$21=3\times7$ で，15，20，21は，1とその数のほかに約数があります。
(2) $30=3\times10$　$32=4\times8$　$33=3\times11$
$34=2\times17$　$35=5\times7$　$36=4\times9$
$38=2\times19$　$39=3\times13$　$40=4\times10$
と表すことができるので，
30，32，33，34，35，36，38，39，40は素数ではありません。
素数は，31と37です。

3 (1) $2^2\times3^2$　(2) 2×7^2　(3) $2^3\times3\times7$

解き方
(1)
2) 36
2) 18
3) 9
　　3

(2)
2) 98
7) 49
　　7

(3)
2) 168
2) 84
2) 42
3) 21
　　7

4 4の倍数 ㋐，㋒
21の倍数 ㋓，㋔

解き方
$4=2^2$ で，4の倍数は 2^2 と整数の積です。
$2^4\times5=2^2\times(2^2\times5)$
$2^2\times5\times11=2^2\times(5\times11)$
で，㋐と㋒が4の倍数です。
$21=3\times7$ で，21の倍数は 3×7 と整数の積です。
$2\times3\times7^2=(3\times7)\times(2\times7)$
$3^2\times5\times7=(3\times7)\times(3\times5)$
で，㋓と㋔が21の倍数です。

5 6

解き方
$18=2\times3^2$ で，18の倍数は 2×3^2 と整数の積です。
105を素因数分解すると，$105=3\times5\times7$ だから，
$105\times(2\times3)=3\times5\times7\times(2\times3)$
$=(2\times3^2)\times(5\times7)$
で，$2\times3=6$ をかければよいことになります。

p.33 ぴたトレ1

1 〔表〕

	月	火	水	木	金
貸し出した本の冊数(冊)	127	114	131	105	143
目標(120冊)との違い(冊)	+7	−6	+11	−15	+23

〔平均〕124冊

解き方
目標との違いの平均を求めて，目標にたすと，平均が求められます。
$\{(+7)+(-6)+(+11)+(-15)+(+23)\}\div5+120$
$=124$(冊)

2 79.5点

解き方
$\{(+12)+(-5)+0+(+4)+(-8)+(-6)\}\div6+80$
$=79.5$(点)

3 〔表〕

	Aさん	Bさん	Cさん	Dさん	Eさん
跳べた高さ(cm)	53	35	42	47	38
仮平均との違い(cm)	+8	−10	−3	+2	−7

〔平均〕43 cm

解き方
まず，Eさんの記録から仮平均を求めます。
仮平均は，$38-(-7)=45$(cm)
仮平均を45 cmとして，表の空欄をうめます。
平均は，
$\{(+8)+(-10)+(-3)+(+2)+(-7)\}\div5+45$
$=43$(cm)

4 平均 52杯
総売上数 312杯

解き方
平均 $\{(-1)+0+(-7)+(-3)+6+17\}\div6+50=52$(杯)
総売上数 $52\times6=312$(杯)

p.34〜35 ぴたトレ2

1 (1)-196 (2)-4 (3)-225 (4)$\frac{27}{128}$ (5)1
(6)1

解き方
(1)$(-7)^2\times(-2^2)=49\times(-4)=-196$
(2)$(-6^2)\div(-3)^2=(-36)\div9=-4$
(3)$5^2\times(-1)^3\times(-3)^2=25\times(-1)\times9=-225$
(4)$(-3)^3\div2^3\div(-4^2)=(-27)\div8\div(-16)$
$=+\left(27\times\frac{1}{8}\times\frac{1}{16}\right)=\frac{27}{128}$
(5)$\left(-\frac{4}{9}\right)\times\left(-\frac{3}{4}\right)^2\div\left(-\frac{1}{4}\right)$
$=\left(-\frac{4}{9}\right)\times\frac{9}{16}\times(-4)$
$=+\left(\frac{4}{9}\times\frac{9}{16}\times4\right)$
$=1$
(6)$\frac{2}{3}\times\left(-\frac{1}{2}\right)^2-\left(-\frac{5}{6}\right)=\frac{2}{3}\times\frac{1}{4}+\frac{5}{6}$
$=\frac{1}{6}+\frac{5}{6}=1$

2 (1)-8 (2)-14 (3)28 (4)-181

解き方
(1)$32-(-8)\times(-5)=32-(+40)$
$=32+(-40)=-8$
(2)$(-6)+12\div(-9)\times6$
$=-6-\left(12\times\frac{1}{9}\times6\right)$
$=-6-8=-14$
(3)$26-\{-7-3\times(-3)\}\times(-1)$
$=26-(-7+9)\times(-1)$
$=26-2\times(-1)$
$=26+2=28$
(4)$\{18-(-35)\div7\}\times(-8)-(-3)$
$=(18+5)\times(-8)+3$
$=-(23\times8)+3$
$=-184+3=-181$

3 (1)$(-12)\times\frac{1}{3}-(-12)\times\frac{3}{4}=-4+9=5$
(2)$(-71-29)\times86=(-100)\times86=-8600$

解き方
(2)分配法則を逆方向にみると，
$a\times c+b\times c=(a+b)\times c$

4 加法，乗法，除法

解き方
減法については，例えば，$2-5=-3$ となって，負の数になります。

5 13，29，43，47

解き方
$18=2\times9$ $(18=3\times6)$ $22=2\times11$
$34=2\times17$ $39=3\times13$ $51=3\times17$
だから，18，22，34，39，51は素数ではありません。

6 (1)$2^3\times5\times7$ (2)$2\times3^3\times11$ (3)$2\times5^2\times19$

解き方
(1) 2) 280 / 2) 140 / 2) 70 / 5) 35 / 7
(2) 2) 594 / 3) 297 / 3) 99 / 3) 33 / 11
(3) 2) 950 / 5) 475 / 5) 95 / 19

7 14

解き方
504を素因数分解すると，
$504=2^3\times3^2\times7$
$2^3\times3^2\times7=2^2\times3^2\times2\times7$
$=(2\times3)^2\times2\times7$
と表せるから，504を $2\times7=14$ でわると，
$(2\times3)^2=6^2$
になります。

8 21

解き方
252，462，735 を素因数分解すると，
$252=2^2\times3^2\times7$
$462=2\times3\times7\times11$
$735=3\times5\times7^2$
これらに共通する積は 3×7 だから，$3\times7=21$ で
3 つの数をすべてわり切ることができます。

9 75 点

解き方
$\{(+15)+(-7)+0+(-4)+(+21)\}\div5+70=75$(点)

10 〔表〕

	月	火	水	木	金	土	日
売上数(皿)	79	63	58	62	68	86	88
仮平均との違い(皿)	+9	−7	−12	−8	−2	+16	+18

〔平均〕72 皿

解き方
まず，金曜日の値から仮平均を求めます。
仮平均は，
$68-(-2)=70$(皿)
仮平均を 70 皿として，表の空欄をうめます。
平均は，
$\{(+9)+(-7)+(-12)+(-8)+(-2)+(+16)+(+18)\}$
$\div7+70=72$(皿)

理解のコツ
- 指数の計算では，例えば，$(-3)^2$ と -3^2 の違いに注意しよう。
- 四則やかっこの混じった計算では，計算の順序をしっかり理解しておくこと。
- 素因数分解を使うと，その数がどんな整数の倍数であるかを見つけやすくなる。
- 仮平均を使う平均の求め方を，しっかりと理解しておこう。

p.36～37 ぴたトレ 3

1 (1)-5 (2)西へ -3 km 進む (3)-4
(4)-1，0，1 (5)4
(6)-2，-1.4，$-\frac{5}{4}$，$-\frac{3}{10}$，0.1

解き方
(3)$-5<-4.8<-4$
(4)「2 より小さい」というときは，2 はふくまれません。

-2 -1 0 1 2（数直線，2，2）

(6)$-\frac{3}{10}=-0.3$　$-\frac{5}{4}=-1.25$
負の数は，絶対値が大きいほど小さい。

2 (1)-5，3，17，1
(2)-13.5 (3)17 (4)-0.01
(5)-5，-0.01，$-\frac{1}{5}$，-13.5
(6)3，17

解き方
(2)負の数で絶対値がもっとも大きい数です。
(5)正の数を 3 乗すると正の数になり，負の数を 3 乗すると負の数になります。

3 (1)-14 (2)-16 (3)-2.5 (4)$-\frac{9}{8}$ (5)39
(6)$-\frac{5}{2}$ (7)-4 (8)3

解き方
(1)$(-27)+13=-(27-13)=-14$
(2)$-31-(-15)=-31+15$
$=-(31-15)=-16$
(3)$(-1.6)+(-2.3)+1.4=-(1.6+2.3)+1.4$
$=-3.9+1.4=-(3.9-1.4)=-2.5$
(4)$\frac{3}{8}-\frac{5}{8}-\frac{7}{8}=\frac{3}{8}-\left(\frac{5}{8}+\frac{7}{8}\right)=\frac{3}{8}-\frac{12}{8}$
$=-\left(\frac{12}{8}-\frac{3}{8}\right)=-\frac{9}{8}$
(5)$(-3)\times(-13)=+(3\times13)=39$
(6)$1\div\left(-\frac{2}{5}\right)=1\times\left(-\frac{5}{2}\right)=-\frac{5}{2}$
(7)$(-2)^3\times(-6)\div(-12)$
$=(-8)\times(-6)\times\left(-\frac{1}{12}\right)=-4$
(8)$\left(-\frac{3}{4}\right)^2\times\left(-\frac{2}{3}\right)\div\left(-\frac{1}{2}\right)^3$
$=\frac{9}{16}\times\left(-\frac{2}{3}\right)\div\left(-\frac{1}{8}\right)$
$=\frac{9}{16}\times\frac{2}{3}\times8=3$

❹ (1)-88　(2)26　(3)11　(4)$\dfrac{1}{6}$　(5)$-\dfrac{17}{10}$　(6)24

解き方

(1)$(-46)-(-14)\times(-3)$

$=-46-42=-88$

(2)$\{-3+2\times(-5)\}\times(-2)$

$=(-3-10)\times(-2)$

$=(-13)\times(-2)=26$

(3)$\{(9-15)\div(-2)+13\}+(-5)$

$=\{(-6)\div(-2)+13\}+(-5)$

$=(3+13)+(-5)$

$=16-5=11$

(4)$\dfrac{1}{3}\times\left\{-\dfrac{1}{6}-\left(-\dfrac{2}{3}\right)\right\}=\dfrac{1}{3}\times\left(-\dfrac{1}{6}+\dfrac{4}{6}\right)$

$=\dfrac{1}{3}\times\dfrac{3}{6}=\dfrac{1}{6}$

(5)$(-1.5)\times\dfrac{1}{3}+0.9\div\left(-\dfrac{3}{4}\right)$

$=\left(-\dfrac{3}{2}\right)\times\dfrac{1}{3}+\dfrac{9}{10}\times\left(-\dfrac{4}{3}\right)=-\dfrac{1}{2}-\dfrac{6}{5}$

$=-\dfrac{5}{10}-\dfrac{12}{10}=-\dfrac{17}{10}$

(6)$(-6)^2\times\dfrac{5}{9}-0.5^2\times(-16)$

$=36\times\dfrac{5}{9}-\left(\dfrac{1}{2}\right)^2\times(-16)$

$=20+\dfrac{1}{4}\times16=24$

❺ (1)4　(2)210，315

解き方

(1)165を素因数分解すると，

$165=3\times5\times11$

$12=2^2\times3$ だから，165に $2^2=4$ をかけると

$165\times4=3\times5\times11\times2^2$ で，$12=2^2\times3$ の倍数になります。

(2)それぞれの数を素因数分解すると，

$168=2^3\times3\times7$　　$180=2^2\times3^2\times5$

$210=2\times3\times5\times7$　　$280=2^3\times5\times7$

$315=3^2\times5\times7$

$15=3\times5$ の倍数でもあり，$21=3\times7$ の倍数でもある数は，

$210=2\times3\times5\times7$

$315=3^2\times5\times7$

です。

❻ (1)木曜日　(2)6 ℃　(3)20 ℃

解き方

(1)もっとも気温が低かったのは，日曜日より2 ℃気温が低かった木曜日です。

(2)$(+5)-(-1)=6$(℃)

(3)$21-\{0+(-1)+(+5)+(+2)+(-2)+(-1)+(+4)\}\div7=20$(℃)

2章　文字の式

p.39　ぴたトレ0

1 (1)680円　(2)$x\times6+200=y$　(3)740

解き方　(2)ことばの式を使って考えるとわかりやすいです。
(1)で考えた値段が80円のところをx円におきかえて式をつくります。
上の答え以外の表し方でも，意味があっていれば正解です。

2 (1)ノート8冊の代金
(2)ノート1冊と鉛筆(えんぴつ)1本をあわせた代金
(3)ノート4冊と消しゴム1個をあわせた代金

解き方　式の中の数が，それぞれ何を表しているのかを考えます。
(3)$x\times4$はノート4冊，70円は消しゴム1個の代金です。

p.41　ぴたトレ1

1 (1)$1000-80\times4$(円)　(2)$1000-80\times x$(円)

解き方　おつり＝1000－80×品物の個数
の式に，数や文字をあてはめます。

2 (1)$32-a$(人)　(2)$a\times5$(cm^2)
(3)$150\times x+70$(円)

解き方　(1)女子の人数＝全体の人数－男子の人数
(2)平行四辺形の面積＝底辺×高さ
(3)代金＝単価×個数＋箱代

3 (1)$a\times3+b\times4$(円)　(2)$1000\times x+100\times y$(円)
(3)$a\times6+b$(本)

解き方　(2)1000円のx倍と100円のy倍との和になります。
(3)a本の6倍よりもb本多い本数になります。

p.43　ぴたトレ1

1 (1)$5x^2y$　(2)$-ab$　(3)$7(a+b)$
(4)$\dfrac{x-y}{3}$　(5)$20a-12$　(6)$-3b-\dfrac{c}{5}$

解き方　×の記号は省きます。
数を文字の前に書きます。
同じ文字の積は指数を使って書きます。
÷の記号は使わず分数の形で書きます。
(4)$\dfrac{1}{3}(x-y)$などとしてもよいです。
(6)-3は文字bの前に書き，わる数5は分母にして，分数の形で書きます。

2 (1)$2\times x\times y$　(2)$(a-b)\div7$
(3)$2\times a-3\times b$　(4)$x\div3-2\times(y+z)$

解き方　(1)$x\times y\times2$，$y\times x\times2$など文字・数の順は入れかわってもよいです。
(2)分子の$a-b$には，かっこをつけます。
注　上の解答以外に，×，÷の記号を省いた結果が，与えられた式になるものは正解です。ほかの問題も同じように考えられます。

3 (1)$3a-2b$(円)　(2)$\dfrac{50}{x}$(秒)　(3)$\dfrac{7}{10}x$(円)

解き方　(1)残金＝出した金額－代金
(2)時間＝道のり÷速さ
(3)3割引きだから，定価の7割になります。
$0.7x$(円)としてもよいです。

4 (1)家から目的地まで行くのにかかった時間
(2)家から目的地までの道のり

解き方　(1)aは自動車に乗っていた時間，bは歩いた時間です。
(2)$40a$は自動車で進んだ道のり，$4b$は歩いて進んだ道のりです。

p.45　ぴたトレ1

1 (1)0　(2)36

解き方　(1)$21-3\times7=21-21=0$
(2)$21-3\times(-5)=21+15=36$

2 (1)14　(2)28

解き方　(1)$(-1)\times(-4)+10=4+10=14$
(2)$8-5\times(-4)=8+20=28$

3 (1)-8　(2)5

解き方　(1)$24\div x=24\div(-3)=-8$
(2)$-15\div x=-15\div(-3)=5$

4 (1)25　(2)-25

解き方　(1)$(-5)\times(-5)=25$
(2)$-\{(-5)\times(-5)\}=-25$

5 (1)4　(2)44　(3)32　(4)-1

解き方　(1)$5\times4+2\times(-8)=20-16=4$
(2)$3\times4-4\times(-8)=12+32=44$
(3)$-6\times4-7\times(-8)=-24+56=32$
(4)$\dfrac{3}{4}\times4+\dfrac{1}{2}\times(-8)=3-4=-1$

6 式 $4x+6y$(人)，人数 58 人

解き方
4 人がけのいすには $4x$ 人，6 人がけのいすには $6y$ 人がすわれるので，式は，$4x+6y$(人)になります。
$4x+6y$ に $x=7$，$y=5$ を代入すると，
$4\times7+6\times5=58$(人)

p.46〜47 ぴたトレ 2

1 (1)$a\times100-b\times5$(cm)　(2)$b-a\times12$(円)
(3)$x\times\dfrac{103}{100}$(g)

解き方
(1)a(m)$=a\times100$(cm)として単位をそろえます。
(2)1 ダースは 12 本です。
(3)3 % 重くすると，もとの重さの 103 % になります。
$x\times1.03$(g)でもよいです。

2 (1)$-x^3$　(2)$-\dfrac{ab}{c}$　(3)$\dfrac{x}{3y}$　(4)$\dfrac{3(a+b)}{c}$
(5)$a^2b-\dfrac{b}{c^2}$　(6)$5(x-y)-\dfrac{x+y}{9}$

解き方
(2)$a\times(-b)\times\dfrac{1}{c}=-\dfrac{ab}{c}$
(3)$x\times\dfrac{1}{y}\times\dfrac{1}{3}=\dfrac{x}{3y}$
(4)$(a+b)\times\dfrac{1}{c}\times3=\dfrac{3(a+b)}{c}$
(5)$a\times a\times b-b\times\dfrac{1}{c}\times\dfrac{1}{c}=a^2b-\dfrac{b}{c^2}$
(6)$(x-y)\times5-(x+y)\times\dfrac{1}{9}=5(x-y)-\dfrac{x+y}{9}$

3 (1)$\dfrac{a+b+c}{3}$(点)　(2)$6a+b$
(3)$\dfrac{60}{100}y$　$\left(\dfrac{3}{5}y\right)$(人)

解き方
(1)平均点＝得点の合計÷回数
(2)わられる数＝わる数×商＋余り
(3)男子生徒の人数＝全体の生徒の人数×$\dfrac{60}{100}$

4 (1)立方体の 6 つの面の面積の合計
(2)残りの道のり

解き方
(1)a^2 は，1 辺の長さが am の正方形の面積
(2)ab(m)は，歩いた道のり

5 (1)-2　(2)$\dfrac{1}{3}$　(3)24

解き方
(1)$6\div x=6\div(-3)=-2$
(2)$6\div x=6\div18=\dfrac{1}{3}$
(3)$6\div x=6\div\dfrac{1}{4}=6\times4=24$

6 (1)7　(2)-10　(3)-18　(4)27　(5)2　(6)-1

解き方
(1)$-(-3)+4=3+4=7$
(2)$-(-3)^2-1=-9-1=-10$
(3)$-2\times(-3)^2=-2\times9=-18$
(4)$-(-3)^3=-(-27)=27$
(5)$\{-(-3)+5\}\div4=(3+5)\div4=8\div4=2$
(6)$\{2\times(-3)-3\}\div(-3)^2=(-6-3)\div9$
$=(-9)\div9=-1$

7 (1)-48　(2)66　(3)-40　(4)0

解き方
(1)$4\times5+7\times(-10)+2=20-70+2=-48$
(2)$2\times5-6\times(-10)-4=10+60-4=66$
(3)$-3\times5+\dfrac{5}{2}\times(-10)=-15-25=-40$
(4)$-\dfrac{5}{10}-\dfrac{5}{-10}=-\dfrac{5}{10}+\dfrac{5}{10}=0$

8 式 $5000-(180a+130b)$(円)
おつり 2780 円

解き方
$a=8$，$b=6$ のときのおつりは，
$5000-(180a+130b)$ に $a=8$，$b=6$ を代入して求めます。
$5000-(180\times8+130\times6)=2780$(円)

理解のコツ
・文字式の表し方をしっかり理解しておこう。
・式の値を求めるときに，負の数を代入する場合は，めんどうでも必ずかっこをつけることがたいせつです。

p.49 ぴたトレ 1

1 (1)項 $\dfrac{x}{3}$，$-2y$
x の係数 $\dfrac{1}{3}$
y の係数 -2
(2)項 $-a$，b，-10
a の係数 -1
b の係数 1

2 (1)$9x$　(2)$5y$　(3)$-5a$　(4)$\dfrac{7}{5}b$

解き方
(1)$4x+5x=(4+5)x=9x$
(2)$8y-3y=(8-3)y=5y$
(3)$-4a-a=(-4-1)a=-5a$
(4)$b+\dfrac{2}{5}b=\left(1+\dfrac{2}{5}\right)b=\dfrac{7}{5}b$

3 (1)$4x+2$　(2)$2x-5$　(3)-2　(4)$18y-4$

解き方
(1)$7x+2-3x=7x-3x+2=4x+2$
(2)$-4x-5+6x=-4x+6x-5=2x-5$
(3)$-x-8+x+6=-x+x-8+6=-2$
(4)$10y-7+8y+3=10y+8y-7+3=18y-4$

4 (1)$\boldsymbol{9a-2}$ (2)$\boldsymbol{3x+1}$ (3)$\boldsymbol{-2a-9}$ (4)$\boldsymbol{15b+4}$

解き方
(1)$5a+(4a-2)=5a+4a-2=9a-2$
(2)$6x+2-(3x+1)=6x+2-3x-1$
$=6x-3x+2-1=3x+1$
(3)$-3a-3-(6-a)=-3a-3-6+a$
$=-3a+a-3-6=-2a-9$
(4)$8b-5-(-7b-9)=8b-5+7b+9$
$=8b+7b-5+9=15b+4$

5 (1)**和** $\boldsymbol{9x-7}$，**差** $\boldsymbol{3x-1}$
(2)**和** $\boldsymbol{-3a}$，**差** $\boldsymbol{a-10}$

解き方
(1)和 $(6x-4)+(3x-3)$
$=6x-4+3x-3=9x-7$
差 $(6x-4)-(3x-3)$
$=6x-4-3x+3=3x-1$
(2)和 $(-a-5)+(-2a+5)$
$=-a-5-2a+5=-3a$
差 $(-a-5)-(-2a+5)$
$=-a-5+2a-5=a-10$

p.51 ぴたトレ1

1 (1)$\boldsymbol{-21x}$ (2)$\boldsymbol{-4a}$ (3)$\boldsymbol{-15a}$ (4)$\boldsymbol{-25x}$

解き方
(1)$3x\times(-7)=3\times(-7)\times x=-21x$
(2)$-8a\div2=-\dfrac{8a}{2}=-4a$
(3)$\left(-\dfrac{3}{4}a\right)\times20=\left(-\dfrac{3}{4}\right)\times20\times a=-15a$
(4)$15x\div\left(-\dfrac{3}{5}\right)=15\times\left(-\dfrac{5}{3}\right)\times x=-25x$

2 (1)$\boldsymbol{36x-63}$ (2)$\boldsymbol{-18x+15}$ (3)$\boldsymbol{8x-10}$
(4)$\boldsymbol{-\dfrac{1}{3}x+\dfrac{1}{4}}$

解き方
(1)$(4x-7)\times9=4x\times9-7\times9=36x-63$
(2)$-3(6x-5)=-3\times6x+(-3)\times(-5)$
$=-18x+15$
(3)$12\left(\dfrac{2}{3}x-\dfrac{5}{6}\right)=12\times\dfrac{2}{3}x-12\times\dfrac{5}{6}=8x-10$
(4)$\left(-x+\dfrac{3}{4}\right)\times\dfrac{1}{3}=(-1)\times x\times\dfrac{1}{3}+\dfrac{3}{4}\times\dfrac{1}{3}$
$=-\dfrac{1}{3}x+\dfrac{1}{4}$

3 (1)$\boldsymbol{3x-2}$ (2)$\boldsymbol{4a-1}$ (3)$\boldsymbol{28x-21}$ (4)$\boldsymbol{-2x+\dfrac{3}{11}}$

解き方
(1)$(15x-10)\div5=\dfrac{15x}{5}-\dfrac{10}{5}=3x-2$
(2)$(-12a+3)\div(-3)=\dfrac{-12a}{-3}+\dfrac{3}{-3}=4a-1$
(3)$(24x-18)\div\dfrac{6}{7}=(24x-18)\times\dfrac{7}{6}$
$=24x\times\dfrac{7}{6}-18\times\dfrac{7}{6}=28x-21$
(4)$\left(6x-\dfrac{9}{11}\right)\div(-3)=\left(6x-\dfrac{9}{11}\right)\times\left(-\dfrac{1}{3}\right)$
$=6x\times\left(-\dfrac{1}{3}\right)-\dfrac{9}{11}\times\left(-\dfrac{1}{3}\right)=-2x+\dfrac{3}{11}$

4 (1)$\boldsymbol{6y-14}$ (2)$\boldsymbol{-8a-20}$

解き方
(1)$\dfrac{3y-7}{4}\times8=(3y-7)\times2=6y-14$
(2)$-12\times\dfrac{2a+5}{3}=-4\times(2a+5)=-8a-20$

5 (1)$\boldsymbol{30x+22}$ (2)$\boldsymbol{-2x+3}$

解き方
(1)$6(x+5)+8(3x-1)=6x+30+24x-8$
$=30x+22$
(2)$4(x-3)-3(2x-5)=4x-12-6x+15$
$=-2x+3$

p.53 ぴたトレ1

1 **左辺** $\boldsymbol{4a+6}$，**右辺** $\boldsymbol{10-3b}$
左辺と右辺を入れかえた式 $\boldsymbol{10-3b=4a+6}$

解き方
等号の左側にある式が左辺，右側にある式が右辺です。

2 (1)$\boldsymbol{1000-4a=b}$ (2)$\boldsymbol{x-6y=3}$
(3)$\boldsymbol{8x=3y+5000}$

解き方
ことばの式を使ったり，図や表に整理したりして，数量の関係を式に表します。
例えば，(1)では，
$4a+b=1000$ $4a=1000-b$
なども同じ数量の関係を表したものであり，正答です。
ほかの問題も同じように考えられます。

3 (1)$\boldsymbol{x-7>\dfrac{1}{2}x}$ (2)$\boldsymbol{100<5x}$
(3)$\boldsymbol{4a+80b\leqq1000}$

解き方
(1)もとの数 x の $\dfrac{1}{2}$ は，$\dfrac{1}{2}x$ で表されます。
(2)100 枚は 5 枚の x 倍よりも少ないことを不等式で表します。
(3)「1000 円以下」は≦を使って表します。

4 (1)**ノート 3 冊とボールペン 2 本を買うと，代金は 610 円である。**
(2)**ノート 2 冊とボールペン 5 本を買うと，代金は 500 円以上である。**

解き方
(1)左辺の $3x+2y$ は，ノート 3 冊とボールペン 2 本の代金を表しています。
(2)左辺の $2x+5y$ は，ノート 2 冊とボールペン 5 本の代金を表し，「$\geqq500$」は 500 円以上であることを表しています。

p.54〜55 ぴたトレ2

1 (1)$-5x+9$ (2)$4.8x-6.1$ (3)$\frac{2}{5}a-\frac{3}{7}$

(4)$-\frac{1}{12}b+\frac{1}{6}$

解き方

(1)$11x-4-16x+13=11x-16x-4+13$
$=-5x+9$

(2)$8.2x-4.3+(-3.4x-1.8)$
$=(8.2-3.4)x-4.3-1.8=4.8x-6.1$

(3)$\left(\frac{a}{5}+\frac{2}{7}\right)+\left(\frac{a}{5}-\frac{5}{7}\right)=\frac{a}{5}+\frac{a}{5}+\frac{2}{7}-\frac{5}{7}$
$=\frac{2}{5}a-\frac{3}{7}$

(4)$\left(\frac{2}{3}b-\frac{1}{3}\right)-\left(\frac{3}{4}b-\frac{1}{2}\right)=\frac{2}{3}b-\frac{1}{3}-\frac{3}{4}b+\frac{1}{2}$
$=\left(\frac{2}{3}-\frac{3}{4}\right)b-\frac{1}{3}+\frac{1}{2}=-\frac{1}{12}b+\frac{1}{6}$

2 (1)和 $1.1x-3.6$, 差 $-0.3x-0.2$

(2)和 $-\frac{9}{10}y+\frac{1}{2}$, 差 $-\frac{1}{10}y+\frac{5}{6}$

解き方

(1)和 $(0.4x-1.9)+(0.7x-1.7)$
$=0.4x-1.9+0.7x-1.7=1.1x-3.6$

差 $(0.4x-1.9)-(0.7x-1.7)$
$=0.4x-1.9-0.7x+1.7=-0.3x-0.2$

(2)和 $\left(-\frac{1}{2}y+\frac{2}{3}\right)+\left(-\frac{2}{5}y-\frac{1}{6}\right)$
$=-\frac{1}{2}y+\frac{2}{3}-\frac{2}{5}y-\frac{1}{6}$
$=-\frac{1}{2}y-\frac{2}{5}y+\frac{2}{3}-\frac{1}{6}=-\frac{9}{10}y+\frac{1}{2}$

差 $\left(-\frac{1}{2}y+\frac{2}{3}\right)-\left(-\frac{2}{5}y-\frac{1}{6}\right)$
$=-\frac{1}{2}y+\frac{2}{3}+\frac{2}{5}y+\frac{1}{6}$
$=-\frac{1}{2}y+\frac{2}{5}y+\frac{2}{3}+\frac{1}{6}=-\frac{1}{10}y+\frac{5}{6}$

3 (1)$-4x$ (2)$\frac{1}{2}x$ (3)$-10x$ (4)$-\frac{3}{5}a$

(5)$-6x$ (6)$6y$

解き方

(1)$\left(-\frac{2}{3}x\right)\times6=-\frac{2}{3}\times6\times x=-4x$

(2)$-\frac{3}{2}\times\left(-\frac{1}{3}x\right)=\frac{3}{2}\times\frac{1}{3}\times x=\frac{1}{2}x$

(3)$-18x\times\frac{5}{9}=-18\times\frac{5}{9}\times x=-10x$

(4)$36a\div(-60)=-\frac{36}{60}a=-\frac{3}{5}a$

(5)$-8x\div\frac{4}{3}=-8x\times\frac{3}{4}$
$=-8\times\frac{3}{4}\times x=-6x$

(6)$\left(-\frac{9}{4}y\right)\div\left(-\frac{3}{8}\right)=\left(-\frac{9}{4}y\right)\times\left(-\frac{8}{3}\right)$
$=\frac{9}{4}\times\frac{8}{3}\times y=6y$

4 (1)$-\frac{5}{2}x+\frac{10}{3}$ (2)$-16a+6$ (3)$-x-15$

(4)$2x+21$

解き方

(1)$-\frac{5}{6}(3x-4)=-\frac{5}{6}\times3x+\frac{5}{6}\times4$
$=-\frac{5}{2}x+\frac{10}{3}$

(2)$(8a-3)\div\left(-\frac{1}{2}\right)=(8a-3)\times(-2)$
$=8a\times(-2)+3\times2=-16a+6$

(3)$3(x-1)-8\times\frac{x+3}{2}=3x-3-4(x+3)$
$=3x-3-4x-12=-x-15$

(4)$\frac{2}{3}(-6x+9)-\frac{3}{4}(-8x-20)$
$=-4x+6+6x+15=2x+21$

5 (1)$7x=4y+3$ (2)$\frac{a+b+90}{3}=80$

(3)$x-3=y+3$ (4)$\frac{186}{100}x=y$ $\left(\frac{93}{50}x=y\right)$

解き方

(1)わられる数＝わる数×商＋余り

(2)合計点÷回数＝平均点

(3)兄が弟に3枚渡すと，兄は$x-3$(枚)，弟は$y+3$(枚)になります。

(4)7％引きだから，定価の$\frac{93}{100}$になります。

$2x\times\frac{93}{100}=2\times\frac{93}{100}\times x=\frac{186}{100}x$

6 (1)$18<\frac{1}{2}(4x+6)$ $(18<2x+3)$ (2)$a-3b<2$

(3)$50a+35(15-a)+100\leqq1000$

解き方

(1)18は$(4x+6)\times\frac{1}{2}$より小さいことになります。

(2)a mからb mの3倍をひいた残りは$a-3b$(m)になります。

(3)50円の菓子と35円の菓子をあわせて15個買ったから，35円の菓子の個数は$15-a$(個)です。

7 (1)$3x-3$(個)

(2)下の図のように，3つのかどを除いた1辺に並んだ石の数を求めて3倍し，除いたかどの石の数をたした。

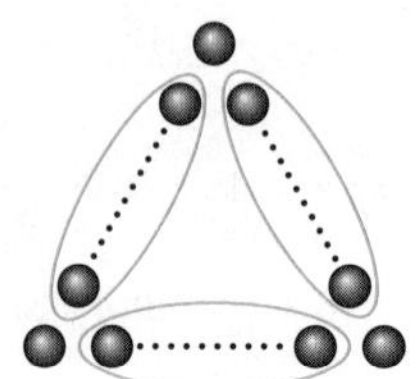

解き方

(1) 3つの辺に並んだ石の数の和を求めたあと，2度数えているかどの石の数をひきます。

(2)かどの石を除いた1辺の数は，$x-2$(個)
辺が3つあるから，$3(x-2)$(個)
これに，除いたかどの石の数3個をたすと，
$3(x-2)+3$(個)

理解のコツ

・一次式の計算では，同じ文字の項どうし，数の項どうしを，それぞれまとめます。
・関係を表す式では，数量の間の関係に着目し，等式なのか不等式なのかを考えることがたいせつです。
・不等式では，「～より大きい(小さい)」や，以上，以下などの表し方に注意が必要です。

p.56～57 ぴたトレ3

1 (1)$-2ab$ (2)$-xy^2$ (3)$\dfrac{y}{a-b}$ (4)$-\dfrac{5(x-y)}{4}$

解き方

(4)$(x-y)\div(-4)\times5$
$=(x-y)\times\left(-\dfrac{1}{4}\right)\times5=-\dfrac{5(x-y)}{4}$
分数の表し方はほかにも考えられます。

2 (1)$4a+3$(本) (2)$\dfrac{b}{a+b}$ (3)$\dfrac{3a}{b}$(時間)

解き方

(2)女子の割合$=\dfrac{\text{女子の人数}}{\text{クラス全員の人数}}$

(3)時速a kmで3時間進むと，$a\times3$(km)進みます。
道のり÷速さから時間を求めます。

3 (1)歩いた道のり (2)残りの道のり

解き方

(2)$5b$は歩いた道のりで，それを全部の道のりからひいているので，$a-5b$(m)は残りの道のりを表しています。

4 (1)-3 (2)7 (3)-13

解き方

(1)$18\times\left(-\dfrac{1}{3}\right)^2-5=18\times\dfrac{1}{9}-5=-3$

(2)$3-\left(-\dfrac{8}{2}\right)=3+4=7$

(3)$-15\times\dfrac{6}{5}-7\div\left(-\dfrac{7}{5}\right)=-18-7\times\left(-\dfrac{5}{7}\right)$
$=-18+5=-13$

5 (1)$2x+2$ (2)$11a-15$ (3)$-\dfrac{1}{2}x$
(4)$-\dfrac{4}{5}y$ (5)$-5a+4$ (6)$-2x+54$
(7)$-20y+18$ (8)$1.3x-0.4$

解き方

(1)$4x-1+(-2x+3)=4x-1-2x+3$
$=2x+2$

(2)$5a-8-(7-6a)=5a-8-7+6a=11a-15$

(3)$4x\times\left(-\dfrac{1}{8}\right)=4\times\left(-\dfrac{1}{8}\right)\times x=-\dfrac{1}{2}x$

(4)$-\dfrac{3}{5}y\div\dfrac{3}{4}=-\dfrac{3}{5}y\times\dfrac{4}{3}=-\dfrac{4}{5}y$

(5)$(20a-16)\div(-4)=-\dfrac{20a}{4}+\dfrac{16}{4}$
$=-5a+4$

(6)$6(x+5)-8(x-3)=6x+30-8x+24$
$=-2x+54$

(7)$-12\left(\dfrac{5}{3}y-\dfrac{3}{2}\right)$
$=-12\times\dfrac{5}{3}y+(-12)\times\left(-\dfrac{3}{2}\right)$
$=-20y+18$

(8)$0.7(3x-8)-4(0.2x-1.3)$
$=2.1x-5.6-0.8x+5.2=1.3x-0.4$

6 和 $-6x+2$，差 $4x+10$

解き方

和 $(-x+6)+(-5x-4)$
$=-x+6-5x-4=-6x+2$
差 $(-x+6)-(-5x-4)$
$=-x+6+5x+4=4x+10$

7 (1)$a=3n-2$ (2)$xy>40$ (3)$7-\dfrac{3}{4}x=y$

解き方

(1)n人に3個ずつ配るには，$3n$個いりますが，a個では2個たりない，すなわち2個少ないことを表します。

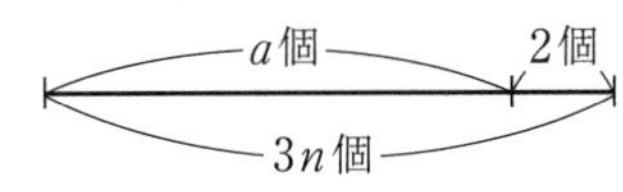

(2)毎分y Lずつx分間水を入れると，はいる水の量はxy Lです。
水があふれていたことから，このxy Lが40 Lより多いことを表します。

(3)45分は$\dfrac{3}{4}$時間だから，時速x kmで45分間進むと，その道のりは$x\times\dfrac{3}{4}$(km)です。

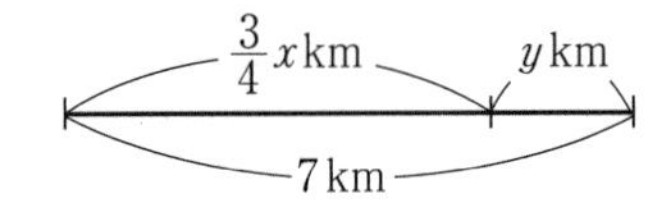

3章　方程式

p.59　ぴたトレ 0

1 (1)分速 80 m　(2)80 km　(3)0.2 時間

解き方

(1)速さ＝道のり÷時間だから，

400÷5＝80

(2) 1 時間 20 分は $\frac{80}{60}$ 時間だから，

$60\times\frac{80}{60}=80$ (km)

(3) 1 時間は (60×60) 秒だから，

秒速 75 m を時速になおすと，

75×3600＝270000(m)

270000 m＝270 km

です。

時間＝道のり÷速さだから，

54÷270＝0.2(時間)

12 分もしくは 720 秒でも正解です。

2 (1)$\frac{2}{5}$　(0.4)　(2)$\frac{8}{5}$　$\left(1\frac{3}{5},\ 1.6\right)$　(3)$\frac{5}{6}$

解き方

$a:b$ の比の値は，$a\div b$ で求められます。

(2)$4\div2.5=40\div25=\frac{40}{25}=\frac{8}{5}$

(3)$\frac{2}{3}\div\frac{4}{5}=\frac{2}{3}\times\frac{5}{4}=\frac{5}{6}$

3 (1)17：19　(2)36：19

解き方

(2)クラス全体の人数は，17＋19＝36(人)です。

p.61　ぴたトレ 1

1 ㋑，㋒

解き方

それぞれの方程式に $x=2$ を代入してみます。

㋐左辺＝2−7＝−5

右辺＝5

左辺と右辺が等しくないので，2 は解ではありません。

㋑左辺＝−2×2−3＝−4−3＝−7

右辺＝−7

左辺と右辺が等しいので，2 は解です。

㋒左辺＝10−2＝8

右辺＝3×2＋2＝6＋2＝8

左辺と右辺が等しいので，2 は解です。

2 (1)❷　(2)❶　(3)❹　(4)❸

解き方

(1)両辺から 2 をひきます。

$x+2-2=-3-2$

$x=-5$

(2)両辺に 7 をたします。

$x-7+7=2+7$

$x=9$

(3)両辺を 3 でわります。

$3x\div3=21\div3$

$x=7$

(4)両辺に 4 をかけます。

$\frac{x}{4}\times4=12\times4$

$x=48$

なお，(1)は「両辺に −2 をたす」，(2)は「両辺から −7 をひく」，(3)は「両辺に $\frac{1}{3}$ をかける」，(4)は「両辺を $\frac{1}{4}$ でわる」と考えることもできるので，(1)は❶，(2)は❷，(3)は❸，(4)は❹でもよいです。

3 (1)

$x+4=8$

$x+4-4=8-4$

$x=4$

(2)

$x+11=5$

$x+11-11=5-11$

$x=-6$

(3)

$x-3=10$

$x-3+3=10+3$

$x=13$

(4)

$x-6=-9$

$x-6+6=-9+6$

$x=-3$

(5)

$2+x=-8$

$2+x-2=-8-2$

$x=-10$

(6)

$-7+x=0$

$-7+x+7=0+7$

$x=7$

4 (1)

$\frac{x}{3}=5$

$\frac{x}{3}\times3=5\times3$

$x=15$

(2)

$\frac{x}{2}=-7$

$\frac{x}{2}\times2=-7\times2$

$x=-14$

(3)

$3x=6$

$3x\div3=6\div3$

$x=2$

(4) $9x=-27$

$9x\div9=-27\div9$

$x=-3$

(5) $-\dfrac{x}{5}=6$

$-\dfrac{x}{5}\times(-5)=6\times(-5)$

$x=-30$

(6) $-7x=-56$

$-7x\div(-7)=-56\div(-7)$

$x=8$

p.63 ぴたトレ1

1 (1)$x=4$ (2)$x=-5$ (3)$x=-9$ (4)$x=6$

解き方

(1) $5x-8=12$
$5x=12+8$
$5x=20$
$x=4$

(2) $3x-2=-17$
$3x=-17+2$
$3x=-15$
$x=-5$

(3) $-4x-6=30$
$-4x=30+6$
$-4x=36$
$x=-9$

(4) $-7x+27=-15$
$-7x=-15-27$
$-7x=-42$
$x=6$

2 (1)$x=-4$ (2)$x=6$ (3)$x=-6$ (4)$x=-14$

解き方

(1) $9x=5x-16$
$9x-5x=-16$
$4x=-16$
$x=-4$

(2) $8x=60-2x$
$8x+2x=60$
$10x=60$
$x=6$

(3) $-6x=-3x+18$
$-6x+3x=18$
$-3x=18$
$x=-6$

(4) $-7x=14-6x$
$-7x+6x=14$
$-x=14$
$x=-14$

3 (1)$x=2$ (2)$x=6$ (3)$x=-6$ (4)$x=0$
(5)$x=1$ (6)$x=-7$

解き方

(1) $3x+7=x+11$
$3x-x=11-7$
$2x=4$
$x=2$

(2) $5x-4=2x+14$
$5x-2x=14+4$
$3x=18$
$x=6$

(3) $4x+10=3x+4$
$4x-3x=4-10$
$x=-6$

(4) $2x+13=6x+13$
$2x-6x=13-13$
$-4x=0$
$x=0$

(5) $-7x+4=2x-5$
$-7x-2x=-5-4$
$-9x=-9$
$x=1$

(6) $5x+4=8x+25$
$5x-8x=25-4$
$-3x=21$
$x=-7$

4 (1)$x=9$ (2)$x=-4$

解き方

(1) $40=6x-14$
$6x-14=40$
$6x=40+14$
$6x=54$
$x=9$

(2) $44=12-8x$
$12-8x=44$
$-8x=44-12$
$-8x=32$
$x=-4$

p.65 ぴたトレ1

1 (1)$x=4$ (2)$x=7$ (3)$x=3$ (4)$x=-4$

解き方

(1) $7x+2=3(x+6)$
$7x+2=3x+18$
$7x-3x=18-2$
$4x=16$
$x=4$

(2) $4(x-3)=x+9$
$4x-12=x+9$
$4x-x=9+12$
$3x=21$
$x=7$

(3) $-2(x+9)=6(x-7)$
$-2x-18=6x-42$
$-2x-6x=-42+18$
$-8x=-24$
$x=3$

(4) $9-5(x+2)=19$
$9-5x-10=19$
$-5x=19-9+10$
$-5x=20$
$x=-4$

2 (1)$x=12$ (2)$x=-2$ (3)$x=-13$ (4)$x=-7$

解き方

(1) $\dfrac{1}{3}x-1=\dfrac{1}{4}x$
両辺に12をかけると,
$4x-12=3x$
$4x-3x=12$
$x=12$

(2) $\dfrac{x-1}{4}=\dfrac{5}{8}x+\dfrac{1}{2}$
両辺に8をかけると,
$2(x-1)=5x+4$
$2x-2=5x+4$
$2x-5x=4+2$
$-3x=6$
$x=-2$

(3) $\dfrac{x+3}{2}=\dfrac{x-2}{3}$
両辺に6をかけると,
$3(x+3)=2(x-2)$
$3x+9=2x-4$
$3x-2x=-4-9$
$x=-13$

(4) $\dfrac{x+2}{5}-x=6$
両辺に5をかけると,
$(x+2)-5x=30$
$x+2-5x=30$
$x-5x=30-2$
$-4x=28$
$x=-7$

3 (1)$x=3$　(2)$x=-4$　(3)$x=-4$
(4)$x=-5$　(5)$x=-13$　(6)$x=-7$

解き方
(1)$0.8x-0.1=2+0.1x$
両辺に 10 をかけると，
$8x-1=20+x$
$8x-x=20+1$
$7x=21$
$x=3$
(2)$0.7x-4.2=x-3$
両辺に 10 をかけると，
$7x-42=10x-30$
$7x-10x=-30+42$
$-3x=12$
$x=-4$
(3)$0.5x-0.27=0.6x+0.13$
両辺に 100 をかけると，
$50x-27=60x+13$
$50x-60x=13+27$
$-10x=40$
$x=-4$
(4)$0.02(x-6)=0.1x+0.28$
両辺に 100 をかけると，
$2(x-6)=10x+28$
$2x-12=10x+28$
$2x-10x=28+12$
$-8x=40$
$x=-5$
(5)$90x+400=50x-120$
両辺を 10 でわると，
$9x+40=5x-12$
$9x-5x=-12-40$
$4x=-52$
$x=-13$
(6)$700x-2100=1400(x+2)$
両辺を 100 でわると，
$7x-21=14(x+2)$
$7x-21=14x+28$
$7x-14x=28+21$
$-7x=49$
$x=-7$

p.67 ぴたトレ 1

1 比の値が等しいもの ㋒と㋓
比例式 18：48=6：16

解き方
比の値を求めると，
㋐$\frac{5}{8}$　㋑$\frac{8}{6}=\frac{4}{3}$　㋒$\frac{18}{48}=\frac{3}{8}$
㋓$\frac{6}{16}=\frac{3}{8}$　㋔$\frac{28}{32}=\frac{7}{8}$　㋕$\frac{21}{27}=\frac{7}{9}$

2 (1)$x=16$　(2)$x=8$　(3)$x=\frac{8}{3}$　(4)$x=\frac{25}{2}$

解き方
(1)両辺の比の値が等しいことから，
$\frac{x}{28}=\frac{4}{7}$
分母をはらうと，
$\frac{x}{28}\times28=\frac{4}{7}\times28$
$x=16$
(2)両辺の比の値が等しいことから，
$\frac{24}{9}=\frac{x}{3}$
分母をはらうと，
$\frac{24}{9}\times9=\frac{x}{3}\times9$
$24=3x$
$x=8$
(3)両辺の比の値が等しいことから，
$\frac{x}{12}=\frac{2}{9}$
分母をはらうと，
$\frac{x}{12}\times36=\frac{2}{9}\times36$
$3x=8$
$x=\frac{8}{3}$
(4)両辺の比の値が等しいことから，
$\frac{5}{6}=\frac{x}{15}$
分母をはらうと，
$\frac{5}{6}\times30=\frac{x}{15}\times30$
$25=2x$
$x=\frac{25}{2}$

3 (1)$x=21$　(2)$x=6$　(3)$x=36$　(4)$x=40$
(5)$x=12$　(6)$x=14$　(7)$x=15$　(8)$x=13$

解き方
$a：b=c：d$ ならば，$ad=bc$ を使って解きます。
(1)$x：18=7：6$
$x\times6=18\times7$
$6x=126$
$x=21$
(2)$x：27=2：9$
$x\times9=27\times2$
$9x=54$
$x=6$
(3) $9：7=x：28$
$9\times28=7\times x$
$252=7x$
$x=36$
(4)$3：5=24：x$
$3\times x=5\times24$
$3x=120$
$x=40$

(5) $x:9=\frac{2}{3}:\frac{1}{2}$

$\frac{1}{2}\times x=9\times\frac{2}{3}$

$\frac{1}{2}x=6$

$x=12$

(6) $\frac{1}{7}:\frac{1}{5}=10:x$

$\frac{1}{7}\times x=\frac{1}{5}\times 10$

$\frac{1}{7}x=2$

$x=14$

(7) $3:8=x:(25+x)$

$3\times(25+x)=8\times x$

$75+3x=8x$

$-5x=-75$

$x=15$

(8) $x:(x-4)=26:18$

$x\times 18=(x-4)\times 26$

$18x=26x-104$

$-8x=-104$

$x=13$

p.68~69 ぴたトレ2

1 ㋐と㋓

解き方

$x=-3$ を代入して，左辺と右辺の式の値をくらべます。

㋐左辺$=2\times(-3+3)=2\times 0=0$

右辺$=3\times(-3)+9=-9+9=0$

よって，-3 は解です。

㋑左辺$=-8\times(-3)+23=24+23=47$

右辺$=7\times\{4-(-3)\}=7\times 7=49$

よって，-3 は解ではありません。

㋒左辺$=3.1\times(-3)+0.2=-9.3+0.2=-9.1$

右辺$=2.3\times(-3)-1.4=-6.9-1.4=-8.3$

よって，-3 は解ではありません。

㋓左辺$=\frac{1}{3}\times(-3)-2=-1-2=-3$

右辺$=\frac{1}{6}\times(-3)-\frac{5}{2}=-\frac{1}{2}-\frac{5}{2}=-3$

よって，-3 は解です。

2 (1)$\boldsymbol{x=-24}$ (2)$\boldsymbol{x=-40}$ (3)$\boldsymbol{x=7}$ (4)$\boldsymbol{x=-7}$

(5)$\boldsymbol{x=-5}$ (6)$\boldsymbol{x=-12}$

解き方

(1) $12+x=-12$

両辺から 12 をひくと，

$12+x-12=-12-12$

$x=-24$

(2) $-\frac{3}{5}x=24$

両辺に $-\frac{5}{3}$ をかけると，

$-\frac{3}{5}x\times\left(-\frac{5}{3}\right)=24\times\left(-\frac{5}{3}\right)$

$x=-40$

(3) $50-6x=8$

$-6x=8-50$

$-6x=-42$

$x=7$

(4) $5x-7=8x+14$

$5x-8x=14+7$

$-3x=21$

$x=-7$

(5) $x-20=10x+25$

$x-10x=25+20$

$-9x=45$

$x=-5$

(6) $13x+36=9x-12$

$13x-9x=-12-36$

$4x=-48$

$x=-12$

3 (1)$\boldsymbol{x=-\frac{3}{4}}$ (2)$\boldsymbol{x=\frac{13}{2}}$ (3)$\boldsymbol{x=7}$ (4)$\boldsymbol{x=1}$

(5)$\boldsymbol{x=-2}$ (6)$\boldsymbol{x=\frac{10}{3}}$

解き方

(1) $5(3x-2)=7x-16$

$15x-10=7x-16$

$8x=-6$

$x=-\frac{3}{4}$

(2) $-3(x-6)=x-8$

$-3x+18=x-8$

$-4x=-26$

$x=\frac{13}{2}$

(3) $3(x-1)=2(x+2)$

$3x-3=2x+4$

$x=7$

(4) $3(x+2)-5(1-x)=9$

$3x+6-5+5x=9$

$8x+1=9$

$8x=8$

$x=1$

(5) $4(x+1)-3=1+(x-6)$

$4x+4-3=1+x-6$

$4x+1=x-5$

$3x=-6$

$x=-2$

(6) $2x-4(2x-5)=3x-10$

$2x-8x+20=3x-10$

$-6x+20=3x-10$

$-9x=-30$

$x=\frac{10}{3}$

4 (1)$\boldsymbol{x=5}$ (2)$\boldsymbol{x=1}$ (3)$\boldsymbol{x=4}$ (4)$\boldsymbol{x=\frac{6}{5}}$

解き方

(1) $\frac{1}{2}x-7=-\frac{6}{5}x+\frac{3}{2}$

両辺に 10 をかけると，

$5x-70=-12x+15$

$17x=85$

$x=5$

(2) $x-\frac{3}{2}=\frac{x}{6}-\frac{2}{3}$

両辺に 6 をかけると，

$6x-9=x-4$

$5x=5$

$x=1$

(3) $\dfrac{x-4}{3}=\dfrac{4-x}{2}$

両辺に 6 をかけると,

$(x-4)\times 2=(4-x)\times 3$

$2x-8=12-3x$

$5x=20$

$x=4$

(4) $\dfrac{2}{3}(2x+3)=\dfrac{3}{4}(6-x)$

両辺に 12 をかけると,

$(2x+3)\times 8=(6-x)\times 9$

$16x+24=54-9x$

$25x=30$

$x=\dfrac{6}{5}$

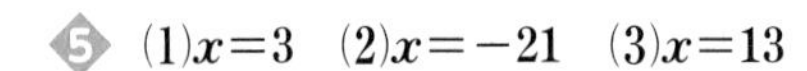

5 (1) $x=3$　(2) $x=-21$　(3) $x=13$

(4) $x=2$　(5) $x=5$　(6) $x=-\dfrac{1}{3}$

解き方

(1) $2.6x-4=-1.2x+7.4$

両辺に 10 をかけると,

$26x-40=-12x+74$

$38x=114$

$x=3$

(2) $-0.9x-3.7=-0.2x+11$

両辺に 10 をかけると,

$-9x-37=-2x+110$

$-7x=147$

$x=-21$

(3) $1.3(x-5)=0.8x$

両辺に 10 をかけると,

$13(x-5)=8x$

$13x-65=8x$

$5x=65$

$x=13$

(4) $0.3x-0.2=0.7(0.2-0.1x)+0.4$

$0.3x-0.2=0.14-0.07x+0.4$

両辺に 100 をかけると,

$30x-20=14-7x+40$

$37x=74$

$x=2$

(5) $2000-150x=1300-10x$

両辺を 10 でわると,

$200-15x=130-x$

$-15x+x=130-200$

$-14x=-70$

$x=5$

(6) $100(7x-5)=200(2x-3)$

両辺を 100 でわると,

$7x-5=2(2x-3)$

$7x-5=4x-6$

$3x=-1$

$x=-\dfrac{1}{3}$

6 (1) $x=10$　(2) $x=\dfrac{8}{5}$　(3) $x=\dfrac{8}{3}$　(4) $x=21$

解き方

$a:b=c:d$ ならば, $ad=bc$

であることを利用します。

(1) $8.4:2.1=40:x$

$8.4x=2.1\times 40$

$8.4x=84$

$x=10$

(2) $x:6=\dfrac{1}{3}:\dfrac{5}{4}$

$\dfrac{5}{4}x=6\times\dfrac{1}{3}$

$\dfrac{5}{4}x=2$

$x=2\times\dfrac{4}{5}$

$x=\dfrac{8}{5}$

(3) $x:(6-x)=4:5$

$5x=4(6-x)$

$5x=24-4x$

$9x=24$

$x=\dfrac{8}{3}$

(4) $(x-7):4=x:6$

$6(x-7)=4x$

$6x-42=4x$

$2x=42$

$x=21$

理解のコツ

・方程式を解くときには,「かっこをはずす」「分母をはらう」「移項する」などを行い, $ax=b$ の形に整理します。

このとき, 面倒でも式をとばさず, ていねいに計算することがたいせつです。

p.71 ぴたトレ 1

1 (1) $3(12+x)$　(2) 2 年後

解き方

(1)(x 年後の父親の年齢)

=(x 年後のゆうきさんの年齢)×3

から, 方程式をつくります。

(2) $40+x=3(12+x)$

$40+x=36+3x$

$x-3x=36-40$

$-2x=-4$

$x=2$

この解は問題にあっています。

2 6個

解き方

りんごの個数をx個とすると，なしの個数は$11-x$(個)になります。

代金の関係から，

$150x+180(11-x)=1800$

$150x+1980-180x=1800$

$-30x=-180$

$x=6$

この解は問題にあっています。

3 30円

解き方

バナナ1本の値段をx円とすると，

$8x+120=2(x+150)$

$6x=180$

$x=30$

この解は問題にあっています。

4 (1)8人 (2)29個

解き方

(1)子どもの人数をx人とし，みかんの個数を2通りで表した関係式から，

$3x+5=4x-3$

$x=8$

この解は問題にあっています。

(2)$3x+5$に$x=8$を代入すると，

$3\times8+5=29$(個)

p.73 ぴたトレ1

1 4分後

解き方

姉が出発してからx分後に妹に追いつくとすると，

$240x=60(12+x)$

$240x=720+60x$

$180x=720$

$x=4$

この解は問題にあっています。

2 追いつくことはできない

解き方

兄が出発してからx分後に妹に追いつくとすると，

$260x=60(20+x)$

$260x=1200+60x$

$200x=1200$

$x=6$

妹は，$1500\div60=25$から，25分で図書館に着くので，$25-20=5$で，兄は出発してから5分以内で追いつかないと，妹は図書館に着いてしまいます。

よって，兄は妹に追いつくことはできません。

3 35gずつ増やせばよい

解き方

ウスターソースとケチャップをxgずつ増やすとすると，

$(85+x):(145+x)=2:3$

$3(85+x)=2(145+x)$

$255+3x=290+2x$

$x=35$

この解は問題にあっています。

4 480mL

解き方

はじめにBの容器にxmLの牛乳がはいっていたとすると，

$(150+300):(x-300)=5:2$

$450\times2=5(x-300)$

$900=5x-1500$

$-5x=-2400$

$x=480$

この解は問題にあっています。

p.74~75 ぴたトレ2

1 8年後

解き方

x年後に2.5倍になるとすると，x年後の父の年齢は$42+x$(歳)，あかりさんの年齢は$12+x$(歳)だから

$42+x=2.5(12+x)$

両辺に2をかけると，

$84+2x=5(12+x)$

$-3x=-24$

$x=8$

この解は問題にあっています。

2 りんご4個，オレンジ6個

解き方

りんごの個数をx個とすると，オレンジの個数は$10-x$(個)になります。

代金の関係から，

$140x+120(10-x)+200=1480$

$140x+1200-120x+200=1480$

$20x=80$

$x=4$

オレンジの個数は，$10-4=6$(個)

この解は問題にあっています。

3 18

解き方

$x+21$が$x-5$の3倍に等しいから，

$x+21=3(x-5)$

$x+21=3x-15$

$-2x=-36$

$x=18$

この解は問題にあっています。

❹ 6 脚

解き方

2 通りのすわり方から，集まった人数を長いすの数を使って 2 通りに表し，方程式をつくります。

長いすを x 脚並べたとすると，

$4x+2=5(x-1)+1$

$4x+2=5x-5+1$

$-x=-6$

$x=6$

この解は問題にあっています。

❺ 1 時間 20 分後

解き方

B さんが出発してから x 時間後に出会うとすると，A さんは $2+x$（時間）移動し，B さんは x 時間移動しています。

2 人の移動した道のりの和について方程式をつくると，

$4(2+x)+5x=20$

$8+4x+5x=20$

$9x=12$

$x=\dfrac{4}{3}$

$\dfrac{4}{3}$ 時間は 1 時間 20 分です。

この解は問題にあっています。

❻ 200 mL

解き方

B の容器から取り出した紅茶の量を x mL とすると，

$(120+x):(400-x)=8:5$

$5(120+x)=8(400-x)$

$600+5x=3200-8x$

$13x=2600$

$x=200$

この解は問題にあっています。

❼ 男子 24 人，女子 16 人

解き方

男子の人数を x 人とすると，女子の人数は $40-x$（人）で，

（男子の総得点）+（女子の総得点）

=（クラスの総得点）から，

$67x+69.5(40-x)=68\times40$

$67x+2780-69.5x=2720$

$-2.5x=-60$

$x=24$

女子の人数は，$40-24=16$（人）

この解は問題にあっています。

❽ A 160 cm，B 95 cm，C 145 cm

解き方

B の長さを x cm とすると，A の長さは $2x-30$（cm），C の長さは $x+50$（cm）になります。

3 人の長さの和が 400 cm だから，

$(2x-30)+x+(x+50)=400$

$2x-30+x+x+50=400$

$4x=380$

$x=95$

A の長さは，$95\times2-30=160$（cm）

C の長さは，$95+50=145$（cm）

この解は問題にあっています。

❾ 10 km

解き方

自転車に乗って進んだ道のりを x km とすると，歩いた道のりは $12-x$（km）になります。

自転車に乗って進んだ時間は $\dfrac{x}{10}$ 時間，歩いた時間は $\dfrac{12-x}{4}$ 時間で，その和が $\dfrac{3}{2}$ 時間だから，

$\dfrac{x}{10}+\dfrac{12-x}{4}=\dfrac{3}{2}$

$2x+5(12-x)=30$

$2x+60-5x=30$

$-3x=-30$

$x=10$

この解は問題にあっています。

理解のコツ

・方程式の文章題では，問題をよく読み，数量関係を等式に表しますが，このとき，図や表などを用いると数量の関係がわかりやすくなります。

・単位をそろえることや，最後に，解がその問題にあっているかどうかを調べることも忘れずに。

p.76～77 ぴたトレ 3

❶ (1)$x=-4$ (2)$x=-\dfrac{17}{7}$ (3)$x=4$ (4)$x=\dfrac{3}{2}$

解き方

(1) $3x+8=-4$

$3x=-12$

$x=-4$

(2) $4-12x=-5x+21$

$-12x+5x=21-4$

$-7x=17$

$x=-\dfrac{17}{7}$

(3) $3x-(7x-1)=-15$

$3x-7x+1=-15$

$-4x=-16$

$x=4$

(4) $4(x+2)-7(2x-1)=0$

$4x+8-14x+7=0$

$-10x=-15$

$x=\dfrac{3}{2}$

2 (1)$x=-4$　(2)$x=-\frac{1}{3}$　(3)$x=6$　(4)$x=5$

(5)$x=\frac{4}{25}$　(6)$x=-\frac{8}{3}$

解き方

(1)$\frac{x-2}{3}=x+2$

両辺に3をかけると,

$x-2=(x+2)\times3$

$x-2=3x+6$

$-2x=8$

$x=-4$

(2)　$\frac{x-1}{2}-\frac{3x-2}{3}=\frac{5x+3}{4}$

両辺に12をかけると,

$(x-1)\times6-(3x-2)\times4=(5x+3)\times3$

$6x-6-12x+8=15x+9$

$-6x+2=15x+9$

$-21x=7$

$x=-\frac{1}{3}$

(3)$0.2+0.03x=0.08x-0.1$

両辺に100をかけると,

$20+3x=8x-10$

$-5x=-30$

$x=6$

(4)$500x-400=10(20x+110)$

$500x-400=200x+1100$

両辺を100でわると,

$5x-4=2x+11$

$3x=15$

$x=5$

(5) $\frac{1}{3}:x=\frac{5}{6}:\frac{2}{5}$

$\frac{1}{3}\times\frac{2}{5}=x\times\frac{5}{6}$

$\frac{5}{6}x=\frac{2}{15}$

$x=\frac{2}{15}\times\frac{6}{5}=\frac{4}{25}$

(6)$x:(x-2)=4:7$

$7x=4(x-2)$

$7x=4x-8$

$3x=-8$

$x=-\frac{8}{3}$

3 $a=1$

解き方

$x=-1$が解だから,方程式に代入すると,aについての方程式になります。

$\frac{-1+a}{2}=3a-2-1$

$\frac{-1+a}{2}=3a-3$

両辺に2をかけると,

$-1+a=(3a-3)\times2$

$-1+a=6a-6$

$-5a=-5$

$a=1$

4 **1800円**

解き方

りんご1個の値段をx円とすると,所持金は$12x-120$(円)と$10x+200$(円)の2通りに表せます。この2つの式は等しいから,

$12x-120=10x+200$

$2x=320$

$x=160$

持っていたお金は,$160\times10+200=1800$(円)

この解は問題にあっています。

5 **95 m**

解き方

電車の長さをx mとおいて,鉄橋・トンネルのそれぞれを通りぬける速さは等しいという関係式をつくります。

ただし,通りぬけるには,電車の長さを考慮に入れなければならないことに注意します。

$\frac{175+x}{18}=\frac{730+x}{55}$

$(175+x)\times55=(730+x)\times18$

$9625+55x=13140+18x$

$37x=3515$

$x=95$

この解は問題にあっています。

6 **2400 m　(2.4 km)**

解き方

A,C間の道のりは4000 m

歩く速さは,$4000\div40=100$より,分速100 m

A,B間の道のりをx mとすると,

B,C間の道のりは$4000-x$(m)です。

A,C間をバスで行き,C,B間を徒歩でもどる時間は$8+\frac{4000-x}{100}$(分)だから,かかった時間についての方程式をつくると,

$8+\frac{4000-x}{100}=\frac{x}{100}$

$800+4000-x=x$

$-2x=-4800$

$x=2400$

この解は問題にあっています。

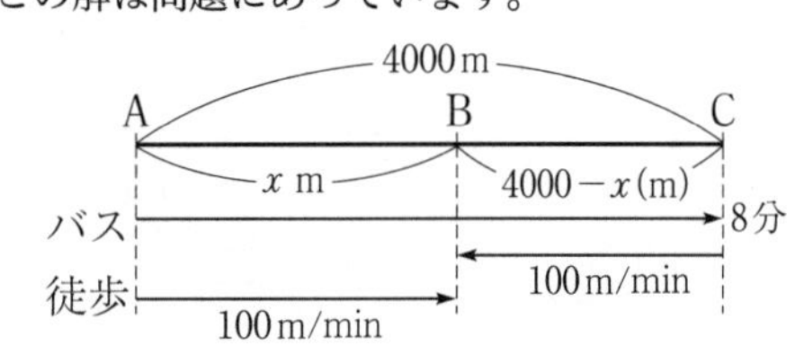

4章　変化と対応

p.79　ぴたトレ0

1 (1)$y=1000-x$　(2)$y=90x$，○

(3)$y=\frac{100}{x}$，△

解き方

式は上の表し方以外でも，意味があっていれば正解です。

(2)x の値が2倍，3倍，……になると，
y の値も2倍，3倍，……になります。

(3)x の値が2倍，3倍，……になると，
y の値は $\frac{1}{2}$ 倍，$\frac{1}{3}$ 倍，……になります。

2

x (cm)	1	2	3	4	5	6	7	…
y (cm²)	3	6	9	12	15	18	21	…

解き方

表から決まった数を求めます。
y=決まった数×x だから，
12÷4=3 で，決まった数は3になります。

3

x (cm)	1	2	3	4	5	6	…
y (cm)	48	24	16	12	9.6	8	…

解き方

表から決まった数を求めます。
y=決まった数÷x だから，
3×16=48 で，決まった数は48になります。

p.81　ぴたトレ1

1 (1)○　(2)×　(3)○　(4)×

解き方

(1)正方形の周の長さが x cm のとき，1辺の長さは $\frac{1}{4}x$ cm となるから，面積は $y=\frac{1}{4}x\times\frac{1}{4}x$ となります。
よって，x の値を決めると，それに対応して y の値がただ1つに決まるので，y は x の関数です。

(2)例えば，長方形の周の長さが20 cm のとき，
縦8 cm，横2 cm ならば，面積は，
$y=8\times2=16$(cm²)
縦6 cm，横4 cm ならば，面積は，
$y=6\times4=24$(cm²)
このように，面積はただ1つには決まりません。
よって，y は x の関数ではありません。

(3)おつり=出したお金−代金から，
$y=1000-x$
x の値(代金)を決めると y の値(おつり)がただ1つに決まります。
よって，y は x の関数です。

(4)x の値(男子の平均点)が決まっても，y の値(女子の平均点)が決まるということはありません。
よって，y は x の関数ではありません。

2 (1)〔表〕

x(個)	1	2	3	4	5
y(円)	350	500	650	800	950

〔グラフ〕

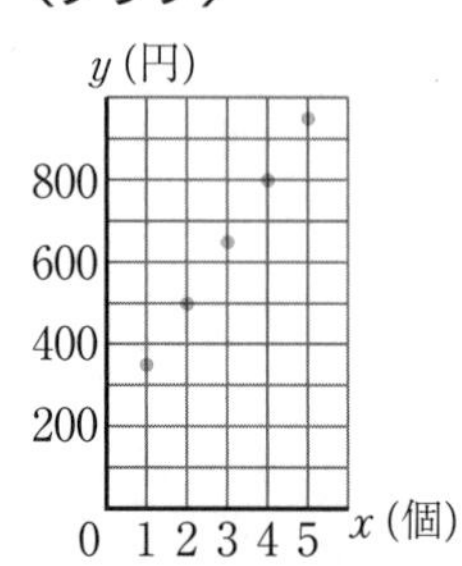

(2)y の値は大きくなっていく

(3)$y=150x+200$

解き方

(1)〔表〕
$x=1$ のとき，$y=150\times1+200=350$
$x=2$ のとき，$y=150\times2+200=500$
$x=3$ のとき，$y=150\times3+200=650$
$x=4$ のとき，$y=150\times4+200=800$
$x=5$ のとき，$y=150\times5+200=950$

〔グラフ〕
$x=1$，$y=350$ のところに黒丸をつけます。
$x=2$，$y=500$ のところに黒丸をつけます。
$x=3$，$y=650$ のところに黒丸をつけます。
$x=4$，$y=800$ のところに黒丸をつけます。
$x=5$，$y=950$ のところに黒丸をつけます。

(2)x の値が1，2，3，……と大きくなると，
y の値は350，500，650，……と大きくなっています。
グラフに表すと，グラフは右上がりになります。

(3)代金=ケーキの代金+箱の代金
の式になります。

3 (1)(不等号)$-1<x<5$

(数直線)

(2)(不等号)$-6\leqq x<2$

(数直線)

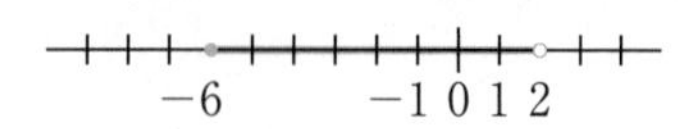

解き方

(1)「より大きい」,「より小さい」は等号がつかない>,<になります。
数直線上に表すときは,その数をふくまないという意味で白丸◦にします。

(2)「以上」はその数をふくむので,等号がついた≦になります。
「未満」はその数をふくまないので,等号がつかない<になります。
数直線上に表すときは,「以上」はその数をふくむという意味で黒丸•にします。
「未満」はその数をふくまないので,白丸◦にします。

p.83 ぴたトレ1

1 (1) **$y=80x$ と表されるから,y は x に比例する。**
比例定数 80

(2) **$y=2x$ と表されるから,y は x に比例する。**
比例定数 2

解き方

(1) y が x に比例するとは,$y=ax$(a は定数)の関係があるということです。
したがって,道のり=速さ×時間から,
$y=80x$ と表されることを示します。
比例定数は,比例の関係を表す式 $y=ax$ の a のことです。
$y=80x$ の比例定数は 80 になります。

(2)三角形の面積=底辺×高さ×$\frac{1}{2}$ より,$y=2x$ と表されることを示します。
$y=2x$ の比例定数は 2 です。

2 (1) **(左から順に)**
-16,-12,-8,-4,0,4,8,12,16

(2) ① 4 ② 4

(3) **2倍,3倍,4倍,……になる**

解き方

(1) $y=4x$ に $x=-4$ を代入すると,
$y=4\times(-4)=-16$
$y=4x$ に $x=-3$ を代入すると,
$y=4\times(-3)=-12$
$y=4x$ に $x=-2$ を代入すると,
$y=4\times(-2)=-8$
$y=4x$ に $x=-1$ を代入すると,
$y=4\times(-1)=-4$
$y=4x$ に $x=0$ を代入すると,
$y=4\times0=0$
以下,同じように,$y=4x$ に $x=1$,2,3,4 を代入して計算します。

(2) ① $x=2$ のとき $y=8$ だから,

$$\frac{y}{x}=\frac{8}{2}=4$$

② $x=-3$ のとき $y=-12$ だから,

$$\frac{y}{x}=\frac{-12}{-3}=4$$

(3)

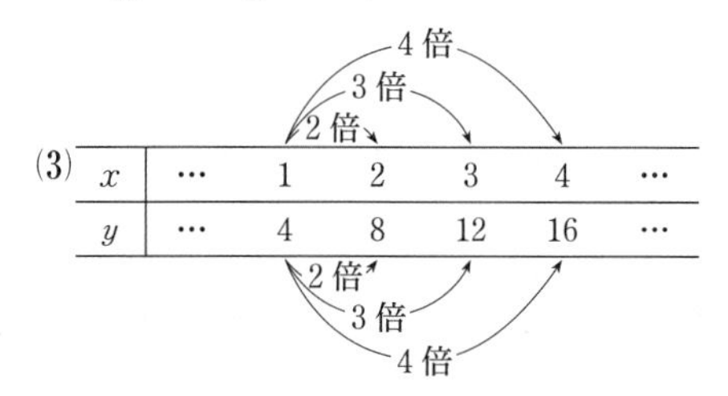

x	…	1	2	3	4	…
y	…	4	8	12	16	…

3 (1) **$y=5x$** (2) **$y=-8x$**

解き方

(1) y は x に比例するから,$y=ax$ と表せます。
$x=3$ のとき $y=15$ だから,
$15=a\times3$ $a=5$
よって,$y=5x$ になります。

(2) y は x に比例するから,$y=ax$ と表せます。
$x=-6$ のとき $y=48$ だから,
$48=a\times(-6)$ $a=-8$
よって,$y=-8x$ になります。

p.85 ぴたトレ1

1

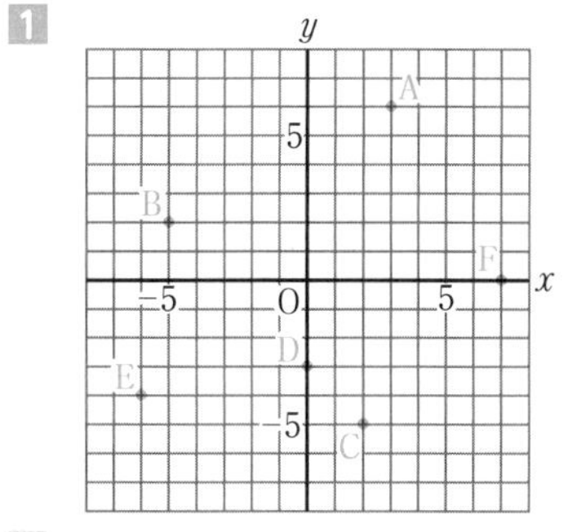

解き方

点A(3,6)は,原点から右へ3,上へ6進んだ点です。
点B(−5,2)は,原点から左へ5,上へ2進んだ点です。
点C(2,−5)は,原点から右へ2,下へ5進んだ点です。
点D(0,−3)は,原点から下へ3進んだ点です。
点E(−6,−4)は,原点から左へ6,下へ4進んだ点です。
点F(7,0)は,原点から右へ7進んだ点です。

2 (1)③　(2)②　(3)①　(4)⑤

解き方

(1) $y=5x$ は $x=1$, $y=5$ を代入すると，等式が成り立つから，グラフは点 $(1,\ 5)$ を通ります。

①～⑤のグラフで点 $(1,\ 5)$ を通るのは③です。

(2) $y=\frac{5}{4}x$ は $x=4$, $y=5$ を代入すると，等式が成り立つから，グラフは点 $(4,\ 5)$ を通ります。

①～⑤のグラフで点 $(4,\ 5)$ を通るのは②です。

(3) $y=\frac{2}{5}x$ は $x=5$, $y=2$ を代入すると，等式が成り立つから，グラフは点 $(5,\ 2)$ を通ります。

①～⑤のグラフで点 $(5,\ 2)$ を通るのは①です。

(4) $y=-\frac{1}{6}x$ は $x=6$, $y=-1$ を代入すると，等式が成り立つから，グラフは点 $(6,\ -1)$ を通ります。

①～⑤のグラフで点 $(6,\ -1)$ を通るのは⑤です。

3 (1)

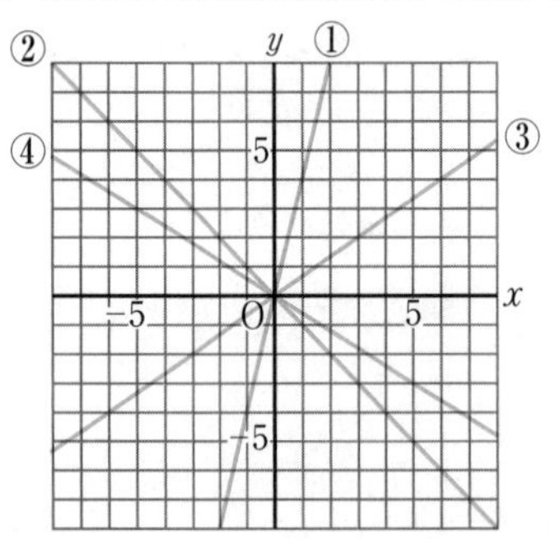

(2)②と④

解き方

(1) ① $y=4x$ は $x=1$ のとき $y=4$ だから，点 $(1,\ 4)$ を通ります。

よって，原点と点 $(1,\ 4)$ を通る直線をひきます。

② $y=-x$ は $x=5$ のとき $y=-5$ だから，点 $(5,\ -5)$ を通ります。

よって，原点と点 $(5,\ -5)$ を通る直線をひきます。

③ $y=\frac{2}{3}x$ は $x=3$ のとき $y=2$ だから，点 $(3,\ 2)$ を通ります。

よって，原点と点 $(3,\ 2)$ を通る直線をひきます。

④ $y=-\frac{3}{5}x$ は $x=5$ のとき $y=-3$ だから，点 $(5,\ -3)$ を通ります。

よって，原点と点 $(5,\ -3)$ を通る直線をひきます。

(2) $y=ax$ で $a<0$ のとき，x の値が増加するとき，y の値は減少します。

比例定数が負の数であるのは，②と④です。

1 ㋐と㋓

解き方

㋐使った長さ x cm を決めれば，残りの長さ y cm は1つに決まるから，y は x の関数です。

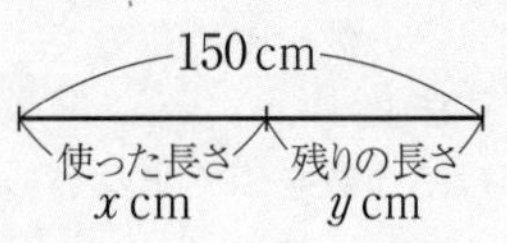

㋑総ページ数だけでは，本の定価は決まらないから，関数ではありません。

㋒となりの駅まで乗っても運賃は同じことがあるので，運賃だけでは乗車距離は決まらないので，関数ではありません。

㋓自然数 x を3でわると，余りは0，1，2のどれかになります。

つまり，自然数 x を決めれば余りはただ1つに決まるから，関数です。

2 表 ㋒，比例定数 -4

解き方

x の値が2倍，3倍，4倍，……になると，y の値も2倍，3倍，4倍，……になっているものは，y が x に比例しています。

y が x に比例しているものは，㋒です。

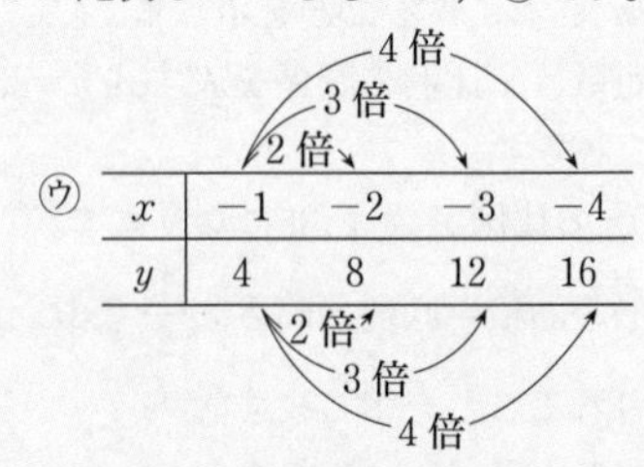

x	-1	-2	-3	-4
y	4	8	12	16

y は x に比例するから，$y=ax$ と表せます。

$y=ax$ に $x=-1$, $y=4$ を代入すると，

$4=a\times(-1)$　　$a=-4$

したがって，比例定数は -4 です。

3 (1) $y=-\frac{1}{3}x$　(2) $y=-5$

解き方

(1) y は x に比例するから，$y=ax$ と表せます。

$y=ax$ に $x=12$, $y=-4$ を代入すると，

$-4=a\times12$　　$a=-\frac{1}{3}$

よって，$y=-\frac{1}{3}x$

(2) y は x に比例するから，$y=ax$ と表せます。

$y=ax$ に $x=-6$, $y=3$ を代入すると，

$3=a\times(-6)$　　$a=-\frac{1}{2}$

比例の式は，$y=-\frac{1}{2}x$

$y=-\frac{1}{2}x$ に $x=10$ を代入すると，

$y=-\frac{1}{2}\times10=-5$

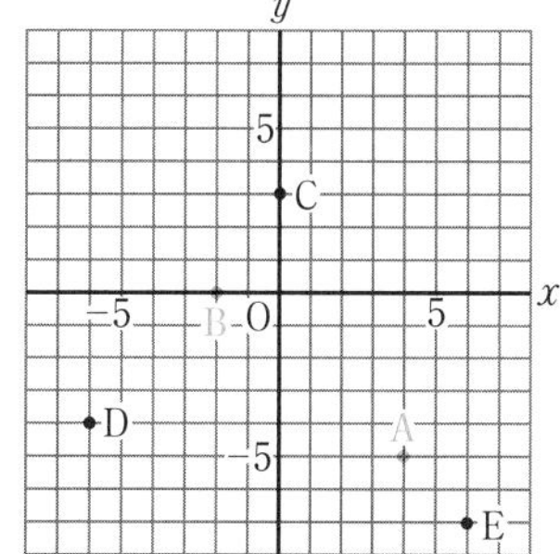

点 C (0, 3), D (−6, −4), E (6, −7)

解き方

点 A (4, −5) は，原点から右へ 4，下へ 5 進んだ点です。

点 B (−2, 0) は，原点から左へ 2 進んだ点です。

点 C は，x 座標が 0，y 座標が 3 の点です。

点 D は，x 座標が −6，y 座標が −4 の点です。

点 E は，x 座標が 6，y 座標が −7 の点です。

5

A ②，B ④，C ①

③，⑤のグラフ…下の図

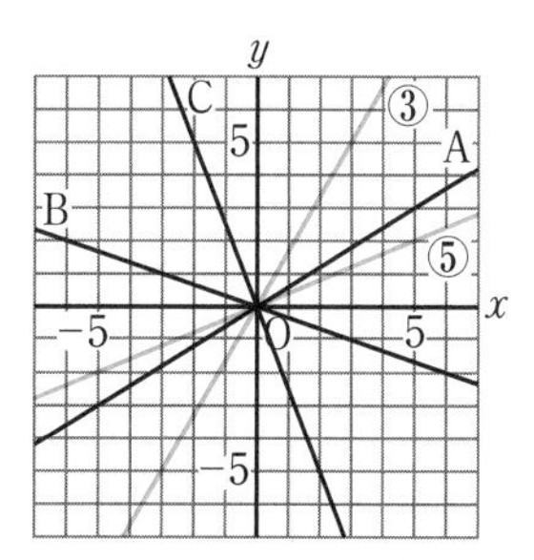

解き方

A のグラフは点 (5, 3) を通るから，

$y=ax$ に $x=5$，$y=3$ を代入すると，

$3=a\times5$　　$a=\frac{3}{5}$

よって，$y=\frac{3}{5}x$　……②

B のグラフは点 (3, −1) を通るから，

$y=ax$ に $x=3$，$y=-1$ を代入すると，

$-1=a\times3$　　$a=-\frac{1}{3}$

よって，$y=-\frac{1}{3}x$　……④

C のグラフは点 (−2, 5) を通るから，

$y=ax$ に $x=-2$，$y=5$ を代入すると，

$5=a\times(-2)$　　$a=-\frac{5}{2}$

よって，$y=-\frac{5}{2}x$　……①

〔③，⑤のグラフ〕

③$y=\frac{5}{3}x$ は点 (3, 5) を通るから，原点と点 (3, 5) を通る直線をひきます。

⑤$y=\frac{2}{5}x$ は点 (5, 2) を通るから，原点と点 (5, 2) を通る直線をひきます。

6

(1)(左から順に)

9，6，3，0，−3，−6，−9

(2) 3 ずつ減少する

(3) 15 から −12 まで減少する

解き方

(1) $y=-3x$ に x の値をそれぞれ代入して求めます。

(2)(1)の表から，x の値が −3，−2，……と 1 ずつ増加するとき，y の値は 9，6，……と 3 ずつ減少しています。

(3) $y=-3x$ に $x=-5$ を代入すると，

$y=-3\times(-5)=15$

$y=-3x$ に $x=4$ を代入すると，

$y=-3\times4=-12$

よって，x が $-5 \longrightarrow 4$　のとき，

y は $15 \longrightarrow -12$ になります。

7

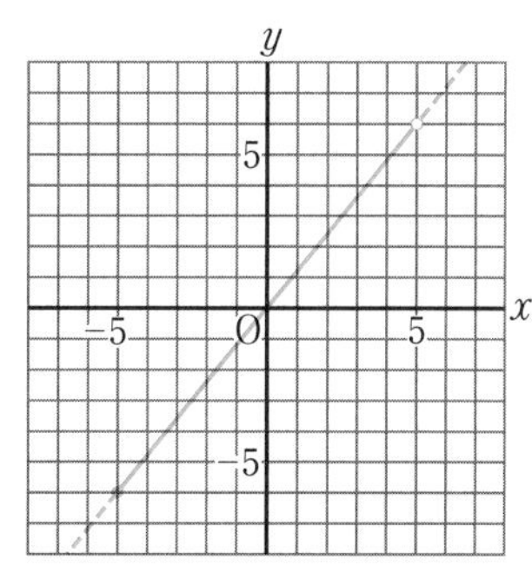

解き方

$y=\frac{6}{5}x$ のグラフは点 (5, 6) を通るから，原点と点 (5, 6) を通る直線をひきます。

グラフには，点 (−5, −6) はふくまれますが，点 (5, 6) はふくまれない (◦で表す) ことに注意しましょう。

理解のコツ

・関数の意味や変域，座標の表し方について理解しておこう。

・比例の式は，$y=ax$ と表され，グラフは原点を通る直線で，比例定数 a が $a>0$ のときは右上がり，$a<0$ のときは右下がりになることをおさえておくとよい。

1 (1)$y=\dfrac{2000}{x}$ と表されるから，y は x に反比例する。

比例定数 2000

(2)$y=\dfrac{100}{x}$ と表されるから，y は x に反比例する。

比例定数 100

解き方

(1)x と y の関係が $y=\dfrac{a}{x}$ と表されるとき，y は x に反比例するといいます。

2000 m の道のりを，分速 x m で y 分かかって進むので，$xy=2000$

よって，$y=\dfrac{2000}{x}$ と表されます。

反比例の関係 $y=\dfrac{a}{x}$ で，a を比例定数というから，比例定数は 2000 です。

(2) 1 m=100 cm のリボンを，x 等分したときの 1 本の長さが y cm なので，$y=\dfrac{100}{x}$ と表されます。

よって，反比例の関係にあり，比例定数は 100 です。

2 ㋑，$y=-\dfrac{24}{x}$

解き方

y が x に反比例するかどうかは，反比例の性質である $xy=a$(一定)を利用します。

㋐対応する x と y の値の積を求めると，左から順に，

$1\times(-5)=-5$

$2\times(-10)=-20$

$3\times(-15)=-45$

……となり，一定ではありません。

したがって，反比例ではありません。

㋑対応する x と y の値の積を求めると，左から順に，

$1\times(-24)=-24$

$2\times(-12)=-24$

$3\times(-8)=-24$

$4\times(-6)=-24$

$5\times(-4.8)=-24$

となり，すべて -24 です。

したがって，反比例の性質より，y は x に反比例します。

x と y の関係は，$xy=-24$ から，$y=-\dfrac{24}{x}$

3 (1)①18　②12　③3，$y=\dfrac{36}{x}$

(2)①9　②18　③3，$y=-\dfrac{18}{x}$

解き方

(1)対応する x と y の値がわかっているのは，$x=4$ のとき $y=9$ で，反比例の性質から，$xy=4\times9=36$ であることがわかります。

2×①=36 から，①=18

3×②=36 から，②=12

12×③=36 から，③=3

x と y の関係を表す式は，$xy=36$ から，

$y=\dfrac{36}{x}$

(2)対応する x と y の値がわかっているのは，$x=6$ のとき $y=-3$ で，反比例の性質から，$xy=6\times(-3)=-18$ であることがわかります。

−2×①=−18　から，①=9

−1×②=−18　から，②=18

③×(−6)=−18 から，③=3

x と y の関係を表す式は，$xy=-18$ から，

$y=-\dfrac{18}{x}$

4 (1)$y=\dfrac{27}{x}$　(2)$y=-\dfrac{32}{x}$

解き方

(1)y は x に反比例するから，$y=\dfrac{a}{x}$ と表せます。

$y=\dfrac{a}{x}$ に $x=3$，$y=9$ を代入すると，

$9=\dfrac{a}{3}$　　$a=27$

よって，$y=\dfrac{27}{x}$

(2)$y=\dfrac{a}{x}$ に $x=-4$，$y=8$ を代入すると，

$8=-\dfrac{a}{4}$　　$a=-32$

よって，$y=-\dfrac{32}{x}$

p.91 ぴたトレ1

1 (1)(左から順に)

−1, −2, −5, −10, 10, 5, 2, 1

(2)(左から順に)

1, 2, 5, 10, −10, −5, −2, −1

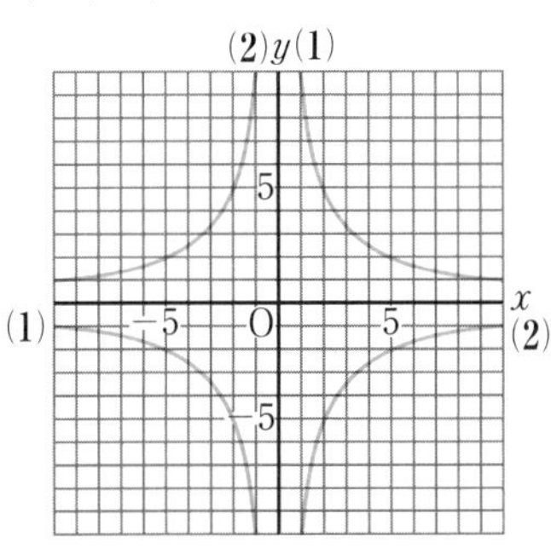

解き方

(1)対応する y の値は，$y=\frac{10}{x}$ に

$x=-10$ を代入すると，$y=\frac{10}{-10}=-1$

$x=-5$ を代入すると，$y=\frac{10}{-5}=-2$

……と求めていきます。

〔グラフ〕点 $(-10,\ -1)$，$(-5,\ -2)$，$(-2,\ -5)$，$(-1,\ -10)$，$(1,\ 10)$，$(2,\ 5)$，$(5,\ 2)$，$(10,\ 1)$ をとり，それぞれをなめらかな曲線でつなぎます。

2 (1)$y=\frac{16}{x}$ (2)$y=8$

(3)

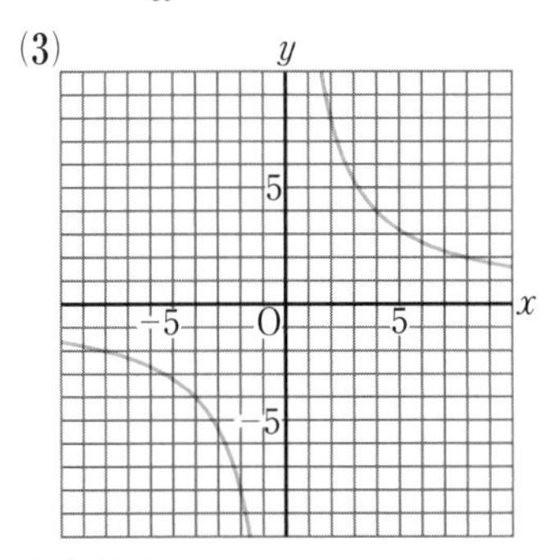

解き方

(1)比例定数は，

$a=4\times4=16$

(2)$y=\frac{16}{x}$ に $x=2$ を代入すると，

$y=\frac{16}{2}=8$

(3)点 $(-8,\ -2)$，$(-5,\ -3.2)$，$(-4,\ -4)$，$(-3.2,\ -5)$，$(-2,\ -8)$，$(2,\ 8)$，$(3.2,\ 5)$，$(4,\ 4)$，$(5,\ 3.2)$，$(8,\ 2)$ をとり，それぞれをなめらかな曲線でつなぎます。

3 (1)$y=\frac{20}{x}$ (2)$y=\frac{8}{x}$ (3)$y=-\frac{2}{x}$

(4)$y=-\frac{12}{x}$ (5)$\left(5,\ -\frac{12}{5}\right)$

解き方

(1)〜(4)反比例の比例定数は対応する x，y の値の積だから，例えば，①4×5，②4×2，③−1×2，④−4×3 で求めます。

(5)点Pの x 座標は5だから，④のグラフの式 $y=-\frac{12}{x}$ に $x=5$ を代入すると，$y=-\frac{12}{5}$

p.93 ぴたトレ1

1 320 g

解き方

面積が x cm^2 の鉄板の重さを y g とすると，y は x に比例するから，$y=ax$ と表せます。

小さい方の鉄板の面積は，$6\times8=48$(cm^2)

重さは16 g だから，$y=ax$ に $x=48$，$y=16$ を代入すると，$16=a\times48$ $a=\frac{1}{3}$

よって，$y=\frac{1}{3}x$ と表せます。

大きい方の鉄板の面積は，$24\times40=960$(cm^2)

$y=\frac{1}{3}x$ に $x=960$ を代入すると，

$y=\frac{1}{3}\times960=320$

したがって，大きい方の鉄板の重さは320 g です。

2 (1)$y=1.5x$ $(0\leqq x\leqq16)$ (2)12分

解き方

(1)y は x に比例し，比例定数は1.5だから，$y=1.5x$ と表せます。

水が24 L はいるときの時間は，

$24\div1.5=16$(分)

だから，x の変域は，$0\leqq x\leqq16$ となります。

(2)$y=1.5x$ に $y=18$ を代入すると，

$18=1.5x$ $x=12$

よって，12分です。

3 6列

解き方

1列に x 枚ずつ y 列はるとすると，絵の数は変わらないから，y は x に反比例し，$y=\frac{a}{x}$ と表せます。

1列に12枚ずつ8列にはってあったから，

$y=\frac{a}{x}$ に $x=12$，$y=8$ を代入すると，

$8=\frac{a}{12}$ $a=96$

よって，$y=\frac{96}{x}$ となります。

$y=\frac{96}{x}$ に $x=16$ を代入すると，$y=\frac{96}{16}=6$ で，6列となります。

4 30 分

解き方

x 教科を y 分ずつ学習すると，学習時間は変わらないから，y は x に反比例し，$y=\dfrac{a}{x}$ と表せます。

3 教科では 40 分ずつ学習するので，

$y=\dfrac{a}{x}$ に $x=3$，$y=40$ を代入すると，

$40=\dfrac{a}{3}$　　$a=120$

よって，$y=\dfrac{120}{x}$ となります。

$y=\dfrac{120}{x}$ に $x=4$ を代入すると，$y=\dfrac{120}{4}=30$

よって，30 分です。

p.94〜95　ぴたトレ 2

表 ㋑，比例定数 −12

解き方

反比例の関係では，対応する x と y の値の積が一定になります。

㋐，㋒は一定にはなっていませんが，㋑は −12 で一定になっているので，反比例の関係になっています。

このとき，一定になる x と y の値の積，すなわち −12 が比例定数となります。

(1)$y=-\dfrac{28}{x}$　(2)$y=\dfrac{12}{x}$

解き方

(1)$y=\dfrac{a}{x}$ に $x=4$，$y=-7$ を代入すると，

$a=-28$

よって，$y=-\dfrac{28}{x}$

(2)(1)のように求めてもよいですが，積が一定の関係を使って，$xy=a$ に $x=-\dfrac{15}{2}$，$y=-\dfrac{8}{5}$ を代入すると，

$-\dfrac{15}{2}\times\left(-\dfrac{8}{5}\right)=a$　　$a=12$

よって，$x=\dfrac{12}{x}$

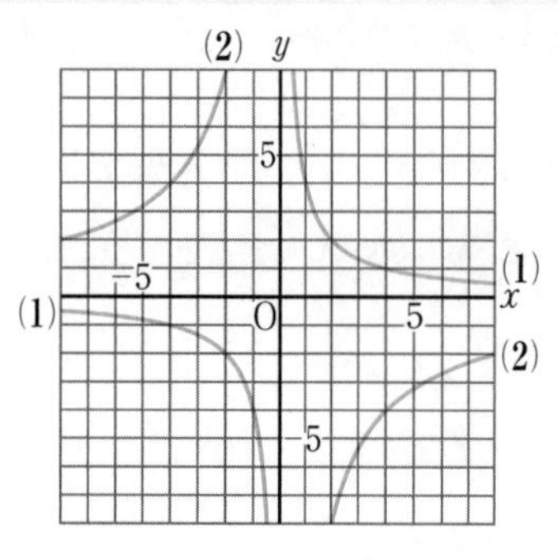

解き方

それぞれ，座標が整数の組になる点をいくつかとって，グラフをかきます。

(1)(1，4)，(2，2)，(4，1)の 3 点と，(−1，−4)，(−2，−2)，(−4，−1)の 3 点をそれぞれなめらかな曲線で結び，双曲線をかきます。

(2)(2，−8)，(4，−4)，(8，−2)の 3 点と，(−2，8)，(−4，4)，(−8，2)の 3 点をそれぞれなめらかな曲線で結び，双曲線をかきます。

4 (1)㋑　(2)㋒

解き方

(1)$y=\dfrac{6}{x}$ で，x と y の値は次のようになります。

x	…	−6	−3	−2	−1	0	1	2	3	6	…
y	…	−1	−2	−3	−6	×	6	3	2	1	…

この x と y の値の組を座標とする点を通るグラフは㋑です。

(2)$y=-\dfrac{15}{x}$ で，x と y の値は次のようになります。

x	…	−5	−3	−1	0	1	3	5	…
y	…	3	5	15	×	−15	−5	−3	…

この x と y の値の組を座標とする点を通るグラフは㋒です。

5 (1)$y=-\dfrac{30}{x}$　(2)(7，−4)

解き方

(1)双曲線のグラフとなる x と y の関係式は，反比例の式 $y=\dfrac{a}{x}$ で表されます。

点 (6，−5) を通るから，$-5=\dfrac{a}{6}$ より，

$a=-30$

(2)反比例の式は $xy=a$ でも表されることを使います。

つまり，x 座標と y 座標の積が等しいものは，同じ双曲線上にあります。

$7\times(-4)=-28$ で，点 (7，−4) は双曲線上にありません。これ以外の積は −30 となり，双曲線上にあります。

6 5 L

解き方

x L のガソリンで y km 走ることができるとすると，$y=ax$ の関係があります。

$y=ax$ に $x=20$，$y=320$ を代入すると，

$320=a\times20$　　$a=16$

$y=16x$ に $y=80$ を代入すると，

$80=16x$　　$x=5$

7 米粒の数は，その重さに比例するから，
米粒の数を y 粒，その重さを x g とすると，
$y=ax$ と表される。
$y=ax$ に $x=28$，$y=1456$ を代入すると，
$1456=a\times28$　　$a=52$
よって，$y=52x$ に $x=30000$ を代入すると，
$y=52\times30000=1560000$
一万の位を四捨五入すると，約 160 万粒とわかる。

解き方
米粒の数は，その重さに比例することを使っています。
逆に，米粒の重さが，その粒数に比例することを使っても解けます。
この場合は重さを y g，粒数を x 粒とすると，
$y=\frac{1}{52}x$ の関係式になりますが，$y=30000$ を代入することにより，$x=1560000$ と米粒の数が求められ，同じ結果が得られます。

8 (1)$y=\frac{80}{x}$　(2)80　(3)8

解き方
(1)歯の数 x の歯車Aが y 回転すると，
歯の数 20 の歯車Bが 4 回転するから，
$xy=20\times4$　　$xy=80$
よって，$y=\frac{80}{x}$
(3)$y=\frac{80}{x}$ に $y=10$ を代入すると，$x=8$

理解のコツ

・反比例の式は，$y=\frac{a}{x}$ で表され，グラフは双曲線となる。グラフをかくときには，x と y がともに整数となる点をいくつか見つけ，曲線で結ぶとよい。
・比例は商 $\frac{y}{x}$ が一定，反比例は積 xy が一定であることから比例定数 a を求めてもよい。

p.96〜97 ぴたトレ 3

1 (1)いえる　(2)$0\leqq x\leqq15$　(3)$y=30-2x$

解き方
(1)残りの量＝はじめの量－抜いた量
で表されるから，関数です。
(2)30 L の水がなくなるのは，$30\div2=15$ から，15 分後です。
(3)残りの量は y L，はじめの量は 30 L，抜いた量は $2x$ L だから，
$y=30-2x$

2 (1)$y=16x$，○　(2)$y=180-x$，×
(3)$y=\frac{500}{x}$，△　(4)$y=4x$，○

解き方
(1)針金の重さは長さに比例するから，
$y=16x$ となり，比例です。
(2)$x+y=180$ から，$y=180-x$
これは比例でも反比例でもありません。
(3)$y=\frac{5}{x}\times100$ から，$y=\frac{500}{x}$
これは反比例です。
(4)$y=8\times x\div2$ から，$y=4x$
これは比例です。

3 (1)$y=-7x$　(2)$y=-\frac{40}{x}$　(3)$y=\frac{14}{x}$
(4)$y=\frac{4}{3}x$

解き方
(1)$y=ax$ に $x=2$，$y=-14$ を代入すると，$a=-7$
よって，$y=-7x$
(2)$y=\frac{a}{x}$ に $x=-5$，$y=8$ を代入すると，$a=-40$
よって，$y=-\frac{40}{x}$
(3)$xy=a$ に $x=2$，$y=7$ を代入すると，$a=14$
よって，$xy=14$　つまり，$y=\frac{14}{x}$
(4)$\frac{y}{x}=a$ に $x=3$，$y=4$ を代入すると，$a=\frac{4}{3}$
よって，$\frac{y}{x}=\frac{4}{3}$　つまり，$y=\frac{4}{3}x$

4

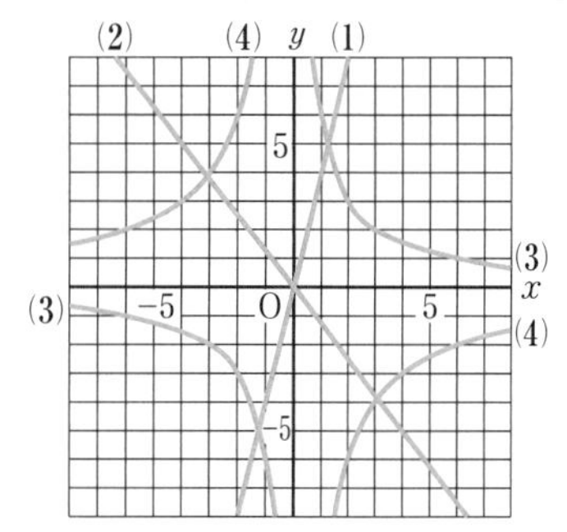

解き方

比例のグラフは，原点ともう1つの通る点を，直線で結びます。

(1)原点と，例えば点$(1,\ 4)$を直線で結びます。

(2)原点と，例えば点$(4,\ -5)$を直線で結びます。

(3)x，yともに整数となるような点

$(1,\ 6)$，$(2,\ 3)$，$(3,\ 2)$，$(6,\ 1)$と

$(-1,\ -6)$，$(-2,\ -3)$，$(-3,\ -2)$，$(-6,\ -1)$

を曲線で結びます。

(4)$(2,\ -6)$，$(3,\ -4)$，$(4,\ -3)$，$(6,\ -2)$と

$(-2,\ 6)$，$(-3,\ 4)$，$(-4,\ 3)$，$(-6,\ 2)$

を曲線で結びます。

5 **(1)㋐$y=-\dfrac{3}{4}x$　㋑$y=\dfrac{24}{x}$　㋒$y=\dfrac{8}{3}x$**

(2)$y=\dfrac{2}{3}x$

解き方

(1)㋐は点$(-8,\ 6)$を通り，㋑は点$(3,\ 8)$を通り，㋒も点$(3,\ 8)$を通るので，㋐，㋒は$y=ax$，㋑は$y=\dfrac{a}{x}$に代入して，比例定数を求めます。

(2)点Cのx座標は点Bのx座標3の2倍だから6です。

点Cのy座標は，㋑の式$y=\dfrac{24}{x}$に$x=6$を代入すると，$y=4$

C$(6,\ 4)$を通る直線㋓の式は，$y=\dfrac{2}{3}x$

6 **(1)$0 \leqq x \leqq 4$　(2)$y=1.5x$**

解き方

時速90 kmということは，1時間に90 km進むことだから，1分間に$90 \div 60=1.5$(km)進むことになります。

(1)6 km進むには，$6 \div 1.5=4$(分)かかります。

(2)道のり＝速さ×時間に，速さを分速1.5 km，時間をx分，道のりをy kmとして式に表します。

7 **(1)式　$y=12x$，変域　$0 \leqq x \leqq 10$　(2)96 cm^2**

解き方

(1)x秒後の点Pを考えると，BP$=2x$(cm)だから，三角形ABPの面積は，

$y=2x \times 12 \div 2=12x$

変域は，$20 \div 2=10$(秒)だから，$0 \leqq x \leqq 10$

($x=0$のときは，三角形ができないので，範囲に入れないで，$0<x \leqq 10$としてもよい。)

(2)$y=12x$に$x=8$を代入すると，$y=96$

5章　平面図形

p.99　ぴたトレ0

1 (1)

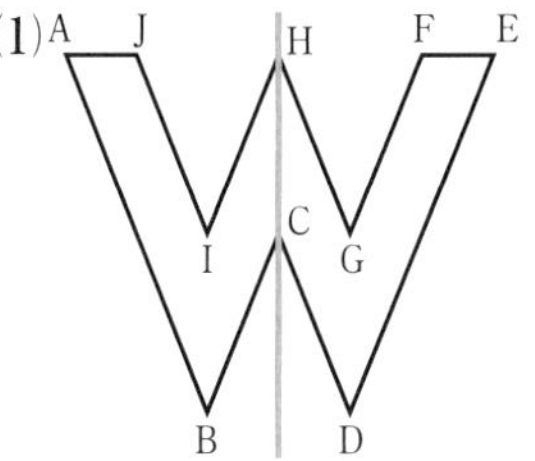

(2)垂直に交わる　(3) 3 cm

解き方
線対称な図形は，対称の軸を折り目にして折ると，ぴったりと重なります。
対応する2点を結ぶと対称の軸と垂直に交わり，軸からその2点までの長さは等しくなります。
(3)点Hは，対称の軸上にあるので，AH＝EHです。

2 (1)下の図の点O　(2)点H　(3)下の図の点Q

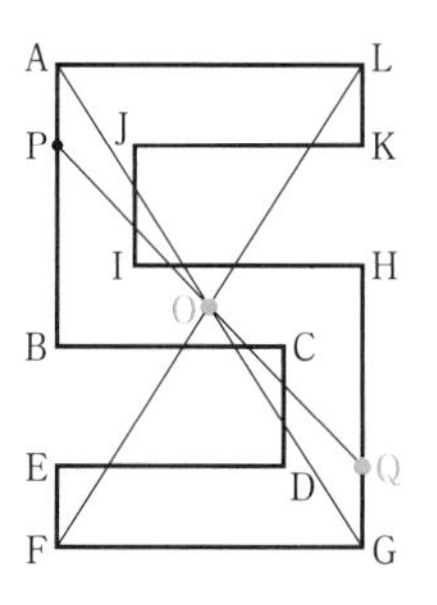

解き方
(1)例えば，点Aと点G，点Fと点Lを直線で結び，それらの線の交わった点が対称の中心Oです。
(3)点Pと点Oを結ぶ直線をのばし，辺GHと交わる点がQとなります。

p.101　ぴたトレ1

1

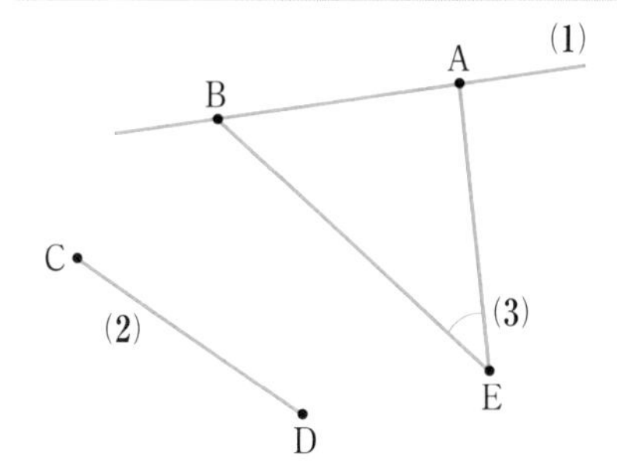

解き方
(1) 2点A，Bを通り，まっすぐに限りなくのびている線をひきます。
(2)点C，Dを両端とするまっすぐな線をひきます。
(3)線分AEと線分BEをひきます。

2 (1)

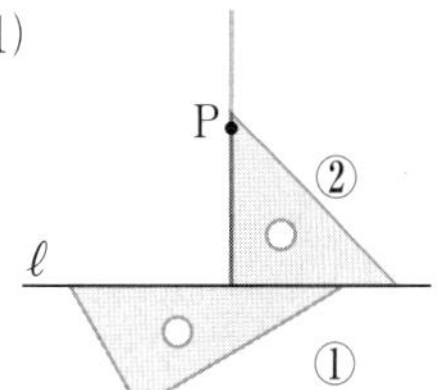

(2)

C
②
③
A　B
①

解き方
1組の三角定規を組み合わせて線をひきます。
上の図で，①，②，③は組み合わせる順番を示しています。

3 (1)

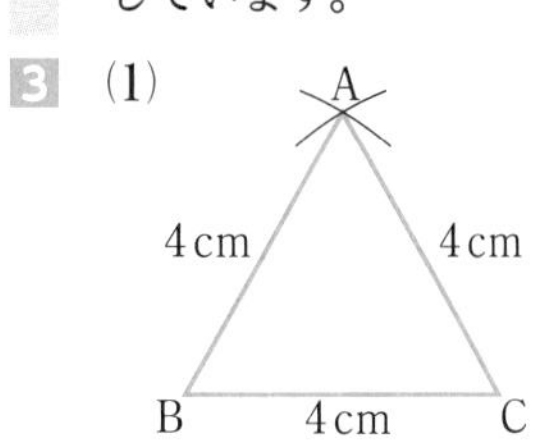

(2)

A
3 cm　2 cm
B　4 cm　C

(3)

A
3 cm
45°
B　5 cm　C

(4)

A
60°　45°
B　4 cm　C

解き方
(1)，(2)は定規とコンパスを使います。
(3)は定規と分度器とコンパスを使います。
(4)は定規と分度器を使います。

p.103 ぴたトレ1

1

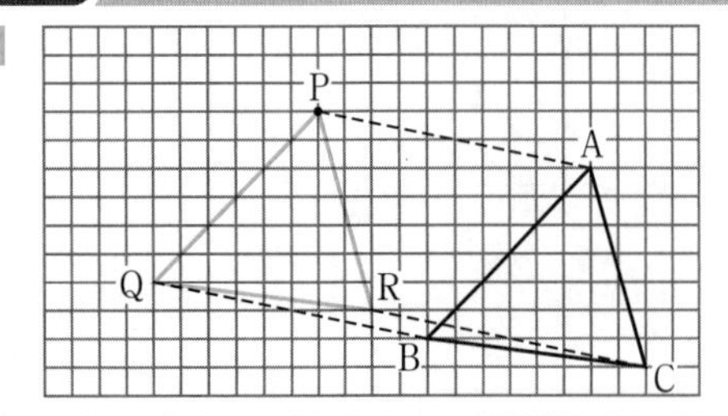

解き方
点Aを点Pに移すとは，点Aを左へ10目もり進ませ，上へ2目もり進ませることです。
点B，Cも同じように，左へ10目もり進ませ，上へ2目もり進ませます。それぞれ進んだ点をQ，Rとして，それらを線分で結びます。
目もりを数えまちがえないようにすることがたいせつです。
また，できあがった図を見て，対応する点を結んだ線分どうしが平行で，その長さは等しくなっているかを確かめましょう。

2

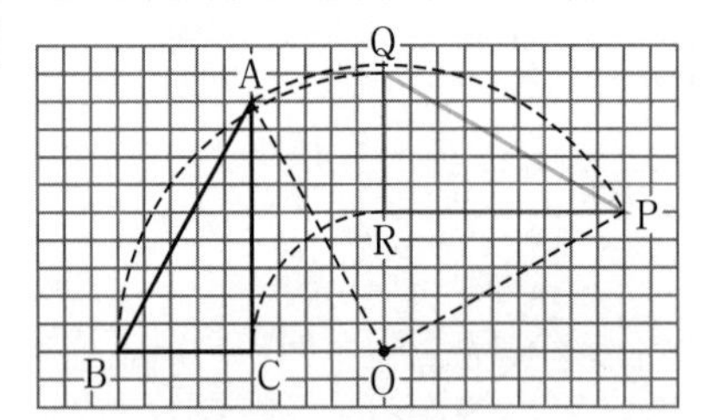

解き方
線分OAを点Oを中心として，時計の針の回転と同じ向きに90°だけ回転させ，そのときの点Aの位置を点Pとします。
点B，Cについても同じように，時計の針の回転と同じ向きに90°だけ回転させ，そのときの点B，Cの位置を点Q，Rとします。
(90°は方眼を利用します。)
最後に，3つの点を線分で結びます。

3

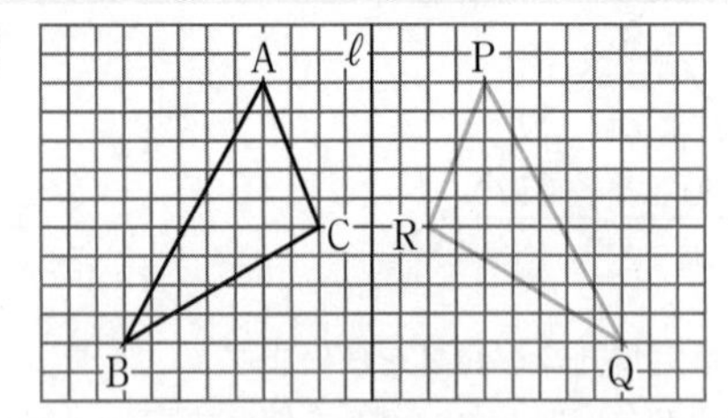

解き方
点Aと直線ℓの間は4目もりだから，対称移動させると，点Aは右へ4×2目もり進んだ点に移ります。
その点をPとします。
点B，Cについても同じように考えて，点Bは右へ9×2目もり進んだ点に，点Cは右へ2×2目もり進んだ点に移ります。それらの点をQ，Rとして，3つの点を線分で結びます。

4 平行移動と対称移動

解き方
△ABCと△A′B′R′では，線分AA′，BB′，CR′は平行で長さが等しいから，平行移動していることがわかります。
また，△A′B′R′と△PQRでは，△A′B′R′を直線ℓを折り目として折り返すと△PQRになる関係があるので，対称移動であることがわかります。
したがって，平行移動と対称移動を組み合わせたものになります。

p.105 ぴたトレ1

1 (1)下の図の直線ℓ　(2)下の図の点D

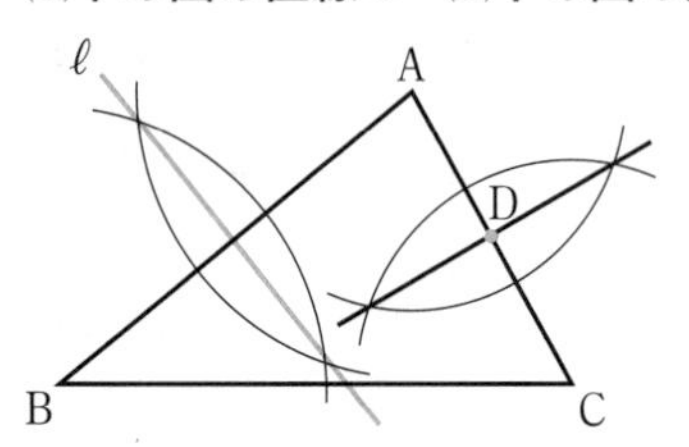

解き方
(1)頂点A，Bをそれぞれ中心とする等しい半径の円をかき，その2つの交点を直線で結びます。
(2)頂点A，Cをそれぞれ中心とする等しい半径の円をかき，その2つの交点を直線で結びます。
その直線と辺ACとの交点が中点Dになります。

2

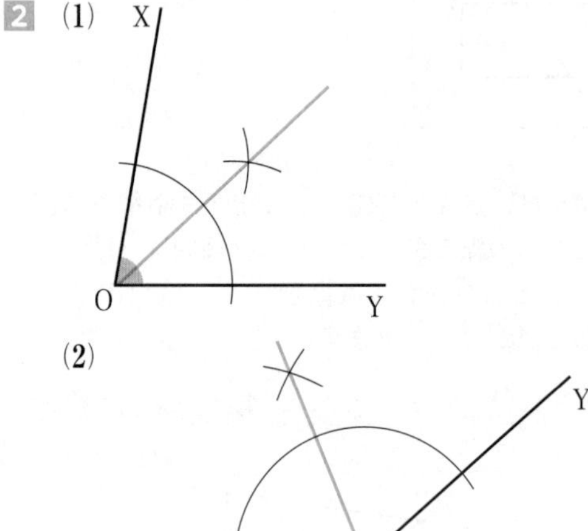

解き方
(1)点Oを中心とする円をかき，半直線OX，OYとの交点をそれぞれ中心に，等しい半径の円をかきます。
その2つの円の交点と点Oを結べば，∠XOYの二等分線になります。
(2)∠XOYが90°より大きい角の場合も，(1)と同じようにして，∠XOYの二等分線を作図することができます。

3 (1)

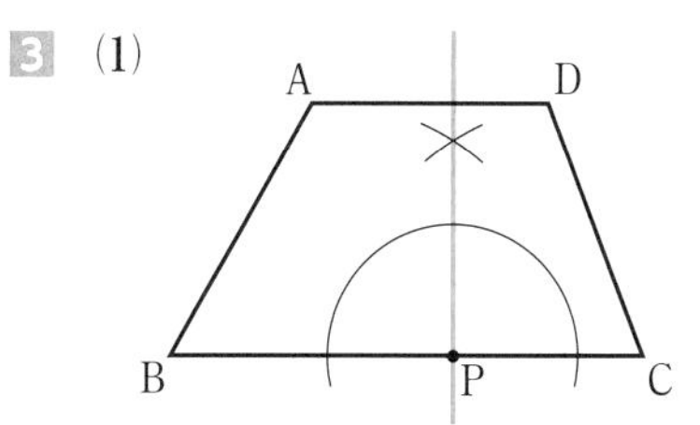

(2)高さ

解き方
(1)点Pを中心とする円をかき，その円と辺BCとの交点をそれぞれ中心とする円をかき，その交点と点Pを直線で結びます。
(2)辺BCを底辺とみたときの，台形の高さになります。

p.107 ぴたトレ1

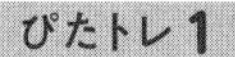

1

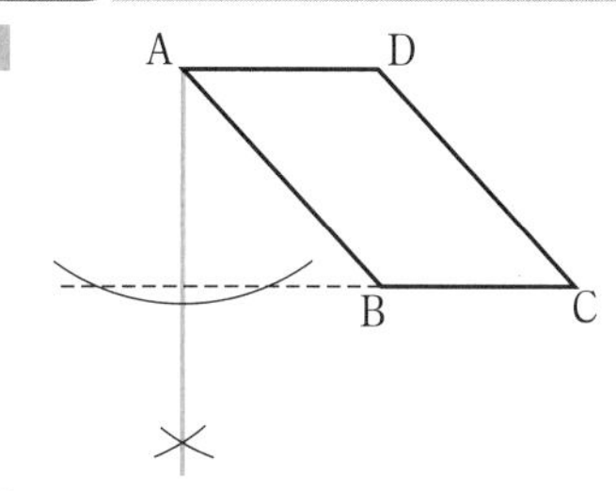

解き方
頂点Aを中心とする円をかき，直線BCとの2つの交点をそれぞれ中心に，等しい半径の円をかき，その2つの円の交点とAを直線で結びます。

2

A
B′
川
B
橋

解き方
点Bを川に対して垂直に川幅の長さだけ移動させた点をB′とし，点Aと点B′を直線で結び，川岸との交点から川に垂直に橋をかけます。
点Aを川に対して垂直に川幅の長さだけ移動させて点A′としても，同じ位置に橋がかかります。

3

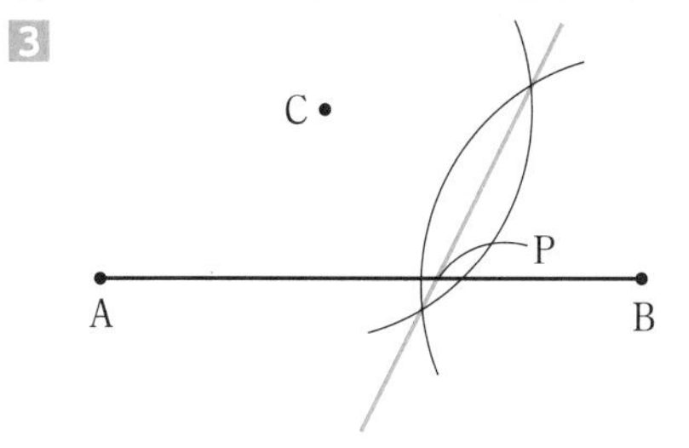

解き方
点B，Cをそれぞれ中心とする等しい半径の円をかき，その2つの交点を直線で結び，線分BCの垂直二等分線をかきます。
その垂直二等分線と線分ABとの交点をPとします。

4

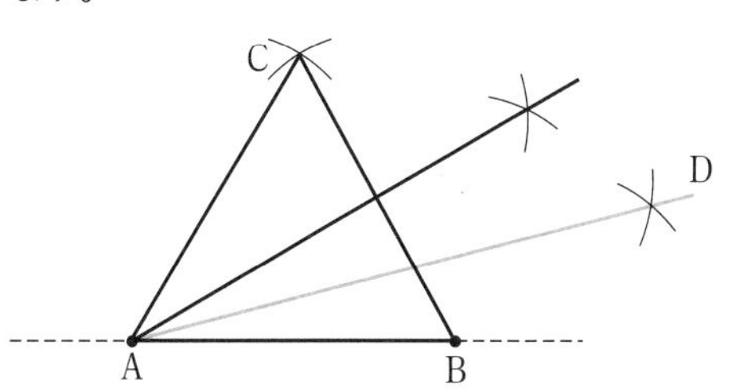

解き方
点A，Bをそれぞれ中心とする線分ABと等しい長さの半径の円をかき，その交点をCとし，AとC，BとCを直線で結べば，線分ABを1辺とする正三角形ABCがかけます。
正三角形の1つの角の大きさは60°だから，
∠CABを2等分し，2等分した角をさらに2等分すると，15°の角をつくることができます。

p.108~109 ぴたトレ2

1 (1)∠CAD　(∠DAC)

(2)

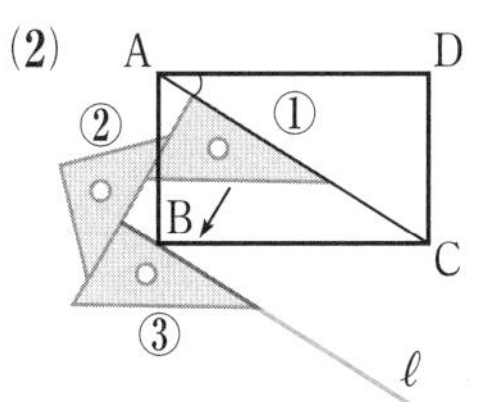

(3)

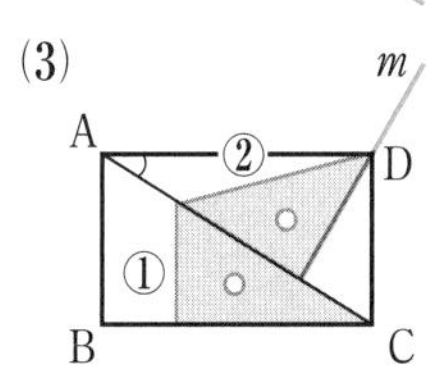

解き方
(1)∠CAD，∠DACのどちらでもかまいません。
(2)①の位置に1つの三角定規をおき，②の三角定規の辺に沿ってすべらせ，点Bを通る位置まで移動させます。
そこで，直線ℓをひきます。
(3)対角線に沿って1つの三角定規をおきます。
もう1つの三角定規を，②のように点Dを通るようにおきます。
そこで，直線mをひきます。

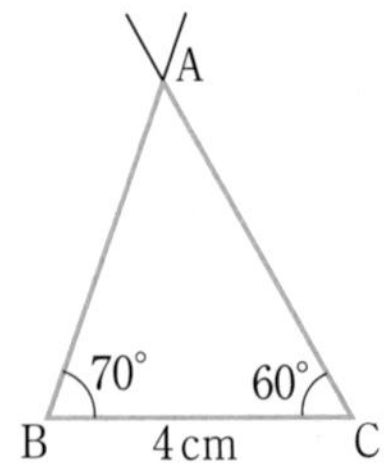

解き方

△ABCをかくためには，辺BCの長さ，∠Bの大きさ，∠Cの大きさが必要になります。
∠A＝50°，∠B＝70°と，三角形の3つの角の大きさの和は180°であることから，
∠C＝180°－(50°＋70°)＝60°
よって，BC＝4 cm，∠B＝70°，∠C＝60°の三角形をかきます。
まず，4 cmの線分BCをかき，その両端で70°と60°の角をかきます。
そして，角をつくる直線の交点をAとすれば，△ABCになります。

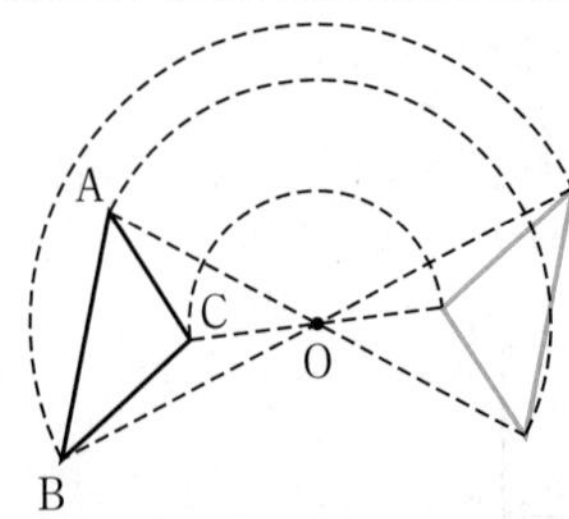

解き方

180°の回転移動が点対称移動です。
線分AOをOの方へのばし，AOと同じ長さのところに印をつけます。
点B，Cについても同じように，線分BO，COをそれぞれOの方へのばし，BO，COと同じ長さのところにそれぞれ印をつけます。
そして，印をつけた3つの点を線分で結びます。

❹ (1)

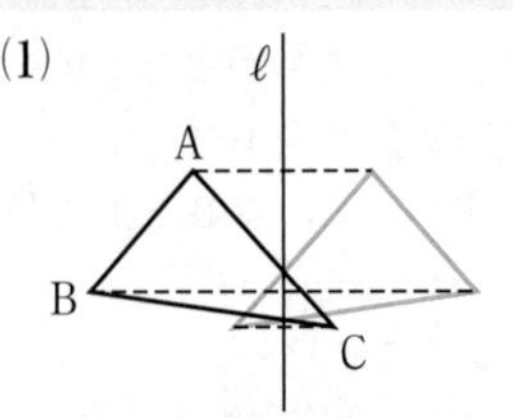

(2)

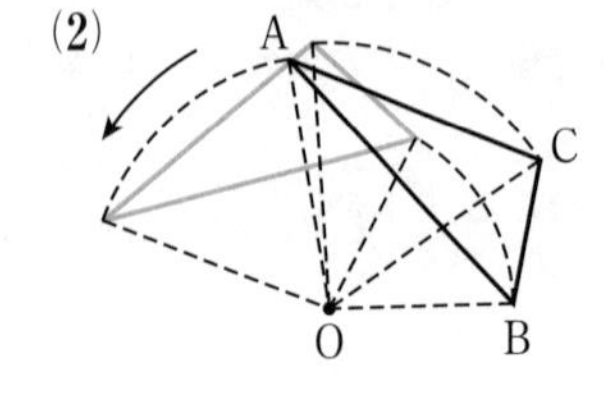

解き方

(1)直線ℓについて，△ABCと線対称になるように図をかきます。
(2)線分OAを点Oを中心として，図の矢印の向きに60°回転させて，点Aの移る点に印をつけます。
点B，点Cについても同じようにして，移る点に印をつけます。
最後に，印をつけた3つの点を線分で結びます。

❺ (1)**△BQO**
(2)**△OQC，△OPB，△OSA**
(3)**△OSD**

解き方

(1)点Bを矢印の頭にしたときの矢印BOの方向に平行移動させると，△BQOに重なります。
(2)点Oを回転の中心として，時計まわりに90°だけ回転移動すると△OQC，180°回転移動すると△OPB，270°回転移動すると△OSAに重なります。
(3)SQを対称の軸として対称移動すると，△OPAに重なり，さらにそれを点Oを回転の中心として時計まわりに90°回転移動すると，△OSDに重なります。

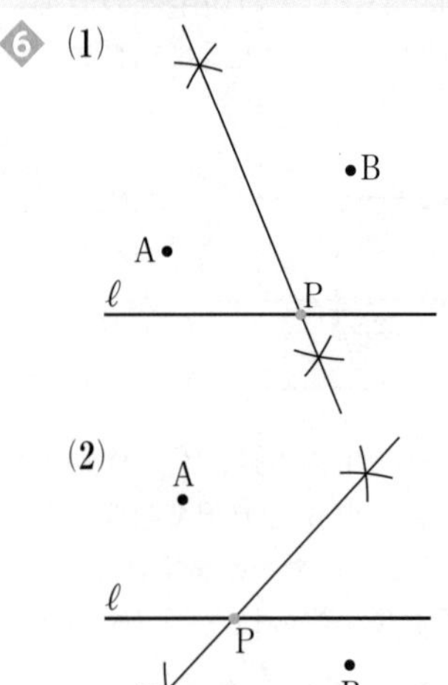

解き方

2点A，Bから等しい距離にある点は，A，Bを結んだ線分の垂直二等分線上にあります。
したがって，線分ABの垂直二等分線をひき，直線ℓと交わった点が点Pになります。

(1)

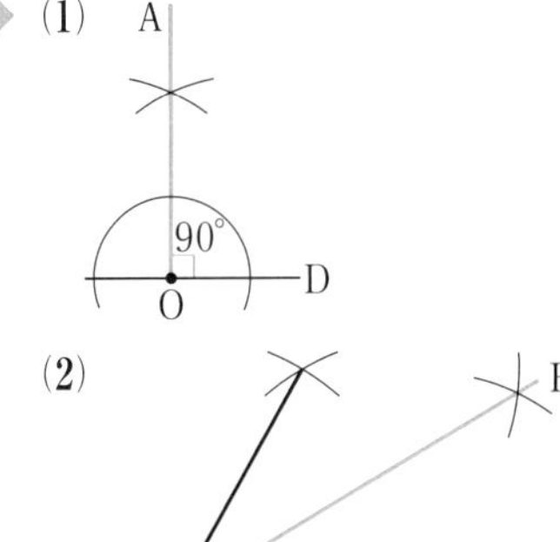

(2)

解き方

(1)点 O を通る直線 OD の垂線を作図して 90° の角をつくります。

(2)まず，点 O，D を中心とする半径 OD の円をかき，その 2 つの円の交点と O を結んで，60° の角をつくります。
さらに，60° の角の二等分線を作図して 30° の角をつくります。

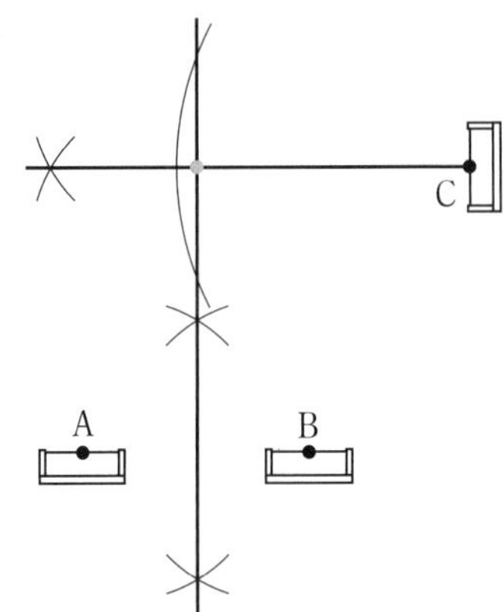

解き方

2 点 A，B から等しい距離にある点は，A，B を結んだ線分の垂直二等分線上にあります。
また，ベンチ C から最短となる点は，C を通る垂線上にあります。

理解のコツ

・直線，線分，交点，垂線などのことばの意味を整理しておこう。

・図形の移動では，平行移動，回転移動，対称移動のちがいとその特ちょうを整理しておこう。

・垂直二等分線と角の二等分線，垂線の作図は基本となるので，作図のしかたをしっかり理解しておこう。

p.111 **ぴたトレ 1**

1 (1)中心，弦　(2)半円

解き方

(1)下の図のように，直径も弦の 1 つであり，それは中心 O を通る特別な弦ということになります。

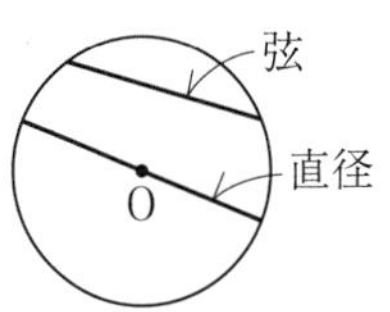

(2)下の図のように，弧 AB と弦 AB でつくられる形は半円になります。

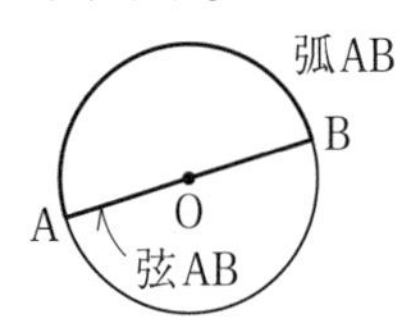

2

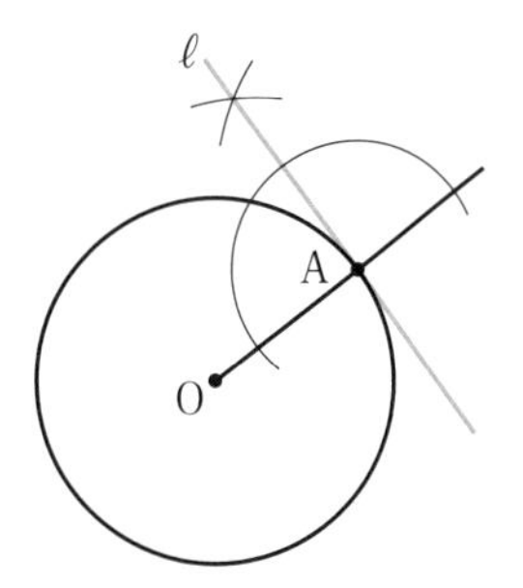

解き方

円の接線は，その接点を通る半径に垂直です。
半直線 OA をひき，点 A を通る半直線 OA に垂直な直線を作図します。

3 (1)㋑と㋒　(2)いえる　(3) 5 cm

解き方

(1)おうぎ形は 2 つの半径と弧で囲まれてできる図形です。

㋐ 2 つの線分は半径ではないので，おうぎ形とはいえません。

㋓㋐と同じように，2 つの線分は半径ではないので，おうぎ形とはいえません。

(2) 1 つの円では半径はすべて等しいので，中心角が等しければ，2 つのおうぎ形はぴったり重なります。
よって，合同であるといえます。

(3) 1 つの円で，等しい中心角に対する弧の長さは等しいから，$\overset{\frown}{BC}$＝5 cm

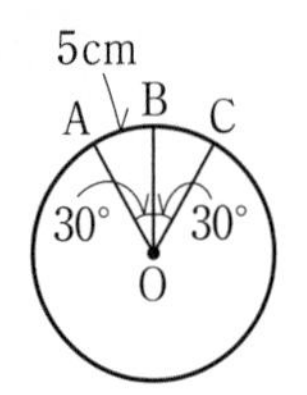

p.113 ぴたトレ 1

1 (1)周の長さ 12π cm，面積 36π cm^2

(2)10 cm

解き方

(1) 周の長さは，$\ell=2\pi r$ に $r=6$ を代入すると，

$\ell=2\pi\times6=12\pi$(cm)

面積は，$S=\pi r^2$ に $r=6$ を代入すると，

$S=\pi\times6^2=36\pi$(cm^2)

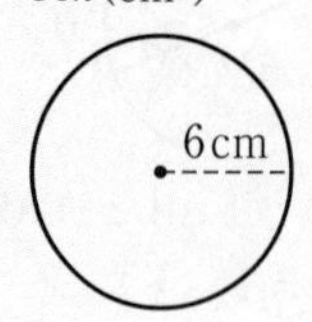

(2)半径を r cm として，$\ell=2\pi r$ に $\ell=20\pi$ を代入すると，

$20\pi=2\pi r$

これより，$r=10$(cm)

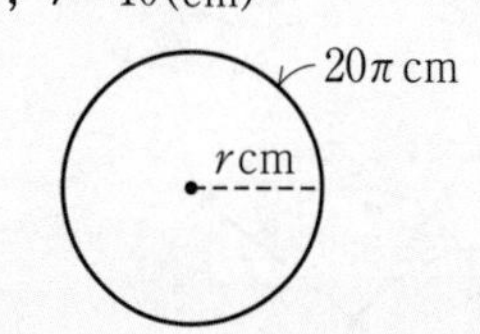

2 (1)弧の長さ 3π cm，面積 15π cm^2

(2)弧の長さ 6π cm，面積 24π cm^2

解き方

(1)半径 10 cm，中心角 54° のおうぎ形だから，

弧の長さは，$\ell=2\pi r\times\dfrac{a}{360}$ に $r=10$，$a=54$ を代入すると，

$\ell=2\pi\times10\times\dfrac{54}{360}=3\pi$(cm)

面積は，$S=\pi r^2\times\dfrac{a}{360}$ に $r=10$，$a=54$ を代入すると，

$S=\pi\times10^2\times\dfrac{54}{360}=15\pi$(cm^2)

(2)半径 8 cm，中心角 135° のおうぎ形だから，

弧の長さは，$\ell=2\pi r\times\dfrac{a}{360}$ に $r=8$，$a=135$ を代入すると，

$\ell=2\pi\times8\times\dfrac{135}{360}=6\pi$(cm)

面積は，$S=\pi r^2\times\dfrac{a}{360}$ に $r=8$，$a=135$ を代入すると，

$S=\pi\times8^2\times\dfrac{135}{360}=24\pi$(cm^2)

3 弧の長さ 4π cm，面積 24π cm^2

解き方

弧の長さは，$\ell=2\pi r\times\dfrac{a}{360}$ に $r=12$，$a=60$ を代入すると，

$\ell=2\pi\times12\times\dfrac{60}{360}=4\pi$(cm)

面積は，$S=\pi r^2\times\dfrac{a}{360}$ に $r=12$，$a=60$ を代入すると，

$S=\pi\times12^2\times\dfrac{60}{360}=24\pi$(cm^2)

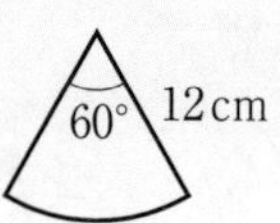

4 (1)120°　(2)27π cm^2

解き方

(1)中心角を x° とします。

半径 9 cm の円の周の長さは $2\pi\times9=18\pi$(cm) だから，弧の長さと中心角の比例式は，

$6\pi : 18\pi = x : 360$

$18\pi\times x=6\pi\times360$　　$x=120$

よって，中心角は 120° になります。

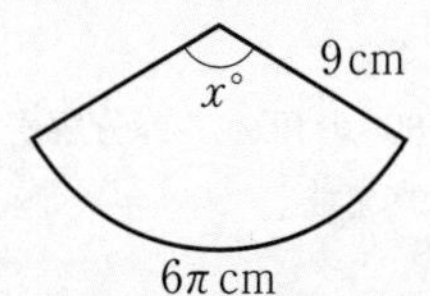

別解　中心角を x° として，弧の長さの公式に，$r=9$，$\ell=6\pi$ を代入すると，

$6\pi=2\pi\times9\times\dfrac{x}{360}$　　$x=120$

(2)半径 9 cm，中心角 120° のおうぎ形だから，

$S=\pi\times9^2\times\dfrac{120}{360}=27\pi$(cm^2)

p.114～115 ぴたトレ 2

1 (1)周の長さ 16π cm，面積 64π cm^2

(2)弧の長さ　8π cm，面積 36π cm^2

解き方

(1)直径 16 cm の円の半径は 8 cm です。

円周の長さは，

$2\pi\times8=16\pi$(cm)

面積は，

$\pi\times8^2=64\pi$(cm^2)

(2)弧の長さは，

$2\pi\times9\times\dfrac{160}{360}=8\pi$(cm)

面積は，

$\pi\times9^2\times\dfrac{160}{360}=36\pi$(cm^2)

2 40°

解き方

$\overset{\frown}{BC}$ の長さは $\overset{\frown}{AB}$ の長さの 3 倍だから，おうぎ形 OBC の中心角の大きさは $\angle x$ の 3 倍，$\overset{\frown}{CA}$ の長さは $\overset{\frown}{AB}$ の長さの 5 倍だから，おうぎ形 OCA の中心角の大きさは $\angle x$ の 5 倍になります。

よって，$x+3x+5x=360$

これを解くと，$x=40$

3 下の図の直線 ℓ

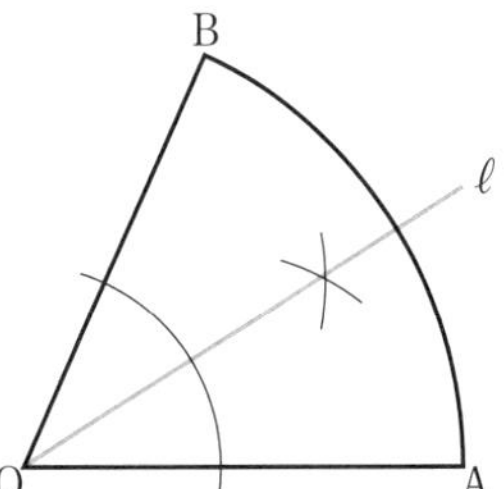

解き方

中心角が等しい2つのおうぎ形は合同で，その面積は等しくなります。
よって，∠AOBの二等分線を作図すれば，その直線がおうぎ形OABの面積を2等分します。

4

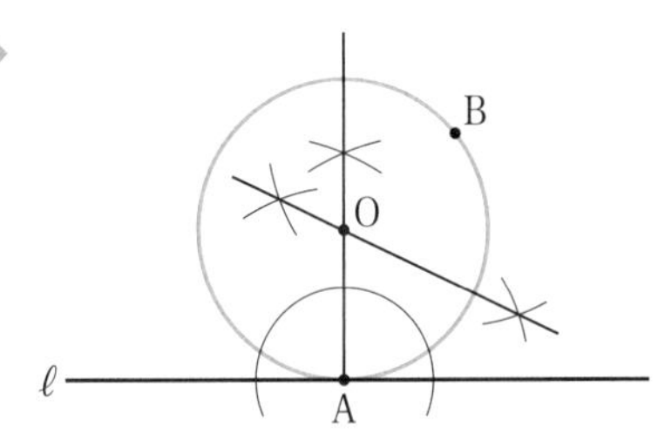

解き方

点Aで直線 ℓ に接する円の中心は，点Aを通る直線 ℓ の垂線上にあります。
また，2点A，Bを通る円の中心は，線分ABの垂直二等分線上にあります。
したがって，求める円の中心は，点Aを通る直線 ℓ の垂線と，線分ABの垂直二等分線の交点Oになります。
点Oを中心とし，半径OAの円をかきます。

5 (1) 6π cm　(2) $36-9\pi$ (cm²)

解き方

(1) 1つの弧の長さは，半径3 cm，中心角90°のおうぎ形の弧の長さで，それが4つあります。
よって，周の長さは，半径3 cmの円周の長さと等しくなるから，
$2\pi\times3=6\pi$ (cm)

(2) 図1のかげの部分の図形を移動すると，図2のような図形ができます。

図1

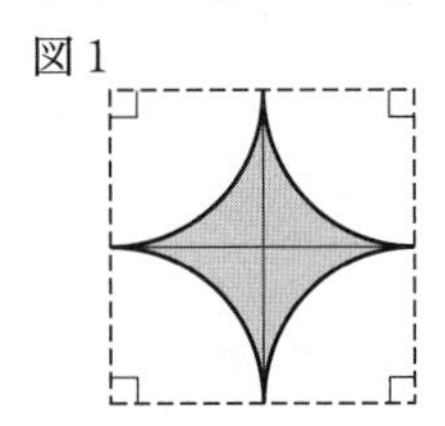

図2

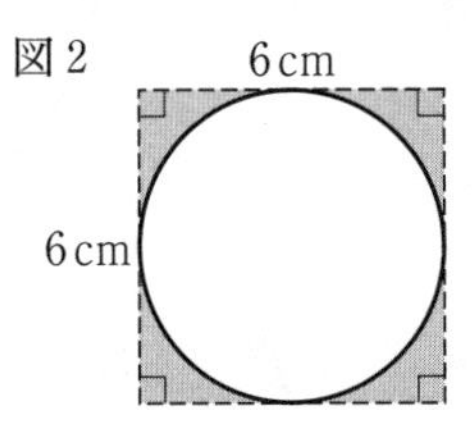

図2のかげの部分の面積は，1辺6 cmの正方形の面積から，半径3 cmの円の面積をひけばよいので，
$6\times6-\pi\times3^2=36-9\pi$ (cm²)
となります。

6 (1) 16π cm　(2) $32\pi-64$ (cm²)

解き方

下の図のように，図形の $\frac{1}{8}$ の部分で考え，あとで8倍します。

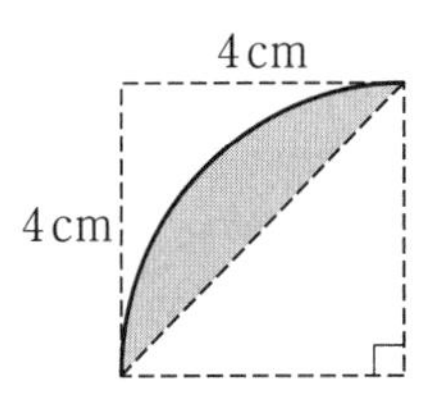

(1) 図の弧の長さは，半径4 cm，中心角90°のおうぎ形の弧の長さだから，
$2\pi\times4\times\frac{90}{360}=2\pi$ (cm)
もとの図形の周の長さは，この8倍だから，
$2\pi\times8=16\pi$ (cm)

(2) 図の面積は，半径4 cm，中心角90°のおうぎ形の面積から，底辺4 cm，高さ4 cmの三角形の面積をひけばよいので，
$\pi\times4^2\times\frac{90}{360}-\frac{1}{2}\times4\times4=4\pi-8$ (cm²)
もとの図形の面積は，この8倍だから，
$(4\pi-8)\times8=32\pi-64$ (cm²)

7 (1) 30°　(2) 200°

解き方

(1) おうぎ形Aの中心角を x° とします。
このとき，おうぎ形Aの面積とおうぎ形Bの面積が等しいので，
$\pi\times6^2\times\frac{x}{360}=\pi\times3^2\times\frac{120}{360}$
$6^2\times x=3^2\times120$　　$x=30$

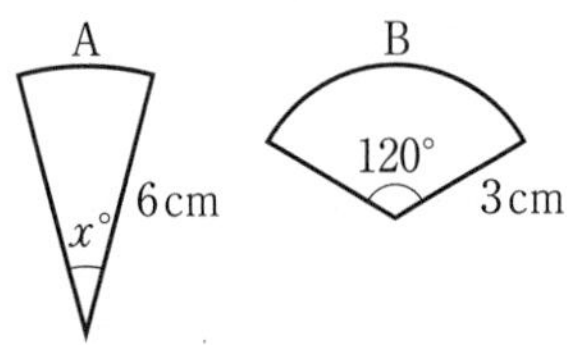

(2) おうぎ形Bの中心角を x° とします。
このとき，おうぎ形Aの弧の長さとおうぎ形Bの弧の長さが等しいので，
$2\pi\times8\times\frac{150}{360}=2\pi\times6\times\frac{x}{360}$
$8\times150=6\times x$　　$x=200$

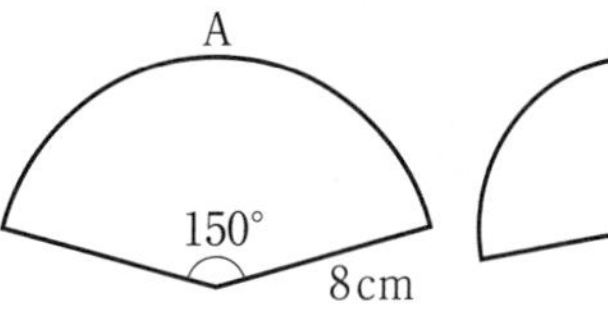

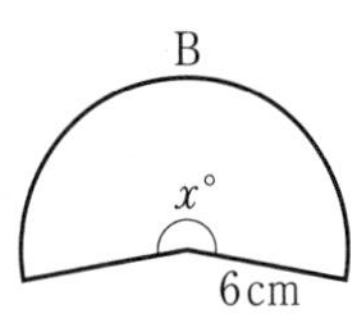

理解のコツ

・円周と円の面積の公式は絶対忘れないようにしよう。
・おうぎ形の弧の長さや面積は，同じ半径の円の周や面積の何倍になっているかを考えるとよい。

p.116~117　ぴたトレ3

❶ (1)×　(2)○　(3)○　(4)×　(5)○　(6)×

解き方

(1), (2)$\ell /\!/ m$, $m /\!/ n$ のとき, $\ell /\!/ n$ となります。

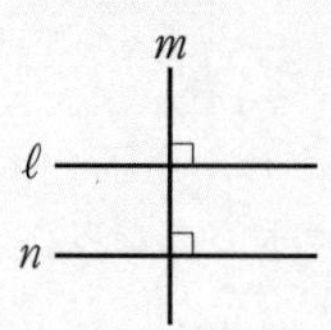

(3), (4)$\ell \perp m$, $m \perp n$ のとき, $\ell /\!/ n$ となります。

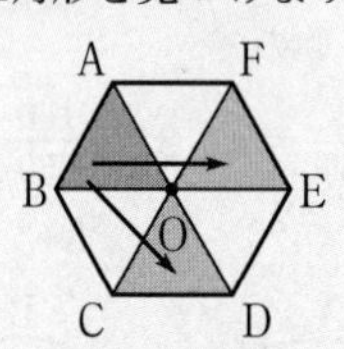

(5)$\ell \perp n$ となります。

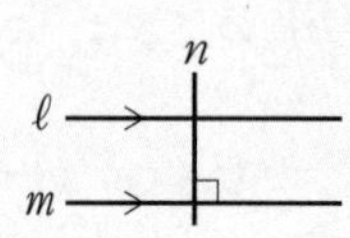

(6)$\ell \perp n$ となります。

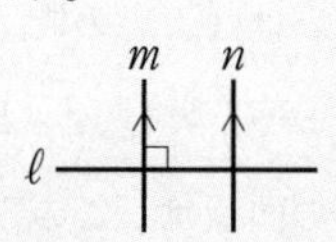

❷ (1)△FEO, △ODC

(2)△COB

(3)△EOF, △COD, △AOB

解き方

(1)向きが同じ三角形を見つけます。

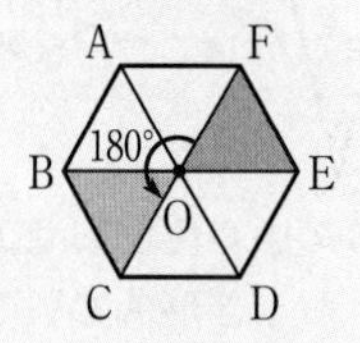

(2)点対称移動は 180° の回転移動のことです。

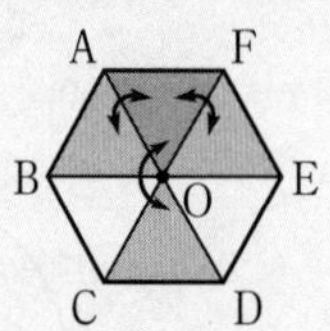

(3)対称の軸として, FC, BE, AD が考えられます。

❸

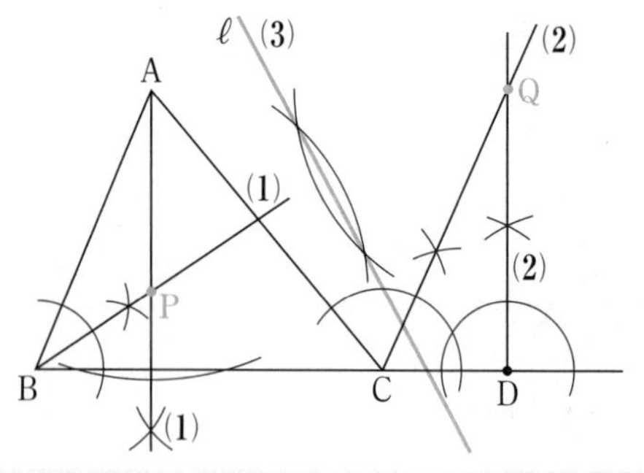

解き方

(1)直線 BC 上にない点 A から BC に垂線をひくには, 次のようにします。

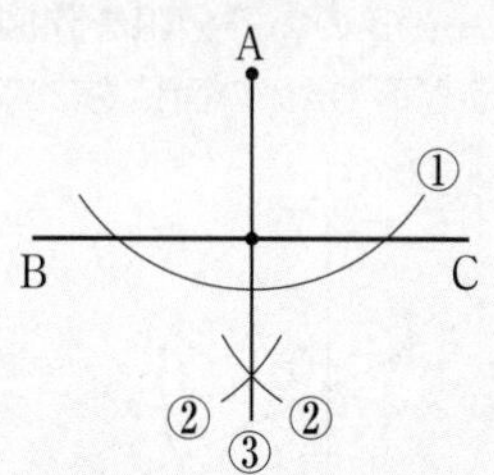

(2)直線 BC 上の点 D を通る BC の垂線をひくには, 次のようにします。

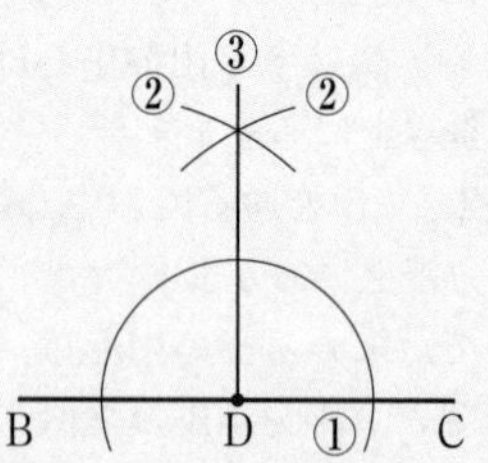

❹

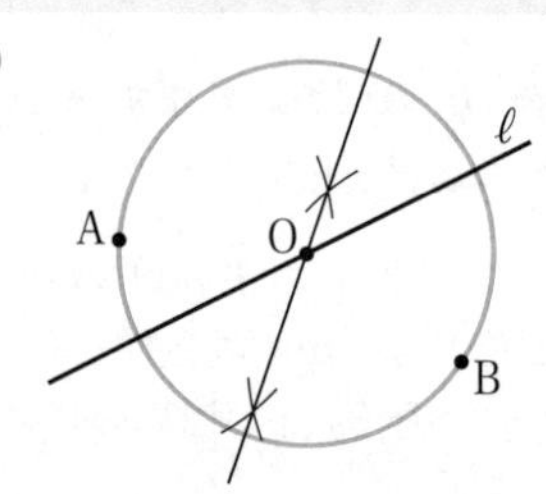

解き方

線分 AB の垂直二等分線と直線 ℓ との交点が求める円の中心 O です。
半径を OA(OB)の長さにして, 円をかきます。

❺

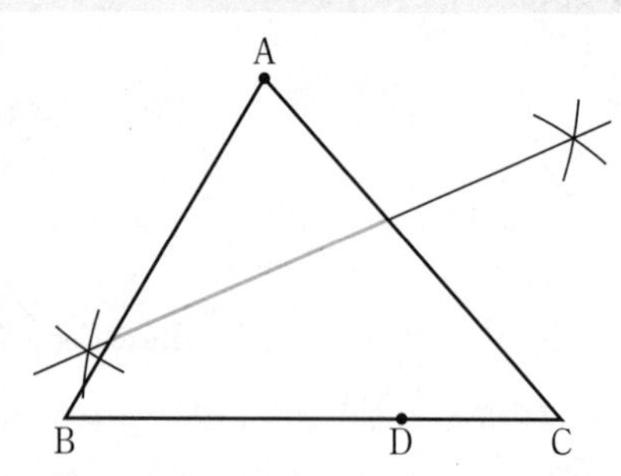

解き方

線分ADの垂直二等分線を作図します。
わからなければ，下の図のような長方形で考えましょう。

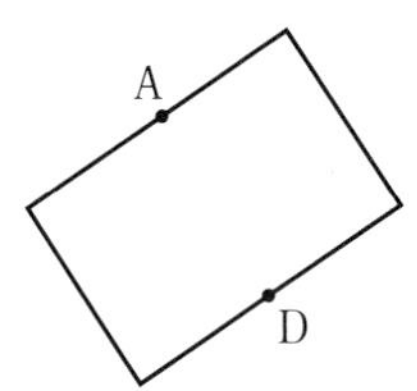

6 (1)81π cm^2　(2)12π cm　(3)70π cm^2
(4)130π cm^2　(5)$18\pi+20$(cm)

解き方

(1)半径を r cm とすると，
$2\pi r=18\pi$ から，$r=9$
よって，面積は，$\pi\times9^2=81\pi$(cm^2)

(2)$2\pi\times16\times\dfrac{135}{360}=12\pi$(cm)

(3)$\pi\times15^2\times\dfrac{112}{360}=70\pi$(cm^2)

(4)半円の面積は，
$\pi\times10^2\times\dfrac{180}{360}=50\pi$(cm^2)
おうぎ形の面積は，
$\pi\times20^2\times\dfrac{72}{360}=80\pi$(cm^2)
よって，$50\pi+80\pi=130\pi$(cm^2)

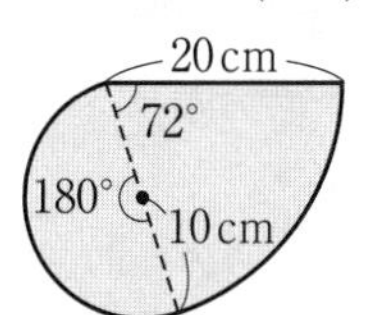

(5)(4)の図で考えます。
半円の弧の長さは，
$2\pi\times10\times\dfrac{180}{360}=10\pi$(cm)
おうぎ形の弧の長さは，
$2\pi\times20\times\dfrac{72}{360}=8\pi$(cm)
よって，周の長さは，
$10\pi+8\pi+20=18\pi+20$(cm)

6章　空間図形

p.119　ぴたトレ 0

1 (1)四角柱　(2)三角柱

解き方
それぞれの展開図を，点線にそって折りまげ，組み立てた図を考えます。
見取図をかくと，次のようになります。

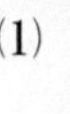
(1)
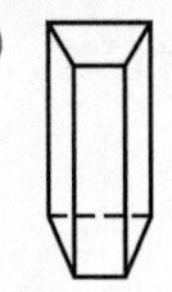
(2)
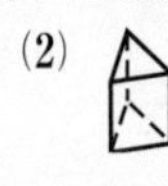

2 (1)辺 IH　(2)頂点 A，頂点 I

解き方
わかりにくいときは，見取図をかき，頂点をかき入れてみます。

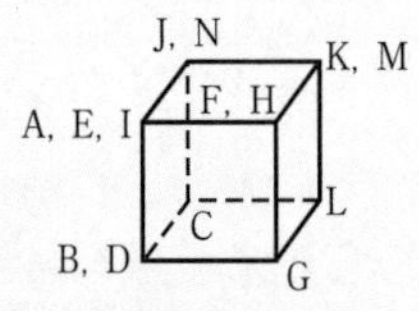

(1)辺 HI としても正解です。

3 (1)120 cm^3　(2)180 cm^3　(3)2198 cm^3
(4)401.92 cm^3

解き方
それぞれ，底面積×高さで求めます。
(1)$(5\times3)\times8=120$(cm^3)
(2)$(6\times10\div2)\times6=180$(cm^3)
(3)$(10\times10\times3.14)\times7=2198$(cm^3)
(4)底面は，半径が 4 cm の円です。
$(4\times4\times3.14)\times8=401.92$(cm^3)

p.121　ぴたトレ 1

1 (1)四角錐　(2)三角柱　(3)円錐

解き方
(1)底面が四角形で，さきのとがった立体は四角錐です。
(2)底面が三角形で，2 つの底面がある立体は三角柱です。
(3)底面が円で，さきのとがった立体は円錐です。

2 (1)正六面体　(2)正八面体　(3)正十二面体

解き方
正多面体は，正四面体，正六面体，正八面体，正十二面体，正二十面体の 5 種類しかありません。
(1)合同な 6 つの正方形の面で囲まれている立体だから，正六面体です。
正六面体は立方体です。
(2)合同な 8 つの正三角形の面で囲まれている立体だから，正八面体です。
(3)合同な 12 の正五角形の面で囲まれている立体だから，正十二面体です。

3 (1)㋑　(2)㋔

解き方
(1)立面図が長方形だから，角柱もしくは円柱であることがわかり，平面図が三角形であることから底面が三角形の立体であることがわかります。
したがって，三角柱です。
(2)立面図が三角形だから，角錐もしくは円錐であることがわかり，平面図が円であることから底面が円の立体であることがわかります。
したがって，円錐です。

4

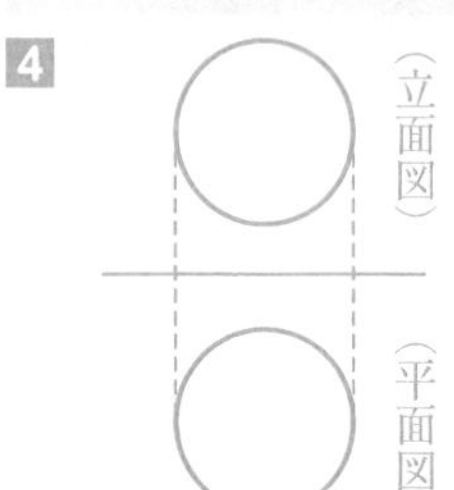

解き方
球は，真正面から見た図も，真上から見た図も円になります。
したがって，立面図と平面図に同じ大きさの円をかけば，球の投影図になります。

p.123　ぴたトレ 1

1 (1)正三角錐，正四面体　(2)点 E

解き方
組み立てると，右の図のようになります。

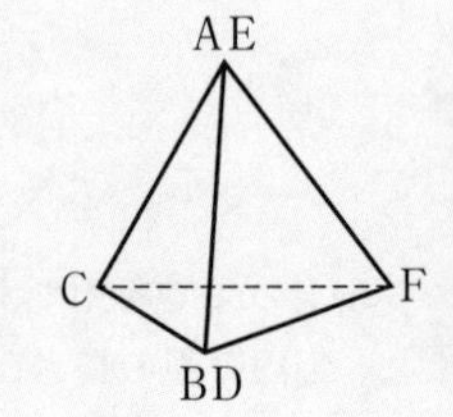

2 (1)正六角錐　(2)正五角柱
(3)正四角柱　(正六面体，立方体)

解き方
見取図は次のようになります。
(1)
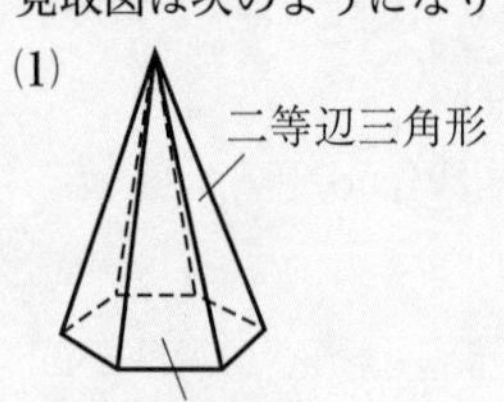

(2)
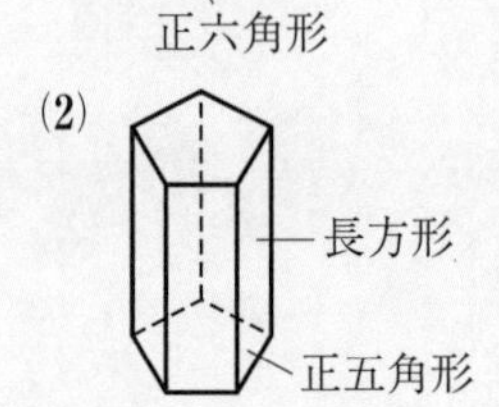

(3) すべて正方形

3 (1) 4π cm　(2)円 P の周　(3) 4π cm

解き方

(1)展開図を組み立てたときに，$\overset{\frown}{AB}$ と重なるところは円 O′ の周だから，$\overset{\frown}{AB}$ の長さは円 O′ の周の長さに等しくなります。
求める長さは，$2\pi\times2=4\pi$(cm)

(2)展開図を組み立てたときに辺 CF と重なるところは，円 P の周です。

(3)組み立てると重なるので，DE の長さは円 Q の周と同じ長さになります。
円柱では，2 つの底面は合同だから，円 Q の半径は 2 cm になります。
求める長さは，$2\pi\times2=4\pi$(cm)

p.125　ぴたトレ 1

1 (1)㋑　(2)㋔　(3)㋑　(4)㋑

解き方

(1)下の図のように，1 つの平面が決定されます。
同じ直線上にない 3 点 A，B，C をふくむ平面は 1 つしかありません。

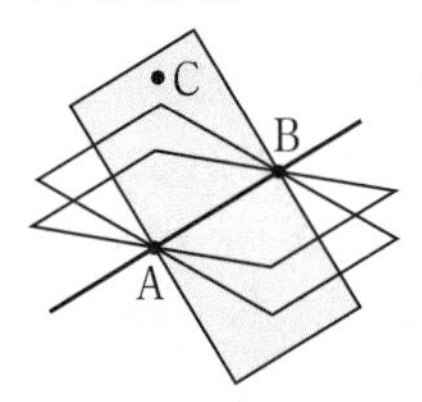

(2)(1)の図で，直線 AB をふくむ平面はいくつでも考えられます。
したがって，㋔の「無数にある」があてはまります。

(3)下の図のように，1 つの平面が決定されます。
同じ直線上にない 3 点を通るので，交わる 2 直線をふくむ平面は 1 つしかありません。

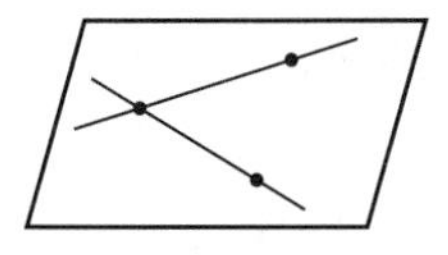

(4)下の図のように，1 つの平面が決定されます。
同じ直線上にない 3 点を通るので，平行な 2 直線をふくむ平面は，1 つしかありません。

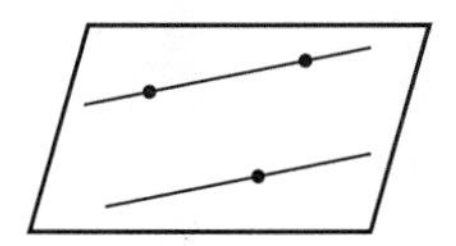

2 (1)㋑　(2)㋒　(3)㋐　(4)㋒

解き方

(2)平行でもなく，交わりもしない 2 直線は，ねじれの位置にあります。
直線 BC と直線 AE は，平行でもなく，交わりもしません。

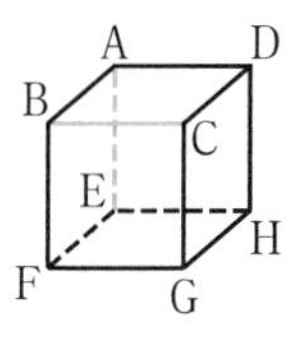

したがって，㋒の「ねじれの位置にある」があてはまります。

(3)直線 AD と直線 DH は，点 D で交わっていますから，㋐の「交わる」があてはまります。

(4)直線 DH と直線 FG は，平行でもなく，交わりもしません。
したがって，㋒の「ねじれの位置にある」があてはまります。

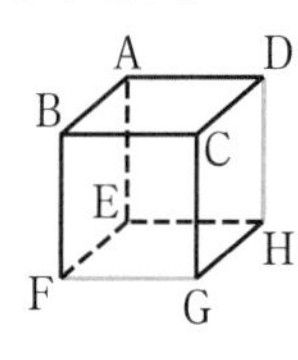

3 (1)①　(2)②

解き方

(1)円柱の高さは右の図のようになります。
底面上の点と，もう一方の底面との距離はすべて等しく，この距離を円柱の高さといいます。

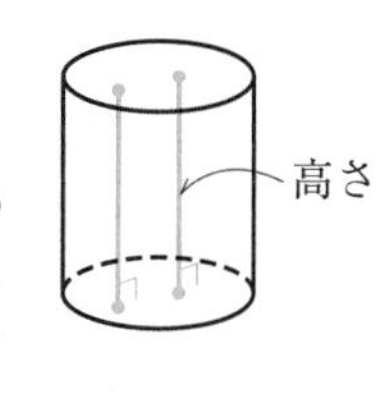

したがって，①があてはまります。

(2)角錐では，頂点と底面との距離を角錐の高さといいます。
したがって，②があてはまります。

4 (1)直線 EF，直線 HG　(2)直線 EH
(3)平面 AEHD　(4)平面 DHG
(5)平面 AEF，平面 DHG

解き方

(1)平面 AEHD 上の 2 つの直線と垂直になる直線をさがします。
EF⊥EH，EF⊥EA だから，直線 EF があてはまります。
また，HG⊥HE，HG⊥HD だから，直線 HG もあてはまります。

(2)平面 AFGD と平行な直線，すなわち，平面 AFGD と交わらない直線は EH です。

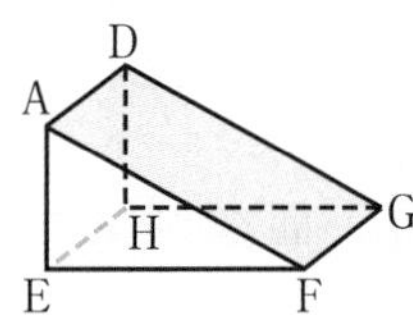

(3)(2)の図で，直線 FG と平行な平面，すなわち，直線 FG と交わらない平面は，AEHD です。

(4)平面 AEF と平行な平面，すなわち，平面 AEF と交わらない平面は，DHG です。

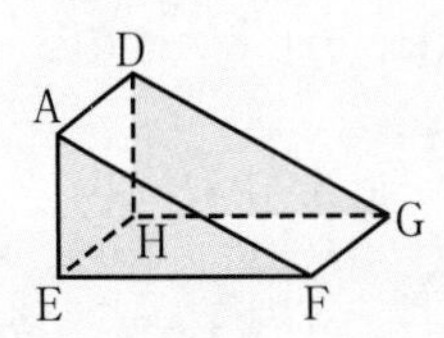

(5)ある平面が，平面 AFGD に垂直な直線をふくんでいるとき，2 つの平面は垂直になります。下の図で，$\ell \perp$ 平面 AFGD，$m \perp$ 平面 AFGD ですから，平面 AFGD と垂直な平面は，平面 AEF，平面 DHG になります。

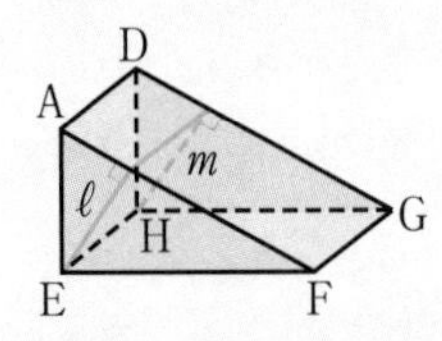

p.127 ぴたトレ 1

1 **(1)円柱は，円をその面に垂直な方向に，一定の距離だけ平行に動かしてできる立体とみることができる。**

(2)六角柱は，六角形をその面に垂直な方向に，一定の距離だけ平行に動かしてできる立体とみることができる。

解き方
(1)円柱は，円を平行に動かしてできる立体とみることができます。
(2)六角柱は，六角形を平行に動かしてできる立体とみることができます。

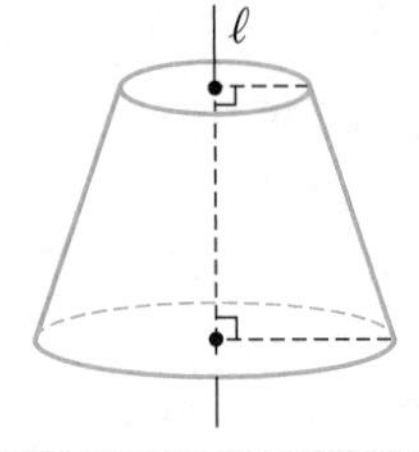

解き方
図のような台形を，直線 ℓ を回転の軸として 1 回転させると，円錐の先のとがった方を切りとった形の立体ができます。

3 **(1)軸をふくむ平面で切ると円，軸に垂直な平面で切ると円。**

(2)軸をふくむ平面で切ると長方形，軸に垂直な平面で切ると円。

解き方
回転体を回転の軸に垂直な平面で切ると，基本的に円の切り口となります。
場合によっては，輪の形になることもあります。

(1)球はどの方向から切っても，切り口は円です。

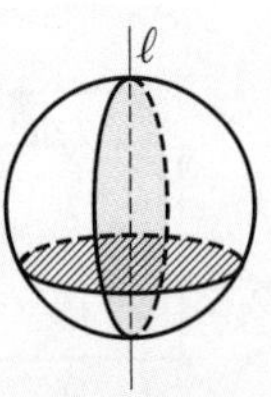

(2)切り口は長方形と円です。

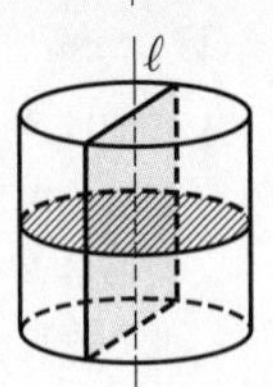

4 **(1)三角柱の側面　(2)母線**

解き方
(1)下の図のような立体になります。
線分 PQ は，三角柱の側面をつくります。

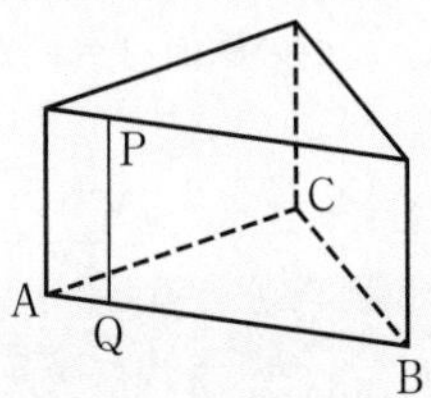

(2)線分 PQ のように，多角形の周にそって 1 まわりさせた線分を，その角柱の母線といいます。

p.128～129 ぴたトレ 2

1 **(1)正六角柱　(2)正三角錐　(3)球**

解き方
(1)立面図が長方形だから，角柱もしくは円柱であることがわかり，平面図が正六角形であることから底面が正六角形の立体であることがわかります。
したがって，正六角柱です。
(2)立面図が三角形だから，角錐もしくは円錐であることがわかり，平面図が正三角形であることから底面が正三角形の立体であることがわかります。
したがって，正三角錐です。
(3)立面図と平面図がともに円になる立体は，球です。

2 **(1)七角錐　(2)円錐　(3)円柱**
(4)正三角錐　(正四面体)
(5)正三角柱　(6)円錐

解き方
(1)側面が三角形になるのは角錐で，7 つの三角形があるので七角錐です。
(2)側面の展開図がおうぎ形になるのは円錐です。
(3)底面が 2 つあるのは角柱と円柱で，底面が円となるのは円柱です。
(4)すべての面が合同な正三角形だから，正四面体と答えてもよいです。

(5)底面を垂直な方向に，一定の距離だけ平行に動かしてできるのは角柱と円柱で，底面が正三角形だから，正三角柱です。

(6)直角三角形の直角をはさむ2辺のうち1辺を回転の軸とするので，2つの辺のどちらを回転の軸としても，1回転させてできるのは円錐です。

3 (1)円錐　(2) 5 cm　(3) 6π cm

解き方

(1)おうぎ形と円からなる展開図は，円錐の展開図です。
おうぎ形は側面になり，円は底面になります。

(2)右の図で，線分ABを円錐の母線といいます。

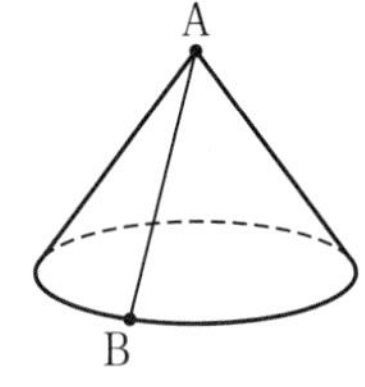

(3)おうぎ形の弧の長さは底面の円周の長さと等しいので，$2\pi\times3=6\pi$(cm)

4 (1)交わる　(2)ねじれの位置にある　(3)交わる　(4)平行である　(5)交わる

解き方

(1)同一平面上にある2直線は，平行でなければ交わります。

(2)平行でもなく，交わることもない2直線の位置関係はねじれの位置です。
ねじれの位置にある2直線は，同一平面上にはありません。

(3)平面上にない直線は，平行でなければ，その平面と交わります。

(4)直線CD∥直線HIだから，直線CDと平面FGHIJは交わりません。
つまり，直線CDと平面FGHIJは平行です。

(5)下の図のように，平面ABGFと平面CHIDは交わります。

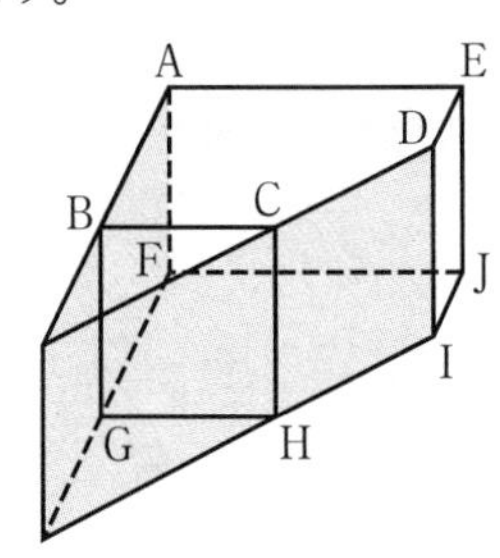

5 (1)

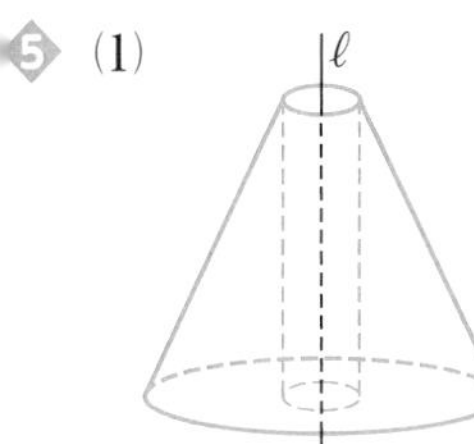

(2)

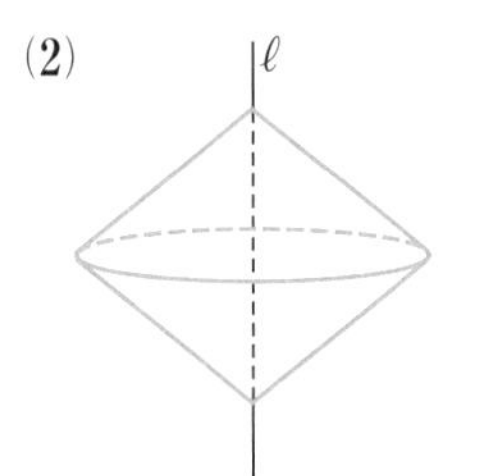

解き方

直線ℓを対称の軸とする線対称な図形を考え，対応する点を曲線でつなぎます。
見えない線は破線にし，不必要な線は消しておきます。

6 (1)

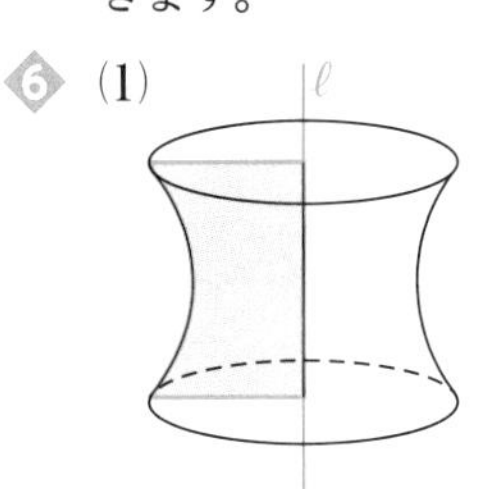

(2)

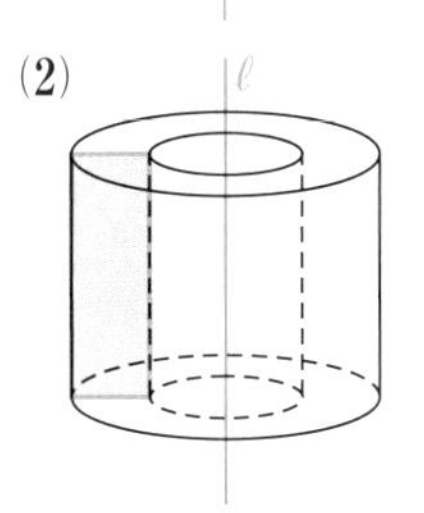

(3)

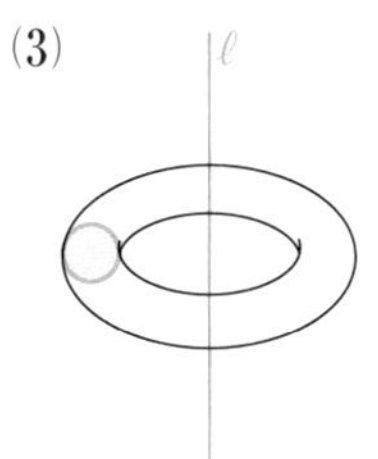

解き方

回転の軸をふくむ平面で切った図を考えます。
それらの図は線対称な図形だから，回転の軸の右か左の半分の図になります。

理解のコツ

・見取図から展開図，展開図から見取図のイメージをふくらませておくとよい。
・見取図や投影図は，見える部分は実線でかき，見えない部分は破線でかこう。
・空間内での直線や平面の位置関係をしっかり把握しておこう。そして，ねじれの位置の関係を特に注意しよう。

p.131 ぴたトレ1

1 (1)$96\ \mathrm{cm}^3$ (2)$225\pi\ \mathrm{cm}^3$

解き方
(1)$\frac{1}{2}\times8\times12\times2=96(\mathrm{cm}^3)$
(2)$\pi\times5^2\times9=225\pi(\mathrm{cm}^3)$

2 (1)$192\ \mathrm{cm}^3$ (2)$80\pi\ \mathrm{cm}^3$

解き方
(1)$\frac{1}{3}\times8\times8\times9=192(\mathrm{cm}^3)$
(2)$\frac{1}{3}\times\pi\times4^2\times15=80\pi(\mathrm{cm}^3)$

3 (1)$\frac{256}{3}\pi\ \mathrm{cm}^3$ (2)$144\pi\ \mathrm{cm}^3$

解き方
(1)$\frac{4}{3}\pi\times4^3=\frac{256}{3}\pi(\mathrm{cm}^3)$
(2)半球の体積は，球の体積の半分になるから，
$\left(\frac{4}{3}\pi\times6^3\right)\times\frac{1}{2}=\frac{2}{3}\pi\times6^3=144\pi(\mathrm{cm}^3)$

4 (1)$\frac{1}{3}$倍 (2)$\frac{2}{3}$倍

解き方
(1)円柱の体積は，$\pi\times5^2\times10=250\pi(\mathrm{cm}^3)$
円錐の体積は，$\frac{1}{3}\times\pi\times5^2\times10=\frac{250}{3}\pi(\mathrm{cm}^3)$
よって，
$\frac{250}{3}\pi\div250\pi=\frac{250\pi}{3}\times\frac{1}{250\pi}=\frac{1}{3}$(倍)
(2)球の体積は，$\frac{4}{3}\times\pi\times5^3=\frac{500}{3}\pi(\mathrm{cm}^3)$
よって，
$\frac{500}{3}\pi\div250\pi=\frac{500\pi}{3}\times\frac{1}{250\pi}=\frac{2}{3}$(倍)

p.133 ぴたトレ1

1 (1)$148\ \mathrm{cm}^2$ (2)$108\ \mathrm{cm}^2$

解き方
(1)底面積は，$6\times4=24(\mathrm{cm}^2)$
側面積は，$5\times(6+4+6+4)=100(\mathrm{cm}^2)$
表面積＝底面積×2＋側面積より，
表面積は，$24\times2+100=148(\mathrm{cm}^2)$
(2)底面積は，$\frac{1}{2}\times4\times3=6(\mathrm{cm}^2)$
側面積は，$8\times(5+3+4)=96(\mathrm{cm}^2)$
表面積は，$6\times2+96=108(\mathrm{cm}^2)$

2 (1)$88\pi\ \mathrm{cm}^2$ (2)$64\pi\ \mathrm{cm}^2$

解き方
(1)底面積は，$\pi\times4^2=16\pi(\mathrm{cm}^2)$
側面積は，(高さ)×(底面の円周の長さ)より，
$7\times(2\pi\times4)=56\pi(\mathrm{cm}^2)$
表面積＝底面積×2＋側面積より，
表面積は，$16\pi\times2+56\pi=88\pi(\mathrm{cm}^2)$
(2)底面積は，$\pi\times2^2=4\pi(\mathrm{cm}^2)$
側面積は，$14\times(2\pi\times2)=56\pi(\mathrm{cm}^2)$
表面積は，$4\pi\times2+56\pi=64\pi(\mathrm{cm}^2)$

3 $100\pi\ \mathrm{cm}^2$

解き方
直線ℓを回転の軸として1回転させてできる立体は，底面の半径が5 cmで，高さが5 cmの円柱です。
底面積は，$\pi\times5^2=25\pi(\mathrm{cm}^2)$
側面積は，$5\times(2\pi\times5)=50\pi(\mathrm{cm}^2)$
表面積＝底面積×2＋側面積より，
$25\pi\times2+50\pi=100\pi(\mathrm{cm}^2)$

4 (1)$144\ \mathrm{cm}^2$ (2)$96\ \mathrm{cm}^2$

解き方
(1)底面積は，$6\times6=36(\mathrm{cm}^2)$
側面積は，合同な二等辺三角形が4つあるから，
$\left(\frac{1}{2}\times6\times9\right)\times4=108(\mathrm{cm}^2)$
表面積＝底面積＋側面積より，
表面積は，$36+108=144(\mathrm{cm}^2)$
(2)底面積は，$4\times4=16(\mathrm{cm}^2)$
側面積は，$\left(\frac{1}{2}\times4\times10\right)\times4=80(\mathrm{cm}^2)$
表面積は，$16+80=96(\mathrm{cm}^2)$

p.135 ぴたトレ1

1 (1)$32\pi\ \mathrm{cm}^2$ (2)$48\pi\ \mathrm{cm}^2$

解き方
(1)側面のおうぎ形の中心角を$x°$とすると，おうぎ形の弧の長さは底面の円周の長さに等しいから，
$(2\pi\times4):(2\pi\times8)=x:360$
これを解くと，$x=180$
側面積は，$\pi\times8^2\times\frac{180}{360}=32\pi(\mathrm{cm}^2)$
(2)底面積は，$\pi\times4^2=16\pi(\mathrm{cm}^2)$
表面積は，$16\pi+32\pi=48\pi(\mathrm{cm}^2)$

2 $96\pi\ \mathrm{cm}^2$

解き方
直線ℓを回転の軸として1回転させてできる立体は，底面の半径が6 cmで，母線の長さが10 cmの円錐です。
円錐の側面の展開図は，半径10 cmのおうぎ形で，その中心角を$x°$とすると，
$(2\pi\times6):(2\pi\times10)=x:360$
これを解くと，$x=216$
側面積は，$\pi\times10^2\times\frac{216}{360}=60\pi(\mathrm{cm}^2)$
底面積は，$\pi\times6^2=36\pi(\mathrm{cm}^2)$
表面積は，$36\pi+60\pi=96\pi(\mathrm{cm}^2)$

3 (1)$64\pi\ \mathrm{cm}^2$ (2)$144\pi\ \mathrm{cm}^2$

解き方
(1)$4\pi\times4^2=64\pi(\mathrm{cm}^2)$
(2)直径が12 cmだから，半径は6 cm
表面積は，$4\pi\times6^2=144\pi(\mathrm{cm}^2)$

4 (1)108π cm^2　(2)128π cm^2

解き方

(1)半球の表面積は，球の表面積の半分に，切り口の円の面積をたします。

$4\pi\times6^2\times\frac{1}{2}+\pi\times6^2=72\pi+36\pi=108\pi(\text{cm}^2)$

(2)球の $\frac{1}{4}$ の表面積は，球の表面積の $\frac{1}{4}$ に，切り口の半円の面積2つをたします。

$4\pi\times8^2\times\frac{1}{4}+\pi\times8^2\times\frac{1}{2}\times2$

$=64\pi+64\pi=128\pi(\text{cm}^2)$

p.136～137　ぴたトレ2

1 500 cm^3

解き方

(直方体の体積)－(三角柱の体積)

$=8\times14\times5-\frac{1}{2}\times(14-11)\times5\times8$

$=560-60=500(\text{cm}^3)$

2 (1)162π cm^2　(2)162π cm^3

解き方

(1)(大きい円柱の側面積)＋(小さい円柱の側面積)＋(底面積)×2

$=6\times2\pi\times6+6\times2\pi\times3+(\pi\times6^2-\pi\times3^2)\times2$

$=72\pi+36\pi+54\pi$

$=162\pi(\text{cm}^2)$

(2)(大きい円柱の体積)－(小さい円柱の体積)

$=\pi\times6^2\times6-\pi\times3^2\times6$

$=(36-9)\times6\pi=27\times6\pi$

$=162\pi(\text{cm}^3)$

3 468 cm^2

解き方

(もとの正四角錐の側面積)
－(切り取った正四角錐の側面積)
＋(もとの正四角錐の底面積)
＋(切り取った正四角錐の底面積)

$=\frac{1}{2}\times12\times16\times4-\frac{1}{2}\times6\times8\times4+12^2+6^2$

$=384-96+144+36=468(\text{cm}^2)$

4 (1)320π cm^2　(2)416π cm^3

解き方

(1)もとの円錐を展開図に表したときのおうぎ形の中心角をx°とすると，

$(2\pi\times12):(2\pi\times15)=x:360$ より，$x=288$

表面積は，

(もとの円錐の側面積)
－(切り取った円錐の側面積)
＋(もとの円錐の底面積)
＋(切り取った円錐の底面積)

$=\pi\times15^2\times\frac{288}{360}-\pi\times5^2\times\frac{288}{360}+\pi\times12^2+\pi\times4^2$

$=180\pi-20\pi+144\pi+16\pi=320\pi(\text{cm}^2)$

(2)(もとの円錐の体積)－(切り取った円錐の体積)

$=\frac{1}{3}\times\pi\times12^2\times9-\frac{1}{3}\times\pi\times4^2\times3$

$=432\pi-16\pi$

$=416\pi(\text{cm}^3)$

5 (1)54 cm^2　(2)36 cm^3

解き方

(1)側面には，直角をはさむ2辺がともに6 cmの直角二等辺三角形が3つあるので，

$\left(\frac{1}{2}\times6\times6\right)\times3=54(\text{cm}^2)$

(2)底面を△ABCとするのではなく，直角二等辺三角形の1つを底面にした三角錐で考えます。

底面積は，$\frac{1}{2}\times6\times6=18(\text{cm}^2)$で，高さは6 cmだから，体積は，

$\frac{1}{3}\times18\times6=36(\text{cm}^3)$

6 (1)9π cm^2　(2) 4 cm　(3)12π cm^3　(4)$\frac{3}{4}$倍

解き方

辺ACを回転の軸とする回転体の見取図は，次のようになります。

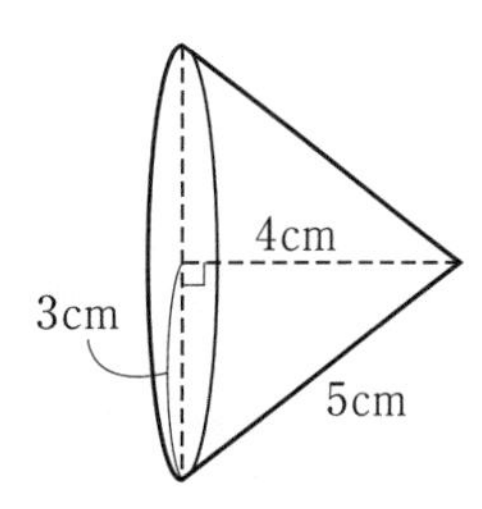

(1)底面は半径3 cmの円だから，

$\pi\times3^2=9\pi(\text{cm}^2)$

(2)辺ACが高さになるから，4 cm

(3)$\frac{1}{3}\times9\pi\times4=12\pi(\text{cm}^3)$

(4)辺ABを回転の軸とする回転体の見取図は，下の図のようになります。

体積は，$\frac{1}{3}\times\pi\times4^2\times3=16\pi(\text{cm}^3)$

よって，$12\pi\div16\pi=\frac{3}{4}$(倍)

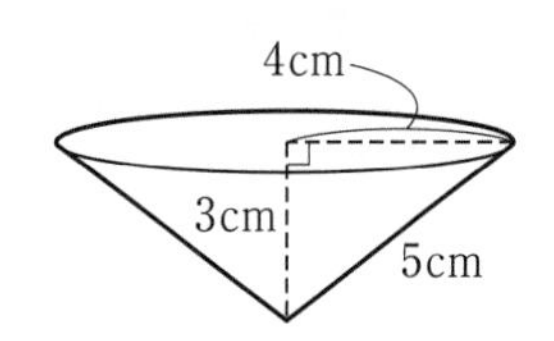

7 **(1)132π cm²　(2)240π cm³**

解き方

(1)円錐を展開図に表したときのおうぎ形の中心角を x° とすると，

$(2\pi\times6):(2\pi\times10)=x:360$ より，$x=216$

円錐の側面積は，

$\pi\times10^2\times\dfrac{216}{360}=60\pi(\text{cm}^2)$

半球の曲面の部分の面積は，

$(4\pi\times6^2)\times\dfrac{1}{2}=72\pi(\text{cm}^2)$

求める表面積は，

$60\pi+72\pi=132\pi(\text{cm}^2)$

(2)円錐の体積は，

$\dfrac{1}{3}\pi\times6^2\times8=96\pi(\text{cm}^3)$

半球の体積は，

$\left(\dfrac{4}{3}\pi\times6^3\right)\times\dfrac{1}{2}=144\pi(\text{cm}^3)$

求める体積は，

$96\pi+144\pi=240\pi(\text{cm}^3)$

理解のコツ

・立体の表面積は，展開図を考えて求めるとよい。特に円錐は側面の弧の長さと底面の円周の長さが等しいことをしっかり理解しておこう。

・角柱や円柱，角錐や円錐の体積の公式，球の体積や表面積の公式はしっかり覚えておこう。

p.138～139　ぴたトレ3

1 **(1)平面 BCFE，平面 ACFD　(2)90°**
(3)平面 ABC，平面 ABED

解き方

(1)正多角柱の側面は，すべて合同な四角形になっています。

(2)平面 ACFD は長方形だから，∠CFD は 90° です。

(3)AB がどの平面上にあるか，視点をかえて考えてみましょう。

2 **(1)点 D　(2)辺 BA　(3)ねじれの位置にある**
(4) 6 つ

解き方

展開図を組み立てた図をかいて考えます。

(1)図より，点 B と点 D が重なります。

(2)点 D と点 B，点 E と点 A が重なるから，辺 DE は辺 BA と重なります。

(3)交わらず，同一平面上にないから，ねじれの位置です。

3 **(1) 3　(2)12　(3) 2　(4) 5 組**

解き方

次のような見取図をかいて考えるとよくわかります。

正八角柱になります。

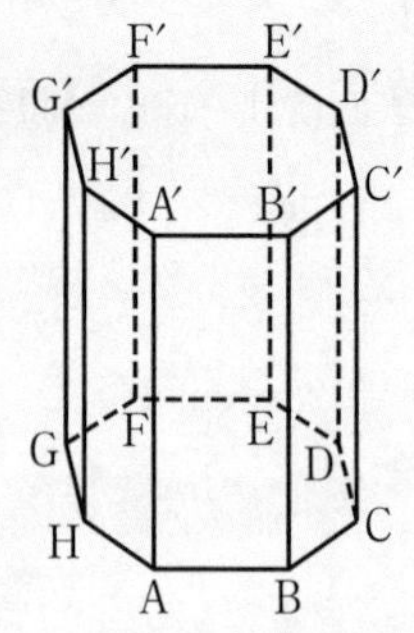

(1)辺 FE，辺 A′B′，辺 F′E′ の 3 つが平行です。

(2)下の底面と垂直な辺のうち，CC′，DD′ 以外の 6 つと，上の底面にある辺のうち，C′D′，G′H′ 以外の 6 つがあります。

(3)上の底面と面 A′ABB′ です。

(4)上の底面と下の底面で 1 組，側面の向かいあう面どうしで 4 組の計 5 組あります。

4

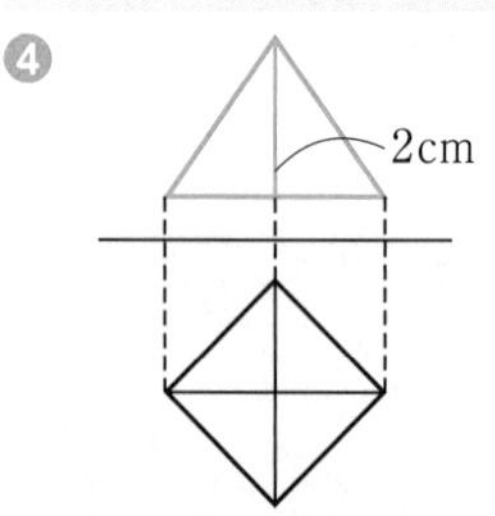

解き方

高さ 2 cm が立面図のどの辺の長さになるかを考えて投影図を完成させます。

5 **(1)表面積 272π cm²，体積 704π cm³**
(2)表面積 168π cm²，体積 240π cm³

解き方

(1)回転体の見取図は次のようになります。

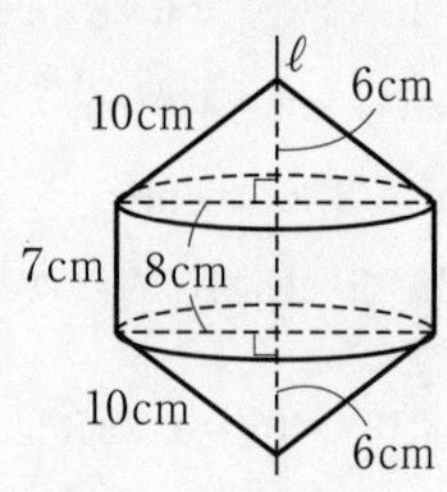

〔表面積〕 円錐の側面を展開したときの中心角を x° とすると，

$(2\pi\times8):(2\pi\times10)=x:360$ より，$x=288$

(円柱の側面積)＋(円錐の側面積)×2 より，

$7\times2\pi\times8+\pi\times10^2\times\dfrac{288}{360}\times2$

$=112\pi+160\pi=272\pi(\text{cm}^2)$

〔体積〕 (円柱の体積)+(円錐の体積)×2 より,

$\pi\times8^2\times7+\dfrac{1}{3}\times\pi\times8^2\times6\times2$

$=448\pi+256\pi=704\pi(\mathrm{cm}^3)$

(2)回転体の見取図は次のようになります。

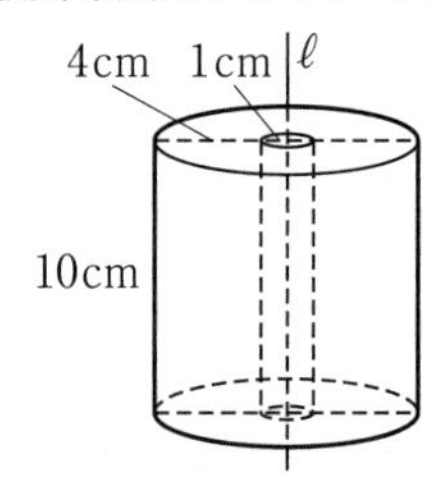

〔表面積〕

$(\pi\times5^2-\pi\times1^2)\times2+10\times2\pi\times5+10\times2\pi\times1$

$=48\pi+100\pi+20\pi=168\pi(\mathrm{cm}^2)$

〔体積〕

$\pi\times5^2\times10-\pi\times1^2\times10$

$=250\pi-10\pi=240\pi(\mathrm{cm}^3)$

6 **(1)$18\pi+288(\mathrm{cm}^3)$　(2)$9\pi+264(\mathrm{cm}^2)$**

解き方

(1)正四角柱の体積は,

$6\times6\times8=288(\mathrm{cm}^3)$

半球の体積は,

$\dfrac{4}{3}\pi\times3^3\times\dfrac{1}{2}=18\pi(\mathrm{cm}^3)$

よって, $18\pi+288(\mathrm{cm}^3)$

(2)正四角柱の下の底面の面積は,

$6\times6=36(\mathrm{cm}^2)$

正四角柱の側面積は,

$8\times6\times4=192(\mathrm{cm}^2)$

正四角柱の上の面の四すみの面積は,

$6\times6-\pi\times3^2=36-9\pi(\mathrm{cm}^2)$

半球の表面積(切り口は除く)は,

$4\pi\times3^2\times\dfrac{1}{2}=18\pi(\mathrm{cm}^2)$

求める表面積は,

$36+192+(36-9\pi)+18\pi=9\pi+264(\mathrm{cm}^2)$

7章　データの活用

p.141　ぴたトレ0

1 (1)24 m　(2)23.5 m　(3)23 m

(4)

距離(m)	人数(人)
以上　未満 15～20	3
20～25	5
25～30	4
30～35	2
計	14

(5)(人)　ソフトボール投げの記録

5　4　3　2　1　0

15　20　25　30　35(m)

解き方

(1)データの値の合計は 336，データの個数は 14 だから，

$336 \div 14 = 24$(m)

(2)データの個数が 14 だから，7 番目と 8 番目の値の平均値を求めます。

$(23+24) \div 2 = 23.5$(m)

p.143　ぴたトレ1

1 (1)

前屈した長さ(cm)	度数(人)	累積度数(人)
以上　未満 30 ～ 35	1	1
35 ～ 40	4	5
40 ～ 45	10	15
45 ～ 50	9	24
50 ～ 55	7	31
55 ～ 60	4	35
60 ～ 65	3	38
65 ～ 70	2	40
計	40	

(2)37 cm　(3)26 人

解き方

(1)人数を数えるときは，正の字を使って落ちや重なりがないようにします。

(2)最大値は 68 cm，最小値は 31 cm だから，範囲は，$68-31=37$(cm)

(3)40 cm 以上 45 cm 未満が 10 人

45 cm 以上 50 cm 未満が 9 人

50 cm 以上 55 cm 未満が 7 人

よって，$10+9+7=26$(人)

2 (1)147.5 cm

(2)

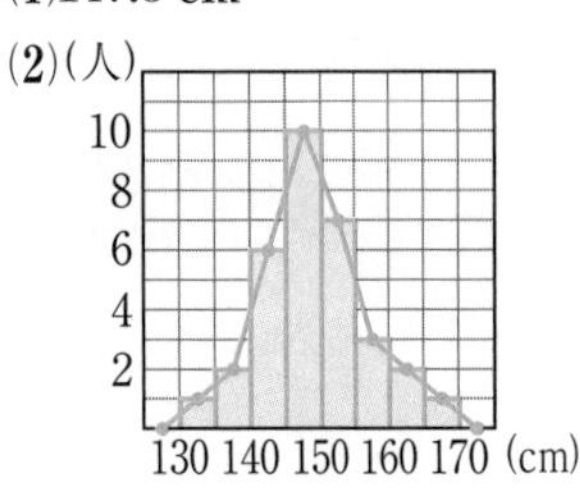

(3)上の折れ線グラフ

解き方

(1)度数分布表では，最頻値は階級値で答えます。

(2)130～135 が 1 人，135～140 が 2 人，……であるから，それぞれの階級のところに長方形をかいていきます。

(3)(2)のヒストグラムの長方形の上辺の中点を順に線分で結びます。

両端では，度数が 0 の階級があると考えて，線分を横軸までのばします。

p.145　ぴたトレ1

1 (1)

投げた距離(m)	度数(人)	相対度数	累積相対度数
以上　未満 8 ～ 12	2	0.05	0.05
12 ～ 16	6	0.16	0.21
16 ～ 20	16	0.42	0.63
20 ～ 24	10	0.26	0.89
24 ～ 28	4	0.11	1.00
計	38	1.00	

(2)63 %

(3)

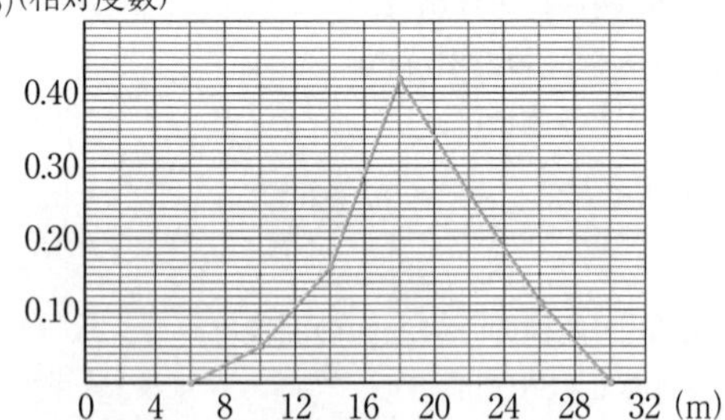

解き方

(1)相対度数 $= \dfrac{\text{階級の度数}}{\text{度数の合計}}$ です。

12～16 の階級の相対度数は，

$\dfrac{6}{38} = 0.157\cdots$

16～20 の階級の相対度数は，

$\dfrac{16}{38} = 0.421\cdots$

20～24 の階級の相対度数は，

$\dfrac{10}{38} = 0.263\cdots$

累積相対度数は，最初の階級から，ある階級までの相対度数の合計です。

12～16 の階級の累積相対度数は，

$0.05+0.16=0.21$

16～20 の階級の累積相対度数は，

$0.21+0.42=0.63$

20～24 の階級の累積相対度数は，

$0.63+0.26=0.89$

(2)投げた距離が 20 m 未満の人の累積相対度数は 0.63 だから，

$0.63 \times 100 = 63$(%)

2 (1)

体重(kg)	階級値(kg)	度数(人)	階級値×度数
以上 未満 35 ～ 40	37.5	2	75
40 ～ 45	42.5	6	255
45 ～ 50	47.5	9	427.5
50 ～ 55	52.5	16	840
55 ～ 60	57.5	10	575
60 ～ 65	62.5	5	312.5
65 ～ 70	67.5	2	135
計		50	2620

(2)50 kg 以上 55 kg 未満

(3)52.4 kg

解き方

(1)階級値×度数は，上から順に，

$37.5\times2=75$

$42.5\times6=255$

$47.5\times9=427.5$

$52.5\times16=840$

$57.5\times10=575$

$62.5\times5=312.5$

$67.5\times2=135$

合計すると，2620

(2)体重の軽い人から 25 番目の人と 26 番目の人がはいる階級を答えます。

(3)階級値×度数の和は，全体の体重になるから，

平均値は，$\dfrac{2620}{50}=52.4$(kg)

p.147 ぴたトレ 1

1 (1)

投げた回数	200	400	600	800	1000	1500
表向きの相対度数	0.23	0.20	0.22	0.21	0.21	0.21
横向きの相対度数	0.24	0.31	0.31	0.32	0.32	0.32
裏向きの相対度数	0.53	0.50	0.47	0.47	0.47	0.47

(2)裏向き，確率 0.47

解き方

(1)表向きの相対度数は，

$\dfrac{165}{800}=0.2\overset{1}{0}\cancel{6}\cdots$　$\dfrac{207}{1000}=0.2\overset{1}{0}\cancel{7}$

$\dfrac{318}{1500}=0.21\cancel{2}$

横向きの相対度数は，

$\dfrac{256}{800}=0.32$　$\dfrac{321}{1000}=0.32\cancel{1}$

$\dfrac{478}{1500}=0.3\overset{2}{1}\cancel{8}\cdots$

裏向きの相対度数は，

$\dfrac{379}{800}=0.47\cancel{3}\cdots$　$\dfrac{472}{1000}=0.47\cancel{2}$

$\dfrac{704}{1500}=0.4\overset{7}{6}\cancel{9}\cdots$

(2)裏向きの出る確率が 0.47 でもっとも大きいので，裏向きがもっとも出やすいといえます。

2 (1)

階級(分)	度数(台)	相対度数
以上 未満 10 ～ 15	58	0.08
15 ～ 20	384	0.55
20 ～ 25	146	0.21
25 ～ 30	82	0.12
30 ～ 35	30	0.04
計	700	1.00

(2)15 分以上 20 分未満　(3)0.84

解き方

(1)15～20 の階級の相対度数は，$\dfrac{384}{700}=0.5\overset{5}{4}\cancel{8}\cdots$

20～25 の階級の相対度数は，$\dfrac{146}{700}=0.2\overset{1}{0}\cancel{8}\cdots$

25～30 の階級の相対度数は，$\dfrac{82}{700}=0.1\overset{2}{1}\cancel{7}\cdots$

(2)相対度数のもっとも大きい 15 分以上 20 分未満がもっとも起こりやすい。

(3)$58+384+146=588$　$\dfrac{588}{700}=0.84$

p.148～149 ぴたトレ 2

1 (1)

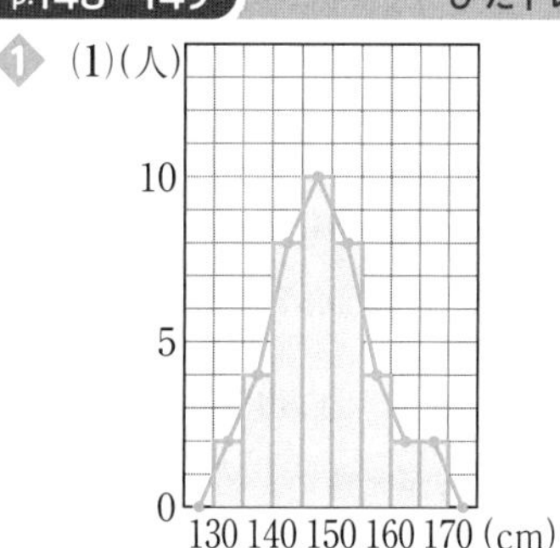

(2)

身長(cm)	サッカー部	野球部
	相対度数	相対度数
以上 未満 130 ～ 135	0.05	0.08
135 ～ 140	0.10	0.10
140 ～ 145	0.20	0.14
145 ～ 150	0.25	0.16
150 ～ 155	0.20	0.24
155 ～ 160	0.10	0.12
160 ～ 165	0.05	0.10
165 ～ 170	0.05	0.06
計	1.00	1.00

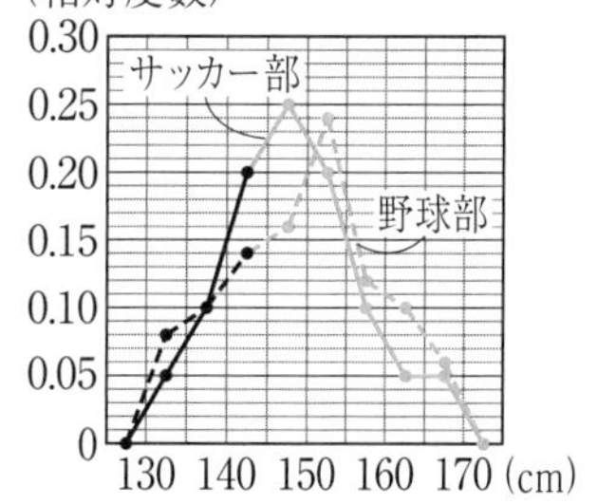

(3)(例)150 cm 未満まではサッカー部員の方が人数の割合が多いが，150 cm 以上になると野球部員の方が人数の割合が多いことがわかる。

解き方
(2)相対度数 $=\dfrac{階級の度数}{度数の合計}$
サッカー部について，
145〜150 では，$\dfrac{10}{40}=0.25$
150〜155 では，$\dfrac{8}{40}=0.20$
155〜160 では，$\dfrac{4}{40}=0.10$
……
野球部について，
145〜150 では，$\dfrac{8}{50}=0.16$
150〜155 では，$\dfrac{12}{50}=0.24$
155〜160 では，$\dfrac{6}{50}=0.12$
……　となります。

2 (1)R 中学校 42.5 cm，S 中学校 37.5 cm
(2)R 中学校　(3)R 中学校

解き方
(1)度数分布表の最頻値は，階級値で答えます。
(2)40 cm 以上跳(と)んだ生徒の割合は，
R 中学校は，$\dfrac{24+15+7}{80}=0.575$ (8)
S 中学校は，$\dfrac{28+23+10}{120}=0.508\cdots$ (1)
よって，R 中学校の方が大きい。
(3)最頻値も，40 cm 以上跳んだ生徒の割合も R 中学校の方が大きいから，垂直跳びの記録は R 中学校の記録がよいといえます。

3 (1)

階級(cm)	階級値(cm)	度数(人)	階級値×度数
以上　未満			
250 〜 300	275	3	825
300 〜 350	325	6	1950
350 〜 400	375	10	3750
400 〜 450	425	7	2975
450 〜 500	475	4	1900
計		30	11400

(2)350 cm 以上 400 cm 未満　(3)380 cm

解き方
(1)階級値×度数は，
325×6＝1950
375×10＝3750
425×7＝2975
475×4＝1900
合計は，
825＋1950＋3750＋2975＋1900＝11400
(2)記録の小さい方から数えて 15 番目と 16 番目の人がはいる階級を答えます。
(3)11400÷30＝380(cm)

4 (1)0.41　(2)ふた B

解き方
(1)多数回の実験では，相対度数を確率と考えます。
$\dfrac{618}{1500}=0.412$
(2)ふた B が表になる確率は，
$\dfrac{952}{2000}=0.476$ (8)
表が出る確率はふた B の方が大きいので，ふた B の方が表が出やすいといえます。

理解のコツ
・度数分布表をつくったり，相対度数を求めたりするときは，合計が一致するか確認しておくとよい。
・代表値を選ぶとき，データがかたよっている場合，平均値が適さない場合があるので注意しよう。

p.150〜151　ぴたトレ 3

1 (1)

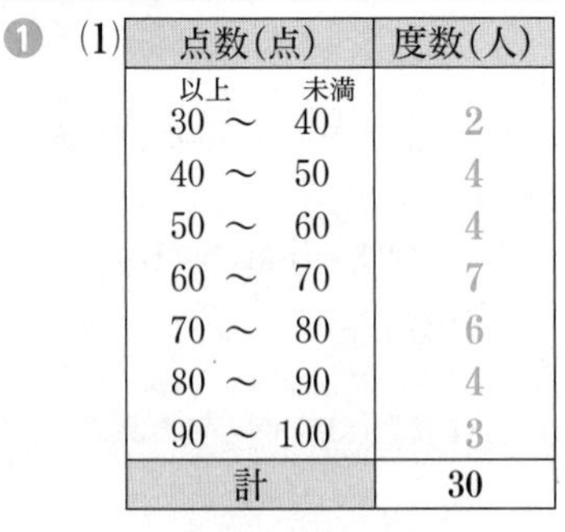

点数(点)	度数(人)
以上　未満	
30 〜 40	2
40 〜 50	4
50 〜 60	4
60 〜 70	7
70 〜 80	6
80 〜 90	4
90 〜 100	3
計	30

(2)61 点　(3)65 点

解き方
(1)印をつけるなどして，数えまちがいのないようにしましょう。
(2)最大値は 94 点，最小値は 33 点だから，範囲は，
94−33＝61(点)
(3)度数分布表では，度数のもっとも多い階級の階級値が最頻値になります。
度数のもっとも多い階級は 60 点以上 70 点未満だから，最頻値は 65 点です。

2 (1)32 人　(2)13 人

解き方
(1)1＋3＋5＋8＋7＋4＋2＋2＝32(人)
(2)7＋4＋2＝13(人)

3 (1)24 人　(2)10 %　(3)10 分以上 20 分未満

解き方
(1)80×0.30＝24(人)
(2)相対度数 0.05 は 5 % だから，5×2＝10(%)
(3) 0〜10 の階級は，80×0.20＝16(人)
10〜20 の階級は，80×0.30＝24(人)
だから，40 番目の生徒は 10 分以上 20 分未満の階級にいます。

4 (1)

階級(cm)	階級値(cm)	度数(人)	階級値×度数
以上 145 ～ 150 未満	147.5	2	295
150 ～ 155	152.5	3	457.5
155 ～ 160	157.5	6	945
160 ～ 165	162.5	5	812.5
165 ～ 170	167.5	3	502.5
170 ～ 175	172.5	1	172.5
計		20	3185

(2)**159 cm**

解き方

(1)階級値を求めてから，階級値×度数を計算します。

(2)3185÷20＝159.25 → 159(cm)

5 (1)①**0.41**　②**0.41**　③**0.41**

(2)**0.41**　(3)**615 回**

解き方

(1)① $\frac{165}{400}=0.4125$

② $\frac{245}{600}=0.408\cdots$

③ $\frac{331}{800}=0.41375$

(2)相対度数は 0.41 に近づいているから，0.41 を確率と考えます。

(3)1500×0.41＝615(回)

6 (1)**0.59**　(2)**ボタン A**

解き方

(1) $\frac{1064}{1800}=0.591\cdots$

(2)ボタン B の表が出る確率は，

$\frac{1195}{2300}=0.519$

表の出る確率は，ボタン A の方が大きいので，ボタン A の方が表が出やすいといえます。

定期テスト予想問題〈解答〉 p.154～167

p.154～155 予想問題 1

出題傾向

正の数・負の数の計算問題や素因数分解は，かならず何題か出題される。ここで確実に点をとれるようにしよう。
また，基準点を決めて数量をその過不足で表したり，それらの平均を求めたりする問題もかならずといっていいほど出題される。過不足で計算するようにしておくと，速く計算できるよ。

1 (1)-23 (2)長い

解き方
(1) 0 より小さい数は負の数です。
(2)「-16 cm 短い」と「16 cm 長い」は同じ意味を表します。

2 (1)$+1$ (2)-0.2 (3) 3 個

解き方
(1)自然数とは，正の整数のことです。
(2)小さい順に並べると，
$-2.6,\ -2\frac{1}{2},\ -0.2,\ \frac{3}{4},\ +1$
負の数は，絶対値が大きいほど小さくなることに注意しましょう。
(3)絶対値が 2 より大きいのは，-2.6 と $-2\frac{1}{2}$ だから，この 2 つ以外の個数を求めます。

3 (1)-12 (2)37 (3)-8.9 (4)$-\frac{37}{10}$
(5) 4 (6)-18

解き方
(1)$(+23)+(-35)=23-35=-12$
(2)$(+18)-(-19)=18+19=37$
(3)$(-3.7)+(-5.2)=-3.7-5.2=-8.9$
(4)$\left(-\frac{6}{5}\right)-\left(+\frac{5}{2}\right)=-\frac{12}{10}-\frac{25}{10}=-\frac{37}{10}$
(5)$-12-(-24)+(-8)$
$=-12+24-8$
$=24-20=4$
(6)$-6-5+(-9)-(-2)$
$=-6-5-9+2$
$=2-20=-18$

4 (1)-52 (2)$\frac{6}{7}$ (3)-15
(4)$-\frac{5}{4}$ (5)-11 (6)$\frac{1}{12}$

解き方
(1)$(-4)\times13=-(4\times13)=-52$
(2)$(-24)\div(-28)=\frac{24}{28}=\frac{6}{7}$
(3)$\frac{10}{3}\times\left(-\frac{9}{2}\right)=-\left(\frac{10}{3}\times\frac{9}{2}\right)=-15$
(4)$\left(-\frac{7}{2}\right)\div\frac{14}{5}=\left(-\frac{7}{2}\right)\times\frac{5}{14}$
$=-\left(\frac{7}{2}\times\frac{5}{14}\right)=-\frac{5}{4}$
(5)$(-22)\times(-3)\div(-6)=-\left(22\times3\times\frac{1}{6}\right)=-11$
(6)$\frac{1}{6}\div\left(-\frac{4}{3}\right)\times\left(-\frac{2}{3}\right)=\frac{1}{6}\times\left(-\frac{3}{4}\right)\times\left(-\frac{2}{3}\right)$
$=+\left(\frac{1}{6}\times\frac{3}{4}\times\frac{2}{3}\right)=\frac{1}{12}$

5 (1)-34 (2)-58 (3)-0.88 (4)$-\frac{4}{3}$

解き方
(1)$-6\times7-24\div(-3)=-42+8=-34$
(2)$14-2^3\times(-3)^2=14-8\times9$
$=14-72=-58$
(3)$\{3+(0.9-1.7)\}\times(-0.4)=(3-0.8)\times(-0.4)$
$=2.2\times(-0.4)=-0.88$
(4)$\frac{4}{5}\times\left(-\frac{2}{3}\right)+\frac{6}{5}\times\left(-\frac{2}{3}\right)=\left(\frac{4}{5}+\frac{6}{5}\right)\times\left(-\frac{2}{3}\right)$
$=\frac{10}{5}\times\left(-\frac{2}{3}\right)=2\times\left(-\frac{2}{3}\right)=-\frac{4}{3}$
上の計算では分配法則
$a\times c+b\times c=(a+b)\times c$
を使っています。

6 ① 0 ② 2 ③ -6 ④ -3 ⑤ -4

解き方
3 つの数の和は，$(-5)+(-2)+1=-6$ です。
3 つの数のうち 2 つがわかっている並びから求めていきます。
例えば，まず，①は，
$-6-\{(-5)+(-1)\}=0$
となります。
続いて，次のように求めていきます。
⑤$-6-\{0+(-2)\}=-4$
④$-6-\{-4+1\}=-3$
②$-6-\{-5+(-3)\}=2$
③$-6-\{2+(-2)\}=-6$
この他にも③や④からはじめても求められます。

7 (1)23，29　(2)$2^2\times3^2\times5$

解き方
(1) 1 とその数のほかに約数がない自然数を素数といいます。

(2)
$$\begin{array}{r|l} 2 & 180 \\ 2 & 90 \\ 3 & 45 \\ 3 & 15 \\ & 5 \end{array}$$

8 **わる数 21，2 乗になる数 6**

解き方
756 を素因数分解すると，$756=2^2\times3^3\times7$ です。
$2^2\times3^3\times7=(2^2\times3^2)\times3\times7$
と表せるから，756 を 3×7 でわれば，
$2^2\times3^2=(2\times3)^2=6^2$
となります。

9 (1)67 点　(2)72 点

解き方
(1)$75+(-8)=67$
(2) 3 教科の平均点は，
(目標点)＋(目標点との差の平均) だから，
$75+\dfrac{(+3)+(-8)+(-4)}{3}$
$=75+(-3)$
$=72$(点)
実際に，3 教科の得点を求めて，その平均点を計算しても求められます。
$\dfrac{75+(+3)+75+(-8)+75+(-4)}{3}$
$=72$(点)

p.156〜157　予想問題 2

出題傾向

文字式の計算はかならず出題されるたいせつな内容だよ。同じ文字をふくむ項をまとめることや，文字式どうしの加減，文字式と数の乗除は確実に理解しておこう。
また，式の値を求めること，数量の関係を等式に表すこともよく出題されるよ。日ごろから取り組んでなれておこう。

1 (1)$-3a+b^2$　(2)$\dfrac{3a-2b}{5}$

解き方
×の記号は省き，÷の記号は分数の形で書きます。
また，同じ文字の積は指数を使って書きます。
(2)$\dfrac{1}{5}(3a-2b)$ や $\dfrac{3}{5}a-\dfrac{2}{5}b$ でもよいです。

2 (1)$80a+100b$(円)
(2)$\dfrac{97}{100}x$(人)　または，$0.97x$(人)

解き方
(2)出席者の割合は，$100-3=97$(%)
より，出席者の人数は，
$x\times\dfrac{97}{100}=\dfrac{97}{100}x$(人)

3 (1)全部の色紙の枚数　(2)往復にかかった時間

解き方
(1) $5m$ は配った枚数，8 は余りの枚数だから，両方をあわせると全部の枚数です。
(2)$\dfrac{x}{50}$，$\dfrac{x}{60}$ は，道のり÷速さを表し，これは時間を表しています。
つまり，$\dfrac{x}{50}$ は行きにかかった時間，$\dfrac{x}{60}$ は帰りにかかった時間です。

4 (1) 2　(2)-2　(3)$-\dfrac{11}{2}$　(-5.5)

解き方
それぞれ文字の値を式に代入します。
(1)$2\times3-4=2$
(2)$4-3\div y=4-3\div\dfrac{1}{2}=4-3\times2=-2$
(3)$-\dfrac{3}{10}\times5+4\times(-1)=-\dfrac{3}{2}-4=-\dfrac{11}{2}$
または，
$-\dfrac{3}{10}\times5+4\times(-1)=-1.5-4=-5.5$

5 14 本

解き方
$\dfrac{n^2-3n}{2}$ に $n=7$ を代入すると，
$\dfrac{7^2-3\times7}{2}=\dfrac{28}{2}=14$(本)

❻ (1)$5a+4$　(2)$-0.8x+2$

(3)$-\frac{1}{6}x-\frac{3}{5}$　(4)$2x+9$

解き方

(1)～(3)は文字の部分が同じ項どうし，数の項どうしを，それぞれまとめます。

(4)はかっこをはずして，さらに項をまとめます。

(1)$7a+4-2a=7a-2a+4=5a+4$

(2)$0.3x-5-1.1x+7=0.3x-1.1x-5+7$

$=-0.8x+2$

(3)$\frac{1}{2}x+\frac{1}{5}-\frac{2}{3}x-\frac{4}{5}=\frac{1}{2}x-\frac{2}{3}x+\frac{1}{5}-\frac{4}{5}$

$=\left(\frac{1}{2}-\frac{2}{3}\right)x+\frac{1}{5}-\frac{4}{5}=-\frac{1}{6}x-\frac{3}{5}$

(4)$-5x+1-(-7x-8)=-5x+1+7x+8$

$=-5x+7x+1+8=2x+9$

❼ 和 $13x$，差 $-7x-8$

解き方

和　$(3x-4)+(10x+4)$

$=3x-4+10x+4=13x$

差　$(3x-4)-(10x+4)$

$=3x-4-10x-4$

$=-7x-8$

❽ (1)$-91x$　(2)$7x$　(3)$\frac{10}{3}x$　(4)$-49y$

解き方

(2)同符号だから，答えの符号は＋です。

$-56x\div(-8)=\frac{56x}{8}=7x$

(4)$42y\div\left(-\frac{6}{7}\right)=42y\times\left(-\frac{7}{6}\right)=-49y$

❾ (1)$-12x+8$　(2)$-6x-9$　(3)$6x-5$　(4)$4x-6$

(5)$-\frac{1}{2}x+\frac{1}{2}$　(6)$-\frac{1}{6}x-\frac{5}{12}$　(7)$x-13$

解き方

(1)$-4(3x-2)=-4\times3x+(-4)\times(-2)$

$=-12x+8$

(2)$\frac{2x+3}{2}\times(-6)=(2x+3)\times(-3)$

$=2x\times(-3)+3\times(-3)=-6x-9$

(3)$4(3x-5)+3(5-2x)=12x-20+15-6x$

$=6x-5$

(4)$6\left(\frac{2x-3}{3}\right)=2(2x-3)=4x-6$

(5)$x-\frac{1}{2}(3x-1)=x-\frac{3}{2}x+\frac{1}{2}$

$=-\frac{1}{2}x+\frac{1}{2}$

(6)$\frac{1}{3}(x+1)-\frac{1}{4}(2x+3)$

$=\frac{1}{3}x+\frac{1}{3}-\frac{1}{2}x-\frac{3}{4}=-\frac{1}{6}x-\frac{5}{12}$

(7)$6\left(\frac{2}{3}x-\frac{5}{2}\right)-(6x-4)\div2$

$=4x-15-(3x-2)$

$=4x-15-3x+2$

$=x-13$

❿ (1)$x=3y+2$　(2)$x=5y+4$

(3)$4a<80$　(4)$70x+130y=3000$

解き方

(1)y 人に1人3冊ずつ配ると $3y$ 冊配ったことになり，2冊余っているから，全部で $3y+2$(冊)あったことになります。

(3) $4a$ と 80 の大小関係を不等式に表します。

(4)分速 70 m で x 分間歩くと $70x$ m 進み，分速 130 m で y 分間走ると $130y$ m 進むので，あわせて，$70x+130y$(m)進みます。

予想問題 3

出題傾向

方程式を解く問題はかならず出題されるから，「一次方程式を解く手順」をしっかり頭の中に入れて，練習を積み重ねよう。
また，方程式を利用して解く文章題も同じくらいの割合で出題されるよ。文章題は，代金の問題，過不足の問題，速さ・時間・道のりの問題などのようにパターン化されているので，それらを理解しておくことが大切だね。
比例式も出題される可能性は大きいよ。

1 (1)× (2)○

解き方
$x=-2$ を代入して，左辺と右辺が等しくなるかどうかを調べます。
(1)左辺$=5\times(-2)-3=-13$
右辺$=4$
よって，$x=-2$ は解ではありません。
(2)左辺$=\dfrac{4\times(-2)+12}{2}=2$
右辺$=\dfrac{8-(-2)}{5}=2$
よって，$x=-2$ は解になります。

2 (1)$\boldsymbol{x=9}$ (2)$\boldsymbol{x=48}$

解き方
(1)両辺に 16 をたすと，
$x-16+16=-7+16$
$x=9$
(2)両辺に -6 をかけると，
$-\dfrac{x}{6}\times(-6)=(-8)\times(-6)$
$x=48$

3 (1)$\boldsymbol{x=-3}$ (2)$\boldsymbol{x=\dfrac{5}{2}}$ (3)$\boldsymbol{x=0}$ (4)$\boldsymbol{x=-\dfrac{13}{24}}$

解き方
(1)移項すると，
$5x-2x=-5-4$
$3x=-9$
$x=-3$
(2)移項すると，
$-4x-2x=-6-9$
$-6x=-15$
$x=\dfrac{5}{2}$
(3)移項すると，
$-6x-3x=\dfrac{1}{2}-\dfrac{1}{2}$
$-9x=0$
$x=0$
(4)移項すると，
$3x-5x=\dfrac{1}{3}+\dfrac{3}{4}$
$-2x=\dfrac{13}{12}$
両辺を -2 でわると，
$x=-\dfrac{13}{24}$

4 (1)$\boldsymbol{x=-8}$ (2)$\boldsymbol{x=0}$ (3)$\boldsymbol{x=4}$ (4)$\boldsymbol{x=7}$

解き方
(1)かっこをはずすと，
$7x-42=10x-18$
移項すると，
$7x-10x=-18+42$
$-3x=24$
$x=-8$
(2)かっこをはずすと，
$6x+3=-5-2x+8$
$6x+3=-2x+3$
移項すると，
$6x+2x=3-3$
$8x=0$
$x=0$
(3)両辺に 4 をかけると，
$(x-1)\times2=x+2$
$2x-2=x+2$
$x=4$
(4)両辺に 12 をかけると，
$(5x-11)\times2=(9+x)\times3$
$10x-22=27+3x$
$7x=49$
$x=7$

5 (1)$\boldsymbol{x=-\dfrac{21}{4}}$ (2)$\boldsymbol{x=\dfrac{23}{2}}$

解き方
(1)両辺に 10 をかけると，
$3x-4=7x+17$
$-4x=21$
$x=-\dfrac{21}{4}$
(2)両辺を 100 でわると，
$2x+(3-x)=3x-20$
$x+3=3x-20$
$-2x=-23$
$x=\dfrac{23}{2}$

⑥ (1)$x=14$ (2)$x=4$

解き方
$a:b=c:d$ ならば，$ad=bc$
を使って解きます。
(1)$6\times21=x\times9$ より，
$9x=126$
$x=14$
(2)$x\times5=2\times(x+6)$ より，
$5x=2x+12$
$3x=12$
$x=4$

⑦ $a=7$

解き方
$x=-8$ が方程式の解だから，$x=-8$ を代入して等式が成り立つので，
$16+a\times(-8)=4\times(-8)-8$
$16-8a=-40$
$-8a=-56$
$a=7$

⑧ 560 円

解き方
本代を x 円とすると，
(A さんの残金)=2×(B さんの残金) より，
$1460-x=2(1010-x)$
$1460-x=2020-2x$
$x=560$
この解は問題にあっています。

⑨ 27 人

解き方
子どもの人数を x 人とすると，菓子の個数は次のようになります。
3 個ずつ配ると 19 個余る ……$3x+19$
4 個ずつ配ると 8 個たりない……$4x-8$
これらが等しいので，
$3x+19=4x-8$
$x=27$
この解は問題にあっています。

⑩ 12 km

解き方
家から博物館までの道のりを x km とすると，
(弟のかかった時間)=(12 分)+(兄のかかった時間)
また，(時間)=(道のり)÷(速さ) より，
$$\frac{x}{12}=\frac{12}{60}+\frac{x}{15}$$
両辺に 60 をかけると，
$5x=12+4x$
$x=12$
この解は問題にあっています。

p.160〜161 予想問題 4

出題傾向

x と y が比例の関係にあったり，反比例の関係にあるとき，その式を求めたり，グラフをかく問題がよく出題されるよ。
比例は $y=ax$，反比例は $y=\dfrac{a}{x}$ の式で表されることを頭にたたきこんでおこう。
さらに，文章題では変域を考えなければならないことも多いので，問題の意味をじゅうぶんにつかむことがたいせつになるよ。

❶ (1)○ (2)○ (3)×

解き方
(1)$y=4x$
(2)1 辺の長さは $\dfrac{x}{4}$ だから，$y=\dfrac{x^2}{16}$
(3)ある中学校の生徒の身長が決まれば，その年齢がただ 1 つに決まることはないので，関数ではありません。

❷ (1)$y=5x$，○ (2)$y=15-x$ (3)$y=x+5$

解き方
比例の式は $y=ax$ です。
(1)長方形の面積=縦×横だから，$y=5x$
(2)周の長さが 30 cm のとき，縦+横は 15 cm になるから，$x+y=15$ より，$y=15-x$

❸ $y=-\dfrac{1}{3}x$

解き方
$y=ax$ に $x=-6$，$y=2$ を代入すると，
$2=-6a$ $a=-\dfrac{1}{3}$

❹ (1)

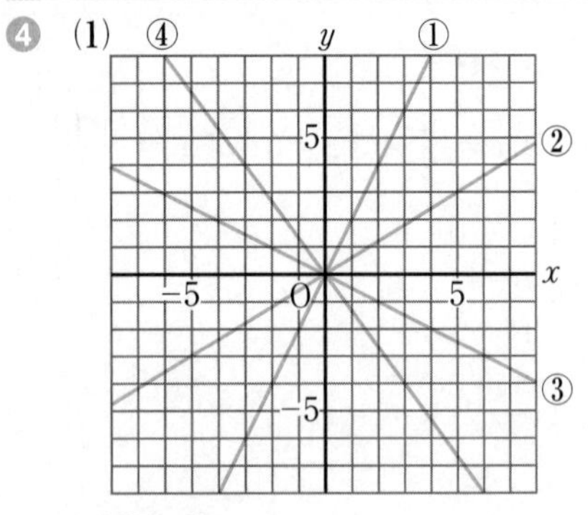

(2)①と②

解き方
(1)比例のグラフは，原点とグラフ上のあと 1 点を直線で結びます。
①原点とあと 1 点〔例えば (2, 4)〕を直線で結びます。
②原点とあと 1 点〔例えば (5, 3)〕を直線で結びます。

③原点とあと1点〔例えば(2, −1)〕を直線で結びます。

④原点とあと1点〔例えば(3, −4)〕を直線で結びます。

(2)x の値が増加すると y の値も増加するのは，$y=ax$ の a が正の数のときです。

5 $y=-\dfrac{18}{x}$

解き方

$y=\dfrac{a}{x}$ に $x=-3$，$y=6$ を代入すると，

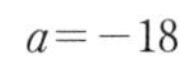

$a=-18$

6

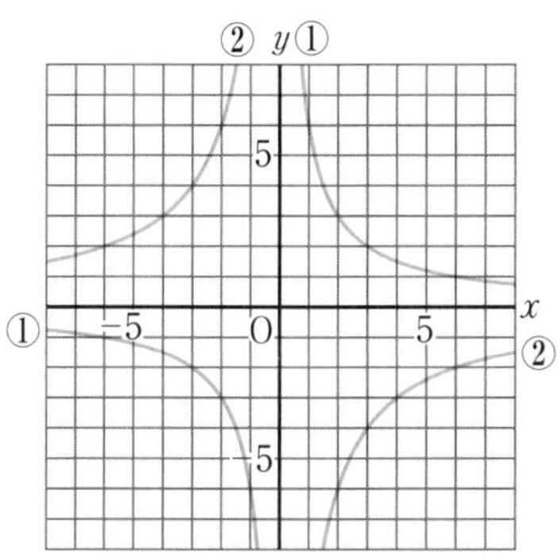

解き方

グラフ上の点をいくつかとって，それをなめらかな曲線で結びます。

①(6, 1)，(3, 2)，(2, 3)，(1, 6)，(−1, −6)，(−2, −3)，(−3, −2)，(−6, −1)をなめらかな曲線で結びます。

②(6, −2)，(4, −3)，(3, −4)，(2, −6)，(−2, 6)，(−3, 4)，(−4, 3)，(−6, 2)をなめらかな曲線で結びます。

7 (1)$y=\dfrac{12}{x}$ (2)$\dfrac{1}{3}\leqq a\leqq\dfrac{4}{3}$

解き方

(1)$y=\dfrac{a}{x}$ に $x=3$，$y=4$ を代入します。

(2)$y=ax$ に $x=3$，$y=4$ を代入すると，

$4=3a \qquad a=\dfrac{4}{3}$

$y=ax$ に $x=6$，$y=2$ を代入すると，

$2=6a \qquad a=\dfrac{1}{3}$

a の値の範囲は，$\dfrac{1}{3}\leqq a\leqq\dfrac{4}{3}$ となります。

8 (1)式 $y=8x$，変域 $0\leqq x\leqq 5$

(2)値 $y=40$，変域 $5\leqq x\leqq 9$

解き方

(1)図に表すと，下の図のようになります。

$y=8\times 2x\div 2=8x$

点Cにつくのは，$2x=10$ より $x=5$ のとき。

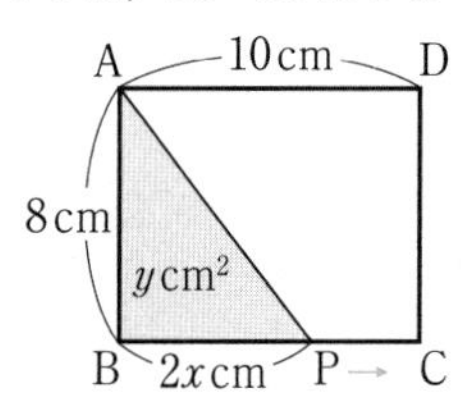

(2)点Pが辺CD上にあるとき，ABを底辺と考えると，高さは10cmで一定です。

$y=8\times 10\div 2=40$

点Dにつくのは，$2x=18$ より $x=9$ のとき。

p.162〜163　予想問題 5

出題傾向

作図の問題がよく出題されるよ。線分の垂直二等分線や角の二等分線といった基本の作図だけではなく，それらを組み合わせた思考力のいる問題が多いので，そういう問題になれておこう。
また，おうぎ形の弧の長さや面積に関する問題も多く出題されるよ。公式をしっかり覚え，利用できるようにしておこう。

1　(1)$m /\!/ n$　(2)$\ell \perp n$

解き方　鉛筆などを3本使って考えてみましょう。

2　(1)下の図　(2)(3，−3)　(3)下の図

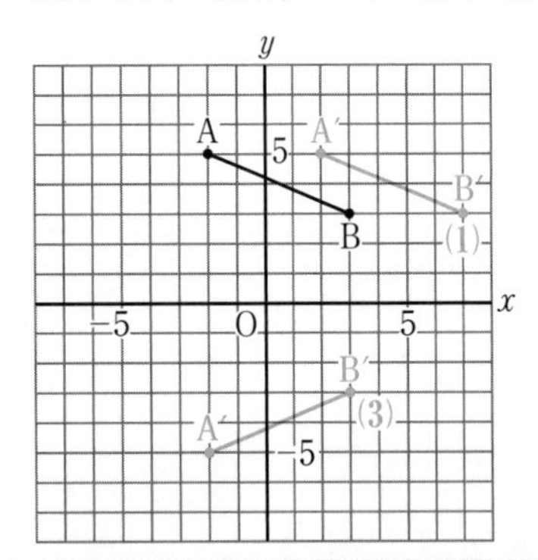

解き方
(2)線分OBとx軸の間の角度は45°であることから考えます。
(3)AとA′，BとB′は，それぞれx座標は等しく，y座標の符号が反対になります。

3　(1)

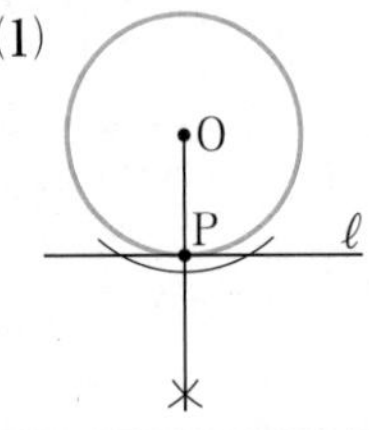

(2)

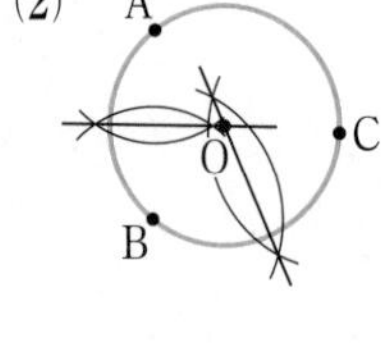

解き方
(1)点Oより直線ℓに垂線OPをひき，OPを半径とする円をかきます。
(2)線分AB，線分BC(線分AC)の垂直二等分線の交点をOとし，OA(OB，OC)を半径とする円をかきます。

4

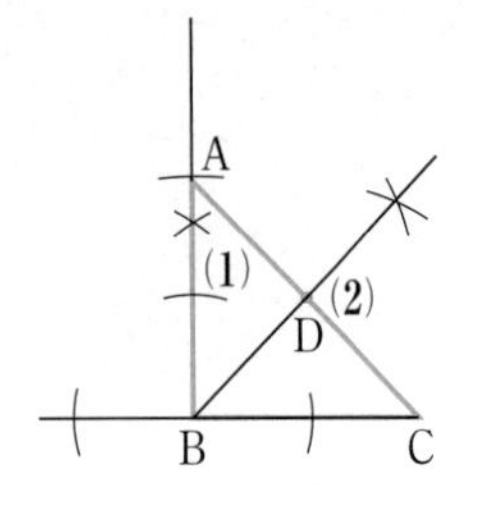

解き方
(1)Bを通る線分BCの垂線をひいて，Bを中心とする半径BCの円をかき，交点をAとします。
(2)∠Bの二等分線とACとの交点をDとします。

5　(1)7π cm　(2)225°　(3)140°

解き方
(1)$12\pi \times \dfrac{210}{360} = 7\pi$(cm)
(2)中心角をx°とすると，
$10\pi : (2\pi \times 8) = x : 360$
$10\pi : 16\pi = x : 360$ より，$x = 225$
または，$10\pi = 2\pi \times 8 \times \dfrac{x}{360}$ より，
$10\pi = \dfrac{2\pi x}{45}$　　$x = 225$
(3)中心角をx°とすると，
$14\pi : (\pi \times 6^2) = x : 360$
$14\pi : 36\pi = x : 360$ より，$x = 140$
または，$14\pi = \pi \times 6^2 \times \dfrac{x}{360}$ より，
$14\pi = \dfrac{\pi x}{10}$　　$x = 140$

6　(1)$100 - 25\pi$(cm²)　(2)$\dfrac{25}{2}\pi - 25$(cm²)

解き方
(1)1辺10 cmの正方形の面積から，半径5 cm，中心角90°のおうぎ形4つの面積をひけばよいから，
$10 \times 10 - \pi \times 5^2 \times \dfrac{90}{360} \times 4 = 100 - 25\pi$(cm²)

別解　下の図のように，図形を組みかえてみます。

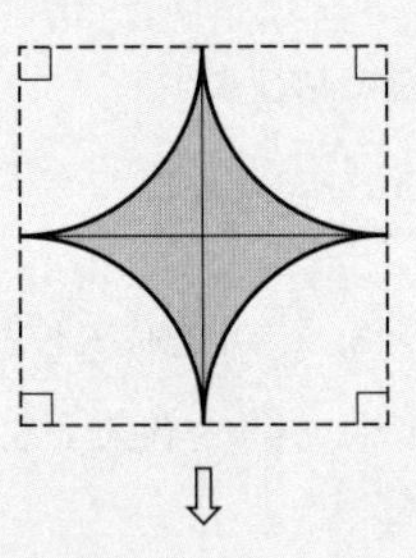

⇩

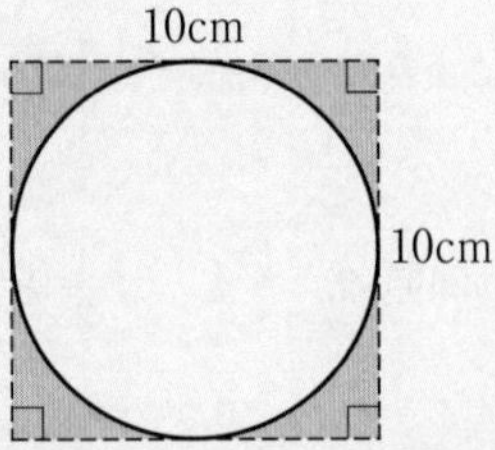

これより，面積は，1辺10 cmの正方形の面積から，半径5 cmの円の面積をひけばよいので，
$10 \times 10 - \pi \times 5^2 = 100 - 25\pi$(cm²)
となります。

(2)下の図の影をつけた部分の面積は,

（半径 10 cm，中心角 45° のおうぎ形）
－（半径 5 cm，中心角 90° のおうぎ形）
－（底辺 5 cm，高さ 5 cm の三角形）より，

$\pi\times10^2\times\frac{45}{360}-\pi\times5^2\times\frac{90}{360}-\frac{1}{2}\times5\times5$
$=\frac{25}{4}\pi-\frac{25}{2}(\text{cm}^2)$

求める面積は,

$\left(\frac{25}{4}\pi-\frac{25}{2}\right)\times2=\frac{25}{2}\pi-25(\text{cm}^2)$

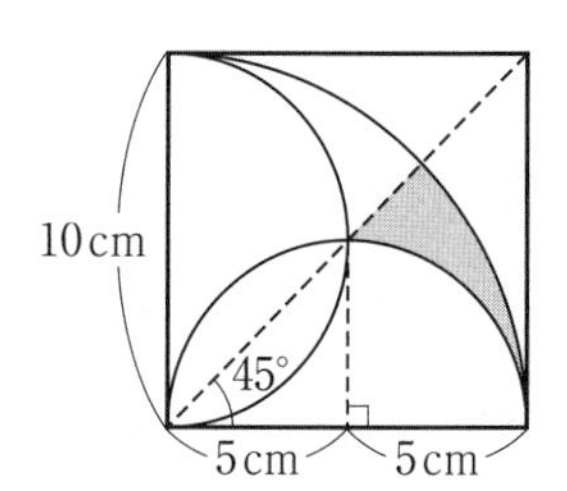

p.164～165　予想問題 6

出題傾向

展開図を組み立てたときに重なる頂点や辺を問う問題や，組み立てた立体について問う問題の出題率が高くなっているよ。
空間における直線と平面の位置関係は，目立たないけれど確実に出題されるよ。
回転体の体積や表面積の問題では，円錐の体積や表面積がポイントになるものが多く出題されているよ。見取図をかくとわかりやすいね。

❶ **(1)正三角錐　（正四面体）　(2)点 A　(3)辺 DC　(4) 3 つ**

解き方　組み立てると，右の図のようになります。

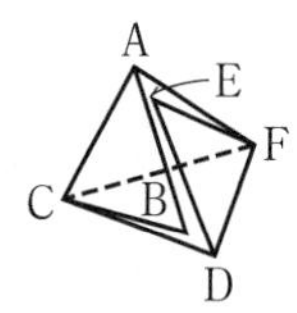

❷

解き方　展開図で，2 つの点を直線で結んだ線がもっとも短くなります。

❸ **(1)直線 BF，直線 CG**
(2)直線 AD，直線 CD，直線 EH，直線 GH

解き方　四角柱の側面は長方形ですが，底面は長方形ではありません。
(2)ねじれの位置にある直線は，直線 BF と交わらず，平行でもない直線です。

❹ **㋒**

解き方　㋐ℓ と m は，ねじれの位置や交わることがあります。
㋑ℓ と m は，ねじれの位置にあることもあります。

❺ **384 cm³**

解き方　$\frac{1}{3}\times12\times12\times8=384(\text{cm}^3)$

❻ **(1)24 cm²　(2)33 cm²**

解き方　(1)$\left(\frac{1}{2}\times3\times4\right)\times4=24(\text{cm}^2)$
(2)表面積＝側面積＋底面積
$=24+3\times3=33(\text{cm}^2)$

7 (1)300π cm³ (2)100π cm³ (3)120π cm² (4)65π cm²

解き方

(1)$\pi \times 5^2 \times 12 = 300\pi\,(\text{cm}^3)$

(2)$\frac{1}{3} \times \pi \times 5^2 \times 12 = 100\pi\,(\text{cm}^3)$

(3)$12 \times (2\pi \times 5) = 12 \times 10\pi = 120\pi\,(\text{cm}^2)$

(4)

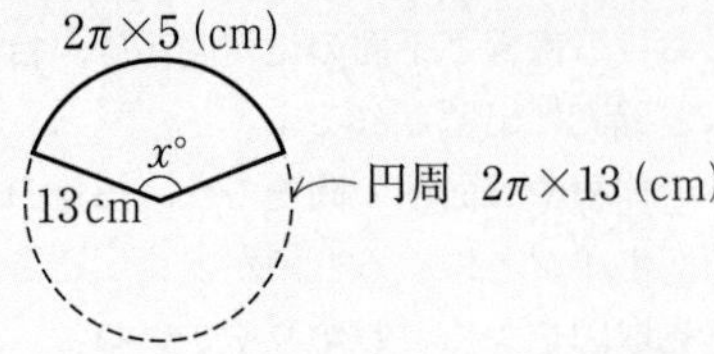

$10\pi : 26\pi = x : 360$ より，$x = \frac{5 \times 360}{13}$

側面積は，

$\pi \times 13^2 \times \frac{5 \times 360}{13} \times \frac{1}{360} = 65\pi\,(\text{cm}^2)$

8 (1)$\frac{40}{3}\pi$ cm³ (2)20π cm²

解き方

見取図は次のようになります。

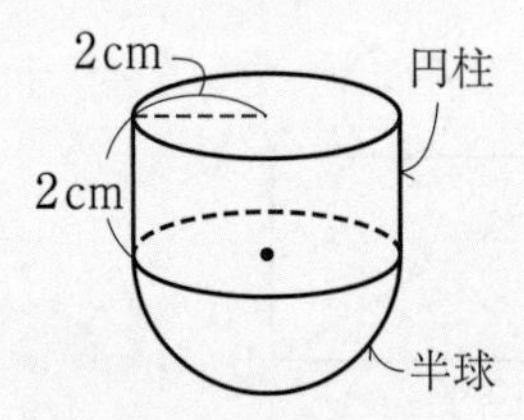

(1)$\pi \times 2^2 \times 2 + \left(\frac{4}{3}\pi \times 2^3\right) \times \frac{1}{2}$

$= 8\pi + \frac{16}{3}\pi = \frac{40}{3}\pi\,(\text{cm}^3)$

(2)$\pi \times 2^2 + 2 \times (2\pi \times 2) + (4\pi \times 2^2) \times \frac{1}{2}$

$= 4\pi + 8\pi + 8\pi = 20\pi\,(\text{cm}^2)$

p.166〜167 予想問題 7

出題傾向

度数分布表をもとにして，ヒストグラムをかいたり，代表値を求めたりする問題がよく出題されるよ。そのほか，相対度数，度数分布多角形も出題される可能性は高くなっているよ。
相対度数を確率とする考え方もしっかり理解しておこう。

1 (1)① 8 ②13 ③17 ④19

(2)

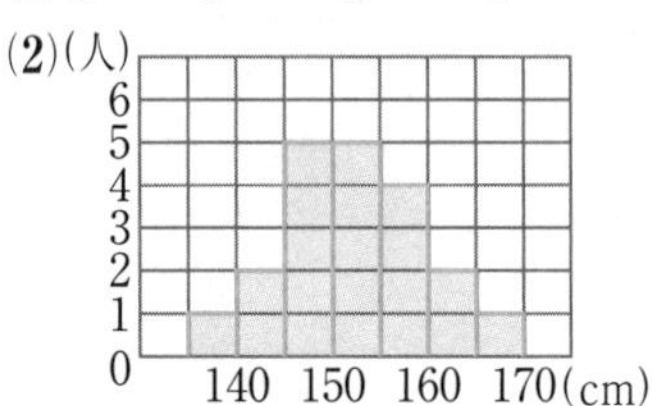

(3)13 人 (4)0.25

解き方

(3)150 cm 以上 155 cm 未満の階級の累積度数が答えになります。

(4)$\frac{5}{20} = 0.25$

2 (1)

階級(m)	階級値(m)	度数(人)	階級値×度数
以上 未満 8 〜 10	9	2	18
10 〜 12	11	3	33
12 〜 14	13	4	52
14 〜 16	15	6	90
16 〜 18	17	3	51
18 〜 20	19	2	38
計		20	282

(2)14.1 m (3)14 m 以上 16 m 未満の階級

解き方

(2)$282 \div 20 = 14.1\,(\text{m})$

(3)全員で 20 人だから，10 番目と 11 番目の記録の平均が中央値で，14 m 以上 16 m 未満の階級にはいっています。

3 (1)

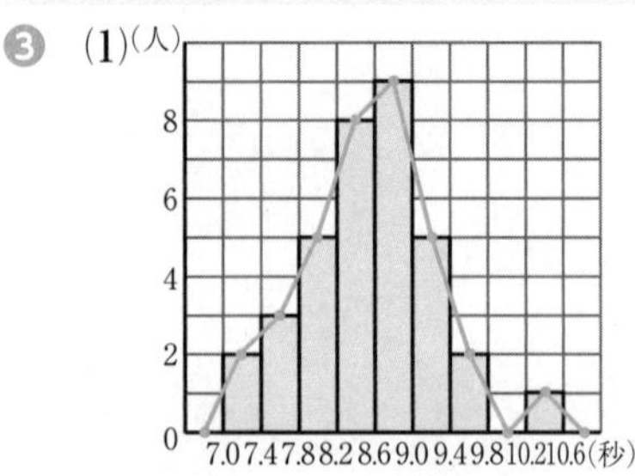

(2)8.55 秒 (3)8.4 秒 (4)8.8 秒

⑴両端は，度数が0の階級があると考えて，
線分を横軸までのばします。
⑵クラスの人数は，各階級の度数を合計して，
35人とわかります。
階級値×度数を合計して35でわれば平均値が
求められます。

$(7.2\times2+7.6\times3+8.0\times5+8.4\times8+8.8\times9$
$+9.2\times5+9.6\times2+10.0\times0+10.4\times1)\div35$
$=299.2\div35$
$=8.548\cdots$(秒)

⑶度数を階級の小さい方から合計して18番目の
記録がはいっている階級の階級値を求めます。
$2+3+5+8=18$ だから，8.2〜8.6の階級にな
り，その階級値は8.4秒です。
⑷もっとも度数の多い階級の階級値を求めます。

⑴①0.63　②0.62　③0.62　⑵0.62
⑶2480回

⑴① $\frac{625}{1000}=0.625$（小数第3位を四捨五入して0.63）

② $\frac{1244}{2000}=0.622$

③ $\frac{1860}{3000}=0.62$

⑵投げた回数が多くなるにつれて，相対度数は
0.62に近づいているので，確率は0.62です。
⑶$4000\times0.62=2480$(回)

⑴20分以上25分未満　⑵0.85

⑴相対度数がもっとも多い20分以上25分未満
がもっとも起こりやすいといえます。
⑵30分未満の度数は，
$5+54+43=102$(台)
相対度数を確率と考えると，
$\frac{102}{120}=0.85$